NATURA 3

Biologie für Gymnasien

bearbeitet von

Irmtraud Beyer

Hessen I G8
9. Jahrgangsstufe

Ernst Klett Verlag
Stuttgart · Leipzig

Gefahrensymbole und Experimente im Unterricht

Experimente im Unterricht

Eine Naturwissenschaft wie Biologie ist ohne Experimente nicht denkbar. Auch in Natura 3 findet sich eine Reihe von Versuchen.
Experimentieren mit Chemikalien ist jedoch nie völlig gefahrlos. Deswegen ist es wichtig, vor jedem Versuch mit dem Lehrer die möglichen Gefahrenquellen zu besprechen. Insbesondere müssen immer wieder die im Labor selbstverständlichen Verhaltensregeln beachtet werden. Die Vorsichtsmaßnahmen richten sich nach der Gefahr durch die jeweils verwendeten Stoffe.
Daher sind in jeder Versuchsanleitung die verwendeten Chemikalien mit den Gefahrenbezeichnungen gekennzeichnet, die ebenfalls auf den Etiketten der Vorratsflaschen angegeben sind. Dabei bedeuten:

C = ätzend, *corrosive*:
Lebendes Gewebe und Material, das mit diesen Stoffen in Berührung kommt, wird an der betroffenen Stelle zerstört.

F = leicht entzündlich, *flammable*:
Stoffe, die durch das kurze Einwirken einer Zündquelle entzündet werden können.

Xi = reizend, *irritating* (X für Andreaskreuz):
Stoffe, die reizend auf Haut, Augen oder Atemorgane wirken können.

Xn = gesundheitsschädlich, *noxious* (schädlich):
Stoffe, die beim Einatmen, Verschlucken oder bei Hautkontakt Gesundheitsschäden hervorrufen können.

Schülersoftware zu Natura

Wenn du testen willst, ob du den Stoff verstanden hast, manche Inhalte noch mal üben oder vertiefen möchtest, dann kannst du das mit dem **Natura Biologie-Trainer** tun. Diese Schülersoftware enthält auf 2 CD-ROMs mehr als 350 Übungs- und Testaufgaben, die den gesamten Stoff der Klassen 7 – 10 abdecken. Du kannst dich selbst kontrollieren und wirst beim Testen und Üben bestimmt viel Spaß haben. Dieses Buch verweist an vielen Stellen auf den **Natura Biologie-Trainer** – beachte die Erklärung auf Seite 3 rechts unten.

Den **Natura Biologie-Trainer** erhältst du im Buchhandel oder unter www.klett.de (im Internet gibt's auch weitere Infos):

- Natura Biologietrainer A (Tier, Pflanze, Lebensraum)
  ISBN 978-3-12-156010-3
- Natura Biologietrainer B (Mensch, Genetik, Evolution)
  ISBN 978-3-12-156011-0
- Trainer A + B im Paket:
  ISBN 978-3-12-156014-1

1. Auflage

1 5 4 3 2 1 | 13 12 11 10 09

Autorin: Dr. Irmtraud Beyer; Ricarda-Huch-Schule, Gymnasium Dreieich
unter Mitarbeit von: Dr. Horst Bickel, Roman Claus, Claudia Dreher, Roland Frank, Gert Haala, Martin Lüdecke, Alexander Maier, Dr. Helmut Moßner, Imke Schlufter, Dr. Jürgen Schweizer, Günther Wichert, Dirk Zohren

Redaktion: Ulrike Fehrmann
Herstellung: Andrea Lang

Gestaltung: Prof. Jürgen Wirth; Visuelle Kommunikation, Dreieich
Umschlaggestaltung: normaldesign GbR, Schwäbisch Gmünd, unter Verwendung zweier Fotos von Getty Images (Sarah Jones (Debut Art) und Deborah Jaffe)
Illustrationen: Prof. Jürgen Wirth; Visuelle Kommunikation, Dreieich unter Mitarbeit von Matthias Balonier, Evelyn Junqueira, Nora Wirth
Reproduktion: Meyle + Müller, Medien-Management, Pforzheim
Druck: Stürtz GmbH, Würzburg

Printed in Germany
ISBN 978-3-12-045720-6

9 783120 457206

Zu diesem Buch

In Natura gibt es verschiedene Sonderseiten, ein besonderer Typ davon sind die **Basiskonzept-Seiten**. Wie sie aufgebaut sind, zeigt die Abbildung rechts. Ein Basiskonzept enthält neben der Überschrift einen Einleitungstext, sechs „Knoten“ und mehrere Aufgaben.

Die Basiskonzepte beschäftigen sich mit biologischen Prinzipien. **Biologische Prinzipien** beschreiben Gemeinsamkeiten, immer wiederkehrende Erscheinungen und Vorgänge bei Lebewesen, die auf den ersten Blick wenig miteinander zu tun haben. Sie sind also Hilfen zur Orientierung angesichts der Vielfalt der Lebensformen und der Vorgänge, also der **biologischen Phänomene**.

Die Basiskonzepte stehen am Ende des Buches, weil sie diese Phänomene *zusammenführen* und *verknüpfen*. Im Verlauf eines Schuljahres wirst du viele Phänomene kennen lernen, die sich bestimmten Prinzipien zuordnen lassen. An vielen Stellen im Buch gibt es daher

Verweise ▶

auf die Basiskonzepte. Man sollte also immer dann mit ihnen arbeiten, wenn man bei der Erarbeitung eines Themas auf einen *Seitenverweis* stößt. Zu jedem Basiskonzept gibt es mehrere Verweise im Buch. Auf Seiten, die im Inhaltsverzeichnis *rot* markiert sind, wird an einem Beispiel die Bedeutung des Prinzips erläutert. Im **Einleitungstext** jedes Basiskonzeptes ist das Prinzip beschrieben, ohne dass auf ein bestimmtes Beispiel eingegangen wird. Beispiele findest du an den **„Knoten“** dieser Seiten, die Bekanntes, aber auch Neues aufgreifen.

Thema

Knoten
zeigen Beispiele, auf die das Prinzip angewendet wird.

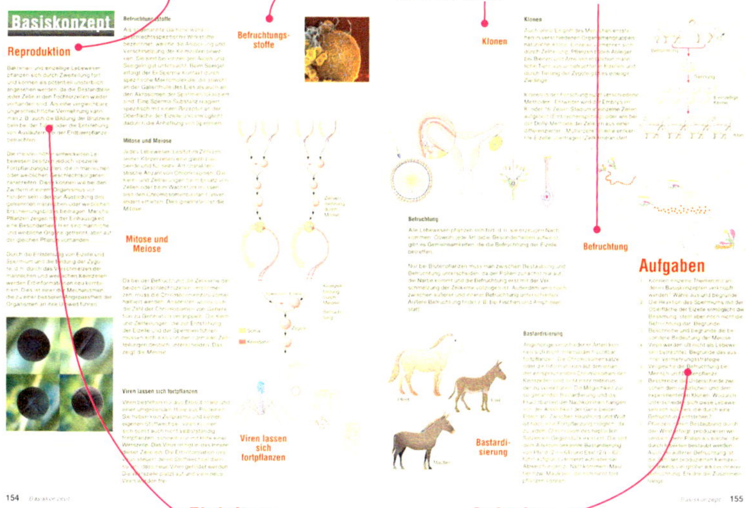

Einleitung
Sie stellt das biologische Prinzip allgemein dar.

Aufgaben
fordern zurAuseinandersetzung mit dem biologischen Prinzip auf.

Wie du mit den Basiskonzepten arbeiten kannst, dazu leiten dich die **Aufgaben** an. Mit der *ersten Aufgabe* kannst du das Prinzip anhand der Knotenbeispiele *erschließen*. Darauf folgen Aufgaben, mit denen du die Knotenbeispiele *intensiver bearbeiten* kannst.

Mit den *letzten Aufgaben* kannst du das Prinzip auf andere biologische und nicht biologische Bereiche *übertragen*. Mit ihnen kannst du also fächerverbindend arbeiten und Querverbindungen zu unterschiedlichsten Bereichen erkennen.

Viele Aufgaben liefern darüber hinaus auch Ideen für **Referate** und **Präsentationen** und du kannst dich selbstständig und weitergehend mit einem Thema beschäftigen.

Weitere Sonderseiten

Die **Methodenseiten** zeigen dir, wie du allgemeine Arbeitsmethoden im Fach Biologie anwenden kannst.

Die **Lexikonseiten** laden zum Schmökern ein und liefern interessante Zusatzinformationen zu einem bestimmten Themengebiet.

Die **Praktikumseiten** leiten zur Anwendung wichtiger biologischer Arbeitsmethoden an, wie Beobachten, Präparieren, Mikroskopieren und Experimentieren.

Auf den **Materialseiten** findest du Aufgaben zu einem Themengebiet, die mithilfe der Materialien dieser Seite und den Informationen des Kapitels lösbar sind.

Die **Impulseseiten** geben dir Anstöße zur Vertiefung eines Themas. Sie werfen Fragen auf, die auch über das Fach Biologie hinausgehen und als Anregung zur Bearbeitung in Form eines kleinen Projekts dienen können.

Weitere Symbole

Das Symbol an der Seitenzahl zeigt dir, zu welchem Thema der **Natura Biologie-Trainer** interaktive Medien anbietet. Interaktiv heißt, dass du selbstständig wichtige Inhalte durchprobieren kannst – der Trainer zeigt dir, ob du alles verstanden hast. In diesem Schuljahr benötigst du die Bio-Trainer A und B. Das Symbol CD A bedeutet, du solltest die CD A einlegen. Entsprechendes gilt für das Symbol CD B und somit für die Inhalte des Trainers B.

Inhaltsverzeichnis

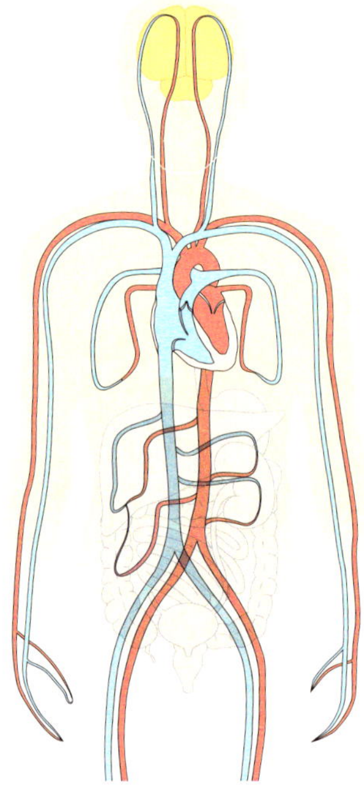

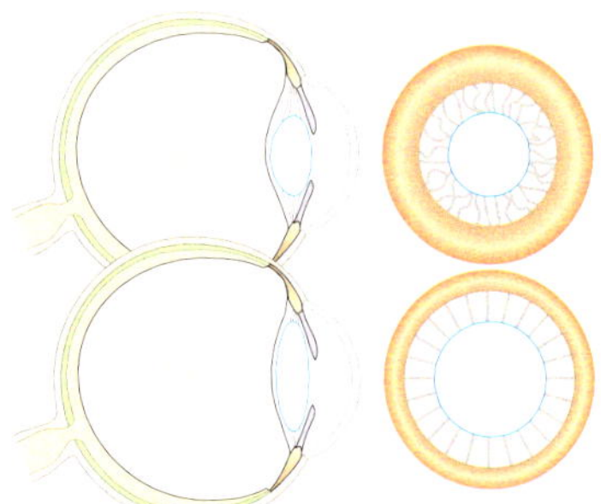

Sinne — Nerven — Hormone

Blut und Immunsystem

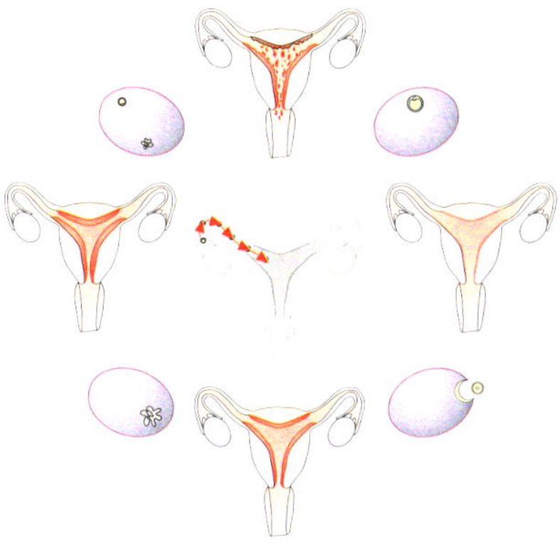

Sexualität des Menschen

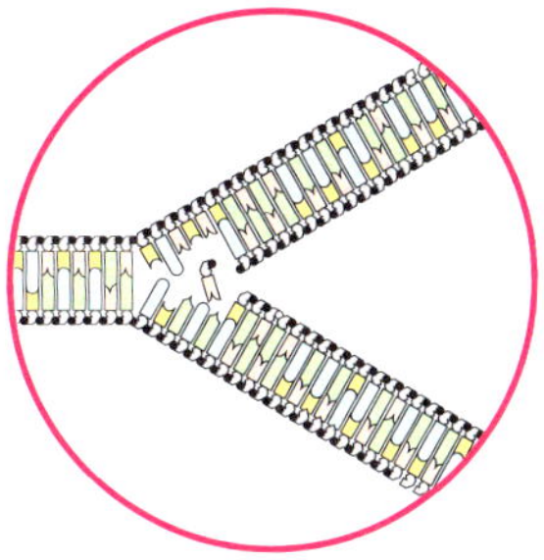

Genetik

Basiskonzepte

Über den Kernlehrplan hinausgehende Inhalte zur Gestaltung eines Schulcurriculums sind mit „•+•“ gekennzeichnet.

Fragen, Beobachten, Protokollieren

Gut verpackt und in der Schultasche vergessen – so ergeht es leider manchem Pausenbrot. Aber auch abgepacktes Brot kann, wenn man nicht auf das Mindesthaltbarkeitsdatum achtet, schon kurz nach dem Kauf verschimmelt und damit verdorben sein. Es ist überzogen von einem dichten, watteähnlichen weißen, gelblichen oder grünlichen Filz.

Was ist Schimmel? Was passiert mit dem Brot, wenn es schimmelt? Erste Antworten bringt eine genaue Betrachtung der verschimmelten Brotscheibe und das Beobachten der Veränderungen über einen längeren Zeitraum. Die gezielte **Beobachtung** ist eine wichtige Arbeitsmethode der Biologie.

Vor Gesundheitsgefahren durch Schimmelpilze wird oft gewarnt, daher verschließt man das Brot in einem Tiefkühlbeutel oder einem durchsichtigen Gefäß. So kann man es gefahrlos beobachten. Das Beobachtungsergebnis wird in einem **Protokoll** schriftlich festgehalten. Zur Unterstützung können Skizzen, Zeichnungen oder auch Fotos angefertigt werden. Ein vollständiges Protokoll enthält neben dem Namen des Beobachters und dem Datum Angaben über alle wesentlichen Bedingungen, unter denen die Beobachtung gemacht wurde (siehe Abb. rechts).

Auf der Brotscheibe befindet sich ein weißlicher Überzug. Zahlreiche feine Fäden, die *Hyphen*, bilden ein dichtes Geflecht, das *Mycel*. Dieses durchzieht das gesamte Brot. An manchen Stellen ist der watteähnliche Filz grünlich gefärbt. An der Oberfläche ist mit bloßem Auge ein Pulver, unter der Stereolupe (Binokular) sind feine Körnchen, die *Sporen*, zu erkennen.

Eine Scheibe verschimmeltes Brot wird zur Beobachtung in ein durchsichtiges Gefäß eingeschlossen.

◄ mit bloßem Auge

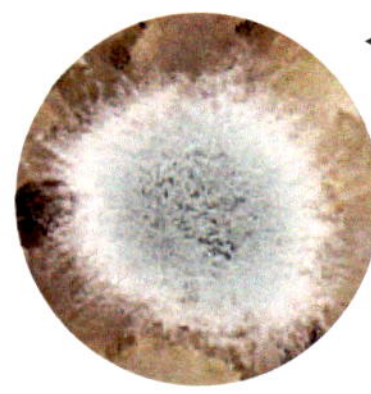

◄ Stereolupe

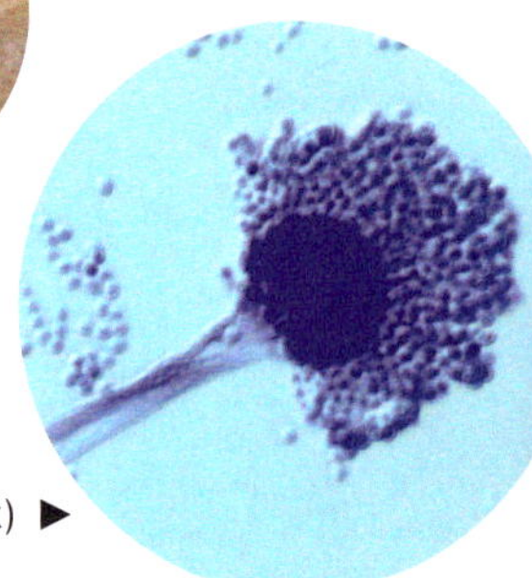

Mikroskop (800 x) ►

Name: ....

Datum: 15. bis 17.1.2008

15.1.2008

Auf der Brotscheibe befindet sich ein kreisförmiger Schimmelfleck von etwa 3 cm Durchmesser. Zunächst sieht man einen weißlichen, pelzigen, watteähnlichen Belag. Mit der Lupe oder unter der Stereolupe erkennt man, dass der Filz aus einem dichten Gewirr feiner Fäden besteht.
In der Mitte des Schimmelflecks fallen grünlich gefärbte Stellen auf. Mit bloßem Auge sieht man an der Oberfläche ein feines Pulver. Unter der Stereolupe) erkennt man feine Körnchen, die an den Enden der Fäden sitzen.

17.1.2008

Der Schimmelfleck ist größer geworden, sein Durchmesser beträgt rund 5 cm. Auch die grünlich gefärbten Bereiche haben sich ausgedehnt. Stellen, die vor zwei Tagen weiß waren, sind jetzt mit grünem Pulver bedeckt.

Die Frage, wo diese Sporen entstehen, lässt sich durch eine genauere Betrachtung bei höherer Vergrößung beantworten. Drückt man einen durchsichtigen Klebestreifen leicht auf verschimmeltes Brot und klebt ihn anschließend auf einen Objektträger, kann man Schimmel unter dem Mikroskop untersuchen. Bei höherer Vergrößerung zeigt sich, dass die Sporen an den Spitzen so genannter *Sporenträger* abgeschnürt werden. Je nach Schimmel gibt es unterschiedliche Formen von Sporenträgern (Abb. 1).

Die Ausbildung eines Mycels aus Hyphen und die Freisetzung von Sporen sind kennzeichnend für Pilze. Die Schimmelpilze gehören zusammen mit den Hefepilzen und den Hutpilzen zum *Reich der Pilze*. Pilze besitzen kein Chlorophyll, sie gewinnen ihre Energie durch den Abbau organischer Stoffe.

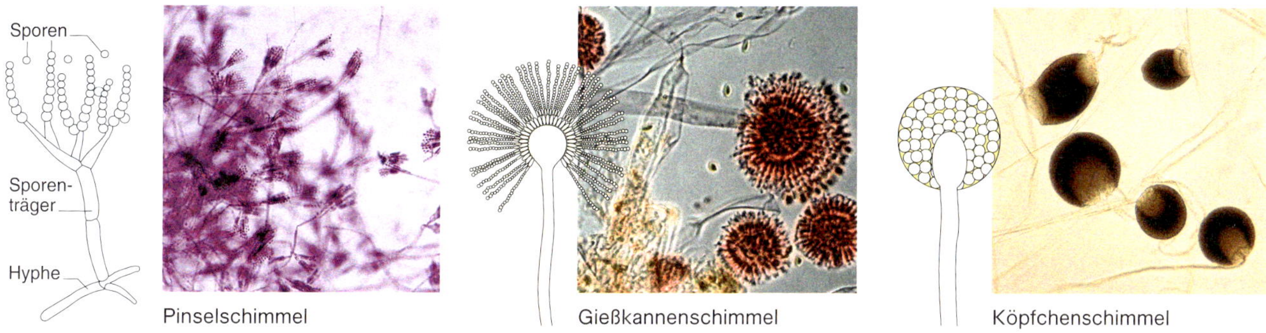

1 Schimmelpilze werden nach der Form ihrer Sporenträger benannt

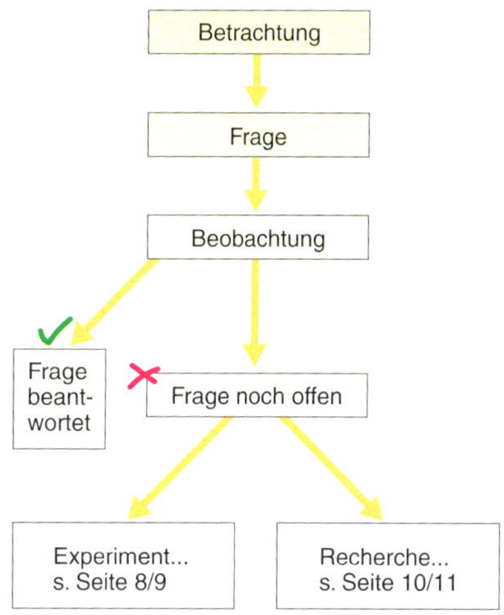

Die Beobachtung des Schimmelflecks liefert noch weitere Informationen: Man kann beispielsweise sehen, dass sich der Schimmel kreisförmig ausbreitet, wobei die Hyphen immer weiter in das Brot vordringen. Das Zentrum des Schimmelflecks bilden demnach die ältesten Bereiche des Hyphengeflechts, während sich weiter außen zum Rand zunehmend jüngere Teile des Mycels befinden. Aus der Beobachtung, dass der mittlere Bereich durch Sporen grünlich gefärbt ist, kann man also folgern, dass erst ältere Abschnitte des Hyphengeflechts Sporenträger ausbilden, die dann Sporen abschnüren. Allein aus der Beobachtung der Struktur kann man so die Entwicklung des Schimmelpilzes rekonstruieren. Dieses Beispiel zeigt, wie sich ausgehend vom statischen Objekt der zeitliche Verlauf eines dynamischen Prozesses erschließen lässt.

Eine Beobachtung wirft häufig weitere Fragen auf. So zum Beispiel, wie der Schimmel ins Brot kommt, oder auch die Frage nach der Funktion der Sporen. Diese Fragen lassen sich nicht durch reines Beobachten klären. Antworten liefert hier ein Experiment (siehe dazu Seite 8).

Aufgabe

① Drücke einen durchsichtigen Klebestreifen leicht auf die Oberfläche von Weißschimmelkäse. Klebe ihn auf einen Objektträger und betrachte ihn unter dem Mikroskop. Welche Sporenträger-Form findest du?

Handlupen vergrößern in der Regel 6- bis maximal 12-fach. Je höher die Vergrößerung, desto kleiner muss die Brennweite der Linse sein. Je kleiner die Brennweite, desto stärker ist die Linse gewölbt. Umso mehr stören dann Linsenfehler, die besipielsweise die Bilder verzerren.

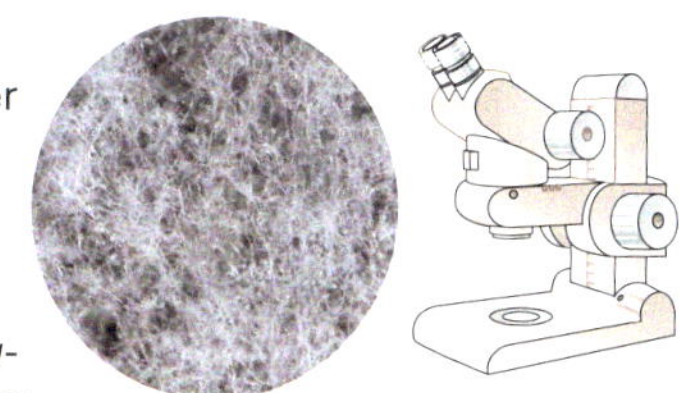

Stereolupe

Stärkere Vergrößerung erreicht man durch Kombination mehrerer Sammelinsen wie bei Stereolupe und Mikroskop. Bis zu 40-fache Vergrößerung erreicht man mit einer *Stereolupe (Binokular)*. Sie eignet sich zur Untersuchung von Oberflächenstrukturen und liefert (im Gegensatz zum Mikroskop) ein dreidimensionales Bild. Man betrachtet ein Objekt durch zwei Okulare und zwei Objektive. Da das Objekt so von unterschiedlichen Blickwinkeln aus gesehen wird, entsteht ein räumlicher Eindruck.

Mit einem guten *Mikroskop* kann eine über tausendfache Vergrößerung erreicht werden. Während bei Stereolupen in der Regel von oben mit Auflicht beleuchtet wird, arbeiten Mikroskope mit Durchlicht. Die Präparate werden meist von unten vom Licht durchstrahlt und müssen daher sehr dünn geschnitten werden (0,001 bis 0,05 mm). Auch Mikroskope mit zwei Okularen liefern kein dreidimensionales Bild, weil das Präparat jeweils nur durch ein einziges Objektiv betrachtet wird. Hinter dem Objektiv wird der Bildstrahlengang durch ein Prisma in zwei Teilstrahlengänge aufgetrennt, von denen jeder einem der Okulare zugeleitet wird.

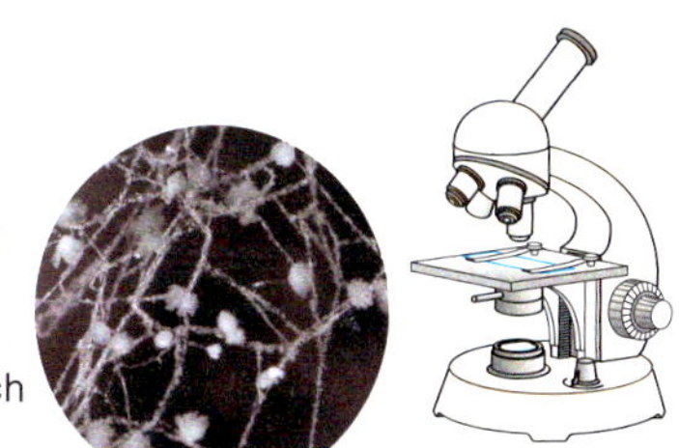

Mikroskop

Experimentieren

Schimmelpilze besiedeln Lebensmittel, abgestorbene Organismen wie Pflanzenreste, Leder, aber zum Beispiel auch Duschvorhänge, Putz oder Tapeten. „Wie kommt der Schimmel dahin?", fragt man sich zum Beispiel, wenn man den Schrank von der Wand rückt und die Tapete dahinter Schimmelflecken zeigt.

Bei starker Schimmelbildung kann man beobachten, dass beim leisesten Windhauch Sporen auffliegen. Denkbar wäre, dass Schimmelpilze durch diese Sporen verbreitet werden. Diese Vermutung oder **Hypothese** lässt sich durch ein **Experiment** überprüfen.

Zunächst muss ein Experiment sorgfältig geplant werden. Wenn Schimmelpilze tatsächlich über Sporen verbreitet werden, dann müssten auf einer geeigneten Unterlage aus Sporen Schimmelpilze heranwachsen. Beispielsweise müsste eine Scheibe Brot, die mit Sporen „bestäubt" wird, schimmeln.

Aussagekräftig wird das Experiment aber erst, wenn man zeigen kann, dass eine Scheibe Brot, die nicht mit Sporen in Kontakt kommt, auch nicht von Schimmel befallen wird. Diesen zweiten Ansatz bezeichnet man als *Kontrollansatz*, mit ihm wird die Untersuchungsmethode „kontrolliert".

Die genaue Durchführung des Experiments, die Beobachtung und die Folgerung kannst du dem *Versuchsprotokoll* im Kasten entnehmen.

Die Folgerung aus einem Experiment ergibt sich, wenn man die Beobachtung mit der Hypothese vergleicht. Die Hypothese wird durch einen Versuch entweder bestätigt oder zumindest untermauert oder aber widerlegt. Das Experiment ist eine zentrale naturwissenschaftliche Methode zur Erkenntnisgewinnung. Es ermöglicht die Überprüfung von Hypothesen und *Theorien*.

Versuchsprotokoll

Zu jedem Versuch gehört ein Versuchsprotokoll, das alle Versuchsschritte dokumentiert. Es sollte übersichtlich und klar gegliedert sein. Festgehalten werden im Protokoll:

Name und Datum
Fragestellung
Material
Durchführung
Beobachtung und
Folgerung

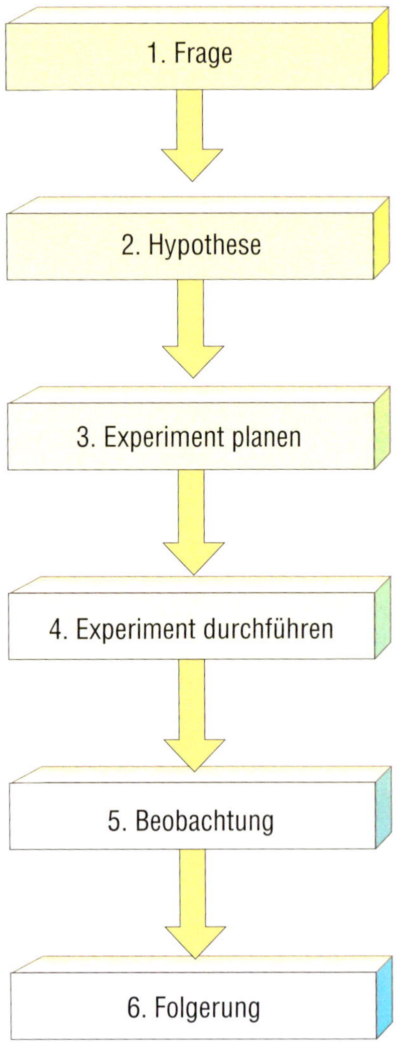

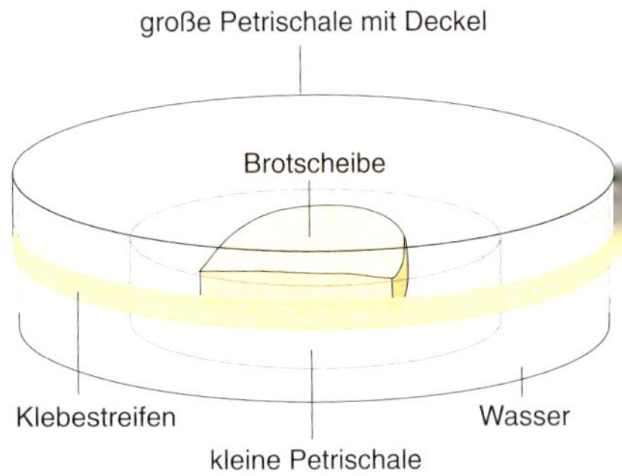

Name: ....

Datum: ....

Hypothese Schimmelpilze verbreiten sich über Sporen.

Material Ein Laib frisches Brot, Messer, Alkohol, Petrischalen, Pinsel, Klebestreifen, verschimmelte Lebensmittel.

Vorbereitung Petrischalen im Trockenschrank 60 min. bei 180 °C sterilisieren. Messer mit Alkohol abreiben.

Durchführung Aus der Mitte des Brotlaibs zwei Scheiben herausschneiden und in je eine feuchte Kammer legen (s. Abb.).
Ansatz 1: Mit dem Pinsel Sporen auf die Brotscheibe übertragen, Kammer verschließen.
Ansatz 2: Kammer sofort verschließen. Lagerung der beiden Kammern bei Zimmertemperatur.

Beobachtung nach 7 Tagen:
Ansatz 1: starke Schimmelbildung (geschlossener „Rasen").
Ansatz 2: keine Schimmelbildung.

Folgerung Die Sporen sind die Verbreitungseinheit der Schimmelpilze.

Schimmelpilzsporen sind allgegenwärtig. Um ihr Auskeimen zu verhindern, muss man die Bedingungen kennen, unter denen Schimmelsporen auskeimen und Schimmelpilze wachsen können. Nur dann ist es möglich, eine Schimmelbildung wirksam zu unterbinden.

Ein Vergleich der Stellen, an denen Schimmelpilze anzutreffen sind, lässt vermuten, dass Schimmelpilze dort wachsen, wo es feucht ist. Darüber hinaus benötigen sie vermutlich einen organischen Nährboden. Unklar ist der Einfluss von Temperatur und Licht. Welche Bedingungen tatsächlich erforderlich sind, lässt sich mit einem Experiment klären.

Um beispielsweise zu klären, ob Schimmelpilze zum Wachsen organisches Material benötigen, muss man es im Versuch etwa durch gereinigten Sand ersetzen. Wachsen Schimmelpilze auch darauf, so folgt daraus, dass organisches Material nicht notwendig ist. Ebenso prüft man in weiteren Versuchsansätzen die Notwendigkeit der anderen vermuteten Wachstumbedingungen. Entscheidend ist, dass von Ansatz zu Ansatz immer nur eine einzige Bedingung verändert wird. Nur dann sind eindeutige Schlussfolgerungen möglich.

Aufgaben

① Experimentieren erfordert stets sechs Arbeitsschritte. Erläutere diese Schritte für das auf Seite 8 protokollierte Experiment.

② Erläutere, weshalb die Ergebnisse des auf der Seite 8 protokollierten Experiments nur dann aussagekräftig sind, wenn alle Materialien und Geräte zunächst sterilisiert werden und zudem beim Schneiden des Brots auf sterile Bedingungen geachtet wird.

③ Werte den in der Tabelle gezeigten Versuch zu den Wachstumsbedingungen von Schimmelpilzen aus. Notiere die Folgerung.

④ Benötigen Schimmelpilze Sauerstoff? Plane und beschreibe ein Experiment, mit dem sich diese Frage klären lässt.

⑤ Wenn Brot in der Brotdose verschimmelt ist, wird empfohlen, den Behälter mit Essigwasser auszuwischen. Plane und beschreibe ein Experiment, das zeigt, ob diese Methode wirkungsvoller ist als eine Reinigung mit Wasser.

Getrocknetes Brot beziehungsweise Sand wird mit Schimmelpilzsporen beimpft und den unten genannten Bedingungen ausgesetzt. Die Beobachtung erfolgt nach einer Woche.

Ansatz	Wachstumsbedingung				Beobachtung des Wachstums
	Licht	Feuchtigkeit	Wärme	Brot	
1	+	+	+	+	**stark**
2	—	+	+	+	**stark**
3	+	—	+	+	**0**
4	+	+	—	+	**gering**
5	+	+	+	—	**0**

\+ Bedingung erfüllt
— Bedingung nicht erfüllt

0 kein Schimmelwachstum
gering / **stark** geringes bzw. starkes Schimmelwachstum

Hypothese

Eine *Hypothese* (vom altgriechischen *hypothesis*: Unterstellung, Voraussetzung, Grundlage) ist eine Annahme oder Vermutung zur Erklärung bestimmter Phänomene, die sich aus Beobachtungen oder Überlegungen ergibt.

Experiment

Ein *Experiment* (vom lateinischen *experimentum*: Versuch, Prüfung, Probe) ist in der Wissenschaft eine methodisch angelegte Untersuchungsanordnung. Sie dient der Überprüfung von Hypothesen.

Versuch

Als *Versuch* bezeichnet man in der Naturwissenschaft die Durchführung eines Experiments.

Recherchieren

Welche Bedeutung haben Schimmelpilze bei der Herstellung von Lebensmitteln? Warum dürfen Lebensmittel, die von Schimmelpilzen befallen sind, auf keinen Fall gegessen werden? Solche Fragen lassen sich nicht durch ein einfaches Experiment klären. Antworten liefert eine Recherche.

Das Internet

Das Internet ist ein riesiges Informations- und Kommunikationssystem. Es liefert ein Fülle von Informationen zu nahezu jedem Thema. Dabei ist das Internet meist aktueller als Bücher, dies ist von Vorteil, wenn man sich zum Beispiel über neueste Forschungsergebnisse informieren möchte. Die Kunst der Internetrecherche besteht darin, die gesuchte Information zu finden.
Um an spezielle Informationen zu gelangen, benutzt man i. d. R. eine Suchmaschine. Nach Eingabe eines Begriffs erstellt die *Suchmaschine* eine Liste mit Verweisen auf Seiten, die den eingegebenen Suchbegriff enthalten.

Internet-Quellen bewerten

Im WWW kann jede(r) eine eigene Seite einstellen, aber nicht jeder ist Fachmann oder Fachfrau. Auf vielen Webseiten steht daher Fehlerhaftes oder Falsches. Gerade wenn man mit der Recherche erst beginnt, fällt es schwer zu beurteilen, wie seriös die Informationen einer Webseite sind. Am besten informiert man sich bei mehreren Quellen sowie in Fachbüchern und vergleicht die Angaben miteinander. Im Kasten findest du Kriterien, die helfen, die Zuverlässigkeit einer Internetseite zu prüfen.
Tipp: Wenn du z. B. „Universität" oder „Max-Planck-Institut" bzw. „MPI" als weiteren Suchbegriff eingibst, findest du eher seriöse Quellen!

Suchen und Finden im Internet

Gibt man im Feld „Suche nach" ein Stichwort ein, liefert die Suchmaschine eine Linkliste der Seiten, die diesen Suchbegriff enthalten. Meist erhält man sehr viele, vielleicht sogar Millionen Fundstellen. Die gesuchte Information ist dann nur schwer zu finden.

Verfeinern der Suche
Verfeinert wird die Suche, wenn man mehrere Suchbegriffe eingibt. Informationen über die Verwendung von Schimmelpilzen bei der Lebensmittelherstellung erhält man z. B. mit den Schlüsselbegriffen „Schimmelpilze", „Lebensmittel" und „Herstellung". Je geschickter die Suchbegriffe gewählt sind, desto besser ist die Vorauswahl der Seiten und desto schneller gelangt man an die gesuchte Information. Mit jedem weiteren Suchbegriff halbiert sich in etwa die Zahl der Treffer.

Begriffe ausschließen
Suchmaschinen erlauben es darüber hinaus, bestimmte Bereiche eines Themas aus der Suche auszuklammern. Setzt man vor einen Schlüsselbegriff ein Minuszeichen (-), so erhält man nur Treffer, die dieses Wort nicht enthalten. Bist du z. B. ausschließlich an der Nutzung von Schimmelpilzen interessiert, nicht aber an der Gesundheitsgefährdung durch verschimmelte Lebensmittel, so ergänzt du die Suchbegriffe beispielsweise um „-Gesundheit" oder „-schädlich".

Textsuche
Angenommen, du kennst von einer Veröffentlichung zwar den Titel oder einzelne Textpassagen, jedoch nicht die Adresse, unter der sie im Intenet steht. Gibst du die Titelworte als Suchbegriffe ein, erhältst du Verweise auf sämtliche Seiten, in denen die einzelnen Titelworte über den Text verteilt auftauchen. Setzt man einen Text aber in doppelte Anführungszeichen, dann liefert die Suchmaschine nur Verweise auf Dokumente, in denen genau dieser Text vorkommt.

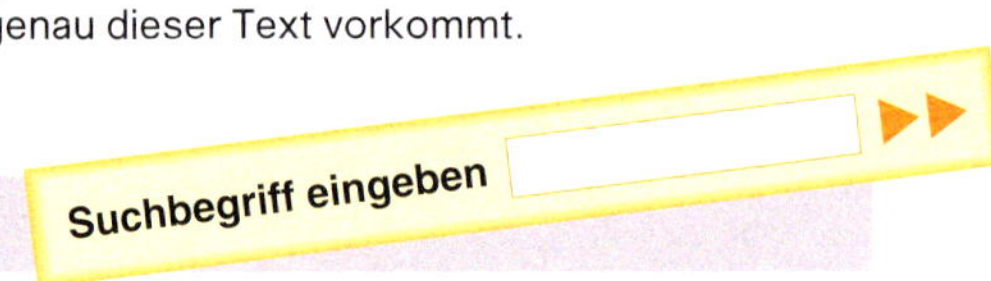

Internet-Quellen bewerten

Formale Kriterien
Ein Indiz für die Seriosität der Webseite und das gewissenhafte Arbeiten eines Anbieters ist die formale Sorgfalt. Seiten im Internet, die nur so von Rechtschreib- und Zeichensetzungsfehlern wimmeln, sind wohl kaum eine ernstzunehmende Quelle für Informationen.

Schnickschnack
Seriöse Anbieter verzichten auf eine aufdringliche Werbung und überfrachten ihre Seiten nicht mit Animationen, nichtssagenden Bildchen o. ä., sondern werden den Schwerpunkt auf Inhalte legen.

Aktualität
Gute Webseiten enthalten ein Erstellungsdatum oder einen Hinweis darauf, wann die betreffende Seite zuletzt überarbeitet wurde.

Quellenangabe und Impressum
Zu einer Meldung sollte eine überprüfbare Quellenangabe (Agentur, Buch, Zeitschrift, Webseite) angegeben sein. Insbesondere müssen Zitate als solche gekennzeichnet und mit einer Quellenangabe versehen sein. Jede seriöse Webseite enthält ein Impressum, das bei privaten Homepages zumindest Name und E-Mail-Adresse benennen sollte.

Inhaltliche Kriterien
In der Regel listen Suchmaschinen die bei der Suche gefundenen Seiten danach auf, wie viele andere Webseiten einen Link auf die betreffende Seite enthalten. Oben auftauchende Seiten werden also von vielen anderen Seiten als Referenz angegeben. Dies kann, muss aber kein Hinweis auf seriöse Informationen sein.

Bibliotheken

Eine gründliche Recherche sollte aber keinesfalls nur auf Internet-Dokumente beschränkt sein. *Bücher* liefern eine schnelle und gute Übersicht über ein Thema. Vor allem in Schul- und Lehrbüchern sind die Informationen im Vergleich zum Internet wesentlich besser aufbereitet: So sind Bücher meist besser strukturiert und die Informationen bereits vorselektiert.

Informationen aus Büchern sind in der Regel verlässlicher. Das ist vor allem dann von Bedeutung, wenn man sich in einem Thema (noch) nicht so gut auskennt. Darüber hinaus sind die Informationen über längere Zeit verfügbar und leicht wieder aufzufinden.

Die meisten größeren Bibliotheken sind im Internet vertreten und bieten über online verfügbare Bibliothekskataloge umfassende Recherchemöglichkeiten. Nur abholen muss man die Bücher in der Regel noch selbst.

Quellenverzeichnis

Im Quellenverzeichnis werden sämtliche verwendeten Materialien nach Autorennamen alphabetisch geordnet angeführt. Die Angaben erfolgen nach einem bestimmten Schema, das im Kasten rechts erläutert wird.

Quellennachweise geben dem Leser die Möglichkeit, die verwendete Literatur im Original zu finden. So kann man Inhalte nochmals nachlesen und weiter gehende Fragen klären.

Aufgaben

① Entscheide dich für eines der Themen rund um Schimmelpilze. Notiere zunächst geeignete Suchbegriffe. Führe dann mit einer Suchmaschine eine Internetrecherche durch. Wähle drei informative und seriöse Seiten aus. Gib diese Seiten im Stil eines Quellenverzeichnisses an.

② Recherchiere die Webadresse der nächstgelegenen im Internet vertretenen Bibliothek. Führe dann zu einem der im Kasten genannten Themen online eine Bibliotheksrecherche durch. Notiere zwei dir geeignet erscheinende Bücher mit allen Angaben, die ein Quellenverzeichnis erfordert.

Übernimmt man Textpassagen aus anderen Dokumenten – egal, ob wörtlich oder sinngemäß – muss man stets angeben, aus welchen Büchern, Zeitschriften oder Webseiten diese stammen. Wörtliche Übernahmen werden in Anführungszeichen gesetzt. Die Quellenangabe erfolgt in Klammern im Text oder als Fußnote. Sie muss den Autor, das Erscheinungsjahr und die Seitenangabe enthalten. Bei sinngemäßen Übernahmen wird der Quellenangabe die Abkürzung vgl. für „Vergleiche" vorangestellt. Dasselbe gilt auch für die Übernahme von Tabellen, Diagrammen oder Abbildungen.

Beispiel:
Die Ausbildung eines Mycels aus Hyphen und die Freisetzung von Sporen sind kennzeichnend für Pilze. Die Schimmelpilze gehören zusammen mit den Hefepilzen und den Hutpilzen zum *Reich der Pilze*. Pilze besitzen kein Chlorophyll, sie gewinnen ihre Energie durch den Abbau organischer Stoffe (vergl.: Beyer, Irmtraud, 2009, S. 6).

Bücher
Bei Büchern werden folgende Angaben gemacht: Nachname, Vorname des Autors: Titel. Untertitel. Verlag, Erscheinungsort Erscheinungsjahr. Bei mehr als drei Autoren wird meist nur der erste unter Hinzufügung von u. a. angegeben.
Beispiel:
Beyer, Irmtraud: Natura. Biologie für Gymnasien. Hessen. Bd. 3. Ernst Klett Verlag, Stuttgart 2009

Nachschlagewerke
Bekannte Nachschlagewerke wie z. B. Duden oder Lexika, die verwendet, aber nicht wörtlich zitiert wurden, werden nicht aufgeführt.

Zeitschriftenaufsätze
Zeitschriftenaufsätze zitiert man folgendermaßen: Verfasser: Titel des Beitrags. In: Titel der Zeitschrift, Heftnummer/Jahrgang, Seitenzahl(en).
Beispiel:
Bölkow, Bertram: Galerie: Schimmel. In: Zeit Wissen, 5/2005, S. 76 – 83

Internet-Dokumente
Bei Internet-Dokumenten werden folgende Angaben gemacht: Name des Autors: Titel. <URL>, Datum des erfolgten Zugriffs.
Beispiel:
Thomas Paatsch (enius AG): Schimmel – Schimmelpilze – Schimmelpilzgifte. <http://schimmel-schimmelpilze.de/>, 11.08.2009

Themen rund um Schimmelpilze
- Was kennzeichnet einen Schimmelpilz als Pilz?
- Gesundheitsgefährdung durch Schimmelpilze
- Was tun bei Schimmel in der Wohnung?
- Einsatz von Schimmelpilzen bei der Lebensmittelherstellung
- Konservierung von Lebensmitteln
- Schimmelpilze als Destruenten

Präsentieren

Ziel eines Vortrags ist es, Sachverhalte so darzustellen, dass sie verstanden werden und im Gedächtnis haften bleiben. Mit einem reinen Wortvortrag ist dieses Ziel wesentlich schwerer zu erreichen als mit einem mediengestützten Vortrag, einer **Präsentation**. Dazu gibt es z. B. folgende Möglichkeiten:

- Tafelbild
- Flipchart
- Wandplakat
- Folie(n) für den Tageslichtprojektor
- Metaplan-Karten
- Computerpräsentation (mit Präsentationsprogrammen)
- Modelle
- Versuche

Damit die Zuhörer leichter folgen können, sollte ein Tafelbild während des Vortrags schrittweise entwickelt werden. Ebenso empfiehlt es sich, Metaplan-Karten nach und nach aufzuhängen und auch Folien auf dem Tageslichtprojektor schrittweise aufzudecken.

Wichtig ist die **Visualisierung** der Inhalte. Durch den Einsatz von Grafiken, Zeichnungen, Filmen, Modellen usw. kann man Inhalte veranschaulichen und Zusammenhänge deutlich machen. Statt abstrakter Begriffe und Zahlen solltest du möglichst oft Bilder oder Diagramme verwenden.

Das A und O eines guten Vortrags ist die Gliederung. Jeder Vortrag gliedert sich in Einleitung, Hauptteil und Schluss. In der Einleitung gibst du das Thema bekannt und weckst das Interesse der Zuhörer. Beginne deinen Vortrag z. B. mit einer Frage, die dein Publikum interessiert. Versuche so oft wie möglich Bezüge zum Erfahrungsbereich der Zuhörer herstellen. Das hilft das Gehörte zu behalten und hält die Zuhörer bei der Stange. Der Hauptteil enthält die Kernaussagen des Vortrags. Unterteile den Hauptteil sinnvoll in Kapitel und Unterkapitel. Um die Stofffülle zu strukturieren und sinnvolle Oberbegriffe zu finden, bietet sich die Mind-Map-Technik an. Achte darauf, dass die Kapitel untereinander vertretbar gleich gewichtet sind. Gut wäre es, wenn du die Gliederung und die Schwerpunkte deines Vortrags rechtzeitig mit deinem Lehrer bzw. deiner Lehrerin abstimmst. Im Schlussteil fasst du deine Aussagen nochmals zusammen.

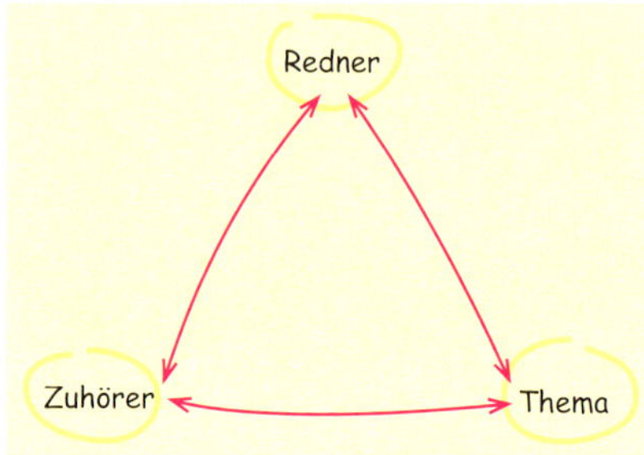

3 Rhetorisches Dreieck

1 Ein Bild sagt mehr als tausend Worte...

Beispiel für eine Gliederung

Thema	**Die Bedeutung der Schimmelpilze für den Menschen**
Einleitung	1. Einleitung
Hauptteil	2. Schimmelpilze sind gefährlich! 2.1. Verschimmelte Lebensmittel 2.2. Schimmel in der Wohnung 3. Schimmelpilze sind nützlich! 3.1. Helfer bei der Lebensmittelherstellung a) Schimmelkäse b) Edelsalami c) Limonade & Co. 3.2. Penicillin
Schluss	4. Schluss

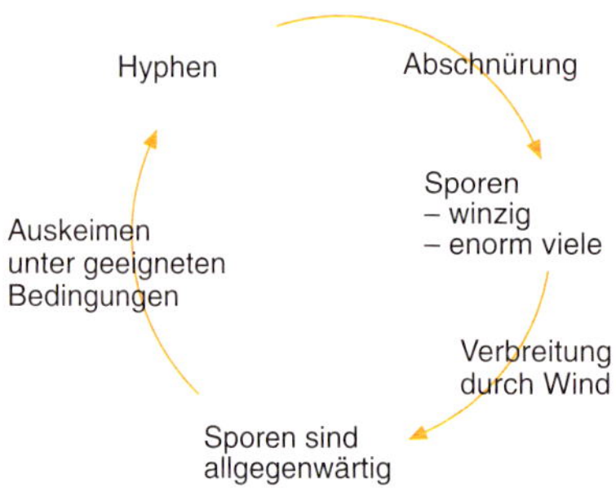

2 Flussdiagramm als Beispiel einer Visualisierung

Auf keinen Fall sollte man seinen Vortrag ausformulieren und dann womöglich ablesen. Notiere statt dessen Stichpunkte auf Karteikarten. Wer nur Stichworte auf seinem **Manuskript** stehen hat, spricht automatisch frei. Die Präsentation wirkt dadurch lebendig und natürlich. Die Stichworte liefern den roten Faden und stellen sicher, dass du nicht mitten im Vortrag vergisst, was du sagen wolltest. Es ist empfehlenswert, die ersten Sätze der Einleitung sowie den Schluss schriftlich auszuformulieren. Das hilft die erste Aufregung zu überwinden und du kannst sicher sein, zu Beginn und am Schluss deines Auftritts die richtigen Worte zu finden.

Halte deine Präsentation vor mindestens einem Zuhörer zur Probe. Dieser achtet sowohl auf die Inhalte als auch auf die Einhaltung der Vortragsregeln (siehe Kasten). Seine Rückmeldung hilft dir deine Präsentation und deine Vortragstechnik zu verbessern. Außerdem kannst du so prüfen, ob du die Zeitvorgabe eingehalten hast.

Natürlich musst du selbst alles verstehen, was du präsentierst. Jeden Begriff, der auf deinen Folien auftaucht oder den du verwendest, musst du auch erklären können. Fachbegriffe einzuführen ist dann sinnvoll, wenn sie wiederholt benötigt werden.

Über dein Thema solltest du mehr wissen als das, was du in den wenigen Minuten deiner Präsentation vorstellst. Das gibt dir mehr Sicherheit auch für eventuelle Fragen.

Du brauchst den Zuhörern deine Folien nicht vorzulesen. Beschränke dich auf wenige Wörter auf den Folien und ergänze sie durch Bilder. Den Rest machst du mündlich, sonst wird es langweilig.

Zu einer Präsentation gehört auch ein **Handout**, ein Blatt, das deine Mitschüler/innen erhalten. Hier stellst du die wesentlichen Informationen deines Vortrags übersichtlich zusammen (vergleiche Kasten).

Aufgabe

① Beschreibe das in Abb. 3 gezeigte rhetorische Dreieck. Erläutere die Bedeutung der Wechselpfeile.

1. Gliedere den Vortrag klar und gib die Gliederung bekannt!
2. „In der Kürze liegt die Würze" — Konzentriere dich aufs Wesentliche!
3. Kein reiner Wortvortrag, veranschauliche, wo immer möglich!
4. Sprich frei und lies keine Folien vor!
5. Sprich verständlich! Also: kurze Sätze mit einfachen Worten.
6. Rede nicht zu schnell! Lege Pausen ein!
7. Halte Blickkontakt zu den Zuhörern!
8. Lasse Rückfragen zu (während des Vortrags oder im Anschluss)!
9. Stelle Bezüge zum Erfahrungsbereich der Zuhörer her!
10. Übe deinen Vortrag vorher!

- Versichere dich rechtzeitig, dass die Technik zur Verfügung steht und dass deine Präsentation z. B. auf dem vorhandenen Computer läuft.
- Beschränke dich auf Stichworte, schreibe keine ganzen Sätze auf die Folien!
- Wähle die Schrift so groß, dass man sie auch in der letzten Reihe gut lesen kann.
- Setze Farben und verschiedene Schrifttypen sparsam ein.
- Pass auf, dass der Spieltrieb nicht mit dir durchgeht. Zu viele Effekte lenken vom Inhalt ab. Weniger ist hier oft mehr!

Ein Handout sollte maximal zwei Seiten umfassen und folgende Bestandteile haben:
- Name der/des Vortragenden, Klasse, Fach, Datum
- Thema des Vortrags
- Gliederung in Kapitel und Unterkapitel
- Kernaussagen des Vortrags
- Quellenverzeichnis

- Achte auf eine ansprechende und übersichtliche Gestaltung.
- Ein Handout darf auch Lücken haben, die die Zuhörer während oder nach dem Vortrag ergänzen.
- Visualisiere fachliche Inhalte, wo es sinnvoll ist. Übernimm wichtige Grafiken und Diagramme aus deiner Präsentation ins Handout.
- Bedenke, dass deine Mitschüler/innen nur eine Kopie bekommen. Vieles, was als farbige Vorlage gut aussieht, ist auf einer Schwarzweißkopie kaum zu erkennen.

Sinne, Nerven und

Unsere Sinnesorgane gleichen vielfältigen Antennen. Sie sind für die Aufnahme unterschiedlichster Signale, wie etwa Licht, Schall oder Wärme, spezialisiert. Existiert für einen Umwelteinfluss ein passendes Sinnesorgan, so bezeichnet man diesen Einfluss als Reiz. Mit dem Zustrom von Reizen erhält der Organismus Informationen über die Umwelt. Von den Sinnesorganen werden sie durch Nervenzellen ins Gehirn geleitet und ausgewertet. Das Ergebnis der Auswertung bestimmt, ob wir beispielsweise auf der Straße ein Auto erkennen, es schön finden oder gar als Gefahr wahrnehmen.

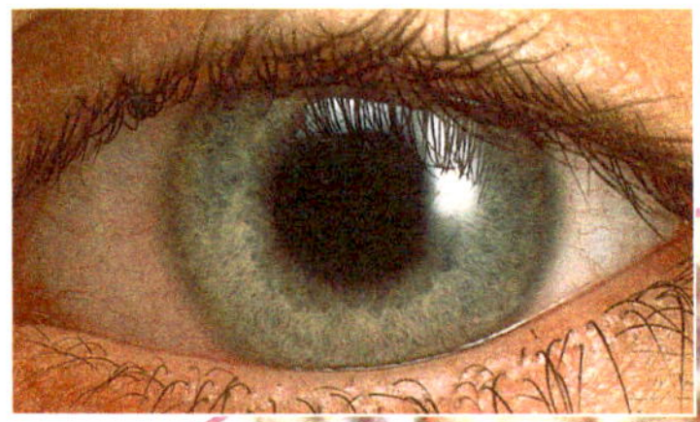

Sehen

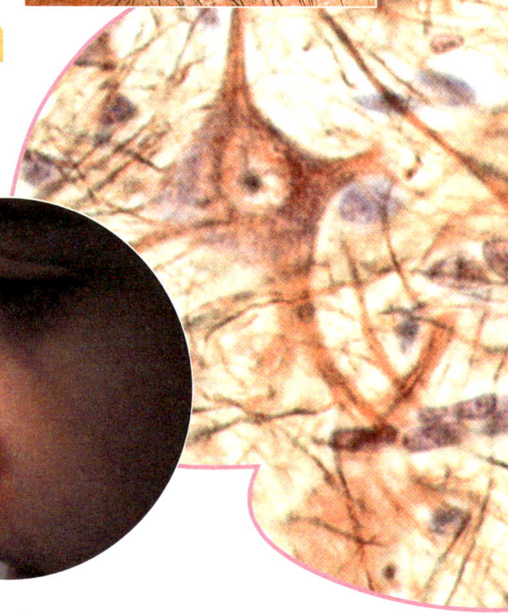

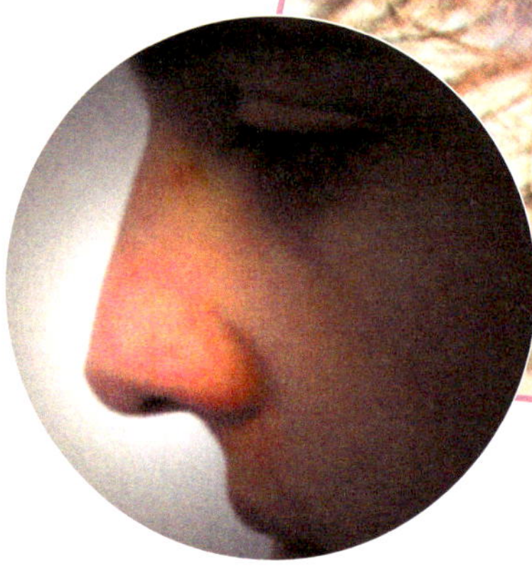

Riechen

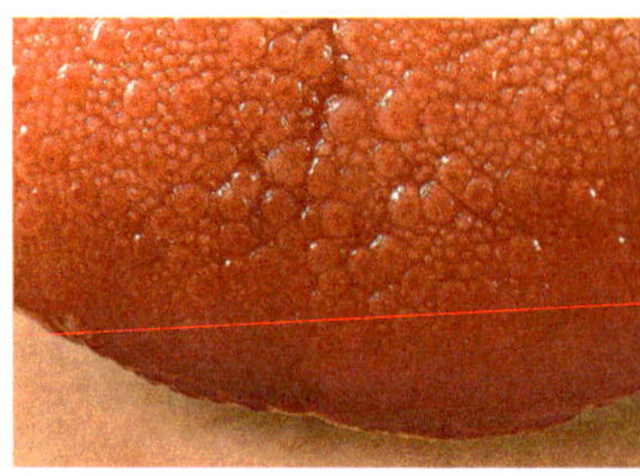

Schmecken

Hormone

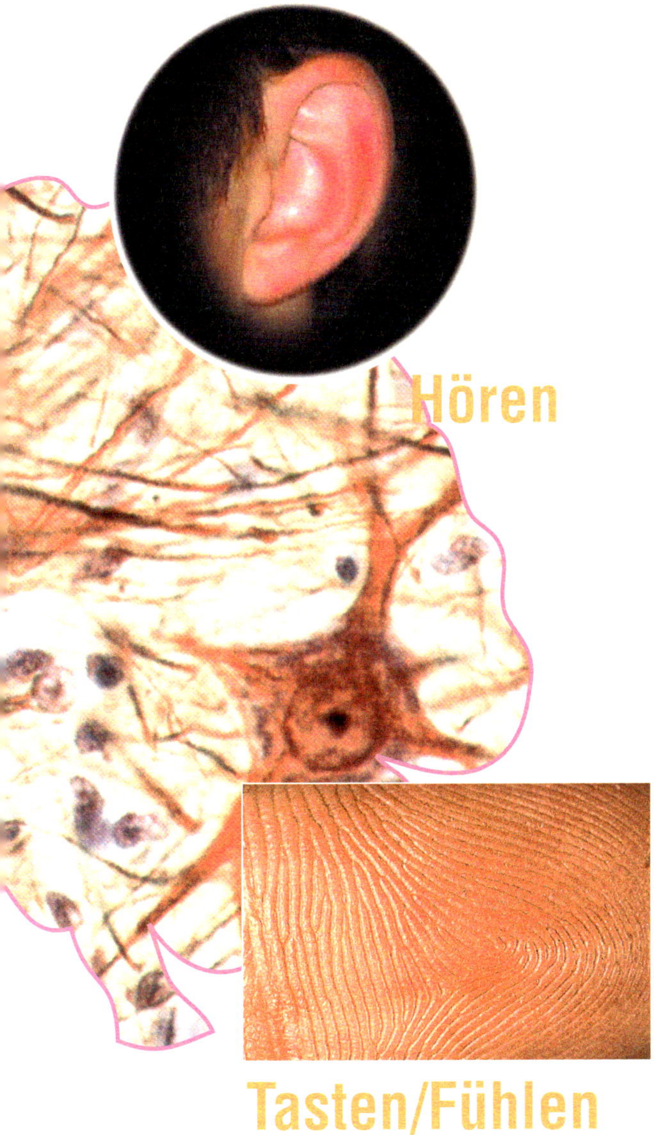

Das Nervensystem leitet auch Signale, die zur Regulation der Tätigkeit der inneren Organe notwendig sind. Diese Vorgänge bleiben uns meist unbewusst, ebenso wie die Arbeit der Hormondrüsen. Ihre Botenstoffe werden mit dem Blut im gesamten Körper verteilt und regulieren lebenswichtige Stoffwechselvorgänge.

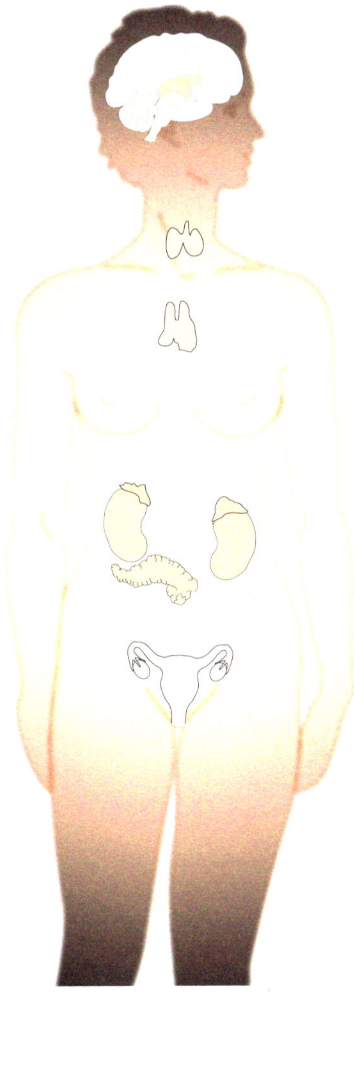

Die Sinne des Menschen im Überblick

Regina und ihre Freunde sind zum ersten Mal in einer Disco. Zahlreiche Reize überfluten die Sinne und müssen verarbeitet werden: die laute Musik, das grelle Licht der Scheinwerfer, die vielen anderen Menschen, die tanzen, trinken, lachen, flirten.

Der Mensch kann aus seiner Umwelt eine Vielzahl von Reizen aufnehmen. **Reize** sind bestimmte chemische oder physikalische Einflüsse, z. B. ein Duftstoff aus einem Deo, der Schall aus den Lautsprecherboxen oder das Licht aus den Scheinwerfern der Disco. Zur Aufnahme von Reizen dienen bestimmte *Sinnesorgane*. Die Fähigkeit, Reize aufzunehmen, bezeichnet man allgemein als **Sinn**. Die wichtigsten Sinne des Menschen sind Lichtsinn, Hörsinn, Geruchssinn, Geschmacksinn, Tastsinn und Gleichgewichtssinn.

Die wichtigsten Sinnesorgane sind für uns die *Augen*, an zweiter Stelle kommen die *Ohren*. Weitere wichtige Sinnesorgane sind die *Nase* mit ihrer Riechschleimhaut oder die *Haut* mit ihren Tastorganen und Temperaturfühlern. Sinnesorgane sind hinsichtlich ihrer Struktur besonders für die Aufnahme von Reizen geeignet. Dazu gibt es in den Sinnesorganen hoch spezialisierte *Sinneszellen*, die extrem empfindlich auf bestimmte Reize reagieren können.

Der Mensch kann jedoch nicht alle **Signale** aufnehmen, die es in seiner Umgebung gibt. Beispielsweise können wir die UV-Strahlung der Sonne nicht sehen, obwohl sie physikalisch dem Licht sehr stark ähnelt. Dagegen können Bienen UV-Strahlung erkennen. Nur die Signale, die von einem Lebewesen mit Hilfe von Sinnesorganen aufgenommen werden können, nennt man Reize. Rotes Licht ist für den Menschen ein Reiz, UV-Strahlung dagegen nicht. Für die Biene ist UV-Strahlung ein Reiz, im Gegensatz zu uns kann sie rotes Licht nicht erkennen.

Sinneszellen nehmen bestimmte Reize auf, z. B. Licht oder Schall. Dabei können sie bei einem Reiz verschiedene *Reizqualitäten* erkennen, z. B. rotes oder blaues Licht bzw. hohe oder tiefe Töne. Sie sind an diese *Reizqualitäten* angepasst, z. B. durch die Bildung bestimmter Farbstoffe oder Zellstrukturen. Dazu können sie auch verschiedene *Reizintensitäten* unterscheiden, z. B. helles oder schwaches Licht bzw. laute oder leise Töne.

Reize werden nicht direkt ins Gehirn weitergeleitet, sondern bewirken an der Sinneszelle eine *elektrische Erregung*. Sinneszellen sind also **Signalwandler**. Sie sind in der Lage, anschließend die Erregung an Nervenzellen weiterzugeben, die sie als elektrische Signale an das ZNS leiten.

Die Reize liefern nicht nur Informationen über die Umgebung, sondern sie beeinflussen die Sinneszellen auch energetisch. Wird z. B. Licht in Lichtsinneszellen aufgenommen, so wird es von Sehfarbstoffen absorbiert, die dadurch ihre chemische Struktur verändern. Dies wiederum verändert die Verteilung bestimmter Ionen an der Zellmembran. Es findet also eine *Umwandlung* von Lichtenergie in chemische Energie und schließlich in elektrische Energie statt. Sinneszellen sind somit *Energiewandler*.

Die von den Reizen gelieferte Energie reicht allerdings nicht aus, um die Zellreaktionen ablaufen zu lassen. Die dafür benötigte Energie wird von der Sinneszelle selbst zur Verfügung gestellt. Modellmäßig kann man sich dies ähnlich wie eine Mausefalle vorstellen: Die Mausefalle stellt durch die gespannte Feder die Energie für das Zuschnappen selbst zur Verfügung. Die Maus liefert praktisch keine Energie dafür, sondern löst die Reaktion nur aus.

Der Mensch kann nicht nur Reize aus seiner Umgebung aufnehmen. Sinnesorgane und Sinneszellen liefern auch, ohne dass es uns bewusst wird, ständig Informationen über den *inneren Zustand* unseres Körpers: zum Beispiel melden sie dem Gehirn, wie stark bestimmte Muskeln angespannt sind oder welche Stellung die Gelenke haben. Ohne diese Informationen wären keine Bewegungen möglich, weder in der Disco noch auf dem Sportplatz. Andere Sinneszellen melden dem Gehirn die Höhe des Blutzuckerspiegels und der Sauerstoffkonzentration. Sind die Werte zu niedrig, äußert sich das als Müdigkeit.

Signale
Bestimmte chemische oder physikalische Einflüsse, z. B. Licht, Radiowellen, Schallwellen, Duftstoffe, Röntgenstrahlen, radioaktive Strahlen.

Reize
sind *Signale*, die mit Sinnesorganen aufgenommen werden können.

Regina kann mit ihrem Lichtsinn ihre Umgebung erkennen, mit dem Hörsinn die Musik hören und ihr Gleichgewichtssinn ist beim Tanzen stark gefordert. Um auf die aufgenommenen Reize reagieren zu können, müssen die Informationen in ihr **Gehirn** gelangen und dort verarbeitet werden. Zur Leitung von Informationen dienen hoch spezialisierte Organe, die **Nerven**. Sie können mit langen Fortsätzen Informationen von den Sinnesorganen zum *Rückenmark* und zum Gehirn leiten.

Das Gehirn dient hauptsächlich zur Verarbeitung und Speicherung von Informationen. Beim Menschen ist das *Großhirn* besonders stark entwickelt: es verarbeitet die Informationen, die von den Sinnesorganen über die Nerven in das Gehirn geleitet werden. Es verknüpft diese Sinneseindrücke mit bestimmten Erinnerungen und ruft Gefühle, Gedanken und Einschätzungen hervor. Das Gehirn steuert die willentlichen Bewegungen unseres Körpers. Letztlich erfolgt also eine bestimmte, zumeist sinnvolle *Reaktion* des Körpers auf die wahrgenommenen Reize, man nennt dies einen **Reiz-Reaktions-Zusammenhang**.

Aufgaben

① Erstelle tabellarisch eine Übersicht über unsere Sinne, die entsprechenden Sinnesorgane, Reize und Reizqualitäten.

② Setzt man sich zu lange der Sonne aus, ist ein Sonnenbrand die Folge. Ausgelöst wird er nicht durch das sichtbare Licht, sondern durch die UV-Strahlung der Sonne. Ist die UV-Strahlung ein Reiz? Begründe.

③ Welche Beispiele für Signale (s. Randspalte S. 16) sind für uns keine Reize?

④ Mobiltelefone geben und nehmen bei der Benutzung eine Vielzahl von Signalen ab bzw. auf. Erstelle eine Übersicht über diese Signale. Für welche dieser Signale besitzen Mobiltelefone bzw. Benutzer geeignete Empfangseinrichtungen?

⑤ Optische Aufheller werden Waschmitteln zugesetzt, um Wäsche weißer erscheinen zu lassen. Sie wandeln UV-Strahlung in ein wenig thermische Energie und blaues Licht um, das den Gelbstich auf der Wäsche überdeckt.
Sind die optischen Aufheller Signalwandler? Begründe. Sind sie Energiewandler? Vergleiche mit Sinneszellen.

Das Auge

Im täglichen Leben ist der *Lichtsinn* für den Menschen von sehr großer Bedeutung. Er ist der *Leitsinn*, der uns eine sichere Orientierung ermöglicht. Wir verlieren diese Sicherheit sofort, wenn wir uns mit geschlossenen Augen bewegen.

Augen sind empfindliche *Sinnesorgane*. Umgeben von Nasenbein, Jochbein und Stirnbein liegen sie geschützt, eingebettet in ein Fettpolster, in den knöchernen *Augenhöhlen* des Schädels. Fliegen Staub oder Sandkörnchen an die Wimpern, wird das *Augenlid* automatisch schnell geschlossen und schützt vor Schmutzteilchen. Gelangt dennoch ein kleiner Fremdkörper ins Auge, wird er durch die *Tränenflüssigkeit* ausgeschwemmt. Allerdings versagt der Schutz der Tränenflüssigkeit bei scharfen, heißen oder ätzenden Teilchen. Sie können das Auge verletzen. Deshalb muss man bei handwerklichen Tätigkeiten, bei denen die Augen gefährdet sind, unbedingt eine Schutzbrille tragen.

Die Augenwand besteht aus mehreren übereinanderliegenden Häuten. Die äußerste Haut ist die schützende, zähe *Lederhaut*. An ihr setzen sechs Muskeln an, die das Auge in der Augenhöhle bewegen. Dadurch kommen die äußerlich sichtbaren Augenbewegungen zustande. Wo Licht ins Auge eintritt, befindet sich der durchsichtige Bereich der Lederhaut, die *Hornhaut*. Sie wird ständig mit Tränenflüssigkeit befeuchtet.

Die zweite Schicht, die *Aderhaut*, ist reich an Blutgefäßen und versorgt die ihr anliegenden Schichten mit Nährstoffen und Sauerstoff. Darauf folgt die *Pigmentschicht*, deren Zellen schwarzen Farbstoff *(Pigment)* enthalten. Die innerste Schicht ist die *Netzhaut*. Nur sie enthält Lichtsinneszellen. An der Stelle, an der der *Sehnerv* das Auge verlässt, ist die Netzhaut unterbrochen. Hier befinden sich keine Lichtsinneszellen. Diese Stelle heißt daher *Blinder Fleck*. Der Hornhaut gegenüber ist eine etwas vertiefte Netzhautstelle. Wegen ihrer Färbung heißt sie *Gelber Fleck* und ist die Stelle für das schärfste Sehen.

Ins Augeninnere gelangt Licht durch die Hornhaut und das schwarz erscheinende Sehloch, die *Pupille*. Sie ist eine kreisförmige Öffnung der farbigen Regenbogenhaut, der *Iris*. Durch Muskelfasern der Iris kann die Pupille vergrößert oder verkleinert werden. Bei starkem Lichteinfall ist die Pupille klein, bei schwacher Beleuchtung weit geöffnet. Dieser Vorgang, der das Auge an die Umgebungshelligkeit anpasst, heißt *Adaptation* (siehe auch Seite 24).

Hinter der Iris ist die elastische Augenlinse an Bändern aufgehängt. Die Linsenbänder *(Zonulafasern)* verlaufen speichenartig zum ringförmigen *Ziliarmuskel*. Das Augeninnere ist von dem gallertartigen *Glaskörper* erfüllt. Er verleiht dem Auge die feste, runde Form, die auch *Augapfel* genannt wird.

Bau und Leistungen des Auges zeigen beispielhaft ein biologisches **Prinzip**: Die **Struktur** eines Organs ermöglicht die Ausübung einer bestimmten **Funktion** (▶ S. 152).

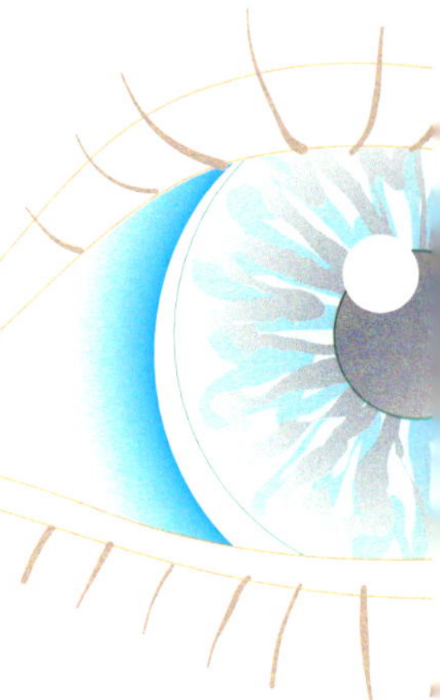

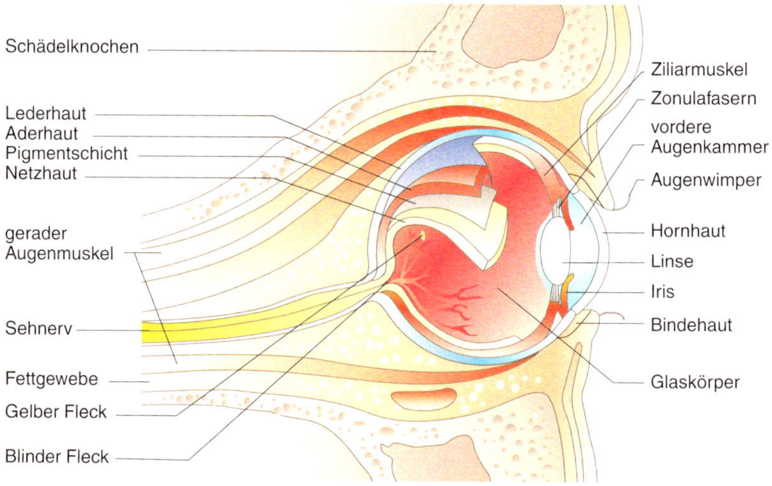

1 Schematischer Längsschnitt durch das menschliche Auge

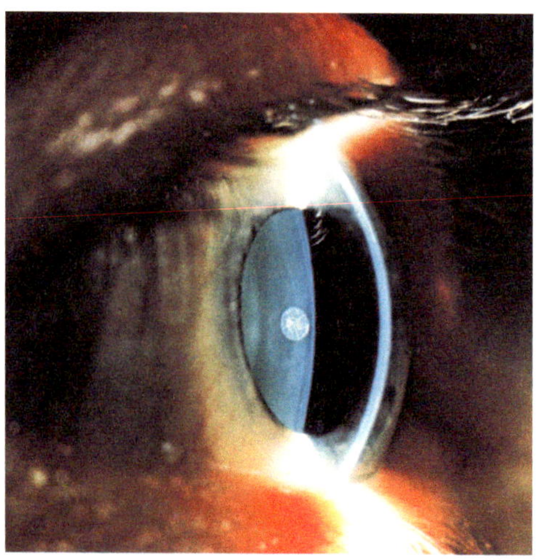

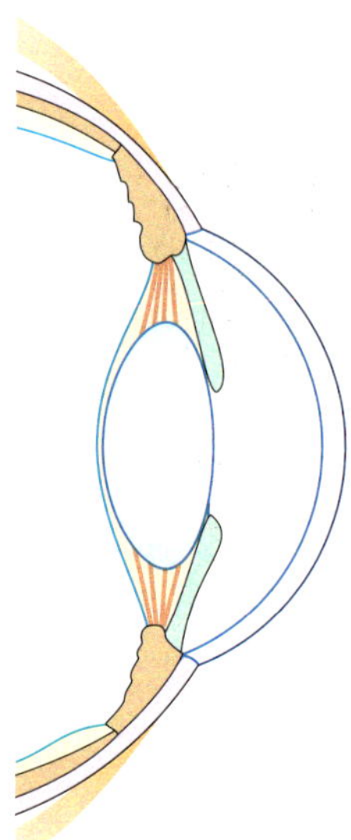

2 Menschliches Auge

Bau und Funktion der Netzhaut

Die Netzhaut ist der lichtempfindliche Teil des Auges. Im mikroskopischen Bild erkennt man, dass sie aus drei Zellschichten besteht. Unmittelbar an den Pigmentzellen liegen die *Lichtsinneszellen*, von denen es zwei Typen gibt. *Stäbchen* sind lang und schlank und werden bereits durch schwaches Licht gereizt. Sie ermöglichen Hell-Dunkel- und Dämmerungssehen. Gedrungener und kürzer sind die *Zapfen*. Durch sie ist Farbensehen möglich, jedoch benötigen sie zur Reizung weitaus mehr Licht als Stäbchen. In der Netzhaut eines Auges sind etwa 125 Millionen Stäbchen und 6 Millionen Zapfen verteilt. Im Zentrum, dem Gelben Fleck, findet man ausschließlich eng aneinanderliegende Zapfen. Zu den Randbereichen der Netzhaut hin nimmt die Häufigkeit der Zapfen ab und die der Stäbchen zu. Die äußersten Bereiche enthalten nur noch Stäbchen (Abb. 1).

Trifft Licht auf Lichtsinneszellen, so werden sie gereizt und senden Signale an die zweite Zellschicht, bestehend aus Schaltzellen. Diese übertragen Signale an die dritte Schicht. In ihr liegen etwa eine Million Nervenzellen, deren lange Fortsätze sich zum *Sehnerv* vereinigen und elektrische Signale zum Gehirn leiten. Jede Nervenzelle liefert für ein wahrgenommenes Bild einen Bildpunkt.

Während im Bereich des Gelben Flecks auf jede Lichtsinneszelle eine Schaltzelle und eine Nervenzelle kommt, sind in den Randbereichen der Netzhaut bis zu 100 Lichtsinneszellen in Kontakt mit einer Schaltzelle. An ihr summieren sich auch schwache Signale zusammengeschalteter Lichtsinneszellen. Dadurch ist die Lichtempfindlichkeit in den Randbereichen der Netzhaut höher als im Zentrum. Dagegen ist die Sehschärfe im Gelben Fleck besonders hoch, weil jeder Lichtsinneszelle ein Bildpunkt entspricht.

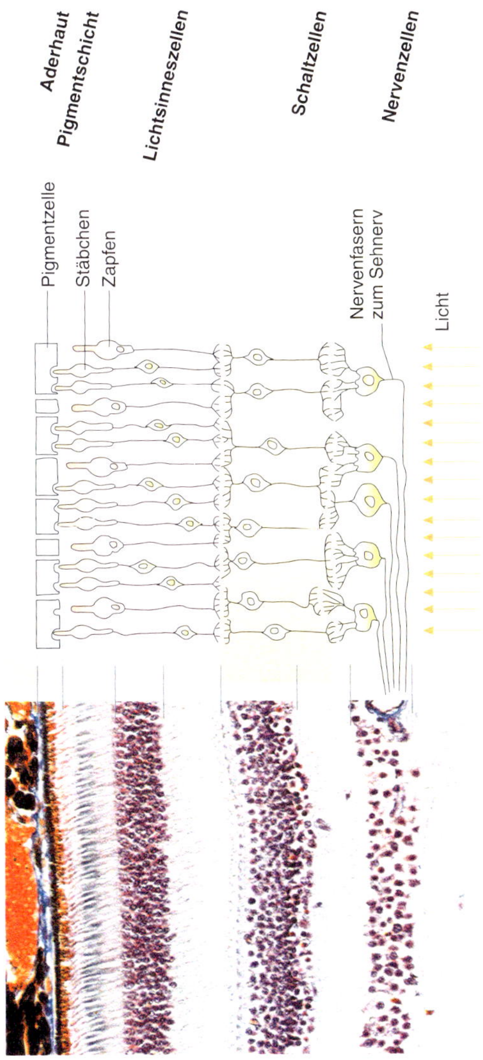

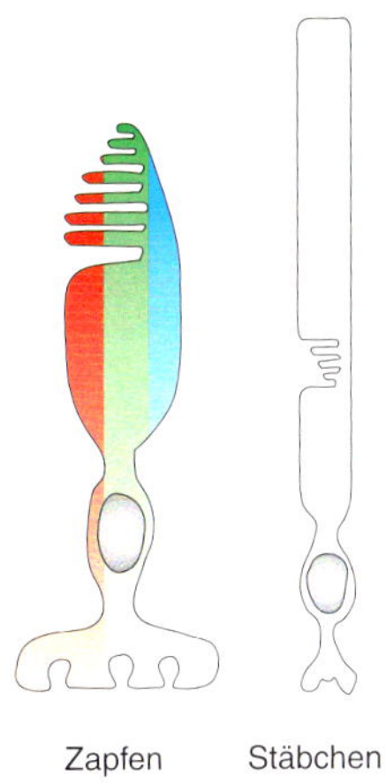

1 Bau der Netzhaut (Mikrofoto und Schema)

Aufgaben

1. Beschreibe die Aufgaben der drei Zellschichten der Netzhaut.
2. Die Sehzellen werden durch einen kurzen Lichtblitz stärker erregt, wenn man sich zuvor längere Zeit in dunkler Umgebung aufgehalten hat. Erkläre.

Zettelkasten

Die Funktion des Sehfarbstoffs

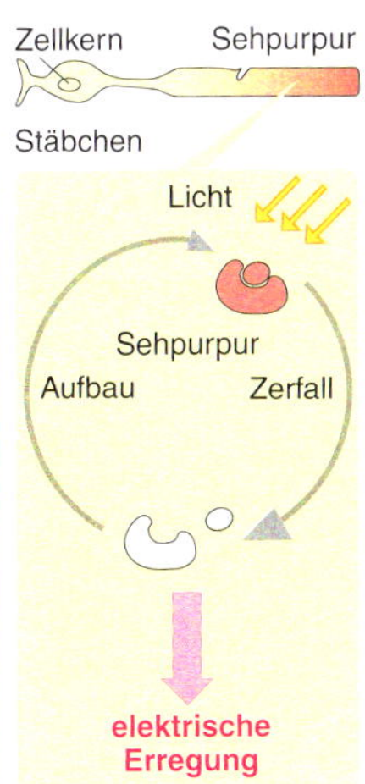

Alle Lichtsinneszellen enthalten lichtempfindliche Farbstoffe. In Stäbchen ist es *Sehpurpur*, für dessen Aufbau Vitamin A aus der Nahrung benötigt wird. Trifft Licht auf eine Lichtsinneszelle, so wird sie gereizt. Der Sehfarbstoff absorbiert Licht und zerfällt in zwei Bestandteile. Dabei erzeugt die Zelle ein elektrisches Signal. Sie ist nun erregt und reizt nachfolgende Schaltzellen.
In der Lichtsinneszelle wird der zerfallene Sehfarbstoff wieder aufgebaut und steht dann erneut für die Lichtabsorption zur Verfügung. In Lichtsinneszellen, die längere Zeit unbelichtet bleiben, sammelt sich viel Sehfarbstoff an. Dagegen ist der Vorrat an Sehfarbstoff in stark belichteten Zellen gering.

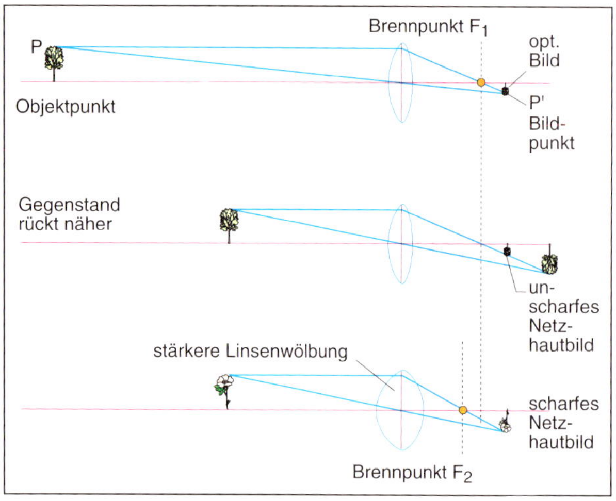

1 Strahlengang im Auge bei Nah- und Ferneinstellung

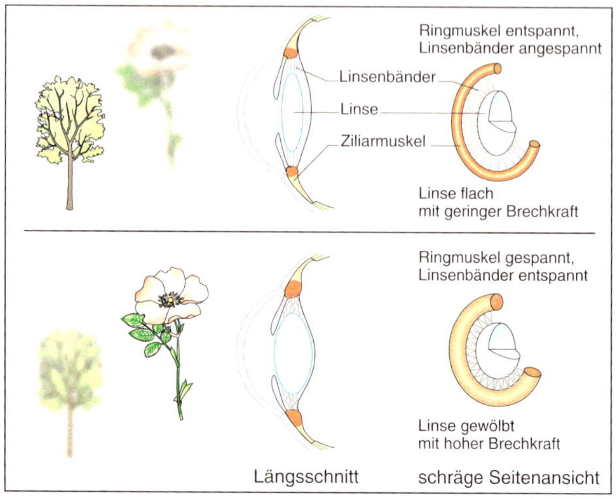

2 Fern- und Naheinstellung

Die Abbildung der Umwelt

Sammellinsen

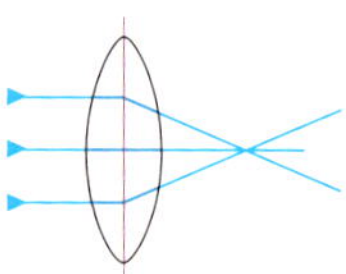

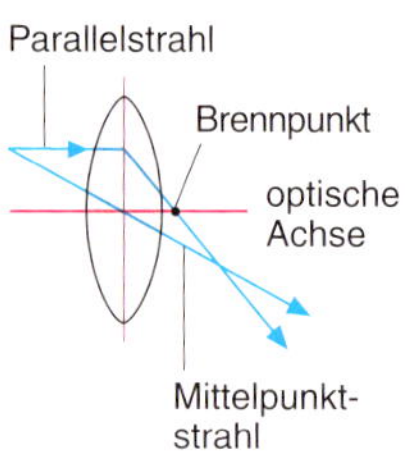

Zerstreuungslinse

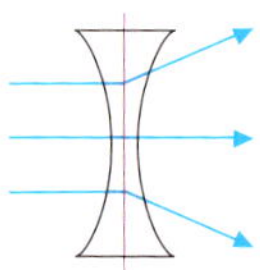

Unser Auge hat im Unterschied zu einer Lochkamera durch Hornhaut, Linse und Kammerwasser ein *lichtbrechendes System*. Es kann vereinfacht wie eine einzige *Sammellinse* (Konvexlinse) angesehen werden. Eine solche Linse besitzt einen Mittelpunkt und einen *Brennpunkt*. Lichtstrahlen durch den Linsenmittelpunkt werden nicht gebrochen. Parallel zur optischen Achse eintreffende Lichtstrahlen werden beim Durchtritt durch die Linse so gebrochen, dass sie sich alle im Brennpunkt schneiden. Für eine stark vereinfachte Bildkonstruktion reichen demzufolge *Parallelstrahl* und *Mittelpunktstrahl*. Die Konstruktion zeigt, dass in unserem Auge auf der Netzhaut ein verkleinertes und auf dem Kopf stehendes Bild entsteht (Abb. 1).

Nahe und weit entfernte Gegenstände können nicht gleichzeitig scharf auf der Netzhaut abgebildet werden. Will man beim Fotoapparat das Bild scharf stellen, verändert man die Entfernung von Linse und Filmebene. Im menschlichen Auge ist ein Verschieben der Linse nach vorn oder hinten jedoch nicht möglich. Hier wird durch Veränderung der Linsenkrümmung eine Anpassung bewirkt.

Diese *Entfernungseinstellung* des Auges bezeichnet man als *Akkommodation*. Sie wird durch den Ziliarmuskel, die Linsenbänder und die Tatsache möglich, dass unsere Linse elastisch und in spezieller Weise befestigt ist. Von vorn betrachtet gleicht die Aufhängung der Linse an den Linsenbändern dem Blick auf ein Rad mit fadenähnlichen Speichen.

Ist das Auge auf die Ferne eingestellt, ist der ringförmige Ziliarmuskel entspannt und durch den Augeninnendruck gedehnt. Die Linse wird durch die Linsenbänder flach gezogen und die Linsenbänder selbst sind gespannt. Durch die geringere Wölbung bricht die Linse die Lichtstrahlen weniger (Abb. 2).

Nähert sich der Gegenstand dem Auge, so zieht sich der Ziliarmuskel immer mehr zusammen. Sein Umfang verringert sich. Die Linsenbänder ziehen nun nicht mehr so stark an der Linse. Sie kugelt sich aufgrund ihrer Eigenelastizität immer weiter ab. Durch die stärkere Wölbung bricht sie die Lichtstrahlen stärker. Der Vorgang endet, wenn die Linsenbänder nicht mehr an der Linse ziehen. Mit dieser Einstellung kann auch von nahen Gegenständen ein scharfes Bild auf der Netzhaut entstehen (▶ S. 152).

Mit zunehmendem Alter lässt die Elastizität der Linse nach. Jugendliche sehen z.B. noch in einer Entfernung von 10 cm Gegenstände scharf, während sich dieser *Nahpunkt* bei älteren Personen bis auf einen Meter hinausschieben kann (*Alterssichtigkeit*).

Aufgaben

① Beschreibe Nah- und Fernakkommodation mit geeigneten Skizzen und in einer tabellarischen Übersicht.

② Begründe: Der entspannte Blick in die Ferne („Träumen mit offenen Augen") ist nicht anstrengend, aber eine dauernde Arbeit nahe vor den Augen ermüdet.

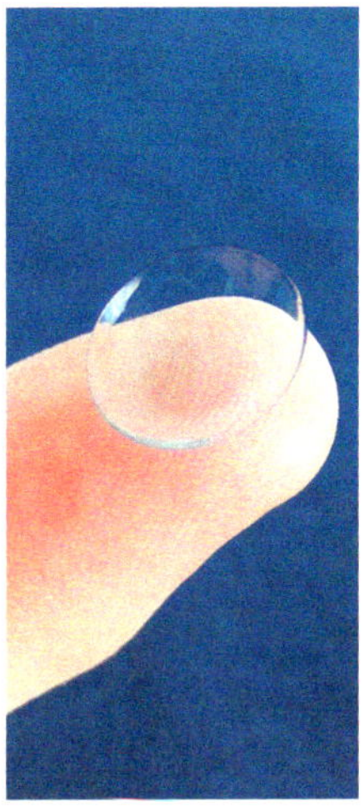

Sehfehler — Sehhilfen

Manche Menschen können ferne Gegenstände nur unscharf sehen, während im Nahbereich alles scharf erscheint. Die betroffenen Personen sind *kurzsichtig*. Die Ursache liegt in einem zu langen Augapfel. Dies führt bei der Betrachtung eines weit entfernten Gegenstandes mit fern eingestelltem Auge dazu, dass das optische Bild vor der Netzhaut entsteht. Die Brechkraft der Augenlinse ist auch bei weitester Abflachung noch zu groß. Um dies zu korrigieren, trägt man eine Brille oder Kontaktlinsen. Die Gläser sind *Zerstreuungslinsen*; sie gleichen die zu große Brechkraft der Augenlinse aus (Abb. 3).

Bei *Weitsichtigkeit* können weit entfernte Gegenstände deutlich gesehen werden. Gegenstände in der Nähe jedoch nur unscharf. Die Ursache ist hier ein zu kurzer Augapfel. Bei Annäherung eines Gegenstandes an dieses Auge muss sich die Augenlinse immer mehr wölben, damit er scharf auf die Netzhaut abgebildet wird. Ist die größte Wölbung erreicht, wenn der Gegenstand noch weiter als 20 cm entfernt ist, so führt eine weitere Annäherung zu einem unscharfen Netzhautbild. Abhilfe schaffen *Sammellinsen*. Sie gleichen die hier unzureichende Brechkraft der Augenlinse aus (Abb. 2).

Es kann vorkommen, dass in der Augenlinse Trübungen entstehen. Ist ein großer Bereich der Linse betroffen, bezeichnet man dies als *Grauen Star*. Das Sehvermögen ist dadurch beeinträchtigt. Bei starken Trübungen wird die Augenlinse operativ entfernt und durch eine klare Kunstlinse ersetzt. Als *Grünen Star* bezeichnet man eine Augenerkrankung, die durch einen zu hohen Augeninnendruck verursacht wird. Die Druckerhöhung, die sich häufig langsam und unbemerkt einstellt, kann zu einer Schädigung von Netzhaut und Sehnerv führen. Ohne Behandlung besteht die Gefahr der Erblindung. Die Früherkennung ist durch regelmäßige Messungen des Augen-innendrucks möglich.

1 Brille als Sehhilfe

Alle Augenerkrankungen sollten möglichst frühzeitig vom Augenarzt untersucht und behandelt werden. Besonders im Straßenverkehr kommt es immer wieder zu gefährlichen Situationen, wenn Menschen nicht deutlich sehen. Aber auch bei der Bildschirmarbeit oder bei angestrengtem Lesen ist eine Entlastung des Auges durch angepasste Sehhilfen wichtig (Abb. 1).

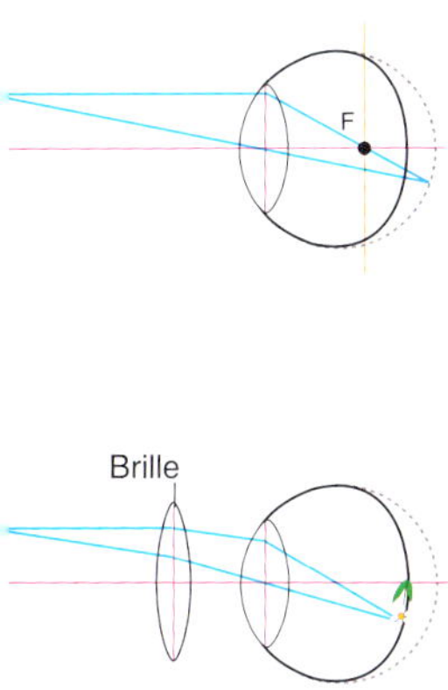

2 weitsichtiges Auge

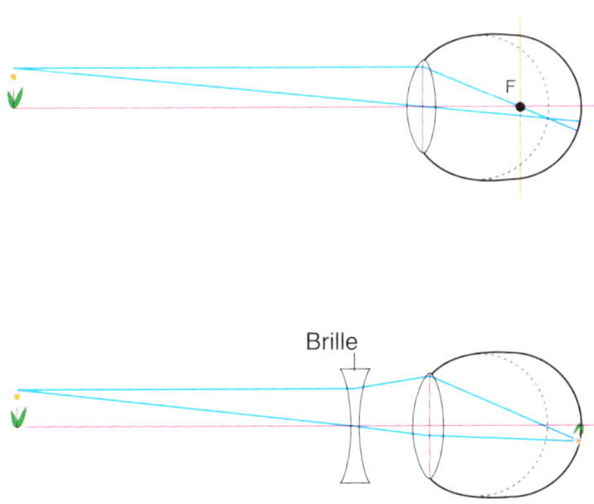

3 kurzsichtiges Auge

Aufgaben

① Vergleiche Kurz- und Weitsichtigkeit in einer tabellarischen Übersicht.

② Begründe, warum zur Korrektur der Weitsichtigkeit eine Sammellinse und zur Korrektur der Kurzsichtigkeit eine Zerstreuungslinse benutzt wird.

③ Nenne die Unterschiede zwischen Weitsichtigkeit und Alterssichtigkeit.

④ Bei Patienten, die am Grauen Star operiert werden, wird die Augenlinse durch eine Kunstlinse ersetzt. Weshalb ist dies kein vollwertiger Ersatz?

⑤ Erläutere, warum Linse und Ziliarmuskel ein besonderes Beispiel für das Prinzip des Gegenspielers sind. Welcher Bezug zum Basiskonzept Struktur und Funktion (▶ S. 152) wird deutlich?

Sehen

Welche Aufgaben haben die einzelnen Strukturen des Auges beim Sehen? Welche Strukturen des Auges dienen seinem Schutz? Wo sind die Grenzen der Leistungsfähigkeit der Augen?

Versuche zum Sehvorgang

① Betrachte einen Gegenstand, der ca. 2 bis 3 Meter von dir entfernt ist. Halte dann zusätzlich einen Stift ca. 20 cm vor deine Augen. Versuche nun beide Gegenstände scharf zu sehen. Notiere deine Beobachtung und erkläre!

② Halte einen Stift ca. 20 cm vor deine Augen. Führe nun den Stift immer näher an deine Augen heran und versuche ihn immer scharf zu sehen. Wenn dir das nicht mehr gelingt, halte den Stift in der Position und lasse nun die Strecke zwischen deinen Augen und dem Stift ausmessen. So hast du deinen *Nahpunkt* bestimmt. Das ist die kürzeste Entfernung, bei der man noch scharf sehen kann. Vergleicht die Nahpunkte innerhalb eurer Klasse. Plant ein Experiment, mit dem ihr ermitteln könnt, inwieweit der Nahpunkt sich mit dem Alter ändert.

③ Eine Versuchsperson hält die Hände vor die geschlossenen Augen. Nach etwa 30 Sekunden nimmt sie die Hände weg, öffnet die Augen und blickt gegen ein helles Fenster. Beobachte genau, wie sich die Augen dabei verändern. Notiere deine Beobachtungen und erkläre.

④ Halte einen Bleistift mit der Spitze nach oben ca. eine Armlänge von einer Versuchsperson entfernt. Die Versuchsperson soll nun mit einem zweiten Bleistift die Spitze deines Bleistiftes treffen. Dazu soll sie ihren Arm zunächst locker hängen lassen und dann schnell die nötige Bewegung ausführen. Führe den Versuch 10-mal durch und zähle die Treffer. Dabei soll die Versuchsperson 5-mal mit beiden Augen sehen und 5-mal ein Auge zuhalten. Werte deine Versuchsergebnisse aus.

⑤ Am unteren Ende dieser Seite findest du ein Bild von einem Hund, der einen Hasen jagt. Halte das Buch mit dem rechten, ausgestreckten Arm vor dich und halte dir dabei das linke Auge zu. Fixiere den Hasen mit dem rechten Auge. Nähere nun das Buch langsam dem Auge, während du die ganze Zeit den Hasen fixierst. Was geschieht mit dem Hund? Beschreibe deine Beobachtungen.

Schutzeinrichtungen des Auges

⑥ Eine Versuchsperson legt den Kopf in den Nacken. Gib mit einer Pipette eine Reihe dicker Wassertropfen auf ihre Stirn. Nun nimmt die Versuchsperson wieder die normale Kopfhaltung ein. Beobachte die Wassertropfen. Wenn sie nicht die Stirn herabfließen, musst du etwas größere Tropfen nehmen. Notiere deine Beobachtungen und beschreibe, wie und wovor die Augen hier geschützt werden.

⑦ Eine Versuchsperson hält den Blick starr geradeaus, während du mithilfe eines Strohhalmes einen leichten Luftstrom in Richtung ihrer Augen leitest. Beobachte ihre Augen. Notiere deine Beobachtungen und beschreibe, wie und wovor die Augen hier geschützt werden.

⑧ Eine Versuchsperson schaut dir ins Gesicht. In einem Überraschungsmoment täuschst du einen Schlag in Richtung ihrer Augen an. (Vorsicht! Die Augen der Versuchsperson nicht berühren!) Erläutere deine Beobachtungen.

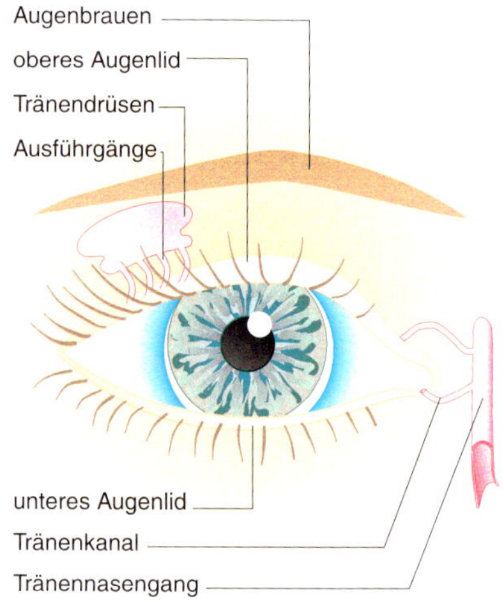

⑨ Eine Versuchsperson liest leise 3 Minuten lang in ihrem Bio-Buch. Beobachte ihre Augen und zähle, wie oft sie sie in dieser Zeit schließt. Nach einer kurzen Pause liest sie wieder 3 Minuten lang. Dieses Mal bläst du ihr aus ca. 1 m Entfernung mit einem Fön ins Gesicht. (Vorsicht! Den Fön nicht heiß einstellen!) Beobachte wieder ihre Augen und zähle, wie oft sie sie in dieser Zeit schließt. Notiere deine Beobachtungen und beschreibe, wie und wovor die Augen geschützt werden. Dabei kann dir die Abbildung oben helfen.

Präparation Wirbeltierauge

Material:
Schweineaugen, Papierhandtücher, 2 Petrischalen, Rasierklinge, spitze Schere, Pinzette, Präpariernadel, Streichhölzer, evtl. Handschuhe

Bestandteile des Auges

Durchführung:
- Lege das Auge auf ein Papierhandtuch.
- Präpariere Bindegewebe und Bindehaut mit der Schere ab. Betrachte Bindegewebe, Fettgewebe, Augenmuskeln und den Sehnerv.
- Stelle das Auge so, dass die Pupille waagrecht steht.
- Drücke mit Daumen und Zeigefinger den Augapfel seitlich zusammen. Schneide mit einer Rasierklinge oder spitzen Schere oben ein Fenster von ca. 1 cm Seitenlänge ein und nimm das ausgeschnittene Stück der Augenwand heraus. Beachte Dicke und Zähigkeit der Augenwand sowie den gallertartigen Glaskörper.
Achtung! Die Lederhaut ist sehr zäh. Pass besonders auf, dass du beim Schneiden nicht abrutschst und dich verletzt.

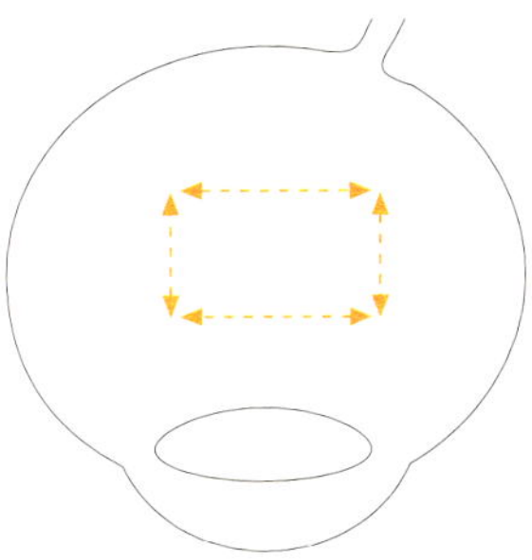

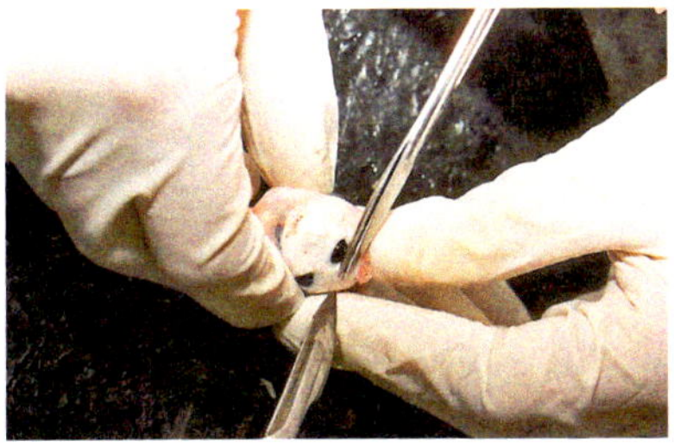

Optische Eigenschaften

Durchführung:
- Das Auge wird in einem verdunkelten Raum so auf einen Tisch gestellt, dass ein Beobachter durch das an der Oberseite gelegene Fenster die innere Rückseite des Auges betrachten kann. In ca. 10 cm Entfernung hält man ein brennendes Streichholz (s. Abbildung unten). Beobachte das Bild auf der inneren Rückseite des Auges.
- Bewege das Streichholz nach oben und unten bzw. rechts und links. Beobachte die jeweils auftretenden Veränderungen im Auge.
- Skizziere passende Strahlengänge zu den Beobachtungen.

Die hintere Augenhälfte

Durchführung:
- Durch einen Ringschnitt mit der Schere werden vordere und hintere Augenhälfte voneinander getrennt. Die vordere Hälfte mit dem Glaskörper legen wir vorläufig in eine Petrischale.
- Halte die hintere Augenhälfte am Sehnerv hoch. Skizziere und erkläre deine Beobachtung.

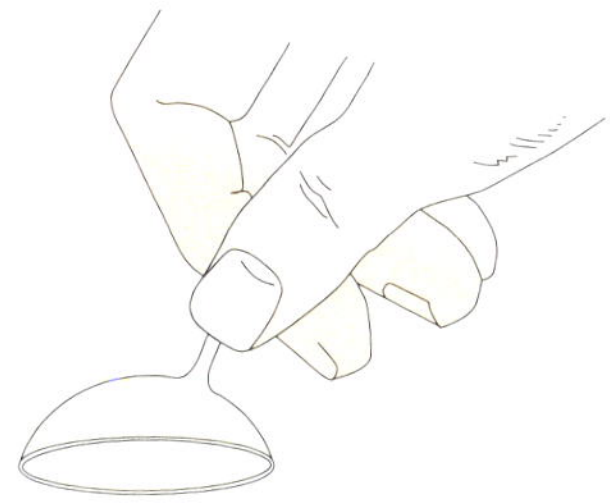

Die Linse

Durchführung:
- Untersuche nun die vordere Augenhälfte und skizziere die einzelnen Teile.
- Nimm die Linse heraus und stecke sie vorsichtig auf die Präpariernadel. Halte die Linse als Lupe über Geschriebenes. Notiere deine Beobachtungen.

- Zerdrücke die Linse langsam zwischen den Fingern. Kennst du ähnliche Materialien?
- Öffne durch einen Schnitt die vordere Augenkammer. Befühle und durchschneide die Linsenbänder, den Ziliarmuskel, die Iris und die Hornhaut.
- Sammle die Augenreste in Zeitungspapier. Reinige das Präparierbesteck und gegebenenfalls deinen Arbeitsplatz. Wasche die Hände gründlich mit Seife.

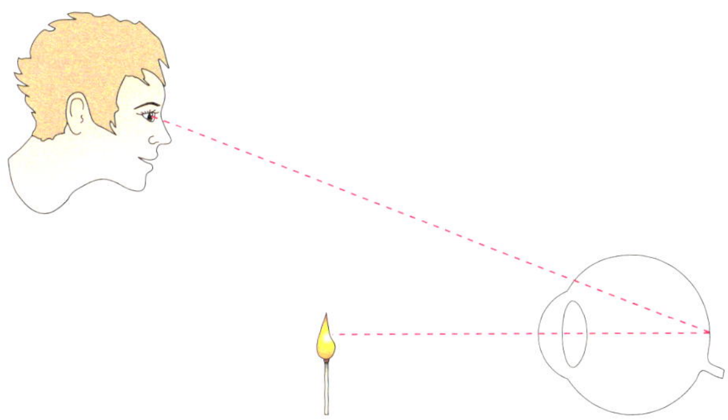

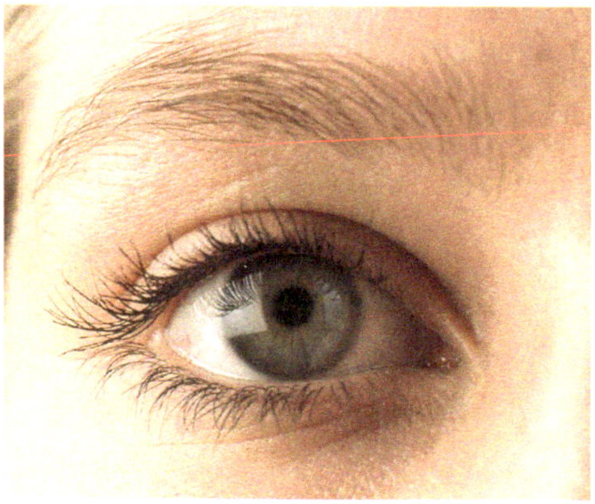

1 Pupille bei Belichtung

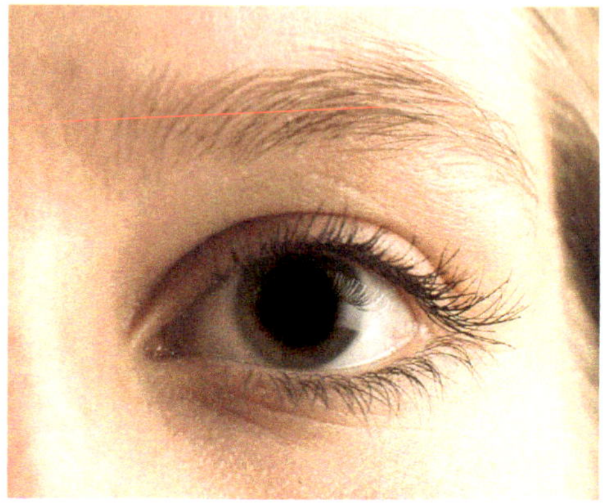

2 Pupille im Dunkeln

Adaptation

Geht man aus einem hell erleuchteten Raum in die Nacht, kann man zunächst fast nichts erkennen. Erst nach einer Weile werden schwach beleuchtete Gegenstände sichtbar. Umgekehrt sind wir geblendet, wenn wir aus einem dunklen Raum ins helle Sonnenlicht kommen, und gewöhnen uns erst langsam an das helle Licht. Beobachtet man in beiden Fällen die Regenbogenhaut (*Iris*), so sieht man deutliche Veränderungen der Pupille (Abb. 1). Dadurch wird die Lichtempfindlichkeit des Auges an die Beleuchtungsstärke angepasst: Bei Dunkelheit ist die Pupille weit geöffnet. Trifft mehr Licht auf das Auge, verengt sie sich. Die Beleuchtungsstärke auf der Netzhaut wird damit so geregelt, dass weder ein über- noch ein unterbelichtetes Bild entsteht. Diesen Vorgang der Regelung bezeichnet man als *Adaptation*.

Regelung ist nicht nur in unserem Körper ein häufig zu beobachtendes Phänomen. Auch in der Technik werden viele Zustände in gewissen Grenzen gehalten, selbst wenn sich bestimmte Faktoren kurzfristig erheblich ändern (▶ S. 158). Soll z. B. eine konstante Raumtemperatur von 20 °C auch im Winter gehalten werden, wird dies über den Thermostat der Heizung gewährleistet. Soll im Kühlschrank eine gleichmäßig tiefe Temperatur herrschen, wird ein Kühlaggregat entsprechend eingestellt.

Diese technischen Vorgänge können ebenso wie die Abläufe in den Organismen mithilfe eines *Regelkreismodells* beschrieben werden (Abb. 25.1). Die wesentlichen Elemente (Messglied, Regler, Stellglied) und Größen (Regelgröße, Stell- und Störgröße) des Regelkreises sind in allen Fällen vergleichbar. Nicht immer ist ein übergeordnetes *Führungsglied* vorhanden, das den Sollwert im Regler verstellen kann. Beim Beispiel Heizung wäre das der Mensch, der die voreingestellte Raumtemperatur z. B. von 20 °C auf 24 °C verändert.

Am Beispiel Auge soll die Beleuchtungsstärke auf der Netzhaut in einem Bereich gehalten werden, der für die Bildentstehung optimal ist. Entsprechend dem Regelkreismodell lässt sich das wie folgt erklären (Abb. 25.2): Ein starker Lichtreiz löst in den Sinneszellen der Netzhaut, die als *Messfühler* dienen, eine entsprechende Veränderung aus. Sie wird als *Istwert* über den Sehnerv ins Gehirn geleitet. Das Gehirn arbeitet als *Regler* und vergleicht den Istwert mit dem vorgegebenen *Sollwert*. Die Differenz bestimmt den *Stellwert*. Durch ihn wird die Muskulatur in der Iris (*Stellglied*) zur Kontraktion veranlasst. So wird die Pupille kleiner und die einfallende Lichtmenge geringer. Umgekehrt kann in der Dunkelheit auf diesem Weg der Durchmesser der Pupille vergrößert werden.

Aufgaben

① Beschreibe die Zusammenhänge im Regelkreis (Abb. 25.2) verallgemeinernd.

② Auch im Pupillenreflex findet man das **Prinzip des Gegenspielers** (▶ S. 152). Erkläre den Zusammenhang (s. Randspalte).

③ Für eine Untersuchung des Augenhintergrunds wird die Pupille durch ein Medikament „weitgestellt“. Erkläre, warum man direkt danach kein Auto fahren darf.

Pupillenreflex

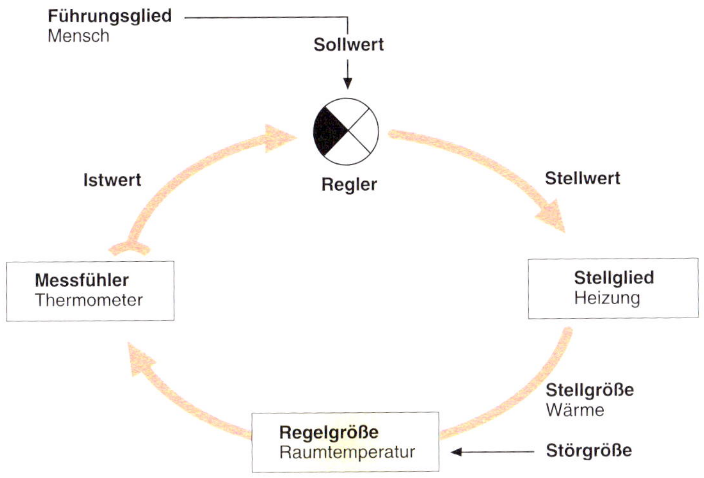

1 Allgemeines Schema

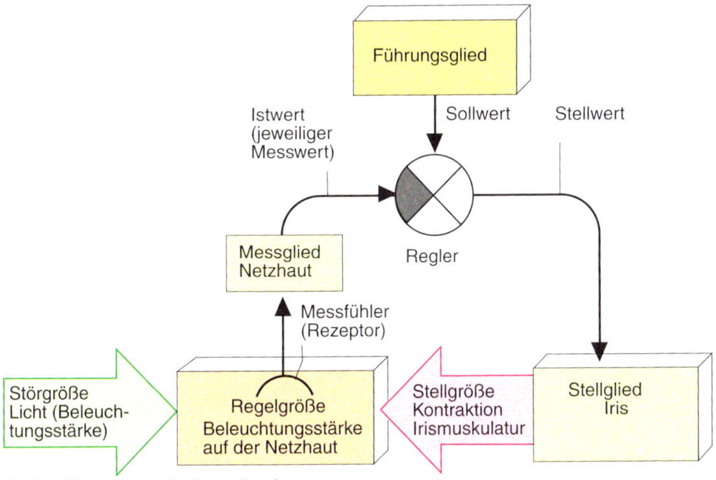

2 Pupillenreflex als Regelkreis

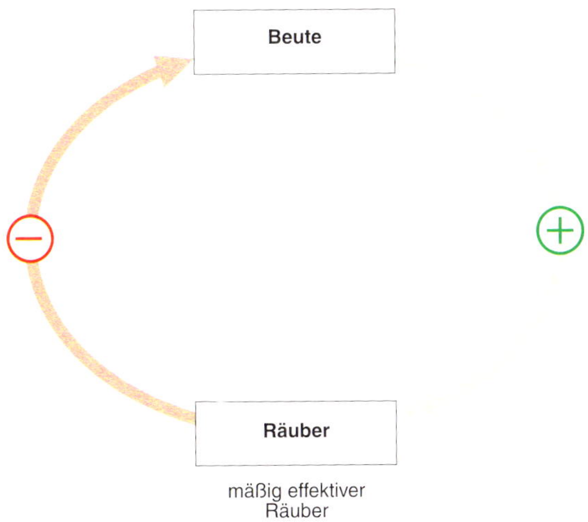

3 Pfeildiagramm

Das Prinzip der Regelung

Am Beispiel der Heizung ist die tatsächliche Raumtemperatur der Istwert, der mit einem Thermometer (*Messfühler*) gemessen und dem Regler übermittelt wird. Dieser vergleicht Ist- und Sollwert und schickt bei Bedarf ein Signal (Stellwert) an die Heizung. Der Heizkörper (*Stellglied*) passt durch vermehrte Wärmeabgabe (*Stellgröße*) die Regelgröße an den Sollwert an. Steigt die Raumtemperatur über den Sollwert, wird die Wärmeabgabe am Heizkörper vermindert.

Diese gegensinnige Beeinflussung bezeichnet man als *negative Rückkopplung*. Durch sie entsteht ein geschlossener Informationskreislauf, der *Regelkreis*. Wärmeverluste durch geöffnete Fenster oder Wärmezufuhr durch zahlreiche Personen im Zimmer gelten als *Störgrößen*, die im Regelkreis kompensiert werden. Auf diese Weise wird die Raumtemperatur konstant gehalten.

Im Auge ist die konstant zu haltende Größe die Beleuchtungsstärke auf der Netzhaut. Intensive Belichtung oder plötzliche Dunkelheit wirken als Störgröße.

Für die Darstellung eines Regelkreises gibt es verschiedene Möglichkeiten: Der erste Diagrammtyp (Abb. 1) wird oft in der Technik verwendet oder z. B. beim Zusammenspiel der Hormone (siehe S. 53), um grundsätzliche Abhängigkeiten deutlich zu machen. Genauere Zusammenhänge kann man in einem Blockschaltbild (Abb. 2) erklären. Sollen in der Ökologie beispielsweise die Wechselwirkungen zwischen zwei Arten (Räuber, Beute) dargestellt werden, benutzt man vereinfachte Pfeildiagramme (Abb. 3). Ein +-Zeichen steht dabei für eine gleichsinnige Beziehung (je mehr ... desto mehr oder je weniger ... desto weniger), ein – -Zeichen für eine gegensinnige Beziehung (Je mehr ... desto weniger oder je weniger ... desto mehr).

Aufgaben

① Vergleiche die drei Darstellungsformen für „geregelte Zustände". Welche besondere Stellung nimmt das Pfeildiagramm aus Abb. 3 ein? Begründe, warum hier zwei Durchläufe zum Verständnis notwendig sind.

② Finde Beispiele, z. B. anhand der Seiten 158/159, die sich mit einer der Abbildungen 1 bis 3 besonders gut beschreiben lassen. Erläutere die Zuordnung.

Das Farbensehen

Der Mensch kann viele Tausend Farbtöne unterscheiden. Verantwortlich dafür sind die *Zapfen*. Menschen mit funktionsunfähigen Zapfen können keine Farben erkennen und unterscheiden. Dass es nicht für jeden Farbton eine bestimmte Zapfensorte gibt, ist bei der riesigen Anzahl von wahrnehmbaren Farbtönen anzunehmen.

Seit dem 18. Jahrhundert weiß man, dass sich jeder Farbton der so genannten Lichtfarben durch *additive Farbmischung* aus den Grundfarben Rot, Grün und Blau erzeugen lässt. Sie erhält man beispielsweise, wenn man ein Prisma mit weißem Glühlampenlicht oder Sonnenlicht durchstrahlt. Werden alle drei Grundfarben gleichzeitig gesehen, entsteht der Eindruck von weißem Licht (Abb. 1). Die große Vielfalt der Farbtöne entsteht, wenn man die Sättigung der Grundfarben, d. h. ihre Intensität verändert. Nach diesem Prinzip werden bei den Farbbildschirmen von Computern und Fernsehgeräten die Farbtöne erzeugt. Sie entstehen durch Mischung der Spektralfarben.

Auch das Auge arbeitet mit diesen drei Grundfarben entsprechend der additiven Farbmischung. In der Netzhaut sind drei verschiedene Zapfensorten vorhanden, für jede Grundfarbe eine. Die Zapfensorten unterscheiden sich nur im chemischen Aufbau des Sehfarbstoffes voneinander. Jede Zapfensorte wird besonders stark durch das Licht der zugehörigen Grundfarbe erregt. Licht einer anderen Farbe verursacht nur schwache oder keine Erregungen.

Reizt das auf die Netzhaut treffende Licht beispielsweise rot empfindliche und grün empfindliche Zapfen, so werden durch den Sehnerv die Signale dieser Zapfensorten zum Gehirn weitergeleitet. Die Auswertung dieser zugleich eintreffenden Signale der beiden Zapfensorten führt zur Farbwahrnehmung gelb. Der Farbeindruck weiß entsteht, wenn Signale von allen drei Zapfensorten ankommen.

Manche Menschen leiden an einer Störung des Farbsehvermögens, meist verursacht durch einen einzigen Zapfentyp. Sind die Zapfen für eine der Grundfarben Rot oder Grün funktionslos, dann können die Betroffenen die Farben Rot und Grün nicht voneinander unterscheiden. Man spricht von *Rot-Grün-Schwäche*. Dies kann durch Testbilder festgestellt werden (s. Randspalte). In seltenen Fällen kann die Farbwahrnehmung auch vollständig ausfallen (*Farbenblindheit*).

Künstler und Modemacher arbeiten, wenn sie durch Zusammenmischen von Farbstoffen neue Farbtöne hervorbringen, nach einem anderen Farbmischprinzip und benutzen deshalb auch andere Grundfarben. Wesentlich dabei sind Reflexion und Farbsubstanz: Trifft das Glühlampen- oder Sonnenlicht auf die benutzten Farben, wird von ihnen nur ein bestimmter Anteil der Lichtfarben reflektiert. Abhängig vom benutzten Licht kann dann z. B. ein Kleidungsstück im Kaufhaus in einer anderen Farbe erscheinen als im Tageslicht.

Farbtestbild

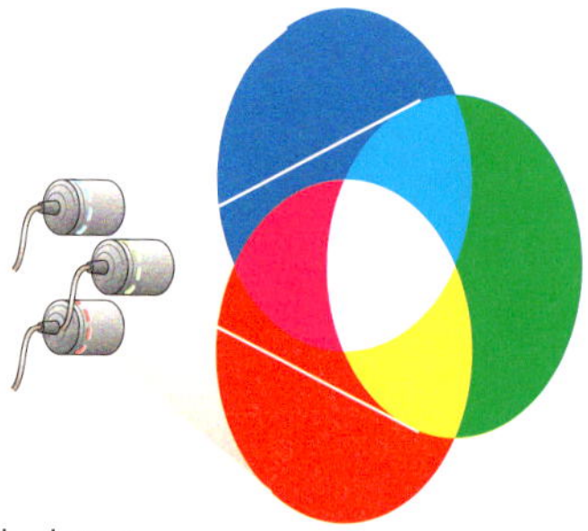

1 Farbmischung

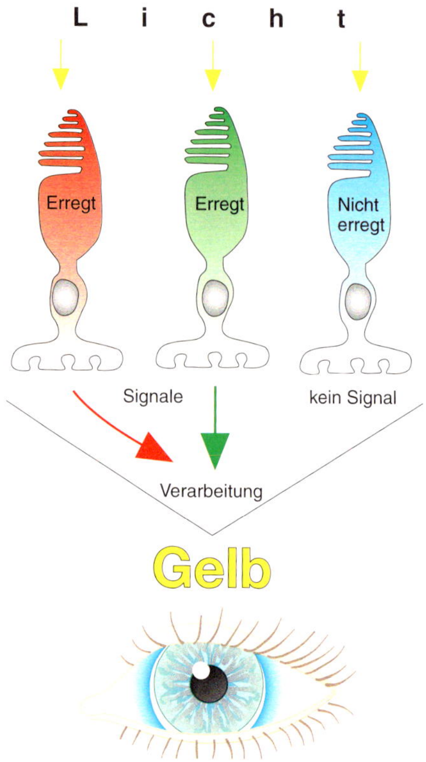

2 Wahrnehmung farbigen Lichts

Spektrum

1 Sonnenfinsternis

2 Schutz vor UV-Strahlung notwendig

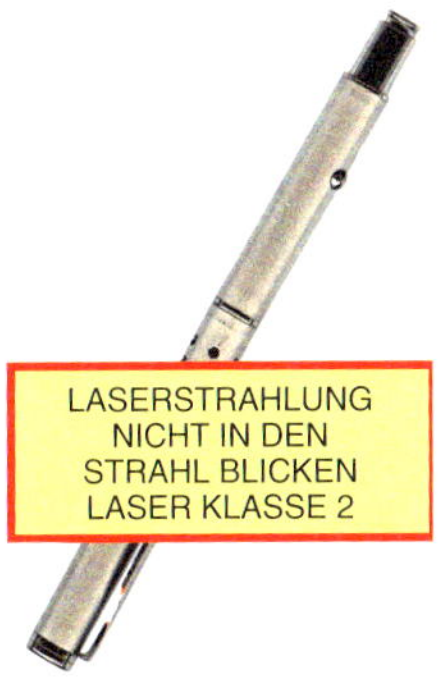

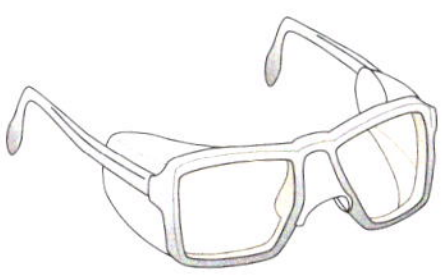

Augenschädigungen verhindern

1999 war in unseren Breiten die letzte totale Sonnenfinsternis zu beobachten (Abb. 1). Viele Menschen griffen trotz Warnungen der Augenärzte auf unzureichende Schutzmittel wie mit Ruß beschichte Glasscheiben oder selbst gebastelte Sonnenfilter zurück und trugen schwere Netzhautschäden davon. Warum beim langen direkten Betrachten der Sonne die normale Sonnenbrille nicht ausreicht, macht folgende Beobachtung deutlich: Im Winterurlaub fahren wir z. B. Ski, rodeln oder wandern durch den Schnee. Da der Schnee das Licht zusätzlich reflektiert, kann es bei ungenügendem Schutz schnell zur *Schneeblindheit* kommen, weil in der Sonnenstrahlung neben dem sichtbaren Licht auch noch UV-Anteile enthalten sind. Ihre Wirkung auf die Haut ist ohne ausreichenden Schutz ein Sonnenbrand.

Auf der Netzhaut aber ist der Effekt sehr viel stärker. Oft schwächen Sonnenbrillen zwar das sichtbare Licht ab, lassen aber die UV-Anteile durch. Die Folge ist, dass bei nun weit geöffneter Pupille (Pupillenreflex auf dunkle Sonnenbrille!) besonders viel UV-Strahlung auf die Netzhaut trifft und diese bis zur völligen Erblindung schädigen kann. Beim Kauf einer Sonnenbrille muss man daher unbedingt beachten, dass sie den UV-Bereich ausreichend filtert (Abb. 2).

Dieselbe Problematik ergibt sich im Sonnenstudio. Da die Röhren fast nur UV-Strahlen aussenden, darf man nie direkt ins Licht schauen und muss entsprechende Schutzbrillen tragen.

Auch bei Laserstrahlen handelt es sich um Licht, das die Netzhaut bis zur Blindheit schädigen kann. Beim Umgang mit Lasern (z. B. an CD-Geräten) muss daher darauf geachtet werden, dass man eine auf den Laser angepasste Schutzbrille verwendet. Auch der Laserpointer muss mit entsprechender Vorsicht genutzt werden und darf nie auf eine Person gerichtet sein (s. Randspalte).

Beim Arbeiten mit spitzen Gegenständen kann es vorkommen, dass sie durch unkonzentriertes Handeln in die Augen gelangen. Solche Gegenstände darf man nie selbst herausziehen. Bestenfalls dürfen die Augen mit einem sauberen Tuch abgedeckt werden und man muss sofort einen Arzt aufsuchen.

Auch bei Experimenten, z. B. im naturwissenschaftlichen Unterricht, können ohne Schutzbrille Stoffe mit gefährlichen Eigenschaften ins Auge kommen. Dies gilt insbesondere für heiße oder ätzende Flüssigkeiten. Daher muss eine Schutzbrille getragen werden. Durch Klappen an der Seite verhindert sie sogar, dass von seitlich versetzten Experimenten etwas in das eigene Auge gelangen kann. Im Notfall sollte eine Augendusche bereitstehen und schnell durchgeführt werden.

Aufgabe

(1) Informiere dich über Augenschädigungen, die durch das Tragen von Kontaktlinsen auftreten können. Liste auf, wie man sie vermeiden kann.

1 Nah oder fern, groß oder klein?

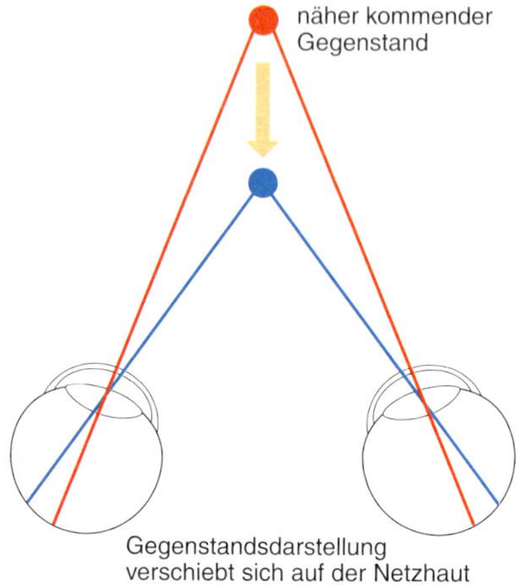

2 Bildentstehung bei unterschiedlicher Entfernung

Sehen mit Augen und Gehirn

Sehen ist nicht gleichbedeutend mit Fotografieren oder Filmen. Zunächst entsteht zwar auf der Netzhaut ein Bild, das man mit demjenigen in einem Fotoapparat vergleichen könnte. Im Apparat verändert sich aber nur auf dem Film oder dem Speichermedium etwas entsprechend der Lichtintensität. Das Bild auf der Netzhaut wird hingegen zunächst in elektrische Signale umgewandelt. Sie gelangen dann über die beiden Sehnerven zu bestimmten Bereichen im Gehirn (▶ S. 160). Dabei überkreuzen sich die Sehnerven teilweise und führen in verschiedene Gebiete, sodass eine weitere „Bearbeitung" der wahrgenommenen Reize erfolgen kann.

Sehen ist also ein Vorgang, der sich erst durch ein Zusammenwirken von Augen und Gehirn (siehe auch S. 42) ergibt. Nur so ist es möglich, etwa im Straßenverkehr Situationen rasch und möglichst fehlerfrei zu erkennen: Steht dieses Auto? Wie weit ist es entfernt? Oder bewegt es sich und kommt mit hoher Geschwindigkeit auf mich zu?

Für die Beantwortung der Fragen ist die „Bildgröße" auf der Netzhaut, d.h. die Zahl der erregten Sinneszellen entscheidend. Ein großer, weit entfernter und ein kleiner, nahe liegender Gegenstand liefern aber dieselbe Bildgröße (Abb. 1). Sie allein ist also zum Abschätzen von Entfernungen ungeeignet.

Der Teil des Gehirns, der für die Auswertung der optischen Informationen zuständig ist, erhält jedoch von beiden Augen Signale. Ist ein Gegenstand im Nahbereich der Augen, unterscheiden sich die beiden Bilder deutlich. Schaut man z.B. bei ausgestrecktem Arm auf einen Buchrücken und betrachtet das Buch abwechselnd nur mit dem linken bzw. rechten Auge, sieht man auch nur die Vorder- oder Rückseite des Buches. Außerdem scheint das Bild zu „springen". Beim beidäugigen Sehen berechnet das Gehirn aus diesen Meldungen der beiden Augen den räumlichen Bezug der Bilder zu anderen Gegenständen. Wir „sehen" daher nur ein einziges räumliches Bild (Abb. 3).

Bewegt sich ein Gegenstand direkt auf einen Betrachter zu, verschieben sich die Bildpunkte auf den Netzhautabschnitten der beiden Augen in charakteristischer und unterschiedlicher Weise (Abb. 2). Das Gehirn findet im Zeitraum von Millisekunden dazu die Interpretation: „Dieses Auto fährt relativ schnell genau auf mich zu – Vorsicht!"

3 Räumliches Sehen

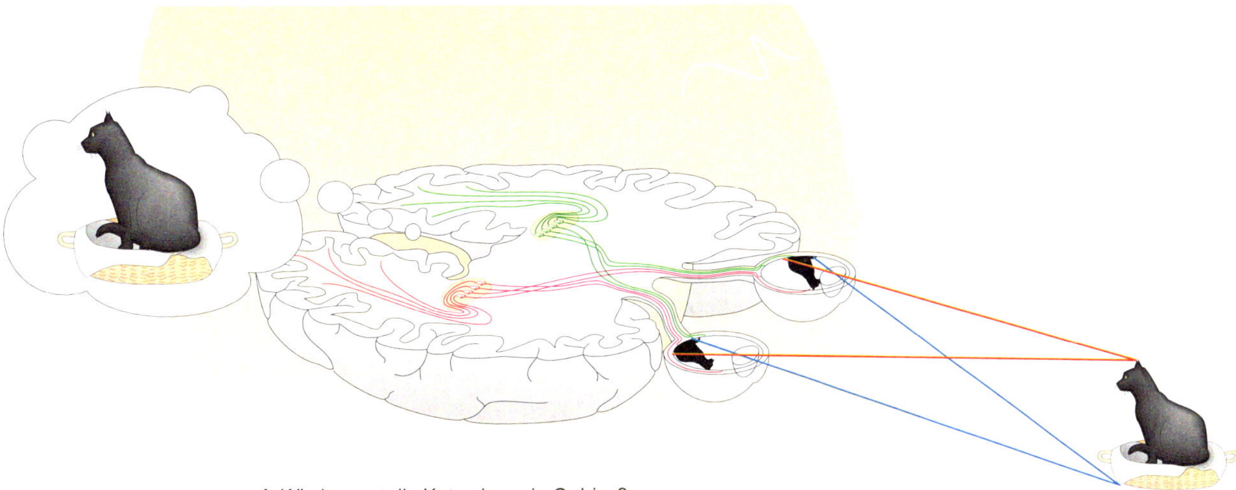

1 Wie kommt die Katze in mein Gehirn?

Dabei greifen die Verrechnungsprozesse auf bereits vorhandene Erfahrungen zurück, sodass die Genauigkeit im Laufe der Zeit steigt. Im Straßenverkehr sind deshalb kleine Kinder besonders gefährdet, weil ihnen diese Lernprozesse noch fehlen.

In der Sehregion im Großhirn (s. S. 44) erfolgt eine weitere Analyse der Informationen. Zur endgültigen Auswertung werden die Signale an unterschiedliche Stellen in der Großhirnrinde weitergeleitet. Dabei gibt es Stellen, die Formen nur sehr undeutlich erfassen können, aber sehr klar die Position und die Bewegung analysieren. Andere Großhirnbereiche liefern scharfe Formen von Teilen des Gesamtbildes. Sie erkennen z. B. die Beine oder den Körperumriss. Ein drittes System ist auf die Farbanalyse spezialisiert. So entstehen in den Teilbereichen jeweils detaillierte Aussagen zum betrachteten Objekt.

Sicher ist aber, dass bei dem gesamten Prozess der Bearbeitung die Erregungen von den Lichtsinneszellen nur ca. 20 % des „Datenvolumens" ausmachen. Der wesentlich größere Teil stammt aus anderen Hirnregionen. Das Reizmuster aus der Umgebung wird mit den vielfältigen Erregungsmustern früher gemachter Erfahrungen verglichen. Bei Übereinstimmungen wird der Gegenstand erkannt, kann benannt und hinsichtlich seiner Entfernung oder Bewegung abgeschätzt werden. Dieser Prozess verdeutlicht komplizierte Wechselwirkungen.

Betrachtet man die Abbildung 2 zum ersten Mal, so erkennt man nur wahllos angeordnete blaue Flecken. Hat man die Information, dass hier ein Pferd mit Reiter dargestellt ist, so lässt sich das rasch und problemlos erkennen. Durch die Zusatzinformation wird die Auswertung der Sinnesdaten aus den Augen im Gehirn verändert und in unser Bewusstsein gelangt eine neue Wahrnehmung. Die zahlreichen Materialien zu den optischen Täuschungen zeigen, wie eng die Zusammenarbeit von Auge und Gehirn ist.

Aufgaben

① Zeichne eine der Abb. 28.2 vergleichbare Darstellung für einen Gegenstand, der sich von links nach rechts an einem Betrachter vorbei bewegt.

② Das gemeinsame Gesichtsfeld beider Augen (Abb. 1) ermöglicht räumliches Sehen. Erkläre das.

2 Nur blaue Flecken?

Optische Täuschung

Auf dieser Seite findest du mehrere Bilder, die bei genauerer Betrachtung verblüffend sind. Oft wird das, was wir dabei sehen, als *optische Täuschung* bezeichnet. Dieser Begriff ist jedoch nicht zutreffend, denn die Täuschungen sind nicht auf optische Vorgänge im Auge zurückzuführen. Es sind vielmehr *Wahrnehmungstäuschungen,* die zeigen, dass beim Sehen immer das *Gehirn* und die Erinnerung an bereits Gesehenes beteiligt sind.

Aufgaben

① Wie lautet die Überschrift dieser Seite? Erläutere, warum du sie nicht oder warum du sie lesen kannst.

② Betrachte die Abb. 1. Welche der drei Gestalten erscheint dir spontan als die größte, welche als die kleinste. Miss mit einem Lineal die Größe aller drei Gestalten. Was fällt auf?

③ Auch bei den Abb. 2 und 3 handelt es sich um „optische Täuschungen". Finde heraus, worin die optische Täuschung jeweils besteht.

④ Fahre mit der Bleistiftspitze die Linien der Spirale aus Abb. 4 nach. Was fällt dir auf?

⑤ Was erkennst du auf den Abb. 5, 6 und 7? Zeige diese Bilder verschiedenen Personen. Notiere jeweils, was sie meinen, auf den Bildern zu sehen. Wie sind deine Untersuchungsergebnisse zu erklären?

⑥ Zeige die Abb. 8 verschiedenen Personen aus ca. 3 m Entfernung. Notiere jeweils, was sie auf dem Bild erkennen. Fordere sie dann auf, das Bild aus der Nähe zu betrachten. Notiere, was sie nun erkennen. Suche nach einer Erklärung.

1

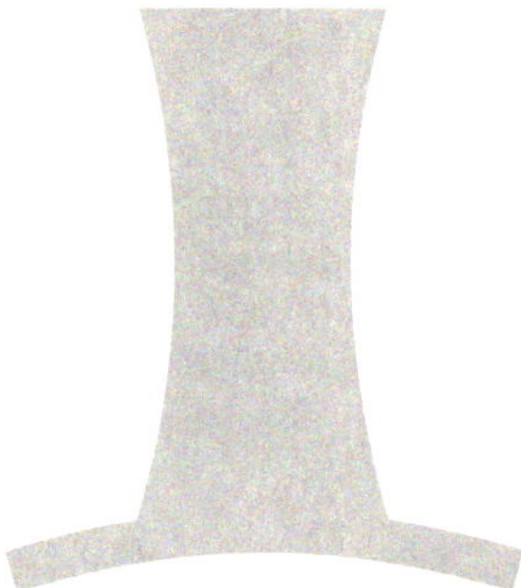
2

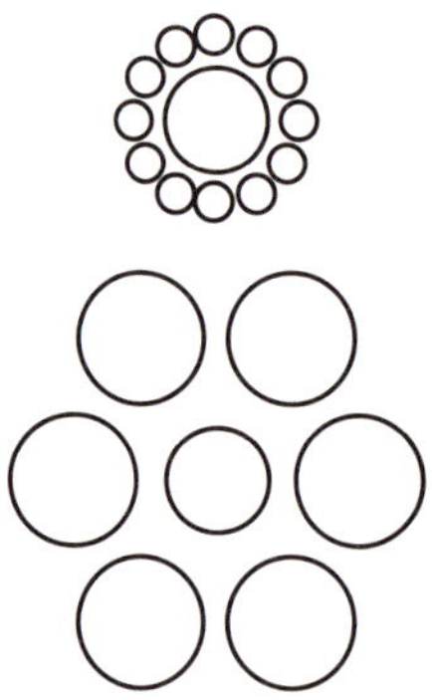
3

4

5

6

7

8

Räumliches Sehen

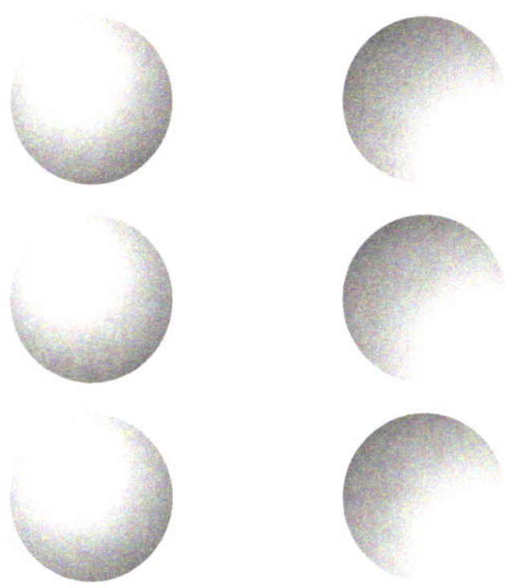

(7) In welcher der beiden senkrechten Reihen sind die Kugeln, in welcher die Löcher abgebildet? Kannst du das eindeutig festlegen? Drehe dein Buch langsam um 180 Grad. Was fällt dir auf? Beschreibe, worauf es ankommt, ob wir Kugeln oder Löcher sehen. Was zeigen diese Bilder über das Erkennen dreidimensionaler Objekte?

(8) Betrachte das Muster und drehe dabei das Buch langsam um 360 Grad. Was empfindest du dabei? Teste dies mit verschiedenen Personen. Sehen sie alle dasselbe in dem Muster?

Betrachte die Kiste und stelle dir vor, du müsstest diese Kiste nachbauen. Das würde dir sicher schwer fallen.

(9) Beschreibe, was hier nicht stimmt. Erkläre, weshalb das Anschauen dieser Kiste bei manchen Menschen ein fast unangenehmes Gefühl verursacht.

(10) Baue aus lauter gleichen Münzen einen Münzstapel so hoch, dass – nach Augenmaß beurteilt – seine Höhe dem Durchmesser der Münzen entspricht. Miss jetzt mit einem Lineal Höhe und Breite. Was fällt dir auf? Bitte eine andere Person, den Stapel wie vorgegeben aufzubauen. Gelingt es ihr? Vergleiche das neue Ergebnis mit deinem.

Sehen und nicht sehen

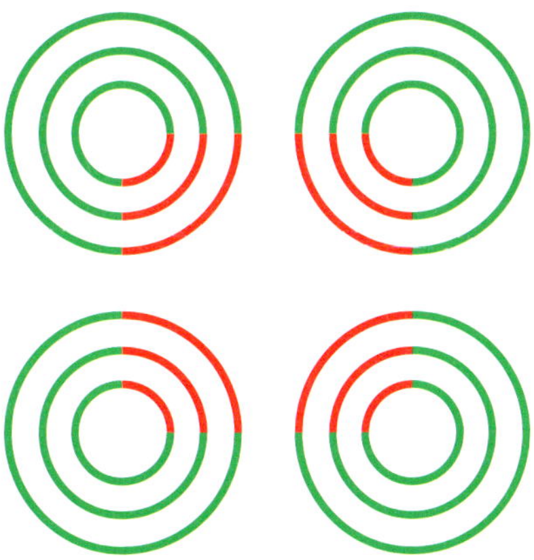

(13) Beschreibe, welche Strukturen oben auf das Papier gedruckt sind. Welche Farben wurden verwendet? Welche Farbe hat der Hintergrund? Betrachte die Abbildung in Ruhe bei guter Beleuchtung. Welche Wahrnehmung tritt auf? Beschreibe. Welche Aktivität des Wahrnehmungssystems zeigt sich an dieser Figur? Welche Bedeutung könnte das für den Menschen haben?

Die beiden Farbbilder unten zeigen das weltberühmte Gemälde der geheimnisvoll lächelnden Mona Lisa des Malers LEONARDO DA VINCI (1452 – 1519).

(11) Vergleiche die beiden Abbildungen. Dass sie auf dem Kopf stehen, darf dich gerade nicht stören. Drehe das Buch um 180 Grad. Beschreibe, was dir auffällt.

Sicher wunderst du dich jetzt. Beschreibe, was das Erstaunliche beim Betrachten der beiden Bilder gewesen ist.

(12) Wie haben die beiden Bilder der Mona Lisa auf dich gewirkt, als du dein Buch auf dem Kopf stehen hattest? Stelle Vermutungen an, woran es liegen kann.

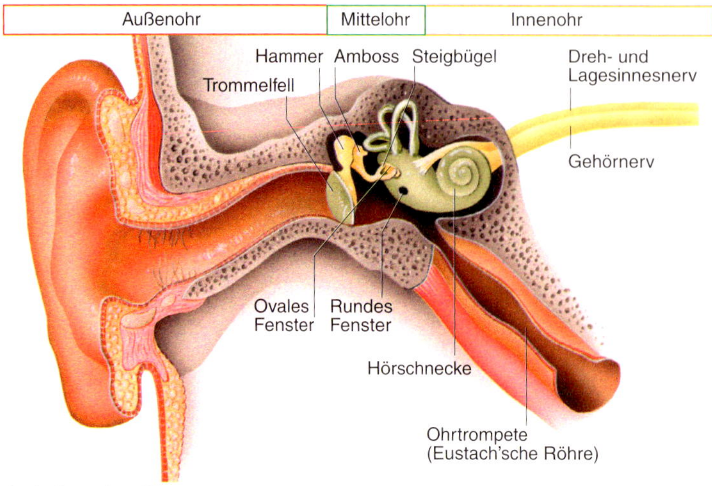

1 Aufbau des Ohres

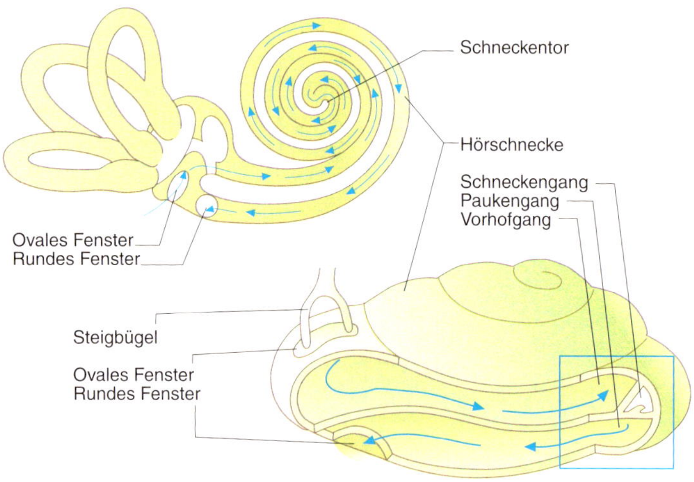

2 Druckwellenverlauf in der Schnecke

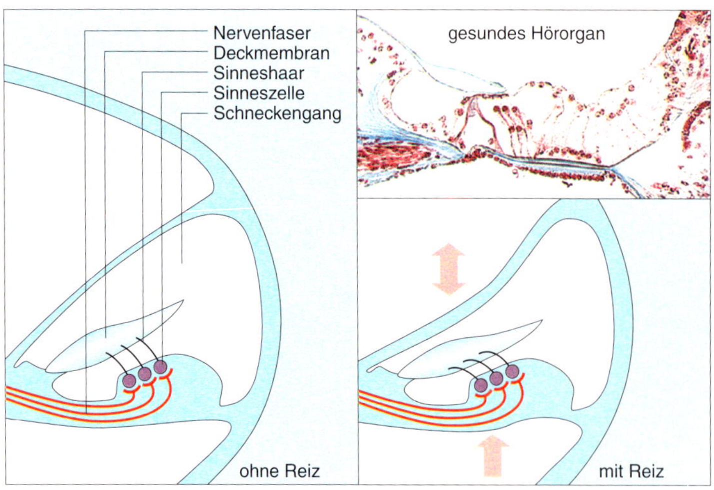

3 Querschnitt durch Schneckengang mit und ohne mechanische Reizung

Das Ohr – Aufbau und Funktion

Beim Sprechen werden die Stimmbänder in Schwingungen versetzt. Das spürt man, wenn man die Fingerspitzen an den Kehlkopf legt. Die Schwingungen werden an die Luft übertragen. Dabei entstehen Luftdruckschwankungen, die sich als *Schallwellen* ausbreiten.

Gelangen Schallwellen an unser Ohr, so werden sie von der *Ohrmuschel* in den etwa 3 cm langen, gekrümmten *Gehörgang* geleitet. Am Ende des Gehörgangs sitzt das *Trommelfell*. Es ist ein dünnes Häutchen, das den Gehörgang abschließt. Dahinter liegt das *Mittelohr*, ein etwa 4 Millimeter breiter Raum, der durch einen Gang, die *Ohrtrompete*, mit dem Rachenraum in Verbindung steht. Die am Trommelfell ankommenden Schallwellen versetzen es in Schwingungen, die auf drei kleine Gehörknöchelchen *(Hammer, Amboss, Steigbügel)* übertragen werden. Sie leiten die Trommelfellschwingungen zum Innenohr. Die Hebelwirkung der Gehörknöchelchen verkleinert die Schwingungsausschläge und verstärkt ihren Druck.

Im Innenohr liegt eine aus ca. 2 $\frac{1}{2}$ Windungen bestehende knöcherne *Hörschnecke*, die von einem Hautschlauch durchzogen ist. Seine membranartige Wand unterteilt das Innere der Schnecke in drei Längsgänge. Der mittlere Gang ist der *Schneckengang*. Er enthält ca. 16000 – 23000 Sinneszellen. Über ihren Sinneshärchen liegt eine *Deckmembran*. Darüber liegt der *Vorhofgang*, darunter der *Paukengang*. Ein Ende des Vorhofganges bildet das *Ovale Fenster*. Am anderen Ende, dem *Schneckentor*, hat der Vorhofgang Verbindung mit dem Paukengang. Dieser schließt mit dem *Runden Fenster* zum Mittelohr ab. Alle drei Gänge sind mit einer Flüssigkeit, der *Ohrlymphe*, gefüllt.

Wirkt der Steigbügel mit kräftigen Stößen auf das Ovale Fenster ein, wird die Ohrlymphe in Schwingungen versetzt und der gesamte Hautschlauch schwingt mit. Die Folge ist ein Verbiegen der Sinneshärchen. Dieser mechanische Reiz erregt die Sinneszellen. Über Nervenzellen, die mit den Sinneszellen in Verbindung stehen und deren ableitende Fasern sich zum *Hörnerv* zusammenlagern, laufen nun Erregungen zum Gehirn. Dort entsteht der Höreindruck.

Aufgabe

① Beschreibe die Schallübertragung vom Trommelfell bis zu den Sinneszellen.

Leistungen des Gehörs

Eine Voraussetzung dafür, dass wir Musik hören, ist die Fähigkeit, *Tonhöhen* unterscheiden zu können. Physikalisch betrachtet unterscheiden sie sich durch ihre *Frequenz*, also die Anzahl der Schwingungen in einer Sekunde.

Untersuchungen an der Hörschnecke haben gezeigt, dass ein Ton einer bestimmten Frequenz nicht alle Sinneszellen im Schneckengang gleichmäßig erregt. Der Hautschlauch in der Schnecke schwingt nur in einem kleinen Bereich besonders heftig. An anderen Stellen sind die Schwingungsausschläge sehr gering. Wird die Frequenz geändert, so liegt die Stelle größter Erregung an einer anderen Stelle der Schnecke. Töne hoher Frequenz werden im vorderen Teil in der Nähe des Ovalen Fensters aufgenommen. Für niedrigere Frequenzen verschiebt sich der erregte Bereich in Richtung Schneckentor.

Die tiefste hörbare Frequenz liegt bei etwa 16 Hz. Die obere Hörgrenze ist stark altersabhängig. Beim Jugendlichen liegt sie bei 20 kHz. Ein 45-Jähriger hört Töne bis 15 kHz, und beim 65-Jährigen ist die obere Hörgrenze bis auf 5 kHz abgesunken. Beim Sprechen liegen die hauptsächlich benutzten Frequenzen zwischen 250 Hz und 5 kHz.

Die Position einer Schallquelle können wir auch mit geschlossenen Augen ausmachen. Dieser räumliche Höreindruck wird durch das Hören mit zwei Ohren ermöglicht. Der Schall einer Schallquelle bewirkt in beiden Ohren unterschiedliche Erregungen. In dem Ohr, das der Schallquelle näher ist, treten die Erregungen geringfügig früher auf und sind etwas stärker als im anderen Ohr. Aus diesen winzig kleinen Unterschieden ermittelt das Gehirn die räumliche Lage der Schallquelle.

Ständiger Lärm verursacht beim Menschen auf Dauer seelische und körperliche Beschwerden wie Konzentrationsschwäche, Kreislauf- und Schlafstörungen. Bei sehr großer Lautstärke werden Hörsinneszellen geschädigt und sogar zerstört. Die Folgen sind Schwerhörigkeit und Taubheit. Deshalb gilt: Musik – etwa mit dem Kopfhörer – nicht mit voller Lautstärke hören und sehr laute Diskotheken meiden. An sehr lauten Arbeitsplätzen muss unbedingt ein Gehörschutz getragen werden! Als Teilnehmer im Straßenverkehr sollte man nicht unnötig Lärm erzeugen.

Heinrich Hertz
(1857-1894)
deutscher Physiker

1 Hertz = 1 Hz
1 Hz bedeutet eine Schwingung pro Sekunde

1 000 Hz = 1 kHz

Zettelkasten

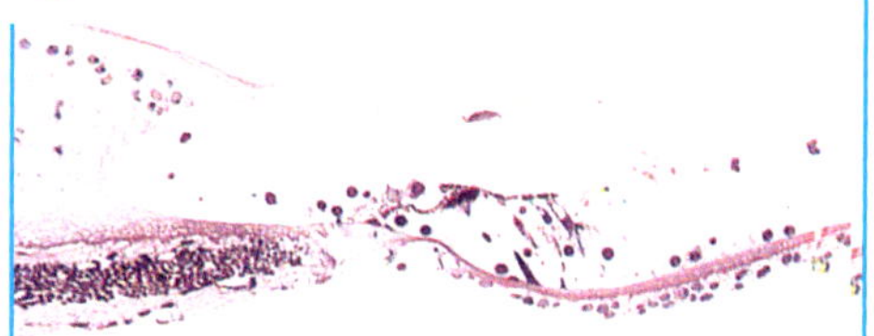

zerstörtes Hörorgan

Explosion, Schuss	130	Schmerzgrenze
Düsenflugzeug	130	
Pfeifen auf den Fingern	110	Schwerhörigkeit durch Schädigung des Innenohrs
Motorrad ohne Schalldämpfer	100	
LKW-Geräusche	90	Störung des vegetativen Nervensystems, Veränderung von Puls und Blutdruck, Schlafstörung
laute Stereoanlage	80	
Straßenverkehr	70	
laute Unterhaltung	60	
Radio auf Zimmerlautstärke	50	Beeinträchtigung von Schlaf und geistiger Arbeit, Konzentrationsschwäche
gedämpfte Unterhaltung	40	
Flüstern	30	
Blätterrauschen	20	
Hörgrenze	0	
	dB	

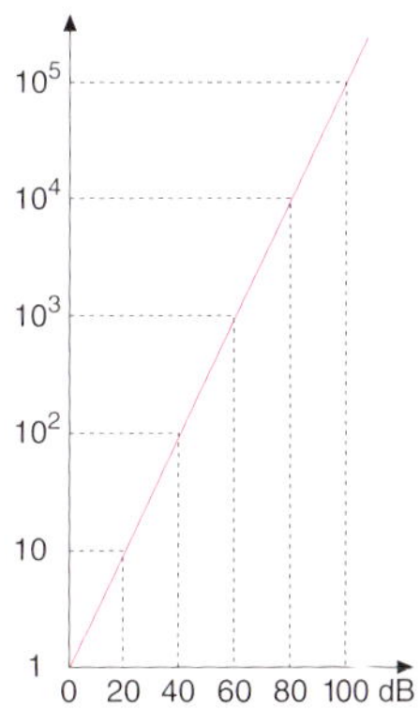

Aufgabe

① Untersuche mithilfe der Tabelle und der Grafik, um das Wievielfache der Schalldruck von LKW-Verkehr und Düsenflugzeugen höher liegt als laute Unterhaltung und Flüstern.

Schalldruck und Dezibel

Schallwellen breiten sich in der Luft als schwache Luftdruckschwankungen aus. Man kann diesen Schalldruck normalerweise nur hören, jedoch nicht weiter spüren.

Der geringste Schalldruck, der gerade noch zur Hörempfindung führt, beträgt etwa 2/100 000 pa (Pascal). Man bezeichnet ihn als Hörschwelle. Dagegen beträgt der Luftdruck etwa 100 000 pa.

Häufig wird die Schallstärke als Schalldruckpegel beschrieben. Er gibt an, das Wievielfache der Schalldruck im Vergleich zum Schalldruck der Hörschwelle beträgt. Beispielsweise liegt der Schalldruckpegel einer lauten Unterhaltung bei 1 000. Hier ist der Schalldruck tausend mal stärker als an der Hörschwelle und beträgt etwa 2/100 pa.

Weil man so aber zu sehr unhandlichen Zahlen gelangt, wird der Schalldruckpegel üblicherweise in der Einheit Dezibel (dB) angegeben. Dabei ist Hörschwelle Null dB und jede Erhöhung um 20 dB bedeutet immer eine Zunahme auf das Zehnfache. Wenn z. B. ein Auto einen Schalldruckpegel von 60 dB verursacht, so erzeugen zwei Fahrzeuge nicht 120 dB, sondern „nur" 63 dB. Bei zehn Fahrzeugen ist der Schalldruckpegel 80 dB. Die Dezibelwerte verschiedener Schallquellen lassen sich also nicht einfach zusammenzählen. Das Schaubild zeigt den Zusammenhang zwischen dB-Werten und dem Vielfachen des Hörschwellen-Schalldrucks. Ab ca. 100 dB wird das Gehör geschädigt.

Hörschädigungen

Das Gehör des Menschen ist nicht für alle Töne gleich empfindlich. Wie die Empfindlichkeit des Gehörs von Frequenzen abhängt, zeigt Abbildung 1. Man nennt diese Kurve die *Hörschwelle*. Sie gibt an, ab welchem Schalldruckpegel ein reiner Ton gerade gehört wird.

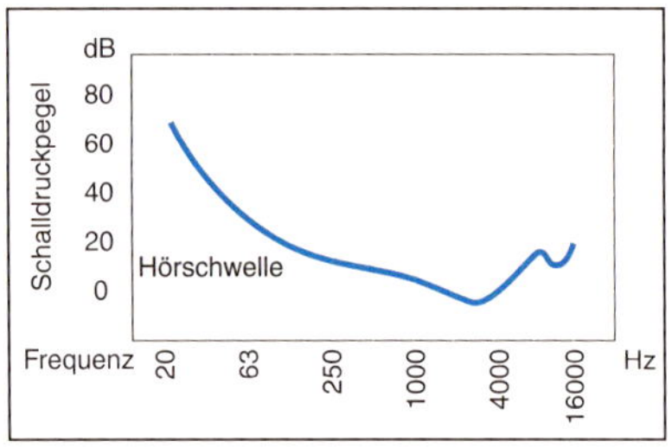

Die Hörschwelle ist beim Menschen deutlich verändert, wenn das Gehör geschädigt ist. Experimentell kann man die Hörschwelle einfach ermitteln. Dazu benötigt man einen Kopfhörer und einen Tongenerator, bei dem die Tonfrequenz und der vom Kopfhörer erzeugte Schalldruck genau einstellbar sind.

Darüber hinaus kann ein Hals-Nasen-Ohrenarzt mit einem speziellen Gerät Schallschwingungen direkt auf einen Schädelknochen hinter der Ohrmuschel übertragen. Der Schall gelangt nun nicht mehr über den Weg Gehörgang – Trommelfell – Gehörknöchelchen ans Innenohr, sondern wird durch Schädelknochen direkt auf das Innenohr übertragen. Man nennt dies *Knochenleitung*. Beim gesunden Ohr verläuft die Hörschwellenkurve bei Knochenleitung etwa so wie bei Luftleitung.

Durch Lärm am Arbeitsplatz, häufige Überlautstärken beim Musikhören oder durch Krankheit kann Schwerhörigkeit entstehen. Ursache können Veränderungen des Innenohrs oder des Mittelohrs sein.

Aufgaben

① Beschreibe den Verlauf der Hörschwelle in Abhängigkeit der Frequenz.
Informiere dich über den Frequenzbereich, in dem das Gehör des Menschen am empfindlichsten ist.
Erkläre die biologische Bedeutung für den Menschen.

② Plane ein Experiment, mit dem man den Verlauf der Hörschwellenkurve einer Versuchsperson im hörbaren Frequenzbereich ermittelt.
Beschreibe, wie du bei deinem geplanten Experiment vorgehen müsstest, wenn dir die erforderlichen Geräte zur Verfügung gestellt würden.

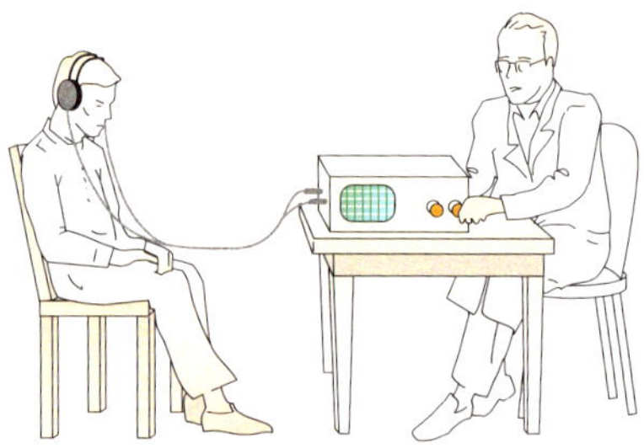

③ Ein Ohrenarzt untersucht einen Patienten, der auf dem linken Ohr an Schwerhörigkeit leidet. Der Arzt ermittelt die Hörschwelle getrennt für das linke und das rechte Ohr durch Knochenleitung des Schalls. Das Ergebnis zeigt, dass bei Knochenleitung kein Unterschied in der Hörschwelle zwischen beiden Ohren besteht, wohl aber bei Luftleitung. Äußere eine begründete Vermutung über den Bereich des Hörorgans, in dem die Ursache der Schwerhörigkeit liegt. Begründe.

Die beiden Säulendiagramme zeigen das Risiko für eine Hörschädigung bei häufigem Aufenthalt in Diskotheken mit hohem Dauerschalldruckpegel der Musik. Die Werte geben für 16-jährige Jugendliche das Risiko in Prozent an, nach fünf Jahren eine Hörschädigung und damit eine Hörminderung zu erleiden. Die gesamten Säulen stehen für alle Personen, bei denen die Empfindlichkeit nur noch 30 % des gesunden Gehörs oder weniger beträgt. Die kleinen Teilsäulen beziehen sich auf eine Teilgruppe. Bei dieser ist die Gehörempfindlichkeit weiter abgesunken, nämlich auf 3 % oder weniger.

④ Die Einheit lautet „Risiko in Prozent“: Erkläre diese Formulierung am Beispiel von 200 untersuchten Personen.

⑤ Untersuche die Grafik unten. Ab welchem Schalldruckpegel besteht Gefahr für das Gehör?

⑥ Bestimme die Anzahl der Mitglieder deiner Klasse, die vermutlich eine Hörschädigung erfahren, wenn ihr über 5 Jahre hinweg wöchentlich 10 Stunden bei einem Schalldruckpegel von 100 dB in der Disko verbringen würdet?

⑦ Untersuche deine Hörgewohnheiten in Bezug auf die Stunden in der Woche, in denen dein Gehör großen Lautstärken ausgesetzt ist.

⑧ Ist die Dauer der Einwirkung oder die Schallstärke eine größere Gefahr für das Hörorgan? Schätze begründet ab.

⑨ Die untere Grafik zeigt für 40 Stunden und 110 dB, dass 95 Prozent der Jugendlichen eine Hörminderung erleiden.
Kann man behaupten, bei 5 Prozent der Jugendlichen verursacht dieser Schall keine Beeinträchtigung des Gehörs? Begründe deine Meinung.
Bestimme den prozentualen Anteil der Jugendlichen, bei denen die Restempfindlichkeit des Gehörs zwischen 30 und 3 Prozent der normalen Empfindlichkeit beträgt.

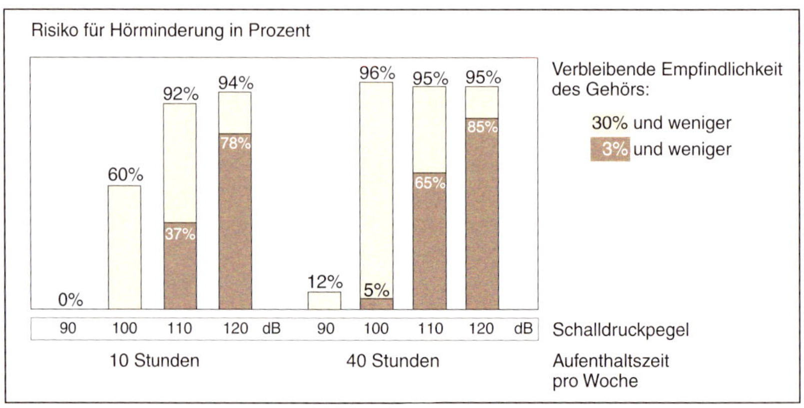

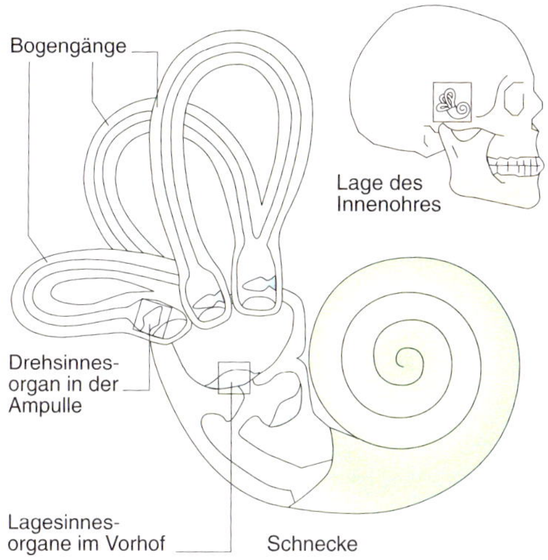

1 Dreh- und Lagesinnesorgane

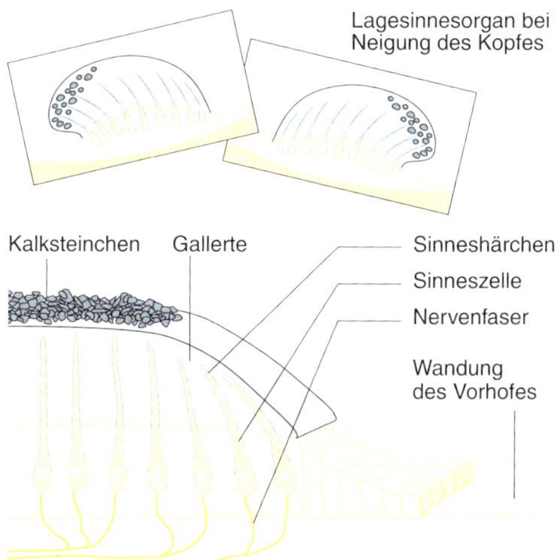

2 Lagesinnesorgan

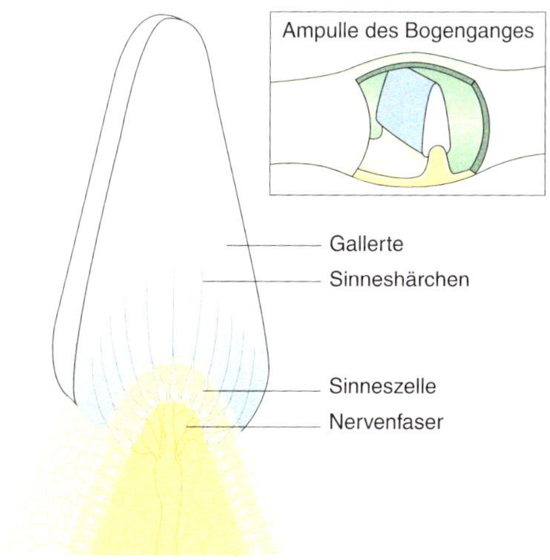

3 Drehsinnesorgan

Lage- und Drehsinn

Beim Achterbahnfahren wird unser Körper gedreht, dabei abwechselnd beschleunigt und gebremst. Dies führt zu Empfindungen, die nicht alltäglich sind. Sie werden durch die *Lagesinnesorgane* und *Drehsinnesorgane* vermittelt, deren Tätigkeit uns meist nicht bewusst wird. Diese Organe sind Bestandteile des Innenohrs (Abb. 1). Am Vorderende jeder Gehörschnecke liegen zwei bläschenförmige Erweiterungen, die *Vorhofsäckchen*. Oberhalb davon verlaufen drei senkrecht zueinander stehende, flüssigkeitsgefüllte *Bogengänge*, die an einem Ende jeweils eine bauchige Ausweitung, eine *Ampulle*, zeigen.

Die beiden Vorhofsäckchen enthalten je ein **Lagesinnesorgan**. Ein solches Organ besteht aus *Sinneszellen* mit *Sinneshärchen*, die in eine *Gallertplatte* ragen. Deren Gewicht ist durch eingelagerte Kalkkristalle erhöht. Bei normaler Kopfhaltung liegt eines der beiden Lagesinnesorgane waagrecht, das andere senkrecht dazu. Bei Neigung des Kopfes werden die Sinneshärchen durch die Gallertplatten verbogen und damit die Sinneszellen erregt. Jede Lageänderung führt zu anderen Erregungen der Sinneszellen. Aus dem Erregungsmuster der Lagesinnesorgane im rechten und linken Innenohr bestimmt das Gehirn die Stellung des Kopfes (Abb. 2).

Die Bogengänge sind **Drehsinnesorgane**. In jeder Ampulle ist eine Gallertkappe, in die Sinneshärchen der darunter befindlichen Sinneszellen ragen. Wird der Kopf und damit auch das Bogengangsystem gedreht, so bewegt sich zunächst die enthaltene Lymphflüssgikeit aufgrund ihrer Trägheit nicht mit. Die Gallertkappe wird gegen die ruhende Lymphe gedrückt und durchgebogen. Die Sinneszellen werden durch die Verbiegung der Sinneshärchen erregt (Abb. 3).

Bei andauernder Drehung wird nach kurzer Zeit die Lymphe auch in Bewegung gesetzt. Beim Abstoppen des Kopfes strömt die Lymphe weiter und biegt die Gallertkappe auf die andere Seite. Dabei kann ein Schwindelgefühl entstehen und der Eindruck, man drehe sich entgegen der vorherigen Drehrichtung.

Aufgabe

① Vergleiche die Reizstärke der Sinneszellen der beiden Lagesinnesorgane in einem Innenohr, wenn der Kopf um 45° geneigt ist.

Sinne des Innenohrs

Wie sich der Schall ausbreitet, lässt sich mit einfachen Versuchen zeigen. Zusätzlich verdeutlichen Funktionsmodelle die Arbeitsweise der Sinnesorgane.

Stimmgabeln

① Schlage eine Stimmgabel unterschiedlich stark an. Beschreibe, wodurch sich die Töne unterscheiden. Benutze dann verschiedene Stimmgabeln. Wodurch unterscheiden sich die Töne jetzt?

② Halte dir die Ohren zu und lasse dir eine Stimmgabel auf die Stirn, auf die Schulter oder auf den Nacken setzen. Notiere die Unterschiede.

Schall breitet sich aus

③ Beobachte in der unten gezeigten Versuchsanordnung, was beim Anschlagen des linken Tamburins geschieht. Erkläre die Beobachtung.

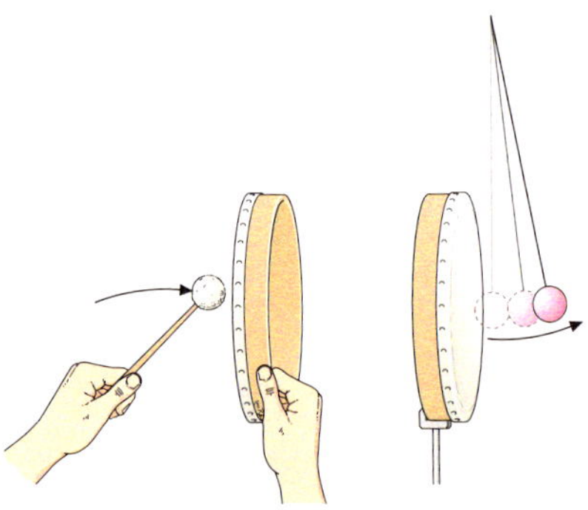

④ Stellt man einen klingelnden Wecker unter eine Glasglocke und saugt dann z. B. mit einer Wasserstrahlpumpe die Luft aus der Glasglocke, dann wird der Klingelton immer leiser und kann zuletzt nicht mehr gehört werden. Erkläre!

Richtungshören

⑤ Ein Schlauch von 10 – 15 mm Durchmesser und etwa 1,5 m Länge wird genau in seiner Mitte durch einen Strich markiert. Die Enden des Schlauchs werden an die Ohrmuscheln gehalten (Vorsicht: Nicht in die Ohrmuscheln drücken! Verletzungsgefahr!).
Ein Mitschüler klopft mit einem Lineal etwa 10 cm neben der Mitte leicht auf den Schlauch.
Die Versuchsperson teilt mit, von welcher Seite das Geräusch kommt. Erkläre das Versuchsergebnis. Notiere einen Ergebnissatz.

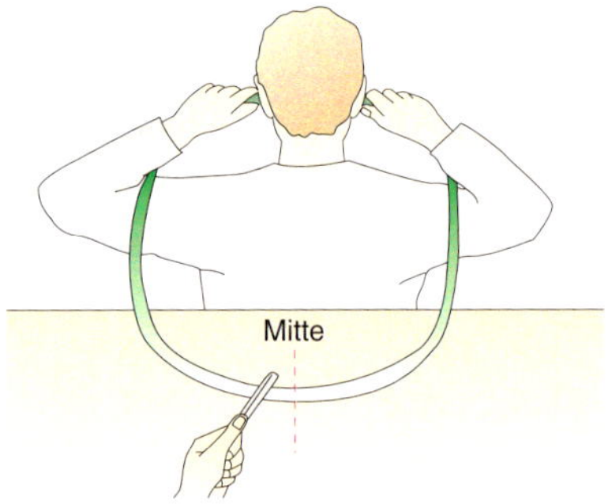

⑥ Der Versuch 5 wird mehrfach wiederholt und dabei jedes Mal näher an der Schlauchmitte geklopft. Die Versuchsperson gibt bei jeder Wiederholung an, von welcher Seite das Geräusch kommt.
Auf diese Weise wird die kleinste Entfernung von der Schlauchmitte bestimmt, bei der das Geräusch gerade noch als von der Seite kommend wahrgenommen wird.
Notiere diesen Wert.

⑦ Der Laufweg des Schalls vom Entstehungsort bis zu den beiden Ohren ist unterschiedlich groß.
Der Laufwegunterschied ist doppelt so groß wie die Strecke zwischen Schlauchmitte und Klopfstelle.
In Luft breitet sich Schall etwa mit der Geschwindigkeit $v = 340\ m/s$ aus. Hierfür gilt die Gleichung:

Geschwindigkeit = Weg/Zeit, kurz
$v = s/t$.

Bestimme daraus den Zeitunterschied t für den kleinsten, mit Versuch 6 ermittelten Laufwegunterschied.

Dies ist der kleinste Zeitunterschied, mit dem Schall an den Ohren eintreffen muss, damit man Geräusche als von der Seite kommend empfindet.

Funktionsmodell

Der Rand einer Kuchenform (Springform) wird mit Frischhaltefolie bespannt. Die Folie wird mit einem Gummiband befestigt. In ein Dreieck aus dünnem Karton wird ein Strohhalm eingeklebt. Sein abgeknicktes Ende wird aufgeschlitzt. Mit doppelseitigem Klebeband wird das geteilte Ende an einem Tischtennisball und das Dreieck an der Frischhaltefolie befestigt. Bitte darauf achten, dass sich der Strohhalm in der Mitte der Folie befindet! Nun wird die Springform so auf einen Karton aufgelegt, dass der Ball gerade in eine Glasschüssel mit Wasser eintaucht. Durch Finger schnipsen oder in die Hände klatschen lassen sich nun unterschiedliche Geräusche erzeugen.

⑧ Notiere die Beobachtungen bei verschiedenen Lautstärken und hohen oder tiefen Tönen.

⑨ Übertrage das Modell auf die Vorgänge im Ohr. Ordne den Bauteilen des Modellohrs die entsprechenden Bestandteile des Ohrs zu und erkläre den Vorgang.

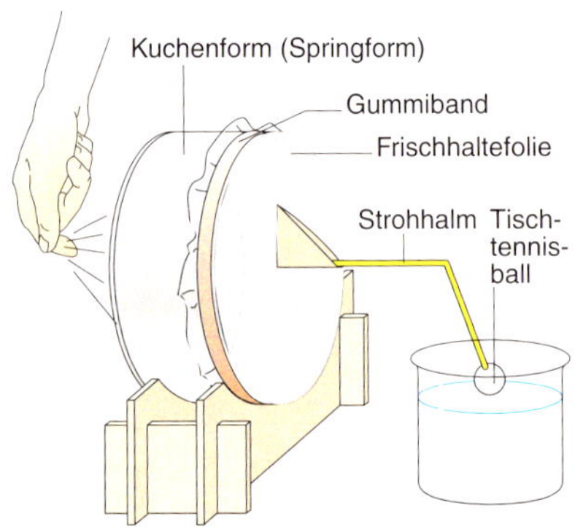

Funktionsmodell eines Bogengangs

⑩ Ein kunststoffbeschichteter Kartonstreifen von 5 cm Länge und 2 cm Breite wird 1 cm von einem Ende entfernt gefaltet und mit Klebestreifen in eine runde Wanne geklebt. Sie wird mit Wasser gefüllt und auf einen Drehstuhl gestellt. Auf die ruhende Wasseroberfläche werden Korkkrümel gestreut. Welche Teile eines Bogenganges werden mit dieser Anordnung dargestellt? Drehe den Stuhl in Uhrzeigerrichtung. Beobachte den Kartonstreifen und die Korkkrümel. Notiere und erkläre. Drehe den Stuhl etwa 30 Sekunden lang gleichmäßig und stoppe dann plötzlich. Beschreibe und erkläre, was geschieht. Erkläre mithilfe des Experiments den Drehschwindel.

Lexikon

Weitere Sinne

Tastsinn

Die Haut ist aus drei Schichten aufgebaut. Lederhaut und Unterhaut verfügen über mehrere Typen von sogenannten *Mechanosensoren*:

Die *Merkel-Zellen* (1), an denen die Verzweigungen markhaltiger Axone enden, sind Intensitätsdetektoren. Sie reagieren bereits, wenn die Haut an entsprechenden Stellen um etwa 10 µm eingedrückt wird und vermitteln Informationen über Eindrucktiefe und Dauer des Druckreizes. In der behaarten Haut treten sie in Gruppen als Tastscheiben auf.

Die *Meissner-Körperchen* (2) geben Auskunft über die Geschwindigkeit, mit der der Reiz einwirkt. In der behaarten Haut dienen die *Haarfollikel-Rezeptoren* (4) als Berührungsrezeptoren, ihr Ende umwickelt die Haarbasis und reagiert auf Haarverbiegungen.

Die *Pacini-Körperchen* (3) adaptieren sehr schnell und sind so zur Wahrnehmung von Vibrationen geeignet.

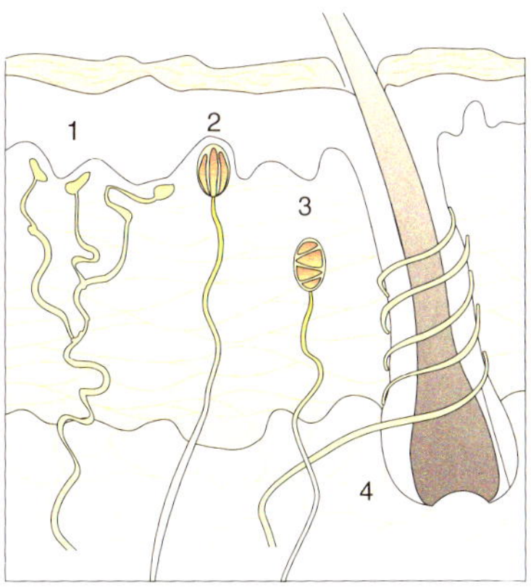

Geruchssinn — Geschmackssinn

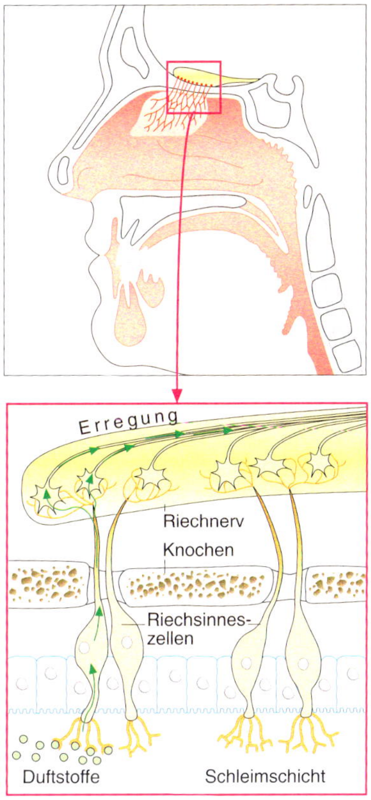

Geruchs- und **Geschmackssinn** sind chemische Sinne. Mit der eingeatmeten Luft gelangen Geruchsstoffe in die Nasenhöhle. Im oberen Bereich der Nasenschleimhaut liegen die etwa 6 cm^2 großen *Riechfelder*, die neben Stütz- und Schleimhautzellen etwa 20 Millionen Riechzellen enthalten.

Duftstoffe reizen die Riechzellen, indem sich Duftmoleküle an die Zelloberfläche anlagern. Über den *Riechnerv* gelangen Signale ins Gehirn. Häufig warnt der Geruchsinn vor schädlichen Stoffen, denn sie riechen meist schlecht. Allerdings sind einige gefährliche Gase geruchlos. So kann das giftige Auspuffgas Kohlenstoffmonooxid die Riechzellen nicht reizen.

Der Mensch verfügt, wie fast alle Primaten, über ein gering ausgeprägtes Geruchsvermögen. Mit seinen 20 Mio. Riechsinneszellen besitzt er wesentlich weniger Riechsinneszellen als Tiere mit einem leistungsfähigeren Geruchssinn. Beim Hund z. B. bilden ca. 230 Mio. Riechsinneszellen das Riechfeld, beim Kaninchen 100 Mio. und beim Reh sogar 300 Mio.

Seit langem sind die vier Hauptgeschmacksqualitäten süß, sauer, salzig und bitter bekannt, die der Geschmackssinn liefert. Inzwischen ist eine fünfte Geschmacksqualität entdeckt. Sie wird *Umami* genannt, was im Japanischen so viel wie „Fleischgeschmack" bedeutet. Er wird beispielsweise durch das Würzmittel Glutamat hervorgerufen.

Auf der Zunge liegen warzenförmige *Geschmackspapillen*, die bereits beim Blick in den Spiegel erkennbar sind. Sie tragen an ihrer Oberfläche *Geschmacksknospen*, die aus 50 – 100 zusammengelagerten Sinneszellen bestehen. Beim Essen gelangen gelöste Stoffe an die Sinneszellen. Durch diesen Reiz werden sie erregt und aktivieren Nervenzellen. Einzelne Sinneszellen lassen sich zugleich von verschiedenen Geschmacksstoffen reizen. Dabei entstehen Mischempfindungen wie etwa süß-sauer. Der typische Eindruck einer Speise entwickelt sich jedoch erst durch die gleichzeitige Reizung der Geschmacks- und Geruchssinnesorgane.

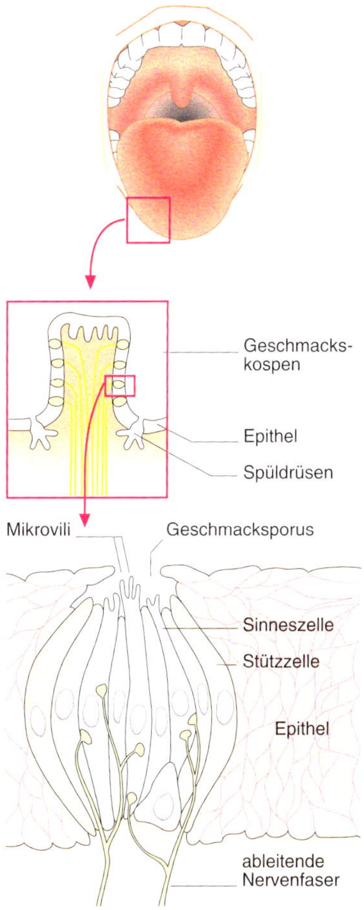

Besondere Sinne bei Tieren

Das Besondere an **Adleraugen** ist ihr eingebauter Vergrößerungsmechanismus. Die Netzhaut, auf der das Bild entsteht, hat in mittlerer Position eine Vertiefung, die wie eine zusätzliche Vergrößerungslinse wirkt. Ähnlich wie bei der Zoomfunktion eines Fotoapparates, wird so ein Teil des Blickfeldes „näher herangeholt". Dieser Teil wird

etwa um das Zweifache vergrößert. Der vergrößerte Teil des Bildes ist auch viel genauer dargestellt als die Umgebung. Dieser besondere Augenaufbau erleichtert es dem Adler, z. B. Schneehasen im Schnee oder andere getarnte Beute auszumachen. Allerdings ist sehr helles Licht nötig, damit dieser Vergrößerungsmechanismus funktioniert. Bei Dämmerung sehen Menschen zum Beispiel eindeutig besser als Adler.

Du hast sicher schon einmal die Erfahrung gemacht, dass man beim Tauchen mit offenen Augen alles verschwommen sieht. Das hat seinen Grund darin, dass sich die Lichtstrahlen unter Wasser anders verhalten als in der Luft. Unsere Augenlinsen sind an das Sehen über Wasser angepasst, die der Fische an das Sehen unter Wasser. Das **Vierauge** kann beides. Es lebt in einigen Flüssen Südamerikas. Es ist ein Jäger und ernährt sich unter anderem von Insektenlarven, die es unter Wasser fängt. Da es bei der Jagd dicht unter der Wasseroberfläche schwimmt, ist es aber auch selbst in Gefahr. Viele Vögel, die aus der Luft angreifen, gehören zu seinen Feinden. Eigentlich hat der Vieraugenfisch nicht vier Augen, sondern nur zwei. Die sind aber jeweils in zwei Hälften geteilt: Eine obere Hälfte, das „Luftauge", und eine untere Hälfte, das „Wasserauge".

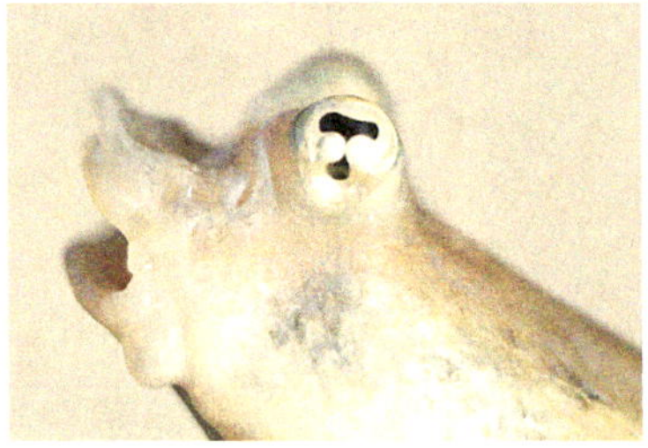

Jede Hälfte besitzt eine eigene Pupille und eine eigene Netzhaut, aber die beiden Hälften teilen sich eine Linse. Die ist im oberen Bereich an das Sehen an der Luft angepasst, im unteren Bereich an das Sehen unter Wasser. So kann das Vierauge unter Wasser nach Beute Ausschau halten und gleichzeitig den Luftraum auf mögliche Feinde hin überprüfen.

Im Süden Australiens lebt ein Vogel, der seinen Schnabel wie ein Thermometer benutzt – das **Thermometerhuhn**. Es braucht diesen genauen Temperatursinn, weil es seine Eier auf besondere Weise ausbrütet. Das Männchen sammelt in einer Bodenvertiefung frische Pflanzenteile und legt so eine Art Komposthaufen an, in den das Weibchen die Eier legt. Bebrütet werden die Eier durch den Komposthaufen, in dem durch die Zersetzung der Pflanzenteile Wärme entsteht. Für die Entwicklung der Küken in den Eiern ist eine Nesttemperatur von exakt 33 °C optimal. Das männliche Thermometerhuhn bewacht das Nest und misst mit seinem Schnabel die Temperatur. Sinkt die Temperatur unter den optimalen Wert von 33 °C, fügt es neues Pflanzenmaterial hinzu. Steigt die Temperatur zu stark an, entfernt es Material aus dem Nest.

Die **Augen** der **Insekten** bestehen aus vielen winzigen, sechseckigen Einzelaugen, die alle eine Linse besitzen. Die verschiedenen Insektenarten haben eine unterschiedliche Anzahl an Einzelaugen: die Honigbiene etwa 5000, der Gemeine Ohrenwurm ca. 300, die Libelle sogar 25000 Einzelaugen. Jedes dieser Einzelaugen wird *Facette* genannt, die Insektenaugen entsprechend **Facettenaugen.** Durch diesen Augenaufbau können die Insekten also hunderte bis tausende Einzelbilder aufnehmen und zu einem Gesamtbild verknüpfen. Wie dieses Bild aussehen könnte, zeigen die Abbildungen.

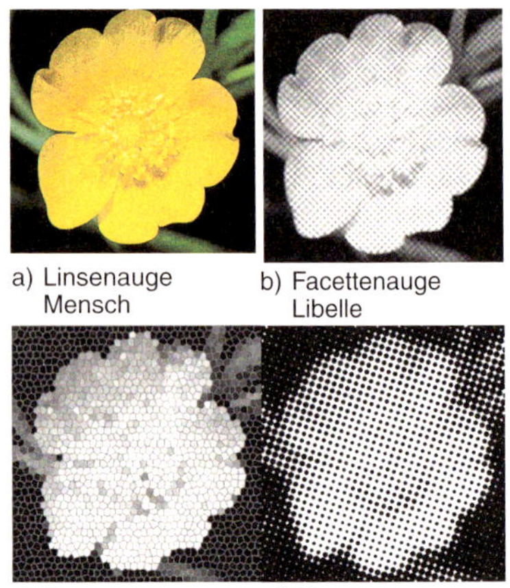

a) Linsenauge Mensch
b) Facettenauge Libelle
c) Facettenauge Honigbiene
d) Facettenauge Ohrenkneifer

Die nordamerikanische **Klapperschlange** ist ein nächtlicher Jäger. Im Dunkeln kann sie allerdings nicht gut sehen. So muss sie ein anderes Sinnesorgan nutzen, um ihre Beute, meistens Mäuse, aufzuspüren. In einer kalten Nacht ist eine Maus mit einer Körpertemperatur von 40 °C deutlich wärmer als ihre Umgebung. Diesen

Temperaturunterschied kann die Klapperschlange mit ihrem *Grubenorgan* feststellen. Dieses liegt gut sichtbar zwischen den Nasenlöchern und den eigentlichen Augen. Das Grubenorgan ist also eigentlich ein Temperatursinnesorgan. Mit seiner Hilfe kann die Klapperschlange eine Maus, die 10°C wärmer als ihre Umgebung ist, noch aus 60 – 70 cm Entfernung orten.

In den Tiefen der Meere gibt es kaum noch Licht und das Wasser kann sehr trüb sein. Trotz schlechter Sicht können **Delfine** zwischen Fischschwärmen, anderen Beutetieren, leblosen Objekten, wie z. B. Steinen, und anderen Meeresbewohnern unterscheiden.

Das gelingt ihnen, da sie sich mithilfe ihres *Sonarsystems* ein „Geräuschbild" von ihrer Umgebung machen. Zunächst erzeugen sie Töne bzw. „Klicke". Der erzeugte Schall breitet sich im Wasser aus und wird von Artgenossen, Beutetieren oder Hindernissen zurückgeworfen. Das Echo der Klicke wird vom Unterkiefer des Senderdelfins aufgefangen und zum Ohr weitergeleitet. Hier wird das Echo wahrgenommen und anschließend ausgewertet. Je genauer ein Delfin seine Umgebung „betrachten" will, desto mehr Klicklaute stößt er aus. Ist er sehr interessiert, können 800 Klicks pro Sekunde erzeugt werden. Ist er eher unaufmerksam, senkt sich die Klickrate auf etwa 20 pro Sekunde.

Zu den Sinnen, die der Mensch nicht besitzt, gehört der **magnetische Sinn**. Man findet ihn beispielsweise bei Zugvögeln. Mit seiner Hilfe können sie

sich beim Vogelzug selbst bei völlig bedecktem Himmel in der Nacht am Verlauf des Erdmagnetfelds orientieren. 1965 gelang es erstmals beim **Rotkehlchen** nachzuweisen, dass Tiere einen solchen „Magnetkompass" besitzen. Inzwischen hat man bei 18 Zugvogelarten sowie bei Brieftauben den magnetischen Orientierungssinn nachweisen können.

Auch an Tauben hat man entdeckt, dass sie für ihre Orientierung das *Erdmagnetfeld* benutzen. Bringt man auf ihrem Kopf kleine Magnete an, so sind sie bei bedecktem Himmel nicht in der Lage, in den Schlag zurückzufinden. Erzeugt man ständig wechselnde Magnetfelder, so werden Tauben selbst bei klarem Himmel, der ansonsten eine Richtungsfindung am Sonnenstand ermöglicht, in ihrer Orientierung gestört.

Intensive Forschungen zeigten, dass im Auge zahlreicher Vogelarten Moleküle vorkommen, die auf das Magnetfeld reagieren. Man fand im Kopf von Tauben und im Körper anderer Tiere eine magnetische Substanz biologischen Ursprungs. Man nimmt an, dass es sich dabei um Bestandteile eines Sinnesorgans handelt, auf das Magnetfelder einwirken können.

Erdmagnetfeld

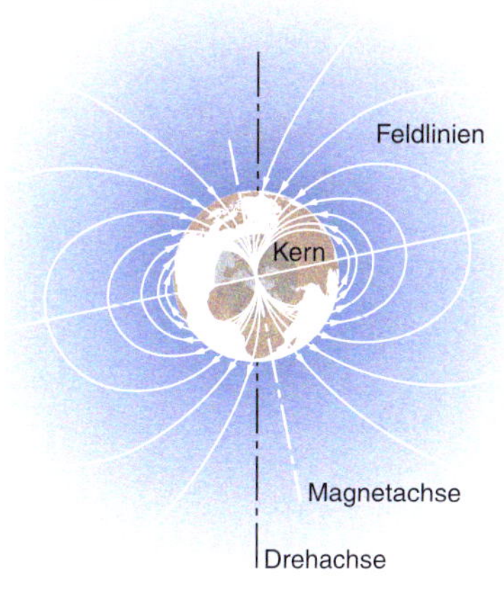

Das wichtigste Sinnesorgan der **Fische** ist das *Seitenlinienorgan*. Auf halber Höhe der Fischflanken durchzieht eine Linie kleiner, sichtbarer Poren die Oberfläche. Sie führen zu einem flüssigkeitsgefüllten Kanal, in dem die eigentlichen Sinnesorgane liegen. Es handelt sich dabei um einen *Ferntastsinn*, der den Fischen gestattet Strömungen festzustellen, die z. B. von Beutetieren oder Schwarmpartnern verursacht werden. Der Fisch kann daraufhin auswerten, wer der Verursacher der Strömungen ist und wo er sich befindet. Auch Druckwellen, die von einem Hindernis zurückgeworfen werden, kann der Fisch so spüren.

Da Wasser im Gegensatz zu Luft Elektrizität gut leitet, machen *elektrische Sinnesorgane* nur bei wasserlebenden Tieren Sinn. Viele Fische sind in der Lage, elektrische Felder wahrzunehmen. Der **Nilhecht** ist ein etwa 10 cm großer Fisch aus Afrika, der auch in trüben und dunklen Gewässern sehr geschickt manövriert. Er hat in seinem Seitenlinienorgan weitere Sinneszellen, die auf *elektrische Felder* reagieren. Er selbst baut um sich herum ein elektrisches Feld auf. Dazu hat er in seiner Schwanzmuskulatur eine Region, die eine elektrische Spannung erzeugt. Kommen nun Hindernisse oder Beutetiere in seine Nähe, so erkennt der Nilhecht sie an der Veränderung seines elektrischen Feldes.

Haie besitzen in ihrer Nasenhaut **elektromagnetische Sinnesorgane**, die hochempfindlich auf elektromagnetische Felder reagieren. Der **Hammerhai** hat sogar eine regelrechte, quer liegende, Antenne in seinem breiten Kopf, mit der er das Magnetfeld des Meeresbodens im Dunkeln zur Orientierung benutzen kann. Aber auch die winzigen elektrischen Impulse, wie sie von jedem Lebewesen ausgehen, werden registriert: Jede Muskelbewegung und auch der Herzschlag werden von ganz schwachen Stromentladungen begleitet. Der Herzschlag eines im Sand versteckten Plattfisches reicht deshalb bereits aus, damit der Hai ihn aufspüren kann.

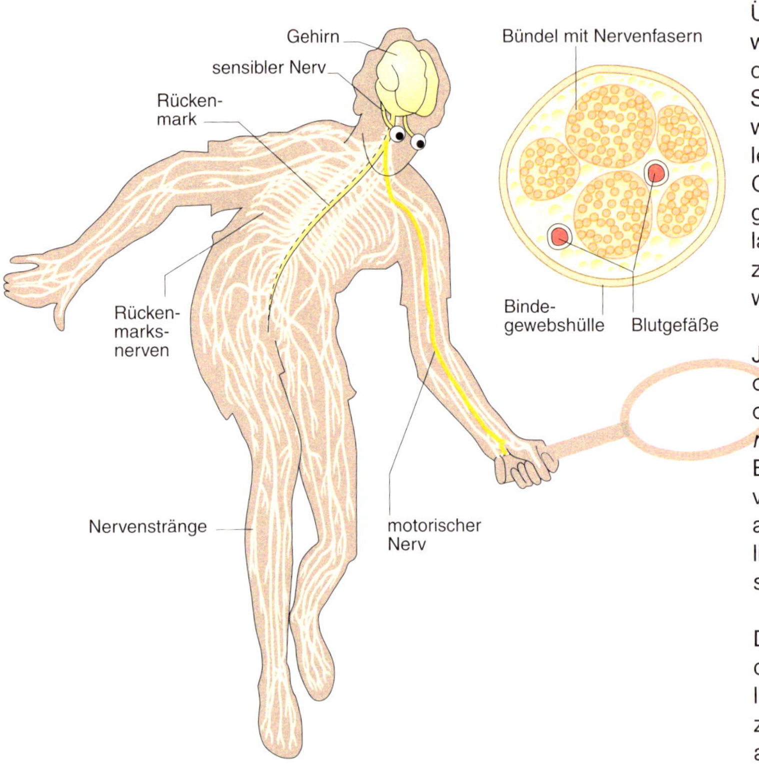

1 Nervensystem des Menschen; Querschnitt Nerv

Arbeitsweise des Nervensystems

Der Tennisspieler sieht den herannahenden Ball. Er läuft auf ihn zu, holt mit dem Arm weit aus und schlägt den Ball zurück. Der ganze Vorgang dauert nur Sekunden.

Diese schnellen, zielgerichteten Bewegungen werden durch das Zusammenwirken von Sinnesorganen, Muskulatur und Nerven ermöglicht. Die Nerven sind stark verzweigt. Sie erreichen alle Körperregionen und sind zum *Nervensystem* vernetzt (Abb. 1).

Ein *Nerv* besteht aus einer Bindegewebshülle, die *Nervenfasern* und Blutgefäße einschließt. Ein Nerv ist mit einem Kabelbündel vergleichbar, das hunderte oder tausende von Einzelkabeln enthält. Dabei ist die Nervenfaser das kleinste Element. Sie ist ein langer Ausläufer einer *Nervenzelle*. Insgesamt enthält der Körper 25 – 100 Milliarden Nervenzellen. Die meisten liegen dicht gepackt in Gehirn und Rückenmark. Diese beiden Organe bilden zusammen das *Zentralnervensystem (ZNS)*.

Über die Sinnesorgane erhält das ZNS fortwährend Informationen aus der Umwelt, die durch *sensible Nerven* in Form elektrischer Signale zum Gehirn geleitet und dort ausgewertet werden. So erkennt der Tennisspieler den Ball, seine Bewegungsrichtung und Geschwindigkeit. Nun sendet das Gehirn Signale durch *motorische Nerven* zur Muskulatur. Die zugehörigen Muskeln ziehen sich zusammen – der Körper wird zum Ball bewegt.

Jede Muskelaktivität verändert die Position des Spielers zum Ball. Von den Sinnesorganen erhält das Gehirn laufend *Rückmeldungen* darüber, wie vorangegangene Bewegungen die Körperstellung zum Ball verändert haben. Es vergleicht ständig die augenblickliche Position mit der erforderlichen und ermittelt daraus, welche Muskeln sich als nächste zusammenziehen müssen.

Das Gehirn aktiviert nacheinander verschiedene Muskelgruppen so lange, bis schließlich die gewünschte Stellung des Spielers zum Ball erreicht ist. Man sagt: Die Muskelaktivität wird *geregelt*. Das wesentliche Kennzeichen der Regelung ist die *Wirkungskontrolle*. Sie wird durch Rückmeldungen möglich. Dadurch entsteht ein Kreislauf von Signalen, ein *Regelkreis* (s. Seite 25).

Würde der Tennisspieler beim ersten Anblick des ankommenden Balls die Augen schließen und so versuchen den Ball zu treffen, würde er ihn mit Sicherheit verfehlen. Hier bliebe die Rückmeldung aus. Nun würde sich eine Muskelaktivierung nicht mehr nach dem Ergebnis einer vorangegangenen richten. Einen derartigen Vorgang nennt man *Steuerung* (▶ S. 158).

Das Nervensystem ist nicht nur bei körperlicher Betätigung aktiv. Unablässig muss es Informationen – z. B. die inneren Zustände des Körpers betreffend – empfangen, auswerten und weiterleiten. Selbst beim Schlafen beeinflusst es die Tätigkeit der inneren Organe und reguliert beispielsweise Blutzirkulation, Atmung und Verdauung.

Aufgaben

① Beschreibe den Unterschied zwischen Steuerung und Regelung.

② Vergleiche die Funktion sensibler und motorischer Nerven.

Die Nervenzellen – Bau und Funktion

Viele Nervenzellen zeigen vergleichbare Grundstrukturen. Sie sind hier am Beispiel einer motorischen Nervenzelle beschrieben. Wird die Nervenzelle an den Dendriten gereizt, so entstehen am Axonursprung *elektrische Impulse*. Dabei handelt es sich um Spannungsschwankungen von etwa 0,1 Volt Stärke und 2 ms Dauer. Diese Impulse springen mit Geschwindigkeiten bis 120 m/s längs des Axons von Schnürring zu Schnürring. An den Endknöpfchen angekommen, bewirken sie die Freisetzung eines Überträgerstoffes *(Transmitter)*. Er wandert durch den synaptischen Spalt und verbindet sich mit Rezeptoren, die sich an der Zellmembran der Muskelfaser befinden. Dies bewirkt über etliche Zwischenstufen, dass sich die Muskelfaser zusammenzieht (Abb. 1).

Häufig verkoppelt eine Synapse zwei Nervenzellen miteinander. Im ZNS gibt es viele Milliarden dieser Synapsen. An den weit verzweigten Dendriten einer Nervenzelle können bis zu 10 000 Endknöpfchen anderer Nervenzellen sitzen. Die Aktivität einer Synapse bewirkt noch keinen Impuls. Erst wenn mehrere Synapsen zugleich aktiv sind, wird an der gereizten Nervenzelle eine Reizschwelle überschritten. Nun entstehen Impulse, die bis zur nächsten Synapse wandern.

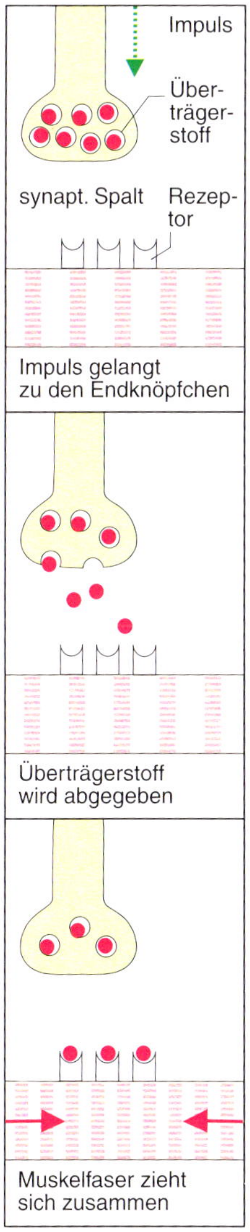

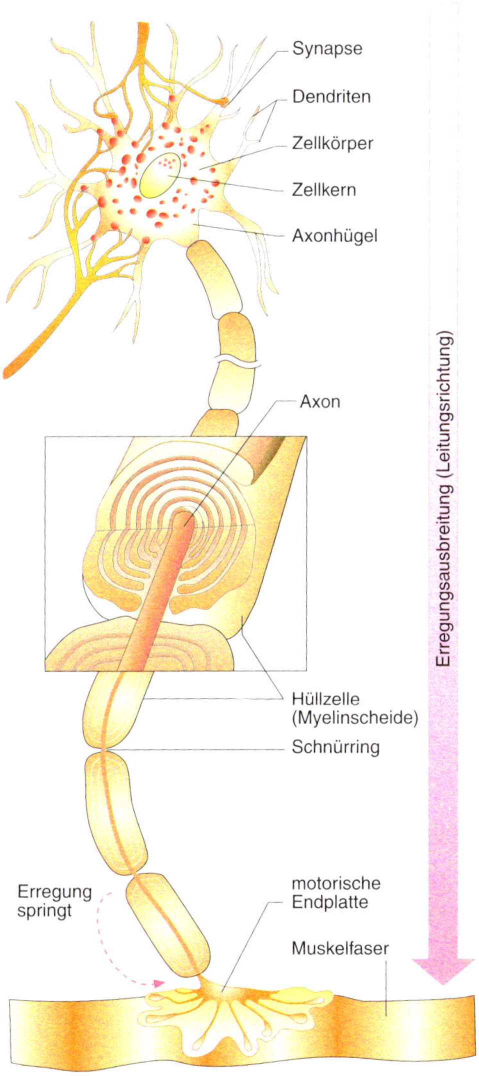

1 Schema einer Nervenzelle

Dendrit
Feinfädiger, buschartig verzweigter Fortsatz. Dendriten sind Verbindungsstellen zu anderen Nervenzellen und zu Sinneszellen. Dendriten nehmen Informationen auf und leiten sie zum Zellkörper weiter.

Zellkörper
Ort der Informationsverabeitung. Hier werden alle Signale der Dendriten gesammelt und miteinander verrechnet.

Axonhügel
Ursprung des Axons.

Axon
Bis 1 m langer Ausläufer der Nervenzelle mit einem Durchmesser von 0,01 bis 0,002 mm. Leitet Informationen zu Nervenzellen, Muskelfasern oder Drüsen weiter.

Hüllzelle
Bildet eine elektrisch isolierende Hülle, die *Myelinscheide*, um das Axon. Mehrere von Hüllzellen umgebene Axone heißen Nervenfaser.

Schnürring
Zwischen aufeinander folgenden Hüllzellen ist ein ringförmiger Bereich des Axons unbedeckt. Bei mikroskopischer Betrachtung sieht man Einschnürungen.

Endknöpfchen
Die verdickten Endknöpfchen enthalten in kleinen Bläschen einen Überträgerstoff (häufig Acetylcholin).

Synapse
Verbindungsstelle zu anderen Nervenzellen oder Muskelfasern. Zur nachfolgenden Zelle besteht ein schmaler synaptischer Spalt.

Motorische Endplatten
Bezeichnung für die großen Synapsen an Muskelfasern.

Das Gehirn – Aufbau und Arbeitsteilung

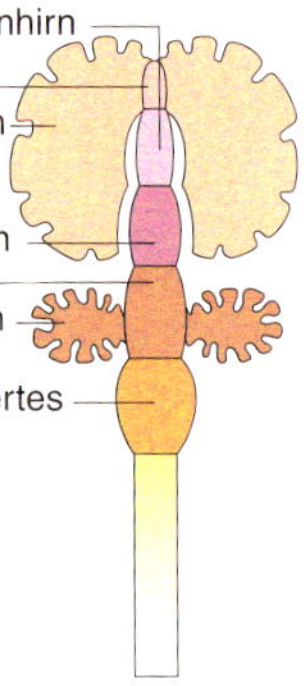

Das menschliche Gehirn ist in verschiedene Bereiche gegliedert, die an einem Embryo besser erkennbar sind als am Gehirn des Erwachsenen. Die Gehirnanlage besteht zunächst aus drei, später aus fünf *Hirnbläschen*. Aus jedem entsteht einer der fünf Gehirnabschnitte, die alle Wirbeltiere besitzen. Im Verlauf der weiteren Entwicklung stülpen sich am vordersten Bläschen zwei Seitenbläschen aus. Indem sie sich stark vergrößern und Falten ausbilden, entsteht das Großhirn (s. Randspalte).

Im *Großhirn* sind die Zellkörper der Nervenzellen auf eine dünne *Rindenschicht* an der Oberfläche verteilt. Im darunter liegenden *Mark* verlaufen überwiegend Nervenfasern. Durch die Faltung entsteht die notwendige große Oberfläche, um Milliarden von Nervenzellen in der Rindenschicht unterzubringen. Aus den anderen Bläschen entwickeln sich *Zwischenhirn*, *Mittelhirn*, *Kleinhirn* und *verlängertes Mark*. Zwischen Mittelhirn und verlängertem Mark liegt die *Brücke*. Diese drei Abschnitte bilden den *Hirnstamm*.

Auch nach der Geburt ist die Gehirnentwicklung nicht abgeschlossen. Die Verbindung der Nervenzellen untereinander ist noch unvollständig. Im Verlauf der ersten drei Lebensmonate werden sehr viele neue Synapsen gebildet und die Nervenzellen stärker miteinander vernetzt. Diese Vernetzung wird durch die Sinneseindrücke, die im Kindesalter empfangen und verarbeitet werden, gefördert und ist vermutlich erst nach Jahren abgeschlossen.

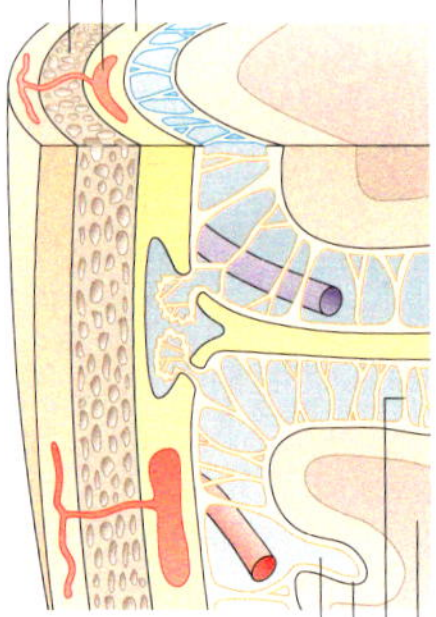

Stoßgedämpfte Lagerung des Gehirns

Das durchschnittliche Gewicht des Gehirns beträgt beim Erwachsenen etwa 1400 g. Die beiden Großhirnhälften, die über einen dicken Nervenstrang, den *Balken*, miteinander verbunden sind, nehmen etwa 80 % des Gehirnvolumens ein und überdecken die anderen Gehirnabschnitte.

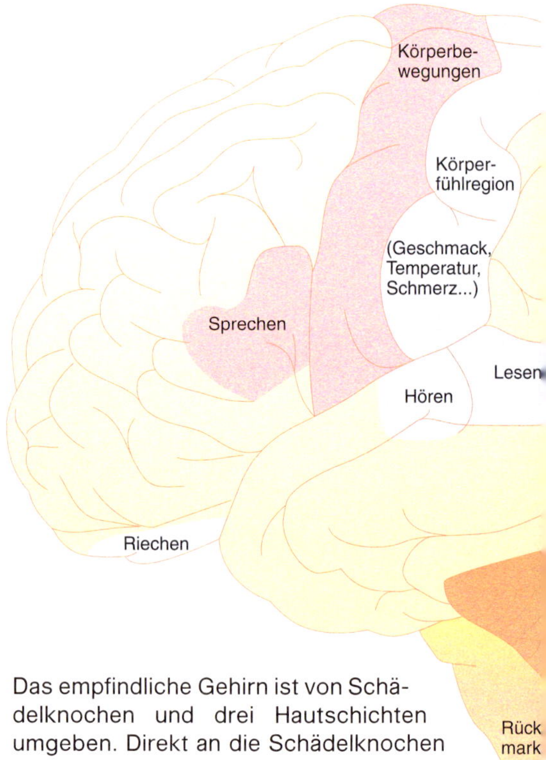

Das empfindliche Gehirn ist von Schädelknochen und drei Hautschichten umgeben. Direkt an die Schädelknochen grenzt die *harte Hirnhaut*. An ihr ist mit elastischen Fasern die schwammartige *Spinnwebshaut* verankert. Sie enthält *Gehirnflüssigkeit*, in der das Gehirn schwimmt. Die *weiche Hirnhaut* verbindet Spinnwebshaut und Gehirn. Die knöcherne Umhüllung und die schwimmende Lagerung schützen das Gehirn (▶ S. 152).

Die Hirnhäute stellen eine Barriere gegen Krankheitserreger dar. Dennoch können bestimmte Bakterien oder Viren in die Hirnhäute eindringen und *Hirnhautentzündung* verursachen. Die Ausscheidungsprodukte der Bakterien oder abgestorbene Zellen sind dann eine Gefahr für das Gehirn, die sogar tödlich sein kann.

Mit der *Computertomografie* oder der *Kernspintomografie* kann man für medizinische Zwecke das Gehirn schichtenweise untersuchen. Dabei entstehen Aufnahmen, an denen Spezialisten viele Einzelheiten, sogar einzelne Blutgefäße, erkennen können.

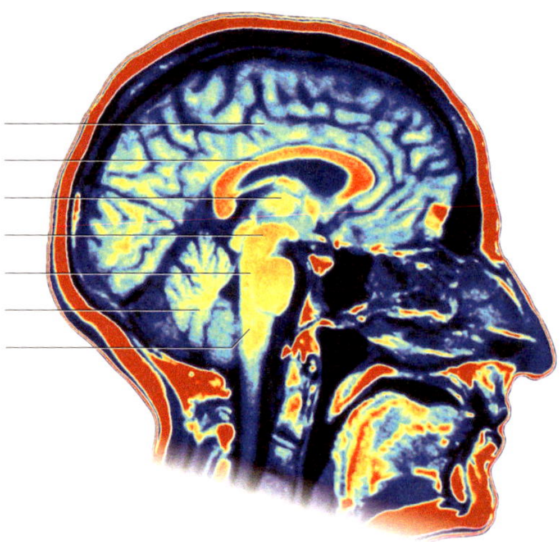

1 Computertomogramm

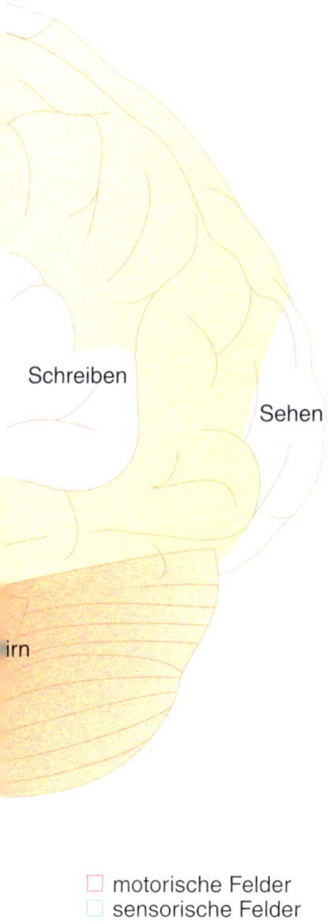

Der französische Mediziner PAUL BROCA (1824 – 1880) untersuchte das Gehirn eines Verstorbenen, der zu Lebzeiten das Sprechvermögen verloren hatte. BROCA bemerkte eine auffällige Erweichung des Großhirns im Bereich der linken Schläfe. Er nahm an, dass hier das Sprechzentrum liegt.

Heute kennt man viele Aufgaben des Großhirns. Die Forschungsergebnisse zeigen: Es ist das Zentrum der Wahrnehmungen, des Bewusstseins, Denkens, Fühlens und Handelns. Es herrscht Arbeitsteilung zwischen verschiedenen Bezirken, den Rindenfeldern, von denen drei Typen vorkommen:

1. *Sensorische Felder* verarbeiten die Informationen der Sinnesorgane.
2. *Motorische Felder* aktivieren Muskeln und regeln willkürliche Bewegungen.
3. *Gedanken-* und *Antriebsfelder* sind die Zentren des Denkens und Erinnerns.

Die sensorischen und motorischen Felder für die rechte Körperseite liegen in der linken Großhirnhälfte und umgekehrt. Es gibt aber auch Zentren, die nur in einer Gehirnhälfte vorkommen, wie das Sprechzentrum.

Im *Zwischenhirn* entstehen Gefühle, wie Freude, Angst oder Wut. Es filtert den Informationsfluss von den Sinnesorganen zum Großhirn; Unwichtiges wird nicht weitergemeldet. Weiterhin ist es Umschaltzentrum für einige angeborene Reflexe, regelt die Körpertemperatur, den Wasserhaushalt und weitere lebenswichtige Körperfunktionen. Der *Hypothalamus* ist die Verbindungsstelle zwischen Nerven- und Hormonsystem.

Das *Mittelhirn* ist eine Umschaltstelle. Erregungen sensibler Nerven werden zum Großhirn geschickt oder auf motorische Nerven umgeleitet. Es kontrolliert unter anderem die Augenbewegungen, die Irismuskulatur und die Ziliarmuskeln.

Das *Kleinhirn* ermöglicht es uns, das Gleichgewicht zu halten und koordiniert Bewegungen auszuführen. Bewegt man zum Ergreifen eines Gegenstands Ober- und Unterarm gleichzeitig, stimmt das Kleinhirn beide Teilbewegungen aufeinander ab; der Gegenstand wird zielsicher ergriffen. Ohne die Tätigkeit des Kleinhirns würde der Arm ruckartige Bewegungen ausführen, die meist über das Ziel hinausgingen. Außerdem dient es der Automatisierung immer wiederkehrender Bewegungen. Lernt man z. B. Tanzen, so muss man jeden Schritt ganz bewusst ausführen. Hier beeinflusst das Großhirn direkt die Aktivität der Muskulatur. Mit einiger Übung muss man sich nicht mehr auf jeden Schritt konzentrieren. Das Kleinhirn sorgt für die eingeübte Bewegungsabfolge.

Das *verlängerte Mark* bildet die Übergangsstelle zum Rückenmark. Wichtige Funktionen sind die Regulation des Blutdrucks, die Steuerung der Atemmuskulatur und der Reflexe. Über 12 Paar Gehirnnerven ist der Hirnstamm mit Sinnesorganen, Muskeln und Drüsen im Kopf verbunden.

Zettelkasten

Untersuchung der Gehirnaktivität

Die moderne Gehirnforschung verfügt über verschiedene Methoden zur Aufklärung der Funktion der einzelnen Gehirnbereiche, die ohne Verletzung der Untersuchungsperson angewandt werden können.

Sehr deutliche Abgrenzungen der einzelnen Funktionsbereiche erhält man mit der **Positronen-Emissions-Tomografie**. Mit diesem Verfahren lässt sich die Stoffwechselaktivität des Gehirns im Bild darstellen. Auf den Aufnahmen zeigen helle Farben hohe, dunkle Farben dagegen niedrige Aktivität an. Beim Sehen, Hören und Sprechen sind verschiedene eng umgrenzte Großhirnbezirke aktiv. Dagegen sind bei Denkvorgängen viele Regionen gleichzeitig beteiligt, insbesondere die Bereiche im vorderen Teil des Großhirns.

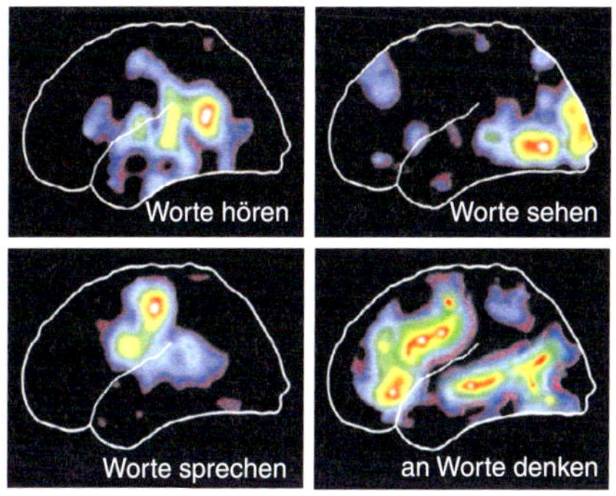

Aufgaben

① Vergleiche die tomografischen Aufnahmen des Schädels mit der Schemazeichnung des Gehirns. Welche Gehirnabschnitte zeigt die Zeichnung?

② Beschreibe und erkläre die Schutzeinrichtungen für das Gehirn gegen mechanische Einwirkungen.

③ Vergleiche das Gehirn mit einem Computer. Welche Gemeinsamkeiten und welche Unterschiede findest du?

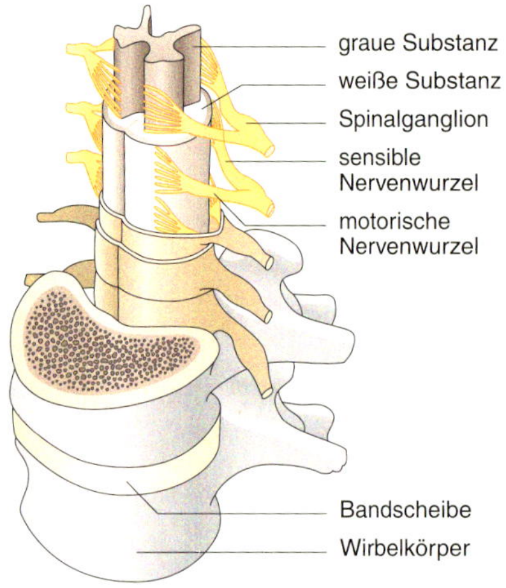

1 Lage und Bau des Rückenmarks

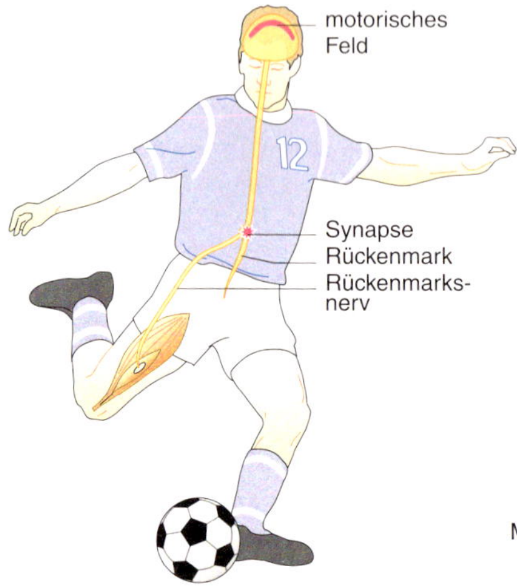

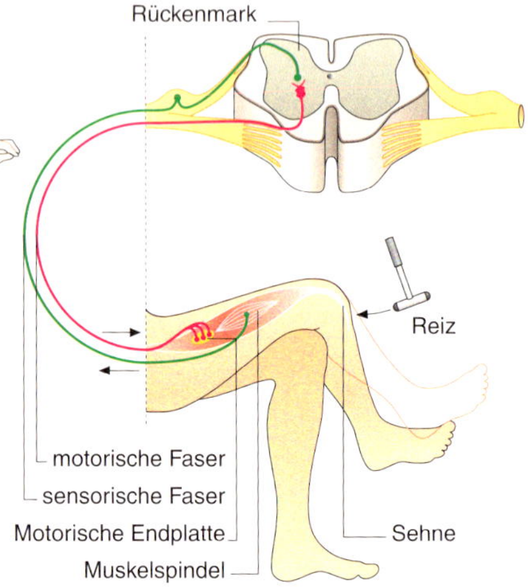

2 Erregungsverlauf bei willkürlicher Beinbewegung und **3** beim Reflex

Das Rückenmark

Die Informationsübertragung zwischen Gehirn und Körper erfolgt durch die Gehirnnerven und das *Rückenmark*. Das Rückenmark ist 40 – 50 cm lang, ca. fingerdick und liegt im *Wirbelkanal* der Wirbelsäule. Im Querschnitt erkennt man zwei Bereiche. Innen befindet sich die *graue Substanz*. Sie besteht überwiegend aus Zellkörpern von Nervenzellen sowie zu- und ableitenden Nervenfasern. Außen ist die *weiße Substanz*, die vorwiegend aus Nervenfasern besteht (Abb. 1).

Vom Rückenmark zweigen 31 Paar *Rückenmarksnerven* ab. Sie verlassen die Wirbelsäule jeweils zwischen zwei Wirbeln und erreichen mit ihren Verästelungen alle Bereiche des Körpers. Jeder Rückenmarksnerv hat zwei Wurzeln. Die *vordere Wurzel* enthält motorische Nervenzellen. Die Zellkörper liegen in der grauen Substanz. Diese Nervenfasern leiten Erregungen zur Muskulatur. Die *hintere Wurzel* enthält sensible Nervenzellen, deren Zellkörper in den Nervenknoten (*Spinalganglien*) liegen. Diese Nervenfasern leiten Erregungen vom Körper ins Rückenmark.

Das Beispiel des Fußballspielers (Abb. 2) macht die Aufgaben des Rückenmarks anschaulich: Er will den Ball spielen, z. B. auf das Tor schießen. Dabei wird ein bestimmter Bereich der Großhirnrinde, ein motorisches Feld, aktiv und entwickelt einen bestimmten Bewegungsablauf, der dazu führen soll, dass der Ball mit voller Wucht in die linke obere Torecke geschossen wird. Im Rückenmark wird diese Information weitergeleitet, bis sie über Synapsen auf motorische Nervenzellen in der grauen Substanz übertragen wird. Sie steuern die Kontraktionen der beteiligten Muskeln. Rückenmarksnerven übermitteln über elektrische Signale, welcher Muskel sich wann und wie stark kontrahieren soll. *Sensible Nervenbahnen* melden an das Gehirn zurück, wie die Aktion verlaufen ist, z. B. ob der Ball voll getroffen wurde.

Dass das Rückenmark auch selbstständig arbeitet, verdeutlicht ein Versuch: Eine Person sitzt auf einem Tisch und lässt ein Bein locker herabhängen. Ein leichter Schlag auf die Kniesehne unterhalb der Kniescheibe bewirkt, dass der Unterschenkel vorschnellt. Diese Reaktion heißt *Patellarsehnenreflex*.

Der Schlag auf die Kniesehne bewirkt eine plötzliche Dehnung des Streckmuskels im Oberschenkel. Dieser Reiz wird von Sinnesorganen im Muskel, den *Muskelspindeln*, aufgenommen. Sie senden Erregungen über sensible Nervenzellen ins Rückenmark. In der grauen Substanz werden die Erregungen über Synapsen auf motorische Nervenzellen und dann auf den Streckmuskel übertragen. Er zieht sich zusammen und wirkt so der Dehnung entgegen (Abb. 3).

Der Weg der Erregung von den Muskelspindeln über das Rückenmark zurück zum Muskel heißt *Reflexbogen*. So wird der Oberschenkelmuskel gedehnt, wenn man beim Laufen mit einem Fuß hängen bleibt. Durch den Reflex wird das Bein gestreckt und meist ein Sturz verhindert (*„Stolperreflex“*).

Die *Bandscheiben* liegen zwischen den Wirbelkörpern. Sie bestehen aus einer zähen, festen Hülle und einem weichen, gallertigen Kern. Da sie verformbar sind, wird die Wirbelsäule beweglich und Erschütterungen werden abgemildert. Eine häufige Erkrankung ist der *Bandscheibenvorfall*: Der Kern der Bandscheibe dringt durch die Hülle nach außen. Das Gewebe in der Umgebung des Bandscheibenvorfalls entzündet sich und schwillt an. Es entsteht ein Druck auf das Rückenmark und die Rückenmarksnerven. Bandscheibenvorfälle treten bei Männern häufiger als bei Frauen auf. Die Lendenwirbel, d.h. die unteren Abschnitte der Wirbelsäule, sind viel häufiger betroffen als die oberen, da sie stärker belastet werden (Abb. 1).

Mögliche Ursachen eines Bandscheibenvorfalls sind die Austrocknung der Bandscheiben, Übergewicht, sitzende Tätigkeit oder falsches Transportieren schwerer Gegenstände. Ein Bandscheibenvorfall führt bei den Patienten zu wenig spezifischen Symptomen: Schmerzen, eingeschränkte Beweglichkeit, evtl. Gefühllosigkeit oder Schwächegefühl in Armen oder Beinen. Eine sichere Diagnose ermöglichen heute Röntgenuntersuchungen, *Computertomogafie* (CT) oder *Magnetresonanztomografie* (MRT).

Die Behandlung erfolgt meist konservativ, d. h. ohne Operation: entzündungshemmende Medikamente, örtliche Betäubung, Bettruhe, Strecken der Wirbelsäule mit Gewichten, Gymnastik. Im Laufe der Zeit wird die ausgetretene Gallerte abgebaut. Nur in schweren Fällen ist eine Operation notwendig.

Eine *Querschnittslähmung* beruht auf einer Schädigung des Rückenmarks, wie dies bei schweren Sport- oder Verkehrsunfällen vorkommen kann. Die Körperregionen unterhalb der betroffenen Stelle können nicht mehr bewegt werden und sind gefühllos. Ursache einer derartigen Schädigung kann beispielsweise der Bruch eines Wirbels sein oder Wirbel können gegeneinander verschoben werden. Besonders tragisch sind Badeunfälle (Kopfsprung) oder Motorradunfälle, die zu einer Querschnittslähmung im Bereich der Halswirbelsäule führen. Dies führt zu einer Lähmung von Armen und Beinen.

Bei Verdacht auf eine Wirbelsäulenverletzung dürfen die Betroffenen keinesfalls unsachgemäß bewegt werden, da dadurch das Rückenmark noch mehr geschädigt werden kann. Durch Druckentlastung, Stabilisierung der Wirbelsäule und Rehabilitationsmaßnahmen kann es zu einer Besserung der Symptome kommen.

Nerven leiten neben vielen anderen Informationen auch *Schmerzsignale* an das Gehirn weiter. Dies nutzt man bei Operationen, die keine Vollnarkose erfordern. Beispielsweise wird bei der *Rückenmarksanästhesie* im Bereich der Lendenwirbel ein Narkosemittel injiziert. Die Informationsleitung in der hinteren sensiblen Wurzel des Rückenmarksnerven wird unterbrochen. Alle Körperteile unterhalb der Injektionsstelle werden dadurch völlig unempfindlich gegen Schmerzen. Dies ermöglicht Operationen an den Beinen und im Unterbauch, z. B. bei einem Leistenbruch (Abb. 2).

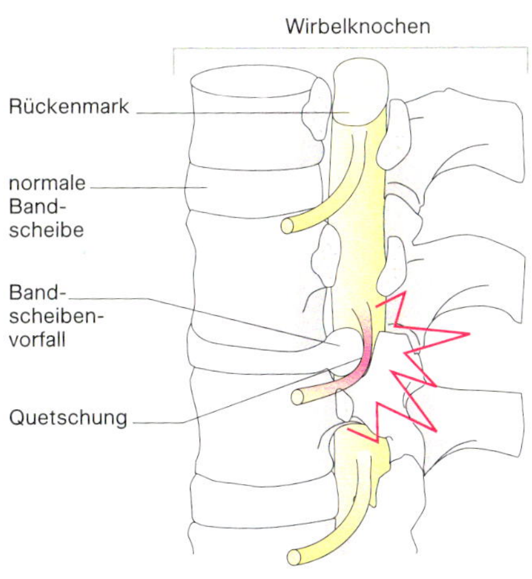

1 Bandscheibenvorfall

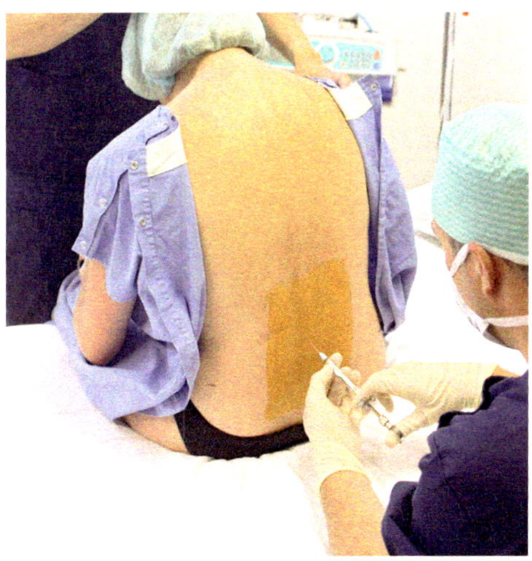

2 Rückenmarksanästhesie

Das vegetative Nervensystem

Ein Jogger startet zu seinem Training. Er fühlt sich gut und entscheidet sich deshalb für eine längere Strecke mit mehr Steigungen. Während des Laufs wird die Atmung schneller und tiefer, das Herz schlägt schneller und die Haut sondert viel Schweiß ab. Neben diesen leicht spürbaren Veränderungen des Körpers finden weitere Anpassungen an die sportliche Belastung statt, die kaum oder gar nicht wahrnehmbar sind: Die Blutzufuhr in die Muskulatur wird verbessert, die Aktivität der Verdauungsorgane wird gehemmt.

Für diese rasche Anpassung des Körpers an Belastungen ist ein besonderer Teil des Nervensystems zuständig, das *vegetative Nervensystem*. Es reguliert weitgehend selbstständig den Stoffwechsel und die Tätigkeit der inneren Organe. Man nennt das vegetative Nervensystem auch *autonomes Nervensystem*, da es willentlich kaum zu beeinflussen ist. Dies ist sinnvoll, da die bewusste Steuerung dieser Vorgänge durch das Großhirn erfolgen müsste und dieses stark belasten würde. Das vegetative Nervensystem besteht aus zwei strukturell und funktionell unterschiedlichen Teilsystemen, dem *Sympathicus* und dem *Parasympathicus*.

Der **Sympathicus** besteht aus Teilen des Rückenmarks und zwei Nervensträngen *(Grenzstränge)*, die parallel zur Wirbelsäule verlaufen und Verbindung zum Rückenmark haben. Bei jedem Wirbel ist jeder Strang knotenartig verdickt. Von diesen *Ganglien* ziehen Nerven zu allen Organen.

Der **Parasympathicus** besteht aus einem Gehirnnervenpaar und einigen Rückenmarksnerven. Diese Nervenstränge erreichen ebenfalls alle inneren Organe, sodass die meisten Organe von Sympathicus und Parasympathicus versorgt werden.

Die beiden Teilsysteme des vegetativen Nervensystems wirken als *Gegenspieler (Antagonisten)*: Der Sympathicus aktiviert alle Organe, deren Tätigkeit die körperliche Leistungsfähigkeit steigert, und hemmt zugleich die anderen Organe. Er ist auf augenblickliche Höchstleistung eingestellt. Seine Aufgabe als Alarmsystem des Körpers wird besonders in Schrecksituationen deutlich: Durch plötzlich vermehrte Abgabe von Überträgerstoffen aus seinen Nervenzellen werden Herzschlag und Atmung beschleunigt und gleichzeitig die Aktivität der Verdauungsorgane verringert. Der Körper ist z. B. vollständig auf Auseinandersetzung oder auf Flucht eingestellt. War man zuvor hungrig, durstig oder müde - in der Alarmsituation ist nichts mehr zu spüren. Erst nachdem die Situation ausgestanden ist, stellen sich langsam die alten Verhältnisse wieder ein (Abb. 1).

Nun ist der Parasympathicus wieder aktiver. Er wirkt aktivierend auf die Organe, die der Energieeinsparung und der Regeneration des Körpers dienen, und hemmt gleichzeitig alle Organe, die die körperliche Leistungsfähigkeit steigern. So verlangsamt der Parasympathicus den Herzschlag und regt die Verdauungsorgane an.

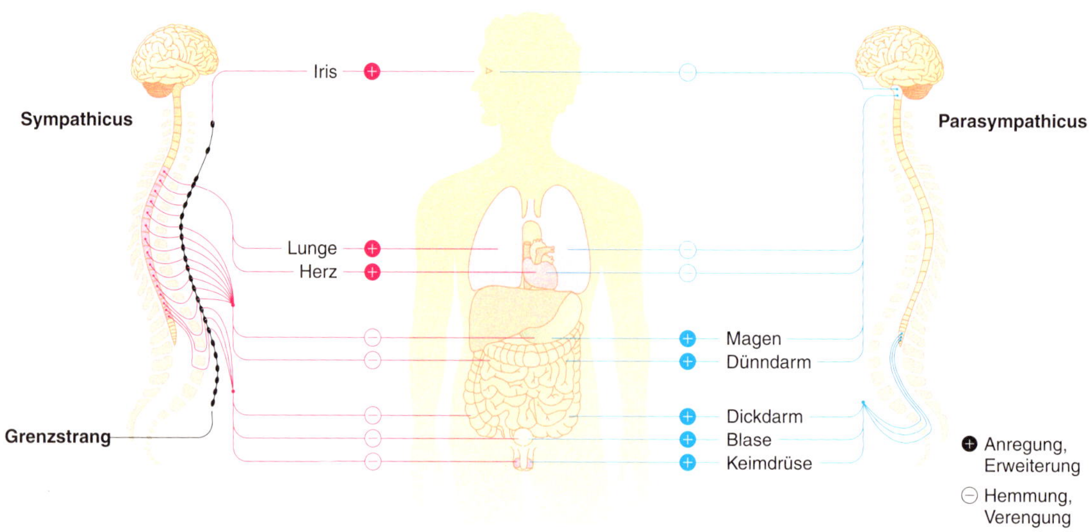

1 Regelung durch das vegetative Nervensystem

Die gemeinsame, jeweils abgestufte Einwirkung von Sympathicus und Parasympathicus auf alle Organe des Körpers sorgt für eine der jeweiligen Situation angemessene Zusammenarbeit. Dies ist ein typisches Beispiel für ein wichtiges biologisches **Prinzip**, die **Steuerung** und **Regelung** (▶ S. 158).

Unter Regulation versteht man allgemein, dass unter konstanten Bedingungen bestimmte Körpervorgänge auf einem bestimmten Wert gehalten werden bzw. bei Veränderung der Bedingungen eine sinnvolle Anpassung des Körpers erfolgt. Beispielsweise arbeitet das Herz des Sportlers in Ruhe konstant mit einer Frequenz von 60 Schlägen pro Minute, bei Belastung kann die Frequenz rasch auf 200 ansteigen.

Die unterschiedliche Aktivität von Sympathicus und Parasympathicus zeigt sich deutlich als *Tagesrhythmus*. Trotz erheblicher individueller Unterschiede zwischen Menschen, z. B. Frühaufsteher oder Langschläfer, gibt es im Laufe eines Tages zwei typische *Leistungsmaxima* um etwa 9 Uhr und, weniger ausgeprägt, am späten Nachmittag (Abb. 1). Entsprechend gibt es auch zwei *Leistungsminima* um ca. 14 Uhr und um 3 Uhr nachts. In unserem Körper muss es also eine *„innere Uhr"* geben, d. h. einen Mechanismus, der die Zeit misst und die Aktivitätsphasen steuert. Der Tagesrhythmus wird stark beeinflusst durch äußere Einflüsse wie den Hell-Dunkel-Wechsel. Gehen die „innere Uhr" und die äußere Uhr nicht synchron, z. B. bei weiten Flugreisen in ostwestlicher Richtung, führt dies zum *Jetlag*.

Stimmen der biologisch vorgegebene Tagesrhythmus und die Lebensumstände nicht überein, kann dies gesundheitliche Probleme verursachen. Ein typisches Beispiel sind Schichtarbeiter, die oft über viele Jahre bei wechselnden Dienstzeiten arbeiten müssen. Besonders belastende oder verantwortungsvolle Berufe, z. B. Maschinenführer oder Nachtschwester, verstärken den „Stress" (siehe Seite 57) zusätzlich. Scheinbar weniger problematisch ist die Lebensweise der regelmäßigen Partygänger oder Discobesucher. Wird jedoch häufig bis in die Morgenstunden durchgefeiert oder werden sogar Aufputschmittel eingenommen, kann dies langfristig Erkrankungen verursachen.

Das vegetative Nervensystem spielt bei *psychosomatischen Erkrankungen* eine große Rolle. Sie beruhen zwar auf psychischen Problemen, äußern sich jedoch in nachprüfbaren körperlichen Krankheitssymptomen. Wichtigster Risikofaktor ist *Stress*. Frauen sind häufiger betroffen als Männer, Jugendliche und junge Erwachsene häufiger als ältere Menschen. Die Symptome sind unspezifisch, sodass psychosomatische Erkrankungen schwer zu diagnostizieren sind. Oft treten Kopfschmerzen, Übelkeit, Bauchschmerzen, Müdigkeit, Atemnot und ein erhöhter Puls auf.

Sind organische Ursachen durch entsprechende Untersuchungen ausgeschlossen, erhärtet sich der Verdacht auf eine psychosomatische Erkrankung. Neben einer Behandlung der Symptome ist eine Psychotherapie zu empfehlen, die jedoch die Mitwirkung der Patienten erfordert.

Aufgaben

① Erläutere mithilfe eines Flussdiagramms das Zusammenwirken der verschiedenen Teile des Nervensystems am Beispiel des Joggens von der Entscheidung für eine bestimmte Strecke bis zur Erholung nach dem Lauf.

② Bei körperlichen Belastungen werden in der Skelettmuskulatur viel Sauerstoff und energiereiche Stoffe umgesetzt. Erläutere am Beispiel des Joggens, inwiefern die beschriebenen körperlichen Veränderungen eine Anpassung an diesen gesteigerten Stoffumsatz sind.

③ Warum tritt beim Flug von Deutschland nach Südafrika kein Jetlag auf?

④ Warum kommt es nach einem reichlichen Mittagessen zu einer besonders deutlichen Leistungseinbuße?

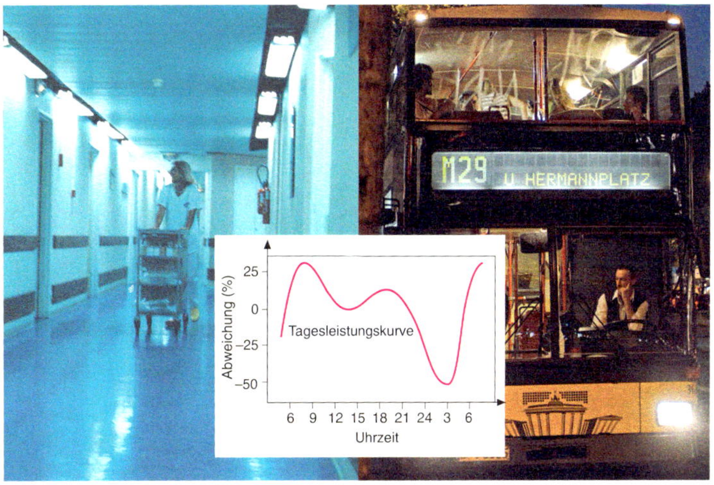

1 Biologischer Tagesrhythmus contra Schichtarbeit

Beeinflussung der Informationsverarbeitung

Substanzen, die auf das ZNS einwirken und Stimmungen oder Verhalten beeinflussen, werden im Allgemeinen als *Drogen* bezeichnet. Sie greifen ebenso wie bestimmte *Medikamente* in die Informationsverarbeitung insbesondere im Bereich der Synapsen ein. Dadurch entstehen z. T. verstärkte Erregungen oder veränderte Wahrnehmungen.

Drogen und Sucht

Um „gut drauf" zu sein oder mithalten zu können, werden nicht selten Kaffee und Tee, Nikotin und Alkohol im Übermaß konsumiert. Obwohl diese Drogen gesellschaftlich toleriert sind, enthalten sie ebenso wie die gesetzlich verbotenen *Rauschmittel* Substanzen, die nachhaltig in die Transmitterausschüttung und -wirkung eingreifen.

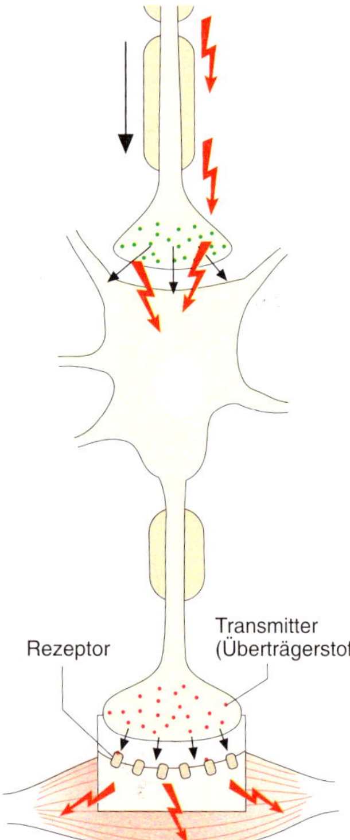

Coffein beispielsweise beschleunigt die Herztätigkeit, *Nikotin* greift als Nervengift an der Synapse an und *Alkohol* führt, im Übermaß konsumiert, zu Halluzinationen oder sogar zum Absterben von Nervenzellen.

Opiate wurden ursprünglich als schmerzlindernde, einschläfernde und narkotisierende Medikamente entwickelt. Daraus abgeleitete Substanzen wie Heroin besetzen ebenso wie das *Morphium* die Rezeptormoleküle an bestimmten Synapsen (siehe S. 41) und verändern dadurch die Schmerzwahrnehmung. Bei einer Überdosis tritt der Tod durch Lähmung der Atemmuskulatur ein, da die Nervenimpulse nicht mehr weitergegeben werden.

Auch *Kokain* wurde ursprünglich in der Medizin verwendet. Als oberflächlich wirksames lokales Betäubungsmittel hilft es, die Funktion der Nerven im behandelten Bereich vorübergehend auszuschalten. Im Gehirn führt Kokain aber zu veränderten Wahrnehmungen und Gefühlen, die letztlich Depressionen, Wahnvorstellungen und epileptische Anfälle zur Folge haben können.

Gemeinsam ist diesen Substanzen das hohe *Suchtpotential*. Zwanghaftes Verlangen und körperliche Abhängigkeit führen zu schweren Entzugserscheinungen und einer immer höheren Dosierung.

Medikamente

Manche Menschen leiden unter Ängsten, Depressionen und anderen psychischen Störungen, manche können nicht schlafen, sind überaktiv oder haben schwerwiegende Erkrankungen des Nervensystems. Sie werden mit so genannten *Psychopharmaka* behandelt. Diese Medikamente greifen in bestimmten Bereichen des Gehirns – z. B. in der Großhirnrinde oder dem limbischen System – an und verändern dort die Konzentration und Arbeitsweise der Transmitter. *Barbiturate* wirken z. B. beruhigend, angstlösend und schlaffördernd. Unsachgemäß eingenommen besteht aber hier ebenso wie bei vielen schmerzlindernden Substanzen eine erhöhte Suchtgefahr.

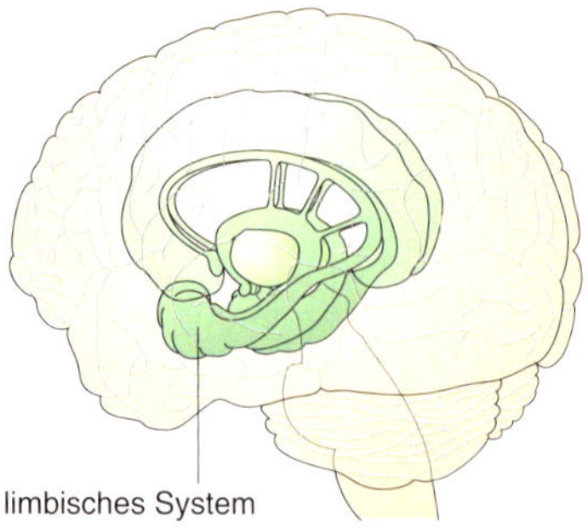

Narkose

Die *Vollnarkose* ist eine künstlich herbeigeführte Ausschaltung des Bewusstseins. Besonders bei Operationen oder im „künstlichen Koma" hat sie das Ziel, den Körper zu beruhigen, Reflexe auszuschalten, Muskeln zu entspannen und die Schmerzempfindung zu unterbinden. Die eingesetzten Medikamente greifen ähnlich den Drogen an den Synapsen an oder unterbinden die Weiterleitung der Nervenimpulse in den Nervenzellen. Wirkungen auf das vegetative Nervensystem sind zum Beispiel Darmträgheit und eine veränderte Körpertemperatur.

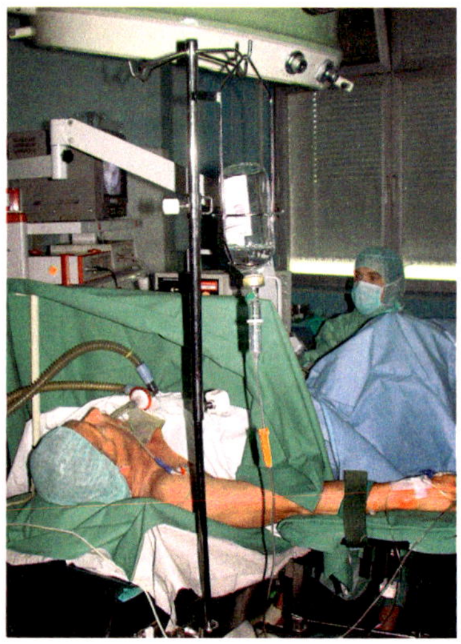

Der Patient kann sich an nichts erinnern, was während der Zeit der Vollnarkose geschah. Er wird künstlich beatmet und ständig überwacht. Moderne Narkosemittel erlauben es, den Patienten schnell wieder ins Bewusstsein zurückzuholen und die Nebenwirkungen gering zu halten.

Erkrankungen und Schädigungen des Nervensystems

Verletzungen oder Erkrankungen des Rückenmarks führen z. B. zur *Querschnittslähmung* oder durch einen *Bandscheibenvorfall* zu Schmerzen oder eingeschränkter Beweglichkeit (siehe S. 45). Die Informationsverarbeitung im Nervensystem kann aber auch durch eine Infektion mit Viren oder Bakterien beeinträchtigt werden.

Hirnhautentzündung

Eine Entzündung der Hirnhäute (*Meningitis*, siehe S. 87) kann z. B. nach einem Zeckenbiss auftreten. Sie ist von starken Kopfschmerzen und Steifheit der Nackenpartie sowie Schmerzempfindlichkeit bei Bewegungen des Kopfes und des Rumpfes, Übelkeit, Erbrechen und hohem Fieber begleitet. Eine Behandlung durch den Arzt ist unumgänglich. Eine bakterielle Hirnhautentzündung kann durch Antibiotika ausgeheilt werden.

Epilepsie

Die *Epilepsie* (*Fallsucht*) kann erblich bedingt sein, kann aber auch durch Schädigungen des Embryos im Mutterleib oder durch Infektionen und Schädelverletzungen im frühen Kindesalter entstehen. Eine genaue Feststellung der Ursachen ist nur selten möglich. Die *Epileptiker* leiden unter plötzlich auftretenden Krampfanfällen, teilweise mit Bewusstlosigkeit. Häufig stürzen sie und verletzen sich dabei. Die Anfälle dauern nur wenige Minuten, die Kranken haben im Anschluss ein hohes Schlafbedürfnis und wachen erholt wieder auf. Helfen kann man den Epileptikern teilweise mit Medikamenten, oft aber nur, wenn man die Ursachen der Krankheit kennt. Da sie einen Anfall oft schon einige Zeit vorher ahnen, sollten Epileptiker dann einen Ort aufsuchen, wo sie Ruhe haben und sich nicht verletzen können.

Alzheimer-Krankheit

Diese Krankheit tritt im Alter auf. Es kommt zu einem Schwund der Nervenzellen in der Gehirnrinde. Erstes Anzeichen ist die starke Vergesslichkeit. Im fortgeschrittenen Krankheitsverlauf kommt es u. a. zu Sprachstörungen, Fehlhandlungen und Muskelspannungen sowie Krampfanfällen, bis das Gedächtnis fast völlig erloschen ist. Bisher kennt man noch kein Heilmittel gegen diese Krankheit.

Multiple Sklerose

Multiple Sklerose ist eine der häufigsten chronischen Erkrankungen des Nervensystems mit bislang unbekannter Ursache. Das eigene Immunsystem greift die Isolierschichten an, die die einzelnen Nervenzellen umgeben. Diese *Myelinscheide* (siehe S. 41) wird aus den Hüllzellen gebildet. Ist sie zerstört, so kommt es im Rahmen der elektrischen Erregungsleitung zu Fehlimpulsen zwischen diesen Nervenzellen (ähnlich, als ob viele Stromkabel ohne Isolierung neben- und übereinander liegen und Strom durch sie hindurchgeleitet wird). Diese Krankheit ist unheilbar. Ihr Verlauf ist jedoch unterschiedlich: Einige Betroffene bleiben arbeitsfähig, andere sind schon bald an den Rollstuhl gefesselt.

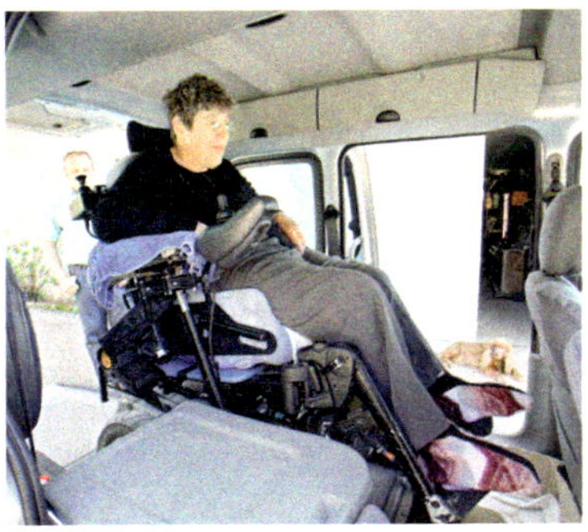

Schädelbasisbruch

Kommt es zu einem Bruch des Gehirnschädels am Schädelgrund, spricht man von einem Schädelbasisbruch. Man erkennt ihn an Blutungen im Augen-, Ohren-, Nasen- und Mundbereich. Gefährlich sind die beim Bruch entstehenden Knochensplitter, die ins Gehirn eindringen können. Weitere Folgen sind Hirnquetschung und Hirnnervenstörungen mit Lähmungen. Besteht Verdacht auf Schädelbasisbruch, muss sofort ein Arzt gerufen und der Verletzte schnell ins Krankenhaus gebracht werden.

Gehirnerschütterung

Durch Gewalteinwirkung auf den Schädel kann es zu einer Gehirnerschütterung kommen. Ein mögliches Anzeichen ist die Bewusstlosigkeit, die von wenigen Minuten bei leichten bis zu mehreren Tagen bei schweren Fällen dauern kann. Die Betroffenen können sich nach dem Erwachen aus ihrer Bewusstlosigkeit an die Zeit kurz vor dem Unfall nicht mehr erinnern und leiden anfangs unter Kopfschmerzen, häufig mit Erbrechen. Bei Verdacht auf eine Gehirnerschütterung muss ein Arzt hinzugezogen und Bettruhe für mindestens drei Wochen eingehalten werden. Die Gehirnerschütterung heilt so wieder völlig aus und hinterlässt keine Folgeschäden.

Schlaganfall

Bei Schlaganfall (Hirnschlag) fallen plötzlich mehr oder weniger große Hirnbereiche durch Sauerstoffmangel aus. Die Ursachen dafür können durch erhöhten Blutdruck geplatzte Hirngefäße, Verstopfungen von Blutadern, aber auch ein Abfall des Blutdrucks sein. Die Folgen sind oft Lähmungen der Muskulatur. Tritt der Hirnschlag in der rechten Gehirnhälfte auf, ist die linke Körperhälfte von Lähmungen betroffen, tritt er in der linken Hirnhälfte auf, treten die Lähmungen in der rechten Körperhälfte auf. Durch schnelles Erkennen und Behandlung können die Schädigungen ganz verschwinden, oft aber wenigstens gemildert werden.

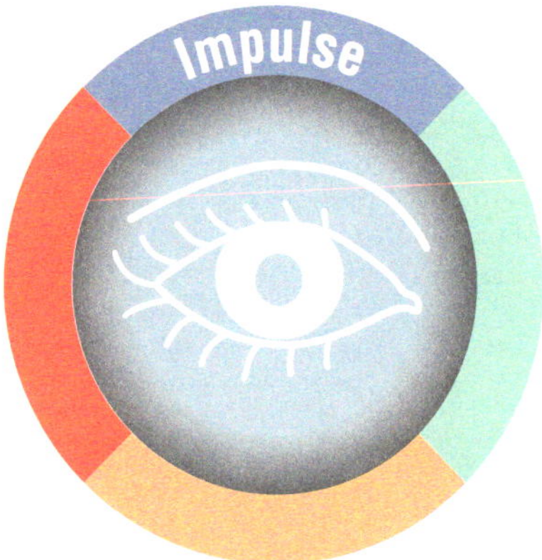

Vom Reiz zur Mona Lisa

Die Sinnesorgane und das Nervensystem sind die biologische Basis für unsere außergewöhnliche Lern- und Anpassungsfähigkeit. Sie ermöglichen das Überleben unter verschiedensten Bedingungen: Die Inuit Grönlands und die Indianer in den Regenwäldern Amazoniens verfügen über die gleichen Sinne und Nerven. Diese Organe sind so anpassungsfähig, dass sie bei der Arbeit mit dem Computer genau so gut funktionieren wie vor Jahrtausenden bei der Nahrungssuche von Steinzeitmenschen.

Die folgenden Beispiele sollen dazu anregen, Möglichkeiten und Grenzen der Leistungsfähigkeit unserer Sinne und Nerven zu erkunden.

Sinne

Sinnesorgane können nur bestimmte physikalische oder chemische Faktoren der Umwelt aufnehmen, die *Reize*. Manche Tiere können Reize aufnehmen, die wir Menschen nicht erkennen, z. B. hören Fledermäuse *Ultraschall*, Honigbienen sehen *UV-Strahlung*.

Welche Konsequenzen könnten sich daraus ergeben, wenn wir alle bekannten Sinnesleistungen aller Tiergruppen in uns vereinigen könnten?

Welche technischen Sensoren, die mit unseren Sinnesorganen vergleichbar sind, hat der Mensch entwickelt?

Fährt man in eine Autowaschanlage, soll das Auto hinterher sauber und unbeschädigt sein. Welche „Sinnesorgane" hat eine Waschanlage?

Gedächtnis

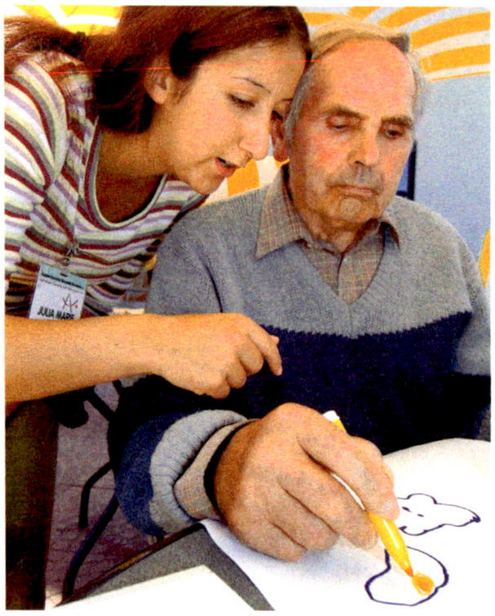

Für uns ist es ganz selbstverständlich, ein funktionsfähiges *Gedächtnis* zu haben. Bewusst werden uns seine Leistungen oft erst dann, wenn sie durch Krankheit ausfallen.

Inwiefern sind Gedächtnisleistungen sowohl für die Sinneswahrnehmung als auch für das Lernen wichtig?

Welche Bedeutung haben Wiederholen und Üben für das Gedächtnis?

Vergleiche dein Gedächtnis mit technischen „Gedächtnissen".

Was würde sich in deinem Leben ändern, wenn du dein Gedächtnis verlieren würdest?

Intelligenz

Der Begriff Intelligenz stammt von dem lateinischen Verb intellegere (= einsehen, verstehen). Unter Intelligenz versteht man im Allgemeinen die Fähigkeit, logisch zu denken, Zusammenhänge zu erkennen, vorausschauend zu planen.

„Die Intelligenz hängt von dem Tester ab, der sie misst." Nimm Stellung zu dieser Aussage.

Ist Intelligenz angeboren oder erlernt?

„Intelligent sein" kann sich unter verschiedenen Lebensbedingungen ganz unterschiedlich äußern. Finde Beispiele.

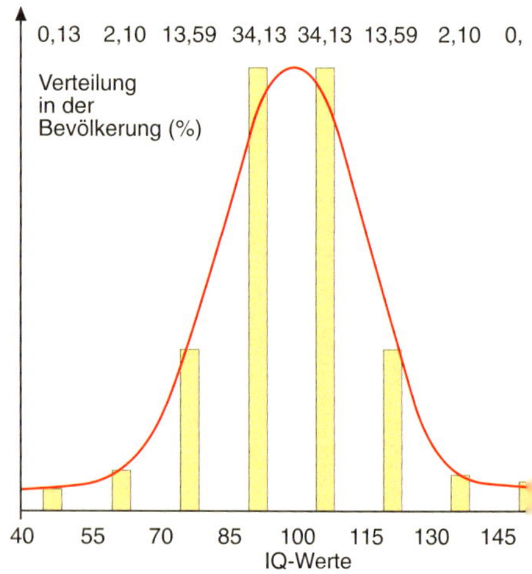

Lernen

Verhaltensforscher haben verschiedene Formen des *Lernens* entdeckt. Dazu gehören u. a. das Lernen durch einfaches Nachahmen eines bestimmten Verhaltens. Beim *Lernen durch Versuch und Irrtum* wird durch Ausprobieren unterschiedlicher Möglichkeiten gelernt.

Welcher Lerntyp bist du?

Vergleiche Vorteile und Nachteile der verschiedenen Lernformen.
Vergleiche die verschiedenen Formen des Lernens, z. B. in Fremdsprachen, bei Schülerpraktika, in Mathematik, in Bildender Kunst, beim Tanzen, im Sport.

Werte und Normen

Unter dem Begriff *Werte* versteht man die ethischen Grundsätze, die in einer Gesellschaft für deren gemeinschaftliches Leben als richtig angesehen werden. Auf der Basis von Werten werden *Normen* entwickelt, d. h. konkrete Verhaltensvorschriften, die das alltägliche Leben regeln. Alle menschlichen Gesellschaften haben ein System von Werten und Normen geschaffen, durch das sie das Zusammenleben vieler Personen in einer Gemeinschaft regeln, für die unterschiedlichsten Lebensbedingungen, für die Gegenwart und die Vergangenheit. Basis für ein System von Werten und Normen sind z. B. religiöse Überzeugungen.

Was sind für dich Werte und Normen? Wie könnten im Laufe der Entwicklung des Menschen Werte und Normen entstanden sein, welche Vorteile für das Überleben brachten sie?

Welche Vorteile bzw. welche Nachteile bietet ein System von Werten und Normen

- **für den Einzelnen**
- **für die Gesellschaft**
- **in einer modernen Zivilisation**
- **in einer Gesellschaft von Sammlern und Jägern?**

Kunst und Wissenschaft

Das menschliche Gehirn ist zu Leistungen fähig, deren Überlebensvorteil nicht leicht erkennbar ist. Z. B. können Menschen Symphonien komponieren, Raketenflugbahnen berechnen oder Kunstwerke wie die Mona Lisa schaffen.

Zu welchen künstlerischen und wissenschaftlichen Leistungen waren bzw. sind folgende Gesellschaften fähig?

- **Menschen der Jungsteinzeit, der Bronzezeit, der Eisenzeit.**
- **Menschen moderner Industrienationen und Menschen des Mittelalters.**

Welche Vorteile brachte es den Menschen, sich unter den jeweiligen Lebensbedingungen mit Kunst und Wissenschaft zu befassen?

Roboter

Roboter bewegen sich, nehmen Signale aus der Umwelt auf und reagieren darauf, können Autos fast selbstständig zusammenbauen, erkunden fremde Planeten und machen Bomben unschädlich.

Vergleiche Lebewesen und Roboter hinsichtlich

- **der Aufnahme von Signalen**
- **der Leitung und Verarbeitung von Informationen**
- **der Bewegungen**
- **der Energieversorgung und des Stoffwechsels**
- **des Wachstums bzw. der Entstehung.**

LEONARDO DA VINCI ist nicht nur als Maler z. B. der Mona Lisa berühmt, sondern auch als Ingenieur. Er entwickelte u. a. erste Entwürfe für *Flugapparate*. Die neueste Entwicklung der Fluggeräte sind sogenannte *Drohnen*, d. h. unbemannte Kleinflugzeuge, die z. B. für gefährliche militärische Aufträge eingesetzt werden.

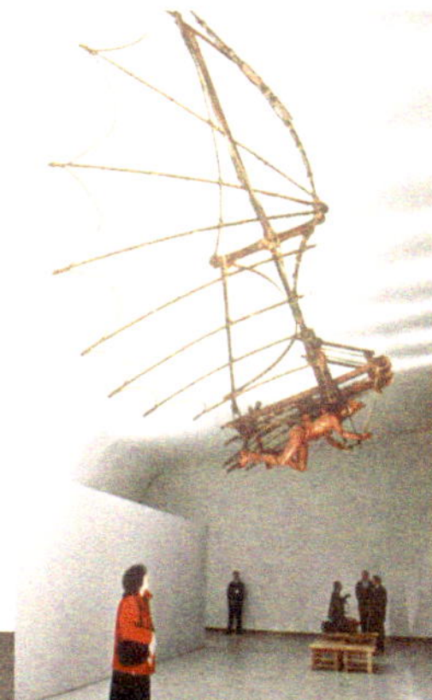

Vergleiche LEONARDOS Entwürfe mit den modernen Drohnen.

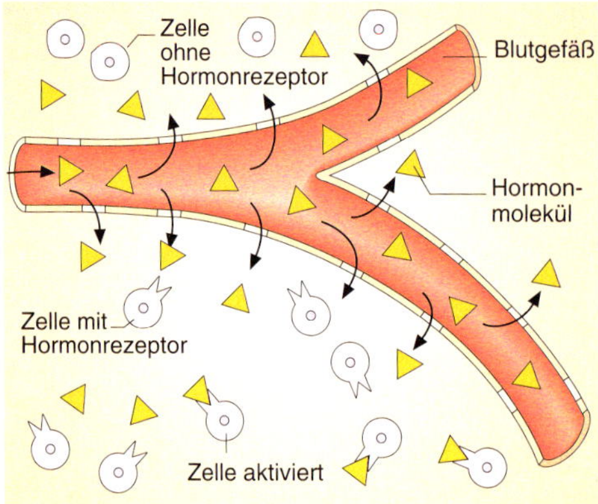

1 Schlüssel-Schloss-Prinzip

Drüse und Hormon	Wirkung
Hypophyse, Hinterlappen	
Adiuretin	Regelung des Wasserhaushaltes
Oxytoxin	Auslösung der Wehen
Hypophyse, Vorderlappen	
Somatotropin	Knochenwachstum, Eiweißsynthese
Prolactin	Milchproduktion
Thyroxin stimulierendes Hormon	Anregung der Schilddrüse zur Thyroxinausschüttung(TSH)
Adrenocorticotropes Hormon (ACTH)	regt Nebenniere an
Follikel stimulierendes Hormon	Östrogenbildung, Entwicklung von Eizellen und Spermien
Luteinisierendes Hormon (LH)	Eisprung, Anregung der Progesteronbildung
Schilddrüse	
Thyroxin	Wachstum, Steigerung des Grundumsatzes
Nebennieren	
Cortisol (in der Rinde)	Ab- und Umbau von Eiweißen zu Glucose
Adrenalin (im Mark)	Glykogenabbau, Blutzuckerspiegel↑
Bauchspeicheldrüsen	
Insulin	Glykogenbildung, Blutzuckerspiegel↓
Glukagon	Glykogenabbau, Blutzuckerspiegel↑
Eierstöcke	
Östrogene	Zyklusregelung, Ausbildung weiblicher Sexualorgane
Progesteron	Erhaltung der Schwangerschaft
Hoden	
Testosteron	Muskelzunahme, Ausbildung männlicher Geschlechtsmerkmale

Steuerhormone

2 Lage der Hormondrüsen und ihre Aufgaben

Botenstoffe im Körper

Wenn es das erste Mal im Spätherbst kalt wird und überraschend sogar Frost kommt, sind wir gegenüber Kälte besonders empfindlich. Wir frieren oft. Nach 1 bis 2 Wochen ist man besser an die niedrigen Temperaturen angepasst. Der Körper produziert mehr Wärme. Diese Anpassung erfolgt langsam und bleibt über Wochen oder Monate erhalten.

Die Steigerung der Wärmeproduktion bewirkt ein Stoff, den die Schilddrüse vermehrt in den Blutkreislauf abgibt. Dieser *Botenstoff Thyroxin* veranlasst den Körper, vermehrt energiereiche Substanzen abzubauen. Dadurch wird mehr Wärme erzeugt. Stoffe, die von Drüsen in den Blutkreislauf abgegeben werden und Informationen übermitteln, heißen *Hormone*. Mit dem Blutstrom kreisen sie durch den Körper und gelangen zu allen Organen.

Die im Blutkreislauf befindlichen Hormone entfalten ihre spezifische Wirkung schon in geringsten Mengen. Das wird durch ein einfaches *Schlüssel-Schloss-Prinzip* (▶ S. 152) gewährleistet.

Nur an den Zellen bestimmter Organe, den *Erfolgsorganen*, oder an Zielzellen befinden sich *Rezeptoren*, zu denen das Hormon passt wie ein Schlüssel ins Schloss (Abb. 1). Entsprechend den Rezeptormolekülen an den Synapsen der Nervenzellen (s. S. 41) wird dadurch in der Zelle eine Reaktion ausgelöst. Zellen, die nicht über den entsprechenden Rezeptor verfügen, werden nicht angesprochen.

Neben dem Nervensystem ist das Hormonsystem damit nicht nur an der Steuerung und Regelung (▶ S. 158), sondern auch an der Informationsübertragung (▶ S. 160) im Organismus beteiligt. Sie erfolgt durch die Hormone langsamer als durch die Nerven. Da die Substanzen aber längere Zeit im Blutkreislauf verbleiben und nur allmählich abgebaut werden, hält ihre Wirkung wesentlich länger an.

Das Hormonsystem des Menschen

Das Hormonsystem des Menschen besteht aus verschiedenen Drüsen (Abb. 2), deren Hormone steuernd oder regelnd wirken. An der Unterseite des Zwischenhirns, dem *Hypothalamus*, sitzt das übergeordnete Organ des Hormonsystems, die Hirnanhangdrüse (*Hypophyse*). Sie ist ungefähr erbsengroß, wiegt etwa 0,5 g und ist in den Vorder- und den Hinterlappen gegliedert. Über den Hypothalamus sind Hormon- und Nervensystem verknüpft. Aus einem bestimmten Hypophysenbereich, dem Vorderlappen, werden die Steuerhormone freigesetzt, welche die Tätigkeit der nachgeschalteten Organe regulieren. So regt beispielsweise das Hypophysenhormon TSH die Schilddrüse zur Thyroxinabgabe an.

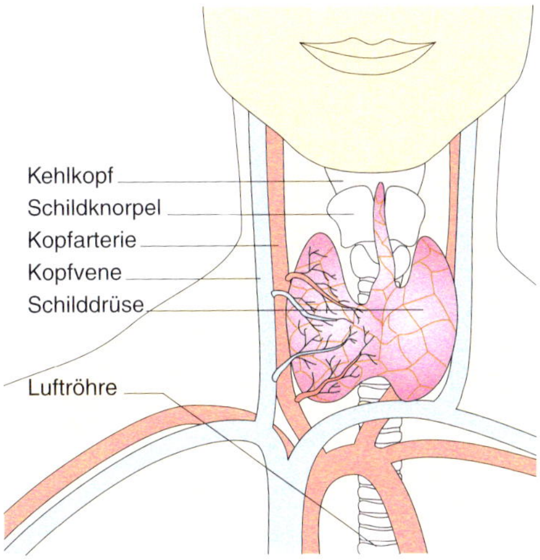

1 Lage der Schilddrüse

Schilddrüse und Grundumsatz

Die *Schilddrüse* sitzt etwas unterhalb des Schildknorpels am Kehlkopf (Abb. 1) und wiegt 20 bis 60 g. Sie bildet und speichert das Hormon Thyroxin, das je nach Bedarf freigesetzt werden kann. Für den Thyroxinaufbau ist Iod notwendig, das der Körper jedoch nicht selbst bilden kann. Daher ist es wichtig, mit der Nahrung immer genügend Iod aufzunehmen. Der Thyroxinabbau erfolgt im Körper hauptsächlich in der Leber. Die Konzentration von Thyroxin im Blut bestimmt den Energieumsatz des Körpers im Ruhezustand, den sogenannten *Grundumsatz*.

Der *Thyroxinspiegel* wird durch den ständigen Auf- und Abbau weitgehend konstant gehalten. An dieser Regelung ist das Steuerhormon der Hypophyse beteiligt (Abb. 2). Eine steigende Thyroxinkonzentration wird durch die Zellen der Hypophyse gemessen. Sie arbeitet zugleich als Regler, der Istwert und Sollwert vergleicht. Der Sollwert wird vom Hypothalamus an die Hypophyse übermittelt.

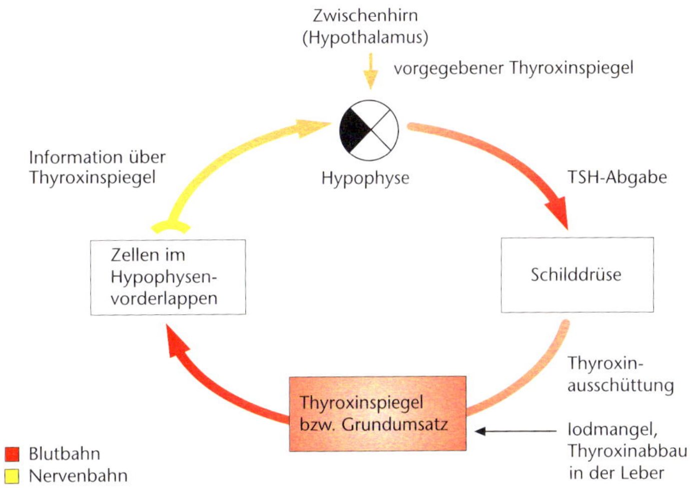

2 Regelkreis zur Thyroxinkonzentration

Aufgaben

① Begründe, warum man Steuer- und Erfolgshormone (Abb. 52.2) unterscheidet.
② Das gleiche Hormon kann an unterschiedlichen Zielzellen verschiedene Reaktionen hervorrufen. Erkläre dies mithilfe der Abb. 52.1.
③ Erläutere den Regelkreis zur Thyroxinkonzentration im Blut (Abb. 2). Benutze dazu auch die allgemeinen Prinzipien zur Regelung (S. 25).
④ Bei Iodmangel kann es zu einer Schilddrüsenwucherung, einem sogenannten *Kropf*, kommen (Abb. 3), da mehr Thyroxin bildendes Gewebe als normal aufgebaut wird. Erläutere den Zusammenhang.

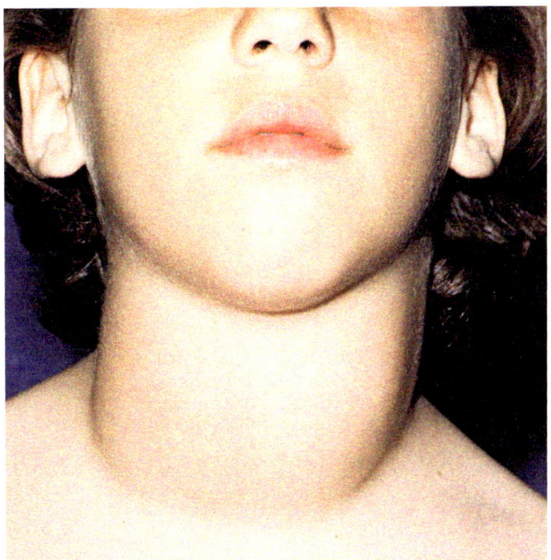

3 Kropf

Der Blutzucker muss stimmen!

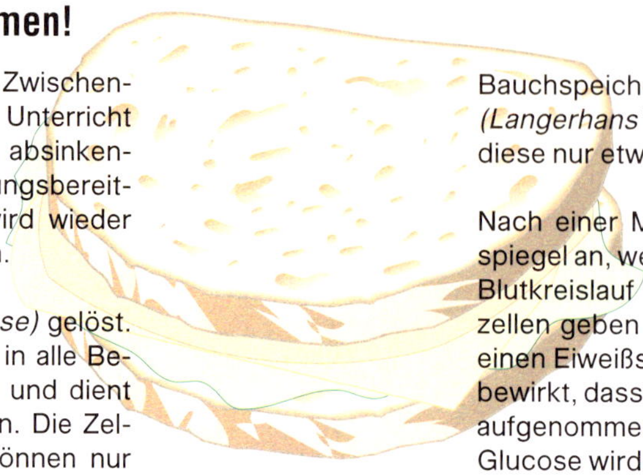

Große Pause – Pausenbrot. Eine Zwischenmahlzeit nach einigen Stunden Unterricht am Vormittag steigert die bereits absinkende körperliche und geistige Leistungsbereitschaft. Der *Blutzuckerspiegel* wird wieder auf den richtigen Wert angehoben.

Im Blut ist Traubenzucker *(Glucose)* gelöst. Glucose wird mit dem Blutstrom in alle Bereiche des Körpers transportiert und dient der Energieversorgung der Zellen. Die Zellen des Zentralnervensystems können nur Glucose verwerten. Sie benötigen davon etwa 75 Gramm täglich, besitzen aber keine Glucosespeicher. Für diese Zellen muss also ständig Glucose verfügbar sein. Der Glucosegehalt des Blutes *(Blutzuckerspiegel, BZS)* liegt beim gesunden Menschen zwischen 0,6 – 1,1 Gramm/Liter. In der gesamten Blutmenge sind demnach beim Erwachsenen etwa 6 Gramm Glucose enthalten. Damit könnte der Energiebedarf des Körpers bei leichter körperlicher Arbeit für 30 bis 40 Minuten gedeckt werden. Durch die Aufnahme kohlenhydratreicher Nahrung wird der Blutzuckerspiegel gesteigert.

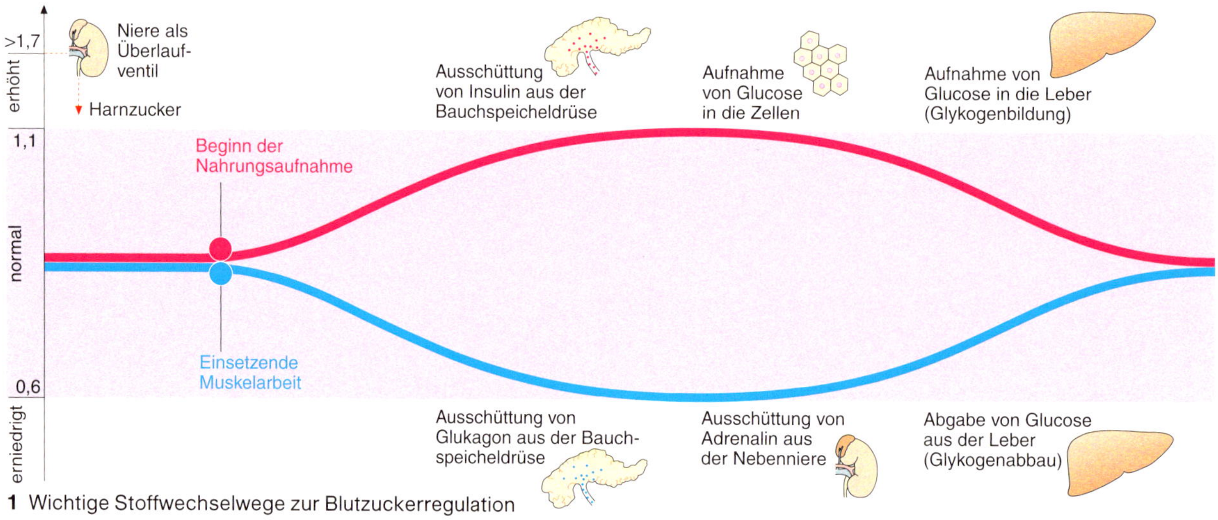

1 Wichtige Stoffwechselwege zur Blutzuckerregulation

Obwohl der Energiebedarf des Körpers und die mit der Nahrung zugeführte Zuckermenge ständig schwanken, muss der Blutzuckerspiegel stets innerhalb derselben Grenzen gehalten werden. An dieser Regelung sind vor allem zwei Hormone der *Bauchspeicheldrüse* beteiligt. Sie werden von Zellgruppen produziert, die innerhalb des Gewebes der Bauchspeicheldrüse inselartig verteilt sind *(Langerhans'sche Inseln)*. Insgesamt sind diese nur etwa 2 Gramm schwer.

Nach einer Mahlzeit steigt der Blutzuckerspiegel an, weil im Dünndarm Glucose in den Blutkreislauf aufgenommen wird. Die Inselzellen geben daraufhin das Hormon *Insulin*, einen Eiweißstoff, in den Blutkreislauf ab. Es bewirkt, dass Glucose aus dem Blut in Zellen aufgenommen werden kann. Überschüssige Glucose wird in der Leber und in der Muskulatur in *Glykogen* und Fett umgewandelt. Dabei sinkt der Blutzuckerspiegel. Fällt er unter den Sollwert, etwa bei sportlicher Aktivität, werden die Speicher angezapft. Die Bauchspeicheldrüse gibt dazu das Hormon *Glukagon* ab. Es ist der Gegenspieler *(Antagonist)* zum Insulin, da es die Umwandlung von Glykogen in Glucose und deren Abgabe ins Blut einleitet. Der Blutzuckerspiegel steigt dadurch an. Auch an dem Beispiel des Blutzuckerspiegels lässt sich das biologische **Prinzip** der **Steuerung** und **Regelung** erkennen (▶ S. 158): Bestimmte Faktoren können zwar durch äußere Einflüsse kurzzeitig gestört werden, aber über das Hormon- oder das Nervensystem stellt der Körper rasch den urspünglichen Zustand wieder her.

Der deutsche Mediziner PAUL LANGERHANS (1847 – 1888) entdeckte 1869 die Inselzellen im Gewebe der Bauchspeicheldrüse.

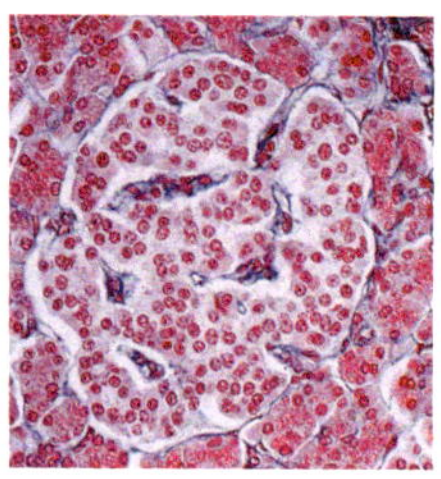

Inselzellen

Aufgabe

① Erstelle ein Regelkreisschema für die Regulation des Blutzuckerspiegels und beschrifte es so weit als möglich.

Störungen bei der Blutzuckerregulation

Ob der Blutzuckerspiegel erhöht ist, kann mit *Urinteststäbchen* kontrolliert werden. Das Testfeld des Stäbchens wird in Urin getaucht. Tritt eine Farbveränderung auf, so ist Glucose im Urin. Dies ist der Fall, wenn der Blutzuckerspiegel einen Wert von 1,7 Gramm/ Liter übersteigt. Die Nieren, die brauchbare Stoffe aus dem Blut zurückgewinnen, können dann die übergroße Glucosemenge nicht mehr zurückhalten. Sie geben Glucose aus dem Blut in den Urin ab.

Lässt sich bei mehrfachem Testen Glucose im Urin nachweisen, so besteht der Verdacht, dass die bis heute nicht heilbare Zuckerkrankheit (*Diabetes mellitus*) vorliegt. Hierbei unterscheidet man jedoch grundsätzlich zwischen zwei Formen von Erkrankungen: *Diabetes mellitus Typ I* (10 % – 20 % der Fälle) und *Diabetes mellitus Typ II.*

diabet (lat.) = hindurchgehen

mellitus (lat.) = mit Honig versüßt

Der Typ I-Diabetes tritt im Kindes- und Jugendalter auf und ist darauf zurückzuführen, dass die Bauchspeicheldrüse des Betroffenen kein Insulin mehr bildet. Deutliche Anzeichen dieser Krankheit sind ständiges Hunger- und Durstgefühl, Mattigkeit und sinkendes Körpergewicht. Die Anlage dieses *Jugenddiabetes* wird vermutlich vererbt.

An der anderen Form, dem Typ II-Diabetes, erkranken die Menschen meist erst im Alter zwischen 50 und 60 Jahren, weshalb er in der Umgangssprache auch als *Alterszucker* bezeichnet wird. Die meisten dieser Patienten sind übergewichtig und der Diabetes beruht darauf, dass u. a. wegen des Übergewichtes das zunächst im Übermaß vorhandene körpereigene Insulin nicht mehr richtig wirken kann. Die Behandlung dieses Diabetes besteht zunächst in einer konsequenten Gewichtsreduktion und einem auf den Patienten abgestimmten *Ernährungsplan.* Im weiteren Verlauf der Behandlung kann es erforderlich werden, dass diese Diabetiker Tabletten einnehmen müssen, die die Insulinproduktion fördern und so den Blutzuckerspiegel senken.

Der Mensch benötigt täglich etwa 2 Milligramm Insulin

Für Typ-I Diabetiker ist die Tablettentherapie nicht möglich, sie müssen sich das *Eiweißhormon Insulin* mehrmals täglich spritzen. Auch für sie ist, neben der genauen Insulindosis, die Einhaltung eines *Diätplanes* sehr wichtig. Da gerade bei Jugendlichen der Blutzuckerspiegel stark schwanken kann, z. B. durch unerwartete körperliche Belastungen, besteht die Gefahr der *Unterzuckerung.* Werden Symptome wie Zittern, Herzklopfen, Schweißausbrüche, Schwindel und torkelnder Gang nicht richtig gedeutet, kann der Kranke bewusstlos werden. In diesem Fall droht Lebensgefahr; der Kranke muss dann sofort ärztlich versorgt werden.

Aufgaben

1. Warum kann Insulin nicht in Tablettenform eingenommen werden?
2. Typ-I Diabetiker spritzen sich mehrmals täglich Insulin. Weshalb wird die Insulindosis in mehrere Portionen aufgeteilt?
3. Wie kann der Diabetiker dem Unterzucker rasch entgegenwirken?

Zettelkasten

Eine alltägliche Geschichte?

„Zunächst dachte ich, es hängt mit dem heißen Sommer zusammen. Von Tag zu Tag verstärkte sich mein Durst, ich musste ständig eine Flasche mit Sprudel neben mir haben. Selbst wenn ich täglich mehrere Liter trank – das Durstgefühl blieb. Lästig war auch, dass ich so oft zur Toilette musste. Häufig war ich schnell müde und hatte oft Kopfschmerzen. Und dann immer dieser Hunger, ich konnte immerzu essen. Doch trotz bester Ernährung nahm ich ab. Meinem Hausarzt war bald klar, was los war. Er schloss aus meinen Krankheitserscheinungen, ich müsse auf Zuckerkrankheit, ‚Diabetes mellitus', untersucht werden."

Urin- und Blutuntersuchungen im Krankenhaus wiesen einen zu hohen Blutzuckergehalt nach („200 Zucker"). Zweimal pro Tag erhielt Frank eine Insulinspritze. Ein Ernährungsplan wurde erstellt, der festlegte, welche Nahrungsmittel Frank in bestimmten Mengen und zu vorgeschriebenen Tageszeiten essen durfte. Er wurde so auf seine *Zuckerkrankheit* eingestellt.

Heute ist Frank 28 Jahre alt und hat es gelernt, mit seiner Krankheit zu leben. Er weiß genau, was und wie viel er essen darf. Geht er auf Reisen, sind Insulin, Einmalspritzen und das Blutzuckermessgerät immer im Gepäck.

Die Nebennieren

Fight-or-Flight-Syndrom
rasche Anpassungen des Körpers an Notsituationen

ACTH = **a**dreno**c**ortico**t**ropes **H**ormon

wird in der Hypophyse gebildet; steuert die Cortisolproduktion in der Nebennierenrinde.

Die Nebennieren, mit einem Gewicht von 10 – 15 Gramm, sitzen kapuzenförmig auf den Nieren. Ein Querschnitt zeigt, dass sie zu etwa 80 % aus gelblicher Rinde bestehen. Das Innere ist von rotem Mark ausgefüllt. *Nebennierenrinde* und *Nebennierenmark* sind voneinander unabhängige Hormondrüsen.

Die Nebennierenrinde bildet mehrere Hormone:
- Mineralkortikoide regulieren den Wasser- und Salzhaushalt.
- Glukokortikoide (z. B. Cortisol) beeinflussen den Kohlenhydrathaushalt. Dies hat Auswirkungen auf den Fett- und Eiweißstoffwechsel. So wird durch Bildung von Glucose aus Eiweiß der Blutzuckerspiegel erhöht. Außerdem wirken diese Hormone hemmend auf das Immunsystem.
- Geschlechtshormone (Androgene und Östrogene) regeln die Ausbildung der sekundären Geschlechtsmerkmale.

Die Wirkungen der Hormone aus dem Nebennierenmark zeigen sich in folgender Situation: Man überquert eine Straße nahe einer Kurve. Plötzlich nähert sich ein Fahrzeug mit großer Geschwindigkeit. In dieser Schrecksituation werden vom Nebennierenmark schlagartig *Adrenalin* und *Noradrenalin* ins Blut ausgeschüttet. Der Körper wird dadurch in einen Zustand höchster Leistungsfähigkeit versetzt, sodass man sich schnellstens aus der Gefahrenzone bringen kann. Am Straßenrand angelangt, werden die körperlichen Veränderungen erst spürbar: Das Herz „schlägt bis zum Hals", der Puls rast, man atmet tief und schnell und Schweiß bricht aus. Weitere Hormonwirkungen sind Steigerung von Blutdruck, Blutzuckerspiegel und Fettgehalt des Blutes. Die Gesamtheit dieser Wirkungen nennt man *Fight-or-Flight-Syndrom*.

Diese schnell eintretenden Anpassungsreaktionen zeigen die Beteiligung des Nervensystems. Ist die Notsituation erkannt, sendet das Gehirn Signale durch das Rückenmark in den Grenzstrang. Von hier aus werden die Signale über sympathische Nerven des vegetativen Nervensystems zum Nebennierenmark geleitet. So wird das Nebennierenmark in Sekundenbruchteilen durch Nerven des vegetativen Nervensystems aktiviert. Die erhöhte Adrenalinmenge zirkuliert noch für längere Zeit mit dem Blut im Körper. Der Körper stellt sich deshalb nach überstandener Gefahr nur allmählich wieder um. Hier zeigt sich die relativ langsame Regelung durch das Hormonsystem (Abb. 1).

In Notsituationen werden vom Körper hohe Leistungen gefordert. Zur Deckung des Energiebedarfs nimmt der Gehalt an Fettstoffen im Blut erheblich zu. Bei starker körperlicher Aktivität werden sie in kurzer Zeit verbraucht. Unterbleibt die Anstrengung, kreisen die Fettstoffe lange Zeit und lagern sich an den Arterienwänden ab. Dadurch werden Arterien unelastisch und bei dauerhaft erhöhten Blutfettwerten immer enger *(Arteriosklerose)*. Daran leiden viele Menschen in den Industriestaaten, denn hier paaren sich oft Aufregung und Bewegungsmangel.

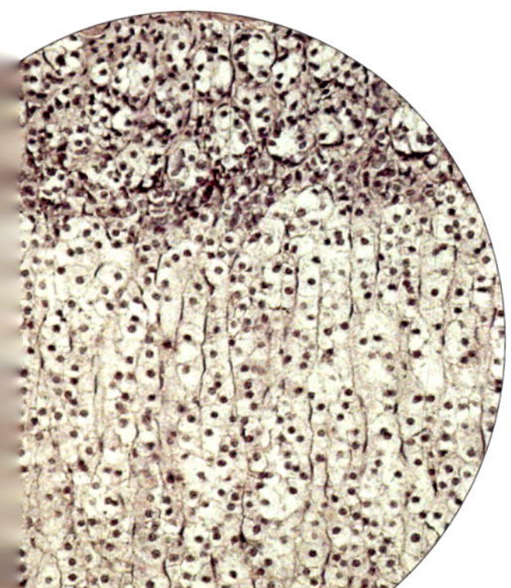

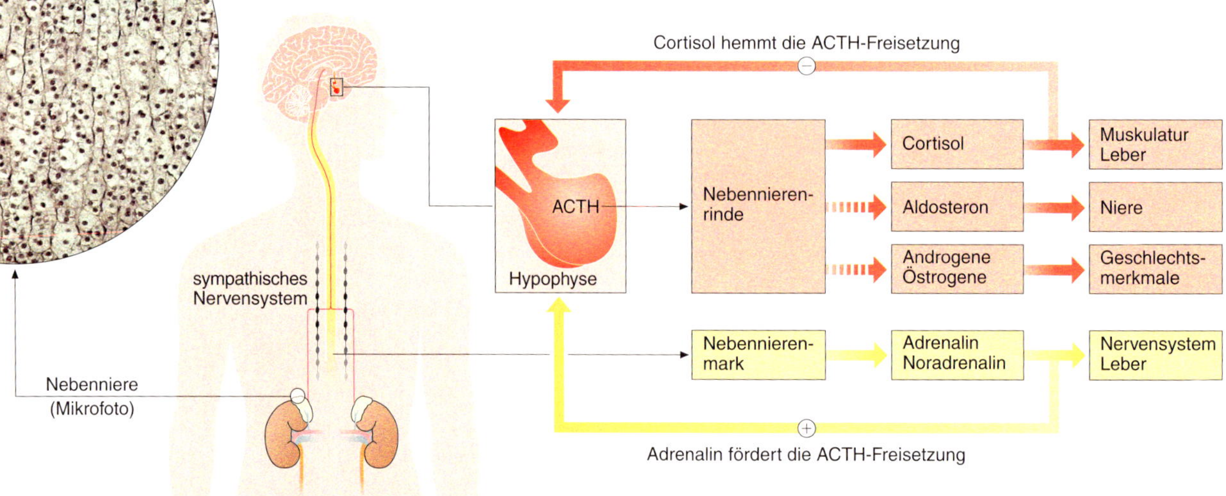

1 Schema Lage der Nebenniere und Auswirkung auf den Hormonhaushalt

Stress – der Körper passt sich an

Andauernde seelische oder körperliche Belastungen, wie etwa Kälte, Hunger, Verletzung oder Krankheit, bewirken eine erhöhte Ausschüttung von Glukokortikoiden. Die Nebennierenrinden werden hierzu durch das vermehrt gebildete Hypophysenhormon *ACTH* angeregt. Die erhöhte Konzentration an Glukokortikoiden wirkt entzündungshemmend, beschleunigt die Wundheilung und verleiht dem Körper für einen gewissen Zeitraum die nötige Widerstandskraft zum Überleben. Diesen Zustand des Körpers bezeichnet man als *Stress*. Die äußeren Umstände, die Stressreize, die zu diesem Zustand führen, heißen *Stressoren*. Stress ist eine langsame Anpassung an andauernde Belastungssituationen.

Häufig auftretendes Fight-or-Flight-Syndrom und damit auf Dauer erhöhter Adrenalinspiegel bewirkt über den Hypothalamus eine erhöhte Freisetzung von ACTH. Deshalb führen ständig aufeinander folgende, kurz andauernde Belastungszustände schließlich zum Dauerstress *(Distress)*.

Gelegentlich auftretender Stress mit kurzen Erholungsphasen *(Eustress)* kann die natürliche Widerstandskraft des Körpers gegen Krankheitserreger steigern (Abb. 1). Bei dauerndem Stress ist der Körper durch die vermehrt gebildeten Glukokortikoide für einen Zeitraum von einigen Wochen gegen die Belastungen geschützt, indem beispielsweise durch ihre entzündungshemmende Wirkung die Energiereserven weniger zur Abwehr von Krankheitserregern eingesetzt werden. Bei weiter anhaltender Einwirkung der Stressoren treten jedoch Erschöpfung und meist auch Infektionskrankheiten auf. Die Folgen können körperlicher Abbau und – in Extremfällen – Organschäden sein.

Um sich vor lang dauerndem Stress zu schützen, hilft eine ausgeglichene Lebensführung. Dazu gehört neben genügend Schlaf, richtiger Ernährung und regelmäßiger Bewegung in frischer Luft auch die Bewältigung von Problemen, die psychisch belasten. Ein Beispiel hierfür ist „das vor sich Herschieben“ von Verpflichtungen, die man ungern erfüllt, die aber dennoch angegangen werden müssen. Schon der Gedanke daran lässt Unbehagen aufkommen. Hier hilft eine richtige Zeit- und Arbeitsablaufplanung, um Stress zu vermeiden. Wenn genau geplant ist, wann und wie man die Arbeit erledigen wird, ist man entlastet.

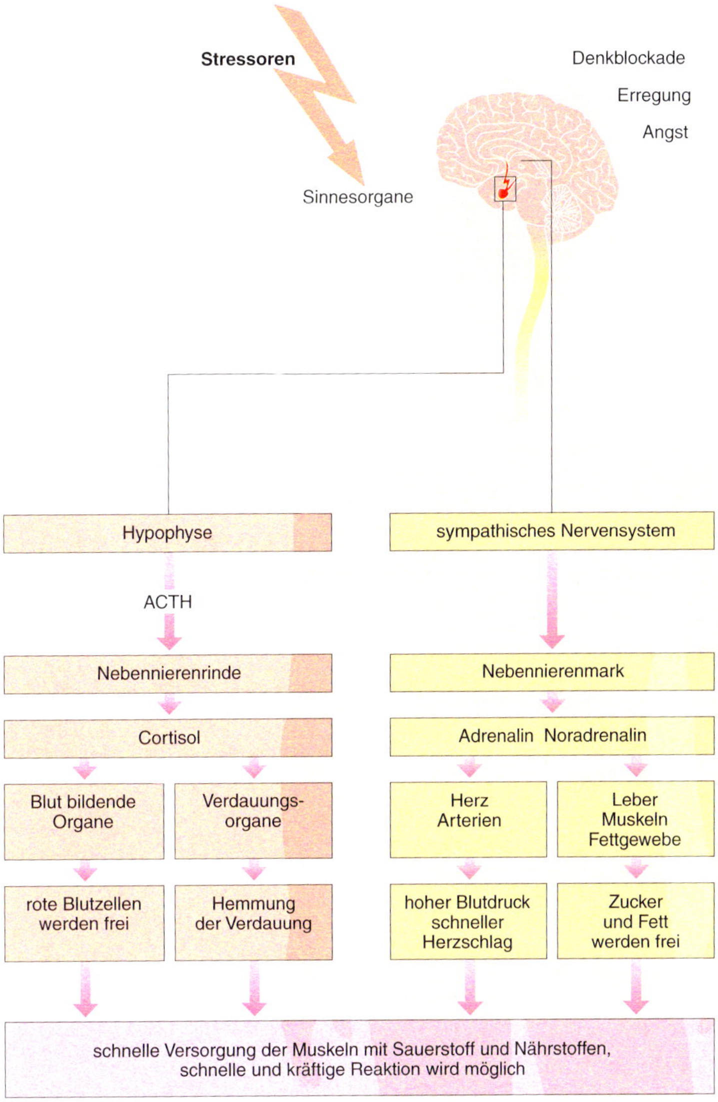

1 Zusammenarbeit von Nerven- und Hormonsystem bei Eustress

Aufgaben

① Beschreibe die Wirkungen von Adrenalin.
② Erkläre, warum Diabetiker Aufregungen und Schrecksituationen meiden sollen.
③ Beschreibe die Zusammenarbeit zwischen Nerven- und Hormonsystem in Notsituationen.
④ Definiere den Begriff Stress; beschreibe, wie es zu diesem Zustand kommt.
⑤ Das Fight-or-Flight-Syndrom kann sich innerhalb von Sekunden einstellen, der Stresszustand nur innerhalb von Tagen und Wochen. Erkläre die unterschiedliche Reaktionsdauer des Körpers.
⑥ Ein über längere Zeit erhöhter Adrenalingehalt im Blut bewirkt eine vermehrte ACTH-Ausschüttung. Erkläre, weshalb dies biologisch sinnvoll ist.

Blut und Immunsystem

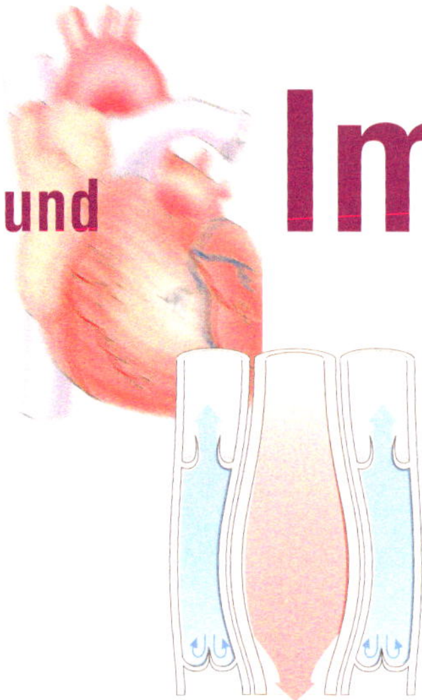

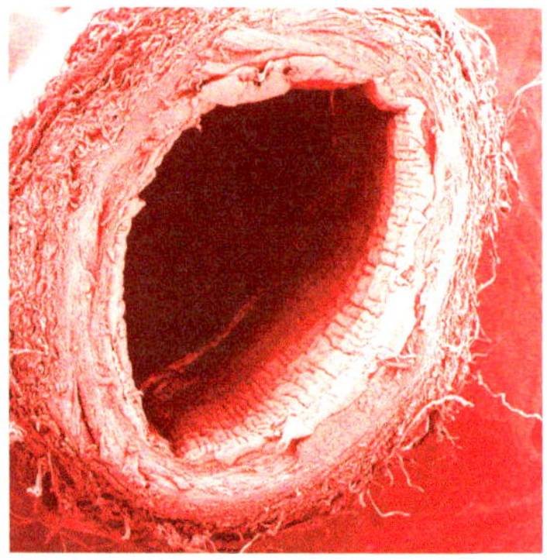

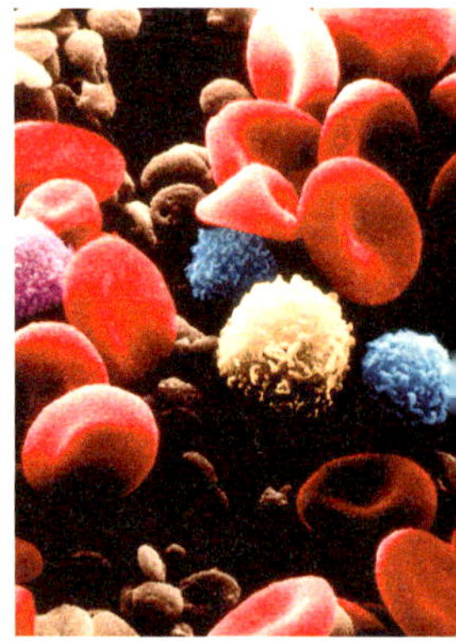

So unglaublich es auf den ersten Blick scheint: Unser Blut ist ein flüssiges Organ, das aus verschiedenen Blutzellen und dem Blutplasma gebildet wird. Es stellt das Transportmittel dar für Sauerstoff und Kohlenstoffdioxid, für Hormone und Abwehrstoffe, für Nähr- und Abfallstoffe und letztendlich auch für die Körperwärme. Daher steht es mit allen anderen Geweben und Organen in Verbindung. Es schützt den Körper vor Infektionskrankheiten, vernichtet eindringende Krankheitserreger und sorgt für den Wundverschluss.

Transportsystem

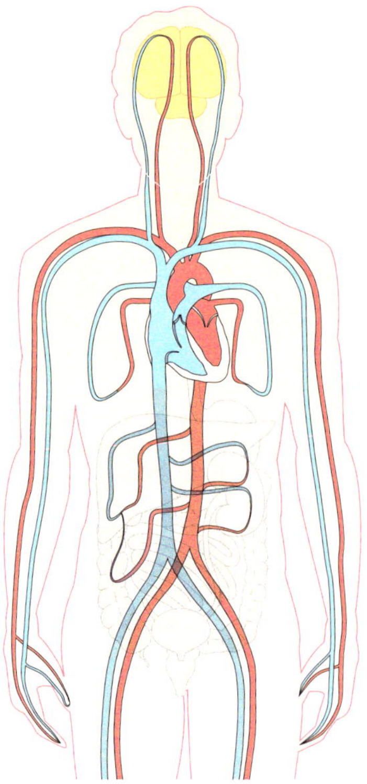

Sauerstoff + Kohler

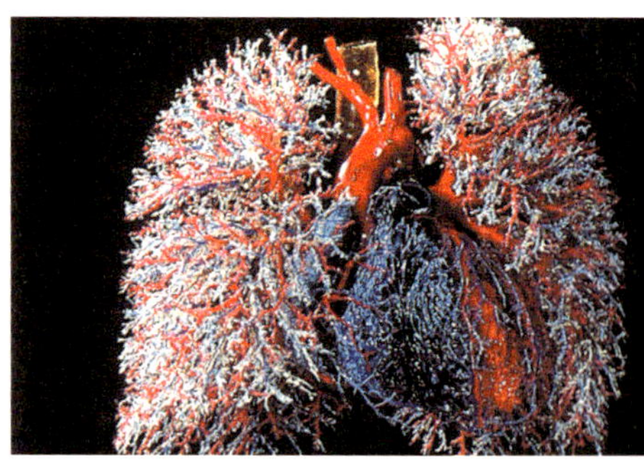

Bakterien

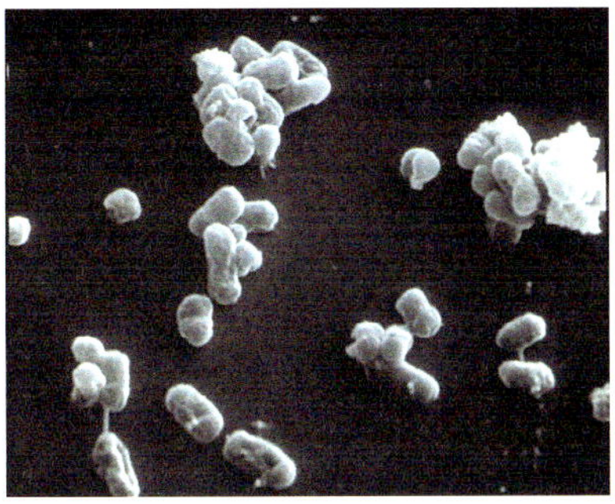

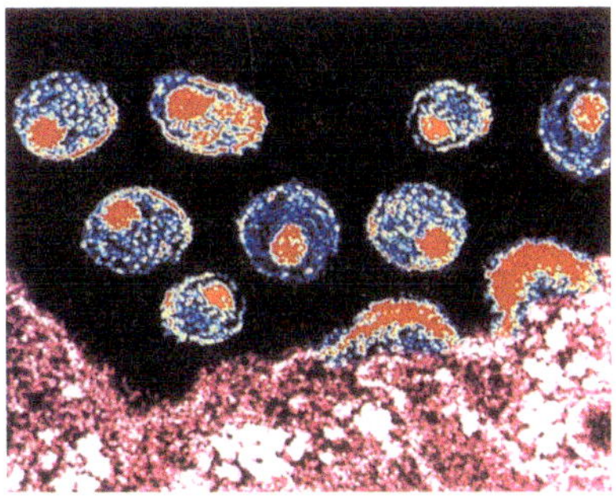

Viren

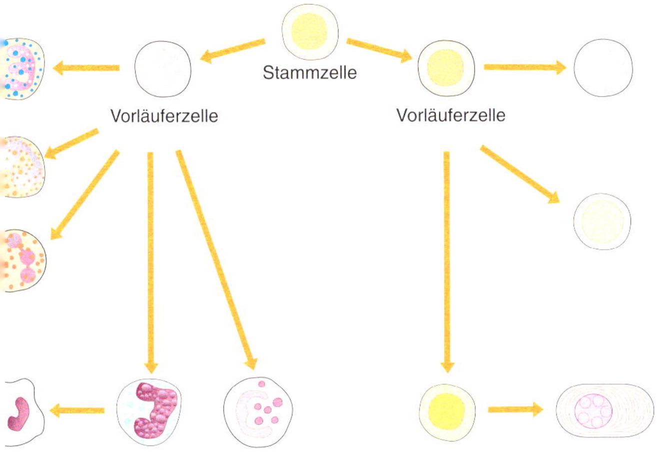

Abwehrsystem

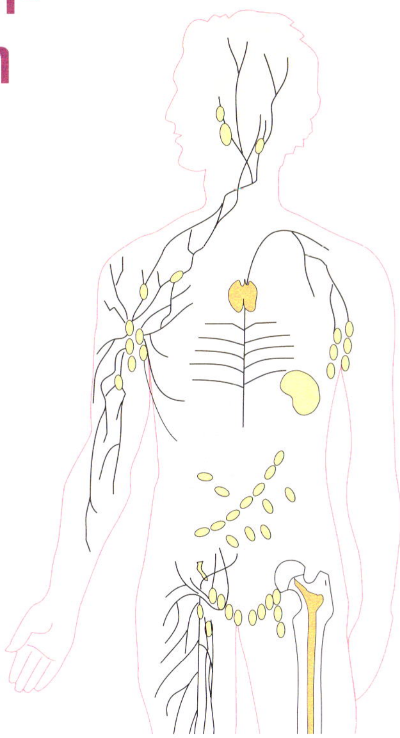

toffdioxid

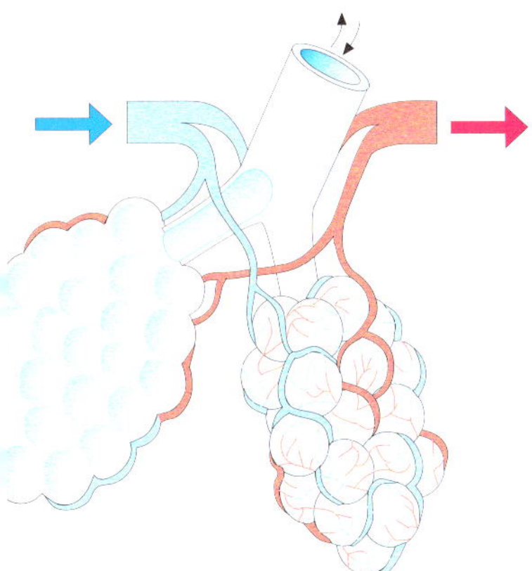

Im Jahre 1976 wurde in Amerika ein Junge geboren, dessen Leben gegenüber dem anderer Neugeborener ungewöhnlich verlaufen musste. Sein Abwehrsystem gegen Krankheitserreger war schwach entwickelt. Die Ärzte konnten ihn nur am Leben erhalten, indem sie ihn in einem luftdichten Zelt mit gefilterter Luft aufwachsen ließen. Nahrung und Spielsachen wurden desinfiziert und anschließend über luftdichte Schleusen in das Zelt eingeführt. Ein direkter Kontakt mit den Eltern oder anderen Menschen war nicht erlaubt. Das hätte zum Tode des Jungen führen können. Auch in unserer Umgebung sind ständig Krankheitserreger vorhanden, trotzdem sind wir nur selten krank.

Wie schön es ist gesund zu sein, merkt man erst, wenn man krank ist.

Deswegen ist es wichtig, sich bewusst zu machen, wie man sich persönlich am besten gesund erhält.

Das Blutgefäßsystem

Die Erkenntnis, dass das Blut in einem geschlossenen Blutkreislauf fließt, in jedem Blutgefäß nur in einer Richtung strömt und durch das Herz angetrieben wird, verdanken wir dem englischen Arzt WILLIAM HARVEY (1578 – 1657). Er formulierte die später bestätigte Annahme, dass das Gefäßsystem aus dem *Lungenkreislauf*, der von der rechten Herzhälfte angetrieben wird, und dem *Körperkreislauf* besteht, in dem das Blut von der linken Herzhälfte bewegt wird (Abb. 1).

Alle Blutgefäße, die Blut vom Herzen wegführen, heißen *Arterien*. Eine aus Bindegewebe bestehende Hülle schließt sie nach außen hin ab. In ihr verlaufen viele Adern und Nervenfasern. Ringförmige Muskelfasern bauen die Mittelschicht auf (Abb. 2). Wegen ihrer Elastizität dehnen sich die Hauptschlagadern und großen herznahen Arterien bei jedem Herzschlag aus. Während der Herzmuskel erschlafft, ziehen sich diese Arterien wieder zusammen und befördern so das Blut weiter (Abb. 3). Auf diese Weise werden Druckschwankungen, die durch das rhythmisch schlagende Herz entstehen, gedämpft. Die innerste Schicht der Arterien bildet eine einschichtige und glatte Deckschicht. Sie vermindert den Reibungswiderstand des strömenden Blutes.

Mit zunehmender Entfernung vom Herzen verzweigen sich die Arterien in immer feinere Gefäße, bis sie in den Geweben zu den *Haar-* oder *Kapillargefäßen* werden. Diese sind so eng, dass die roten Blutzellen sich nur noch im „Gänsemarsch“ hindurchzwängen können (zum Größenvergleich s. Abb. 4).

Die Kapillargefäße vereinigen sich schließlich wieder zu größeren Blutgefäßen, in denen das Blut zum Herzen zurückströmt. Alle zum Herzen hinführenden Blutgefäße heißen *Venen*. Sie besitzen im Gegensatz zu den Arterien nur dünne Wände. In ihrem Innern befinden sich die *Venenklappen*. Diese verhindern ein Zurückfließen des Blutes. Dadurch fließt das Blut nur in eine Richtung.

1

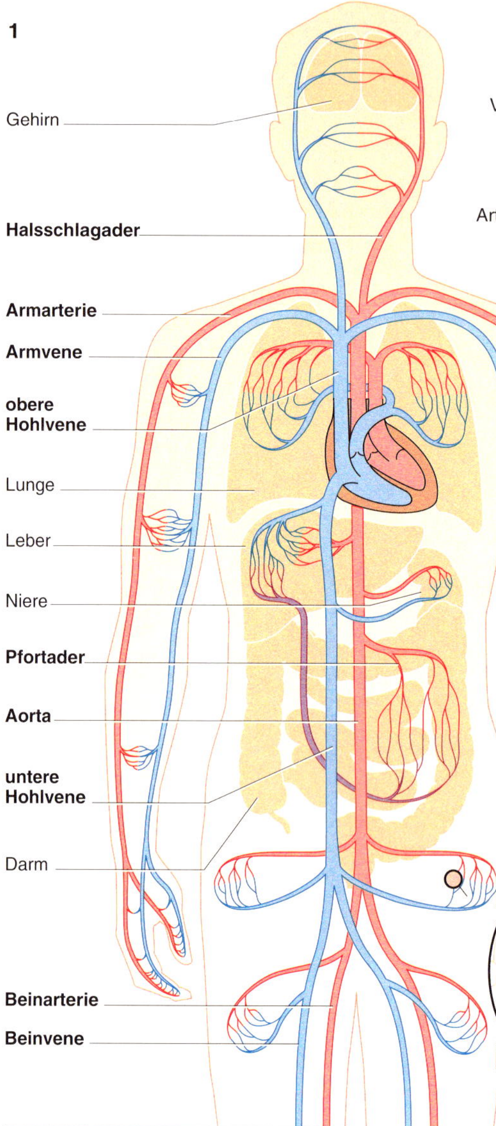

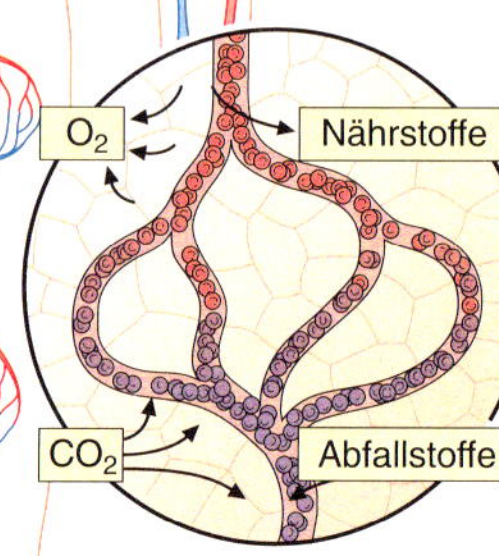

3

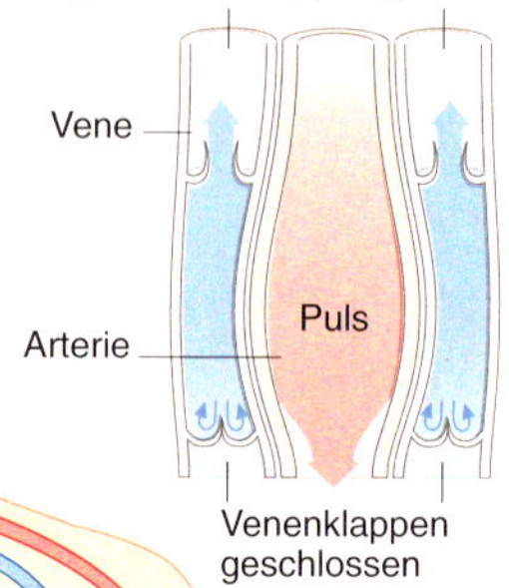

4

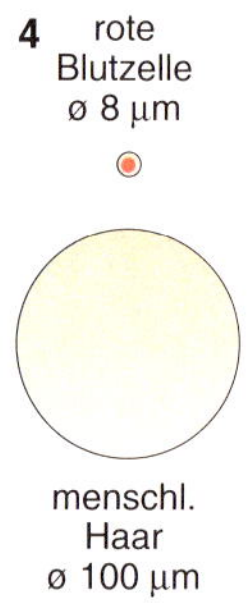

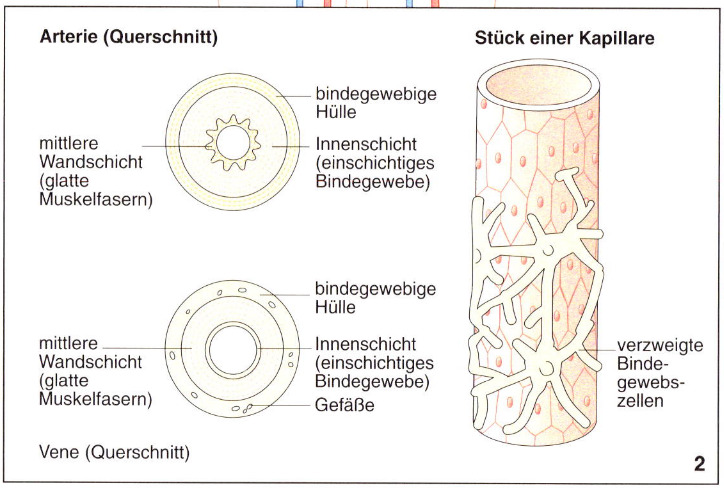

2

Aufgaben

① Beschreibe den Blutkreislauf mithilfe von Abbildung 1.

② Erkläre die Ventilwirkung der Venenklappen (Abb. 3).

Das Herz

Das Herz eines Erwachsenen ist ein etwa faustgroßer *Hohlmuskel*. Die *Herzscheidewand* teilt den Hohlraum des Herzmuskels in zwei ungleiche Hälften. Jede Herzhälfte ist nochmals durch *Segelklappen* unterteilt. Dadurch entstehen *linker* bzw. *rechter Vorhof* und *linke* bzw. *rechte Kammer*, wobei die Muskulatur der linken Kammer kräftiger ist. In den rechten Vorhof münden die obere und die untere *Körperhohlvene*, in den linken die von den Lungen kommenden *Lungenvenen*. Aus der rechten Herzkammer entspringt die *Lungenarterie*, aus der linken die große Körperschlagader oder *Aorta*.

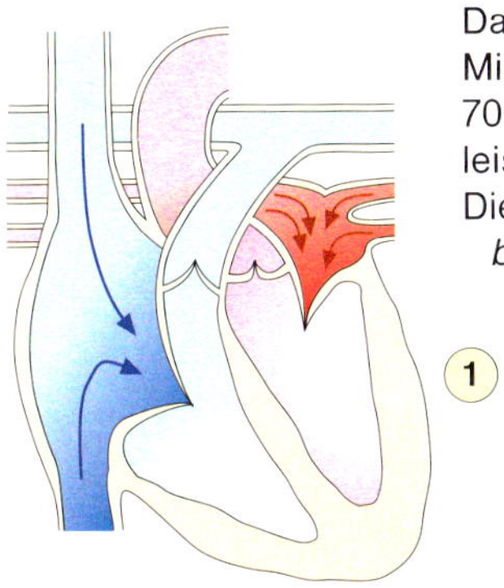

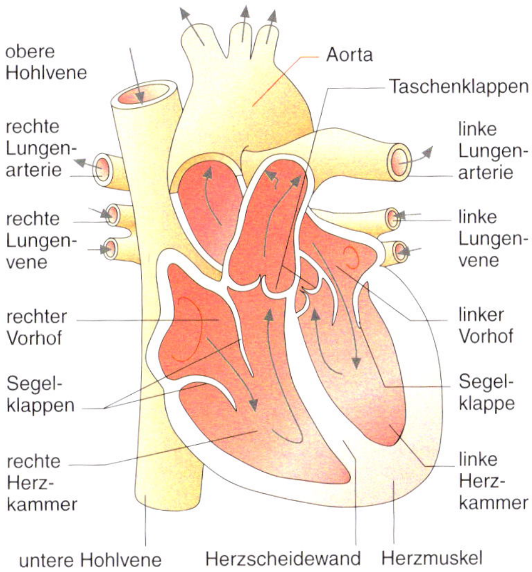

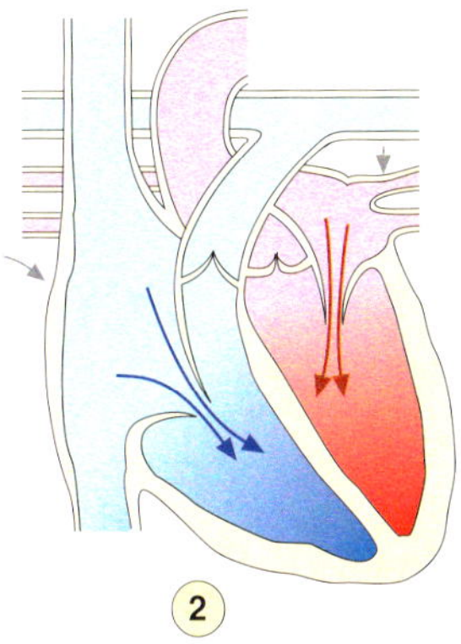

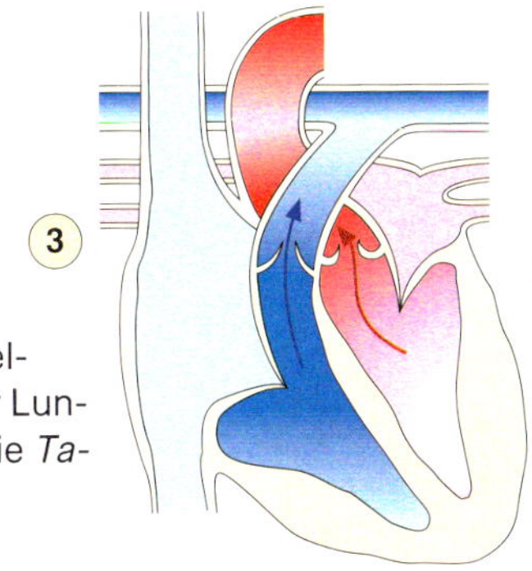

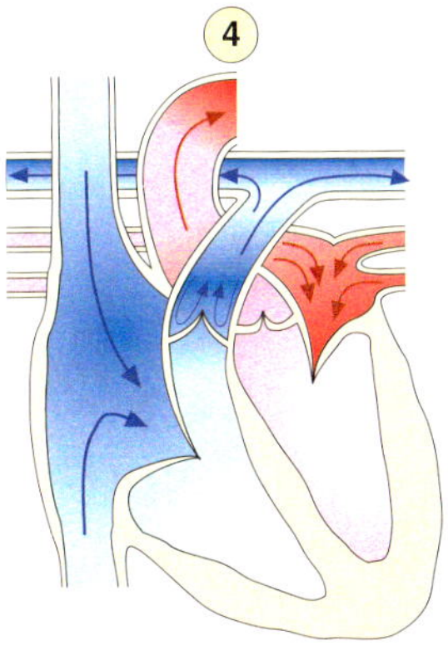

1 Bau des Herzens und vier Phasen des Herzschlags

Ein System von Ventilen regelt die Blutströmung im Herzen. Zwischen den Vorhöfen und Herzkammern befinden sich die Segelklappen. Am Übergang vom Herzen zur Lungen- und Körperarterie befinden sich die *Taschenklappen*.

Das Herz schlägt rhythmisch. Vorhöfe und Herzkammern leeren und füllen sich im Wechsel. Beim Zusammenziehen der Muskulatur der Kammern *(Systole)* wird das Blut in die Lungen- und Körperarterie gedrückt. Die Taschenklappen sind geöffnet, die Segelklappen geschlossen. Sie verhindern ein Zurückfließen des Blutes in die Vorhöfe. Erschlafft der Herzmuskel *(Diastole)*, strömt das in den Vorhöfen gesammelte Blut durch die sich öffnenden Segelklappen in die Herzkammern. Die Taschenklappen sind nun geschlossen.

Das Herz schlägt in Ruhe etwa 70-mal pro Minute. Bei einem Schlagvolumen von ca. 70 ml je Herzkammer ergibt dies eine Pumpleistung von mehr als 14 000 Litern pro Tag. Die schleimigfeuchten Innenwände des *Herzbeutels* ermöglichen eine nahezu reibungslose Pumpbewegung. Ein eigenes Blutgefäßsystem, die *Herzkranzgefäße*, versorgt den Herzmuskel ständig mit Sauerstoff und Nährstoffen.

Aufgaben

① Die Herzmuskulatur der linken Seite ist viel stärker als die der rechten Seite. Begründe (▶ S. 152).

② „In den Venen fließt sauerstoffarmes Blut, in den Arterien sauerstoffreiches." Begründe, warum diese Aussage so nicht richtig ist.

③ Ordne die Begriffe Systole und Diastole der Abbildung 1 zu und begründe deine Zuordnung.

Zusammensetzung und Aufgaben des Blutes

Die Blutmenge eines Erwachsenen beträgt, abhängig vom Körpergewicht, ca. 5 – 7 Liter Blut. Lässt man eine geringe Menge Blut längere Zeit in einem Reagenzglas bei niedriger Temperatur und unter Luftabschluss stehen, sinken seine festen Bestandteile langsam zu Boden. Als Überstand bleibt eine leicht getrübte, gelbliche Flüssigkeit, das *Blutplasma*. Seine Hauptbestandteile sind: 90 % Wasser, 7 % Plasmaeiweiße, 0,7 % Fette, 0,1 % Traubenzucker. Die restlichen 2,2 % verteilen sich auf Vitamine, Salze (z.B. Kochsalz), Hormone, Abwehrstoffe gegen Krankheitserreger und Abfallstoffe des Stoffwechsels. Außerdem enthält das Blutplasma den Gerinnungsstoff *Fibrinogen*, ein Eiweiß. Wird es z. B. durch stetiges Umrühren mit einem Glasstab aus dem Blutplasma entfernt, bleibt das *Blutserum* übrig.

Die festen Bestandteile des Blutes sind die roten Blutzellen *(Erythrocyten)*, die weißen Blutzellen *(Leukocyten)* und die Blutplättchen *(Thrombocyten)*.

Die roten Blutzellen sind flache, beidseitig eingedellte Scheibchen mit einem Durchmesser von 7 µm. Sie werden im *roten Knochenmark* aus Stammzellen durch Zellteilung gebildet. Reife rote Blutzellen im Blut haben keinen Zellkern mehr. Sie haben nur eine begrenzte Lebensdauer und werden danach in Leber und Milz abgebaut. Unser Blut enthält ca. 25 Billionen rote Blutzellen, 5 Millionen sind in einem mm^3. Um die Gesamtzahl zu erhalten, müssen Millionen von Blutzellen pro Sekunde neu gebildet werden.

Eine wesentliche Aufgabe der roten Blutzellen ist der Sauerstofftransport. Sie enthalten den Blutfarbstoff *Hämoglobin*, der den Sauerstoff binden kann. Außerdem sind die roten Blutzellen am Transport des Kohlenstoffdioxids beteiligt.

Erst im angefärbten Blutausstrich sind unter dem Mikroskop die weißen Blutzellen – die Leukocyten – zu erkennen. Es gibt verschiedene Arten von Leukocyten. Sie besitzen einen Zellkern und entstehen aus Stammzellen des Knochenmarks oder in den lymphatischen Organen, wie z. B. Milz, Thymusdrüse, Mandeln sowie Wurmfortsatz. Während die roten Blutzellen passiv vom Blutstrom mitgenommen werden, können sich die weißen Blutzellen aktiv wie Amöben fortbewegen. Sie wandern auch gegen den Blutstrom, zwängen sich durch Kapillarwände in die Gewebszellen der Organe und können so fast jeden Ort im Körper erreichen. Ihre Hauptaufgabe ist die Bekämpfung und das Fressen von Fremdkörpern und Krankheitserregern. Oft bildet sich an einer Wunde Eiter. Dieser setzt sich überwiegend aus abgestorbenen weißen Blutzellen zusammen.

Die Blutplättchen *(Thrombocyten)* sind kleine Zellbruchstücke und entstehen im Knochenmark. Ihre Aufgabe ist es – zusammen mit dem Fibrinogen und weiteren Faktoren im Blutplasma – die Blutgerinnung auszulösen und Wunden zu verschließen.

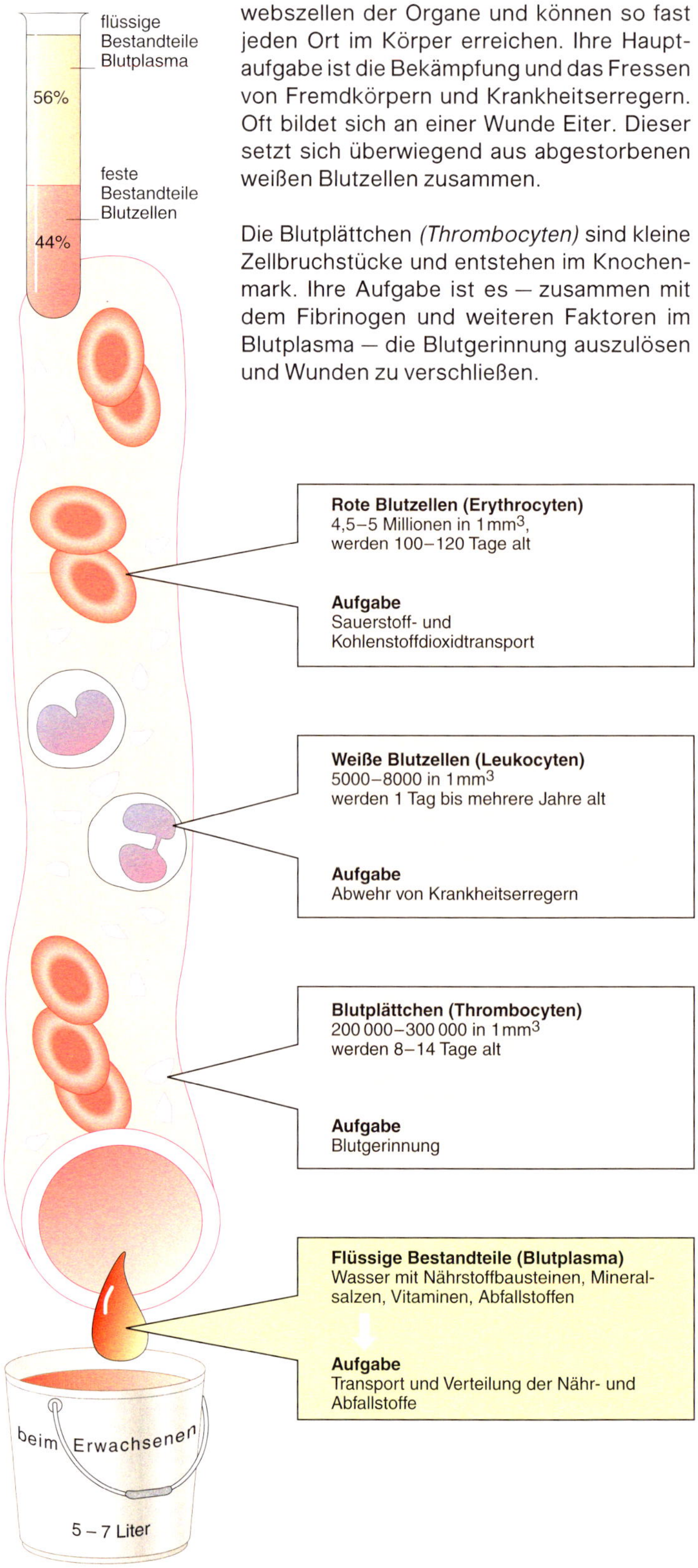

1 Zusammensetzung und Aufgaben des Blutes

Eine weitere Aufgabe des Blutes ist der Wärmetransport im Körper, d. h. die Wärme wird im gesamten Körper verteilt und überschüssige Wärme wird aus dem Körperinneren an die Körperoberfläche geleitet.

Der Stoffaustausch findet in den Kapillaren statt, die alle Organe mit einem feinen Netz durchziehen. Flüssige Blutbestandteile können die dünnen Kapillarwände passieren, feste Bestandteile des Blutes (rote Blutzellen, Blutplättchen, große Eiweißmoleküle) werden zurückgehalten. So treten etwa 20 Liter Blutplasma täglich durch die Kapillarwände in die Zwischenzellflüssigkeit, die Lymphe, über. Die damit ebenfalls beförderten Nährstoffe und den Sauerstoff nimmt die Lymphe auf und transportiert sie zu den Gewebezellen. Mit dem Blutstrom werden auch Wasser, Salze, Hormone, Enzyme und Antikörper an den jeweiligen Bestimmungsort gebracht. Die Lymphe fließt wieder zu den Kapillaren zurück und nimmt dabei das Kohlenstoffdioxid und die Abfallstoffe, die aus dem Stoffwechsel der Gewebezellen stammen, mit. Nur ca. 10 % der Lymphe werden über ein anderes Transportsystem, das Lymphsystem, abgeleitet.

Aufgaben

① Definiere den Begriff Organ (▶ S. 156) und begründe, warum das Blut ein „flüssiges" Organ ist.

② Erstelle nach Abb. 62.1 ein Diagramm zur Zusammensetzung des Blutes.

③ Erläutere den Unterschied zwischen Blutplasma und Blutserum.

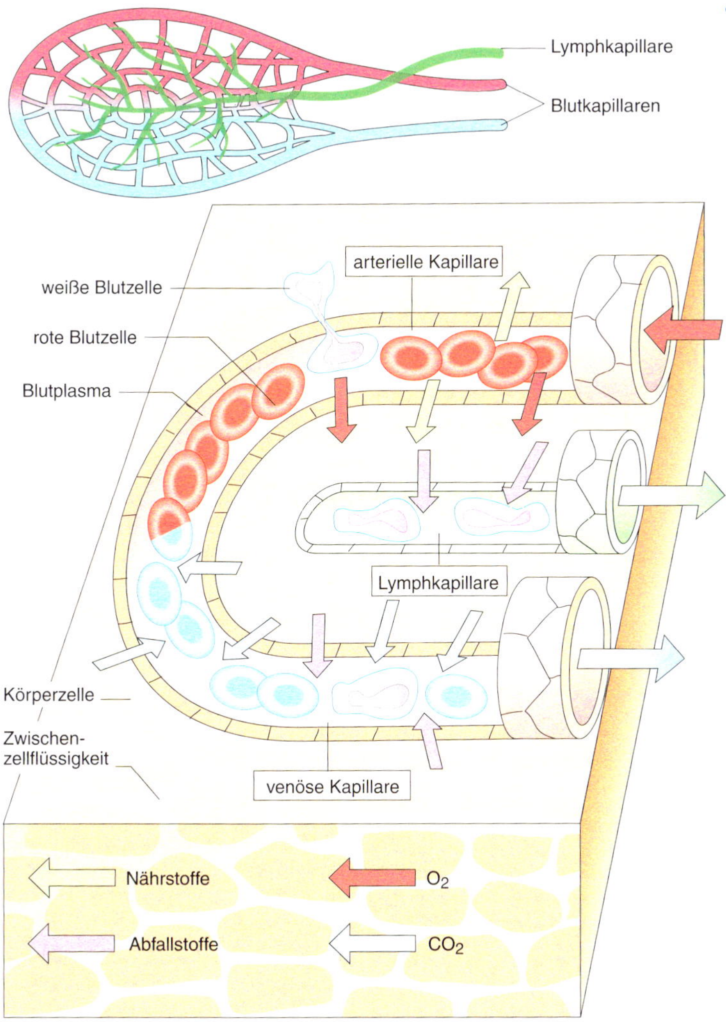

1 Stofftransport im Kapillarbereich

Zettelkasten

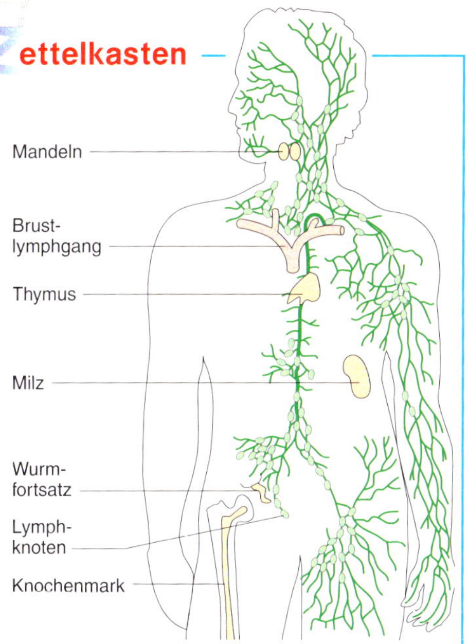

Das Lymphsystem

Das Gefäßsystem der Lymphbahnen beginnt mit feinsten Kapillaren, die sich zu größeren Lymphgefäßen vereinigen. Die großen Lymphbahnen vereinigen sich im großen *Brustlymphgang*. Dieser mündet in die linke Schlüsselbeinvene. Über alle Hauptlymphgefäße wird die Lymphflüssigkeit letztlich dem Blutkreislauf wieder zugeführt. Somit findet zwischen Blut und Lymphe ein ständiger Stoffaustausch statt. Im gesamten Lymphsystem findet man *Lymphknoten*. Sie treten im Bereich der Leiste, des Unterarms, des Halses und entlang des Rückenmarks gehäuft auf. Die Lymphknoten sind u. a. die Orte, an denen sich die weißen Blutzellen vermehren.

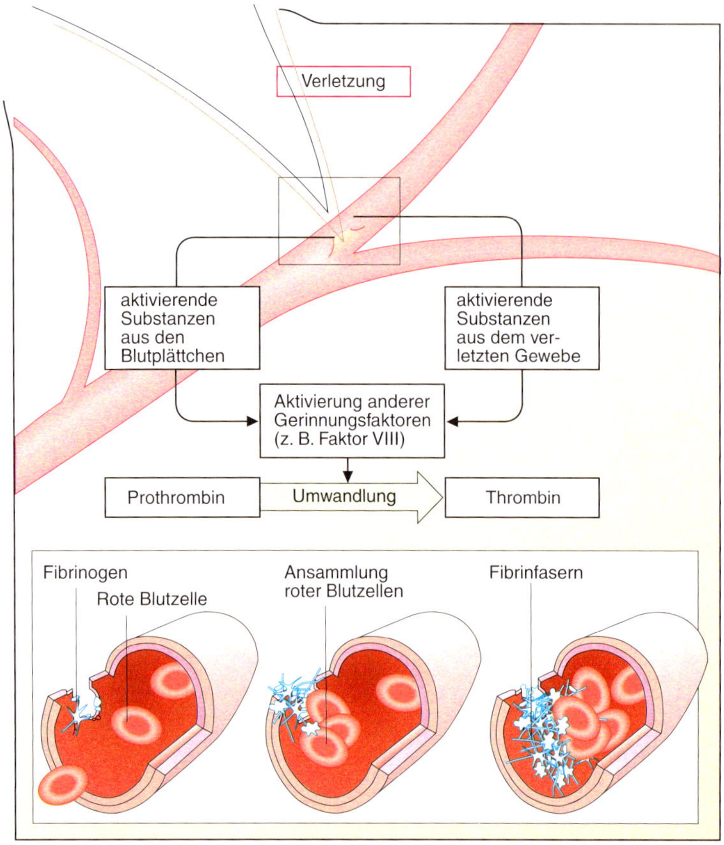

1 Vorgänge beim Wundverschluss

Der Wundverschluss

Kleinere Verletzungen des Blutgefäßsystems, etwa durch einen Schnitt in den Finger, kommen häufig vor. Eine solche Wunde blutet dann etwa 2 bis 4 Minuten lang, bevor die Blutung zum Stillstand kommt. Das ist das erste sichtbare Zeichen für das Funktionieren der *Blutgerinnung.* Die Reparatur der undichten Stelle im Blutgefäßsystem kann nur erfolgen, wenn der Blutstrom vorübergehend vermindert wird (Abb. 1).

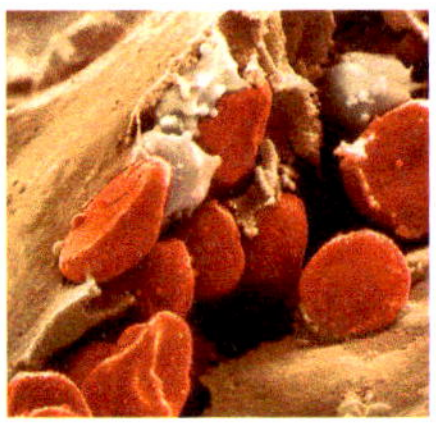

2 Aus einer Kapilare austretendes Blut

Sofort nach der Verletzung ziehen sich die beschädigten Blutgefäße stark zusammen und verengen dadurch den Querschnitt. Der Blutstrom verlangsamt sich. Botenstoffe, die von der verletzten Zellmembran abgegeben werden, bewirken die Anlagerung zahlreicher Blutplättchen an der Schnittstelle (Abb. 2). Die Wunde wird auf diese Weise verstopft, die Blutung ist gestoppt.

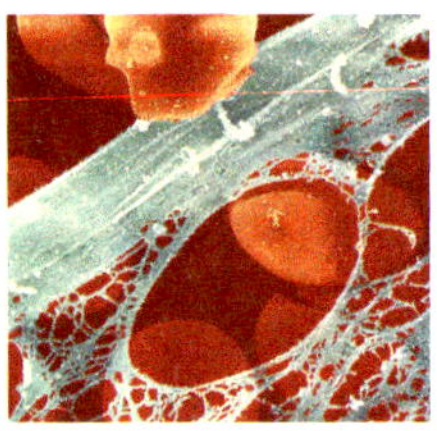

3 Fibrinfäden bilden ein Netz

Im zweiten, länger dauernden Teil der Blutgerinnung entsteht in einer mehrstufigen Reaktionskette ein fester Wundverschluss. Das geschädigte Gewebe und auch die Blutplättchen selbst geben so genannte *Gerinnungsfaktoren* ins Blutplasma ab. Dort aktivieren sie einen weiteren Gerinnungsfaktor, das *Thrombin.* Es bewirkt die Umwandlung des wasserlöslichen Bluteiweißes *Fibrinogen* zum *Fibrin.* Dieses ist faserförmig und wasserunlöslich. Die Fasern des Fibrins bilden nun in der Wunde unter dem Einfluss weiterer Gerinnungsfaktoren, z. B. des Blutfaktors VIII, ein dichtes Fibrinnetz, in dem rote Blutzellen hängen bleiben und es verstopfen (Abb. 3). Die Fibrinfasern ziehen sich immer mehr zusammen, sodass Serum aus den Zwischenräumen herausgedrückt wird. Auf diese Weise werden die verletzten Blutgefäße durch einen Pfropf wirksam verschlossen. Die *Gerinnungszeit* beträgt bei einem gesunden Menschen 5 bis 10 Minuten (▶ S. 152).

Mit der Zeit bildet sich ein festsitzendes und trockenes Netzwerk, der *Wundschorf.* Das Fibrinnetz wird nach und nach wieder aufgelöst und die darunter liegenden Schichten der Haut bilden neue Zellen, welche die Wunde endgültig verschließen. Bei tiefen Verletzungen bleibt eine Narbe zurück.

Es gibt Menschen, bei denen der Wundverschluss durch Störung der Gerinnung nicht einwandfrei funktioniert. Solche Menschen nennt man Bluter, sie leiden an der *Bluterkrankheit.* Diese Krankheit ist genetisch bedingt.

Aufgaben

① Informiere dich über die Entstehung eines „Blutergusses" und beschreibe den Ablauf.

② Begründe, warum ein Bluterguss einem Bluter lebensgefährlich werden kann.

③ Eine *„Thrombose"* entsteht durch die Verstopfung von Adern durch ein Blutgerinnsel. Während oder nach einer Operation werden dem Patienten Medikamente gegeben, die entweder die Bildung von Blutgerinnseln verhindern oder solche Gerinnsel auflösen. Erläutere die Zusammenhänge.

④ Erkläre, weshalb bei manchen Wunden das Blut stoßweise austritt.

⑤ Informiere dich, welche Erste-Hilfe-Maßnahmen bei einer Arterien- oder einer Venenverletzungen durchzuführen sind. Begründe, warum sich die Maßnahmen unterscheiden können.

⑥ Bei kleinen Wunden sollte man warten, bis die Blutung von selbst zum Stillstand kommt und die Stelle nicht in den Mund nehmen. Erläutere die Gründe dafür.

Blutgruppen und Bluttransfusion

Ende des 19. Jahrhunderts erkannte man, dass eine Übertragung von Blut eines Menschen in die Blutbahn eines anderen *(Transfusion)* in ca. zwei Dritteln der Fälle tödlich endete, weil sich die roten Blutzellen zusammenballten. Die Aufklärung dieses Phänomens gelang dem Wiener Arzt KARL LANDSTEINER im Jahr 1901.

LANDSTEINER trennte rote Blutzellen und Serum aus den Blutproben verschiedener Personen und vermischte Blutzellen und Serum wechselseitig. In einigen Fällen verklumpten die Blutzellen. So konnte LANDSTEINER drei verschiedene *Blutgruppen*, die untereinander unterschiedliche Verträglichkeiten aufwiesen, erkennen. Kurz darauf wurde auch die vierte Blutgruppe entdeckt. Die vier Blutgruppen bezeichnet man mit A, B, AB und 0 (Null).

Spätere Untersuchungen ergaben, dass die Blutgruppenmerkmale durch Moleküle bestimmt werden, die sich außen auf der Membran der roten Blutzellen befinden. Man nennt sie *Antigene* und unterscheidet dabei – vereinfacht dargestellt – *Antigen-A* und *Antigen-B*. Der Besitz der Antigene ist genetisch bedingt (siehe S. 132). Träger der Blutgruppe A besitzen das Antigen A und die der Blutgruppe B das Antigen B. Menschen mit der Blutgruppe AB besitzen beide Antigene und die der Blutgruppe 0 keine der beiden Antigene.

Eine andere Gruppe von Molekülen sind die *Antikörper*, die im Serum vorkommen. Man unterscheidet *Antikörper-A (Anti-A)* und *Antikörper-B (Anti-B)*. Der Besitz von Antikörpern ist an die Blutgruppe gebunden. Blut der Blutgruppe A enthält Anti-B, das der Blutgruppe B Anti-A. Beide Antikörpertypen sind im Blut der Blutgruppe 0 enthalten, während das Blut der Blutgruppe AB keinen der beiden Antikörper besitzt.

Bei Vermischung von Serum und roten Blutzellen tritt immer dann eine Verklumpung auf, wenn die Antikörper im Serum zu den Antigenen auf der Oberfläche der roten Blutzellen wie ein Schlüssel zum Schloss passen (▶ S. 152). So passt Anti-A genau zum Antigen A und kann dort andocken. Durch diese *Antigen-Antikörper-Reaktion* vernetzen die roten Blutzellen und verklumpen. Man kann deswegen die Antigen-Antikörper-Reaktion benutzen, um einen *Blutgruppentest* durchzuführen.

Blutgruppe	A	B	AB	0
rote Blutzellen mit Antigenen	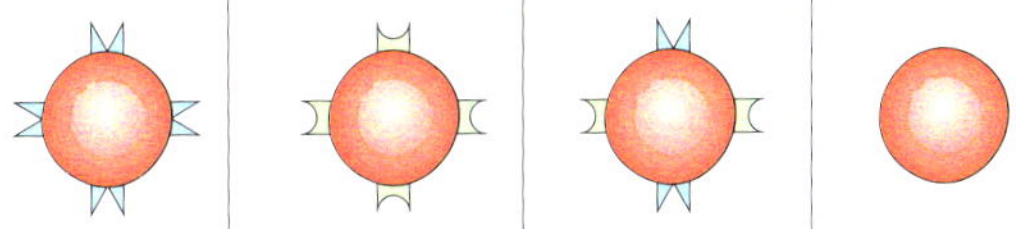 A-Antigene	B-Antigene	A- und B-Antigene	keine Antigene
im Serum sind	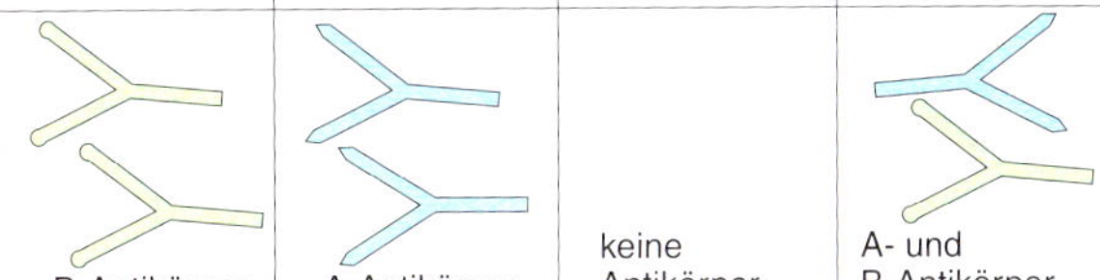 B-Antikörper	A-Antikörper	keine Antikörper	A- und B-Antikörper
Verklumpung mit	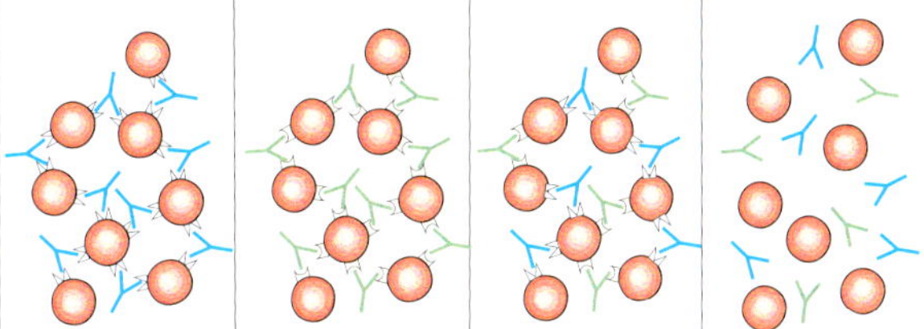 A-Antikörper	B-Antikörper	A- und B-Antikörpern	keine Verklumpung
Häufigkeit in Europa	43%	14%	6%	37%

1 Blutgruppenmerkmale

Neben den Antigenen A und B gibt es weitere Antigene auf der Oberfläche der roten Blutzellen. Einer davon ist der *Rhesusfaktor*. Er wird ebenfalls beim Blutgruppentest erfasst und wurde bei Rhesusaffen entdeckt. Etwa 85 % der Mitteleuropäer besitzen diesen Rhesusfaktor, ihr Blut wird mit Rh+ *(rhesuspositiv)* bezeichnet. Die übrigen 15 % besitzen dieses Molekül nicht; ihr Blut erhält die Bezeichnung rh⁻ *(rhesusnegativ)*.

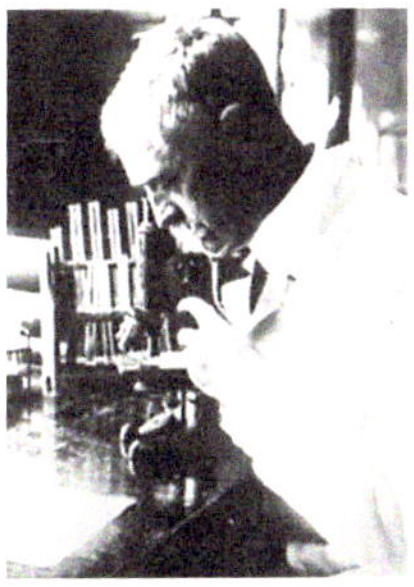

KARL LANDSTEINER (1868 – 1943) österreichischer Arzt, erhielt 1930 den Nobelpreis für Medizin

Aufgaben

① Blut der Blutgruppe A kann zwar Antikörper B besitzen, nicht aber Antikörper A. Begründe.

② Könnte man Serum der Blutgruppe A im Reagenzglas mit Blutgruppe AB ohne Verklumpung mischen? Begründe.

③ Als Reagenzien stehen bereit: Serum der Blutgruppe A und Serum der Blutgruppe B. Wie könntest du herausfinden, welche Blutgruppe du hast?

④ Erkläre, weshalb Blutkonserven der Gruppe AB/rh⁻ so selten sind.

⑤ Welche Blutgruppenkombination ist die häufigste in Mitteleuropa? Recherchiere.

Blut und Blutkreislauf

Alle Versuche zum Thema Blut werden mit Schlachttierblut gemacht. Achte in allen Versuchen auf sauberes und hygienisch einwandfreies Arbeiten.

Blutsenkung

Zu den Routineuntersuchungen des menschlichen Blutes gehört die Bestimmung der *Blutsenkungsgeschwindigkeit*. Das entnommene Blut wird dafür mit einer gerinnungshemmenden Substanz versetzt und dann in senkrecht stehende Messröhrchen aufgezogen. Nach 1 oder 2 Stunden wird abgelesen, um wie viele Millimeter sich die Blutzellen abgesetzt haben. Der Vorgang kann mit tierischem Blut modellhaft nachgestellt werden.

Material:
Oxalatblut, Reagenzgläser, Reagenzglashalter, Tischzentrifuge, Lichtquelle, Lineal.

Vorbereitung:
Das Blut wird in die Reagenzgläser eingefüllt und für ca. 2 min zentrifugiert.

Durchführung:
Die Reagenzgläser werden vor eine Lichtquelle gestellt und der Anteil der verschiedenen Bereiche (= Fraktionen) gemessen.

Aufgaben

① Untersuche die Bestandteile der verschiedenen Fraktionen im Mikroskop und beschreibe sie.

② Bei gesunden Frauen beträgt die Senkungsgeschwindigkeit 6 – 12 mm pro Stunde, beim Mann 3 – 6 mm. Bestimmt man die Zahl der roten Blutzellen pro ml Blut, ergeben sich für Frauen niedrigere Werte als für Männer. Erkläre damit die unterschiedliche Blutsenkungsgeschwindigkeit.

Mikroskopische Untersuchung

Material:
Oxalatblut, Mikroskop, Objektträger, Deckgläser, Pipette

Durchführung:
Mit der Pipette wird ein Tropfen Blut auf den Objektträger gegeben und dann das Deckglas aufgelegt. Das Präparat wird sofort bei 100-facher und 400-facher Vergrößerung untersucht. Untersuche das Präparat dann nochmals, wenn es weitgehend eingetrocknet ist.

Aufgaben

③ Skizziere die Form der Roten Blutzellen (Erythrocyten) von oben und von der Seite. Wie hat sich die Form der Blutzellen nach dem Eintrocknen verändert? Welche Erklärung gibt es dafür?

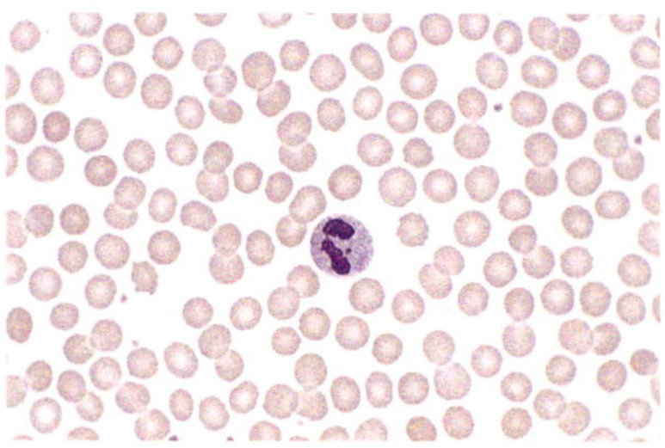

Gewinnung von Fibrin

Material:
Unbehandeltes frisches Blut, Oxalatblut, Holzstäbe, Bechergläser; Mikroskop, Objektträger, Deckgläser, Pinzette.

Durchführung:
Das frische Blut wird mit einem rauen Holzstab kräftig gerührt (ca. 10 min). In gleicher Weise wird mit dem Oxalatblut verfahren. Die am Holzstab anhaftende Masse wird unter fließendem Leitungswasser vorsichtig gespült, mit der Pinzette abgezupft und in Leitungswasser auf dem Objektträger untersucht. Deckglas auflegen und durch Druck vorsichtig das Präparat quetschen.

Aufgaben

④ Notiere die jeweiligen Beobachtungen und erkläre die Unterschiede zwischen frischem Blut und Oxalatblut. Welche Beobachtung kann unter dem Mikroskop gemacht werden?

Herztöne und Puls

Material:
Stethoskop, Lehrbuch der Medizin bzw. Humanbiologie, Herztöne (von CD)

Durchführung:
- Die Versuche werden in Zweiergruppen durchgeführt, wobei abwechselnd ein Schüler die Rolle des „Patienten" und einer die des „Arztes" übernimmt. Höre mit einem Stethoskop die „Herztöne" am Hals (seitlich, dort wo der Puls fühlbar ist) möglichst genau ab. Dabei sollte es im Raum ruhig sein.
- Höre das Geräusch des Pulses am Handgelenk ab
- Vergleiche beide Geräusche mit den Herztönen von der CD.

Auswertung:

⑤ Beschreibe Zahl und Art der verschiedenen Herztöne. Durch welche Vorgänge im Herzen könnten diese Töne verursacht werden? Überprüfe deine Vermutung mithilfe eines geeigneten Lehrbuchs.

⑥ Beschreibe die Beobachtungen am Handgelenk und deute sie.

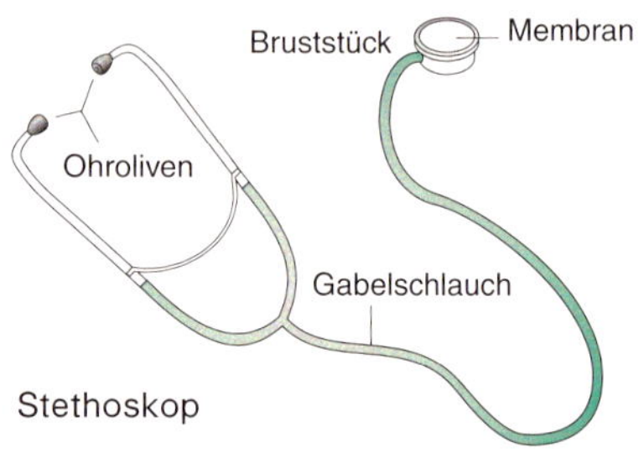

Stethoskop

Pulsfrequenz

Durchführung:
- Die folgenden Versuche werden in Zweiergruppen durchgeführt. Die Messung der Pulswerte erfolgt an der Schlagader in der Nähe des Handgelenks. Die Versuchsperson (VP) muss sich erst einige Minuten in völliger Ruhe befinden, dann wird ihr Puls gemessen.
- Lege den Zeige- und den Mittelfinger auf und nicht den Daumen, da du sonst nicht den Puls des Partners, sondern den eigenen misst. Zähle die Pulsschläge während einer ganzen Minute.

- Die Messung wird wiederholt, nachdem die VP jeweils 10, 20 und bei sehr guter Kondition 40 Kniebeugen durchgeführt hat. Die VP vorher befragen, ob sie sich gesund fühlt. Die Werte werden notiert.
- Bestimme den Puls nochmals, nachdem sich die Versuchsperson eine bzw. fünf Minuten erholt hat.

Aufgaben

⑦ In der Gruppe werden die Durchschnittswerte des Pulses in Ruhe, nach jeweils 10, 20 und den eventuell 40 Kniebeugen und nach einer bzw. 5 Minuten Erholung gebildet. Erkläre den Verlauf.

Messung des Blutdrucks

Früher wurden zur Druckmessung Quecksilbermanometer verwendet, wegen ihrer umständlichen Handhabung und der Giftigkeit des Quecksilbers heute jedoch nicht mehr. Die Einheit des Blutdrucks ist aber noch immer „Millimeter Quecksilbersäule“ (mmHg). Ein Wert von 140 mmHg bedeutet dementsprechend, dass der Blutdruck ausreicht, die Quecksilberfüllung des Manometers um 140 mm nach oben zu bewegen.

Material:
Blutdruckmessgeräte, möglichst für die Oberarmmessung mit getrennter Manschette und Stethoskop, alternativ ein digitales Messgerät.

Durchführung:
- Die Blutdruckmessung erfolgt an der Armarterie oberhalb des Ellenbogens. Der Arm sollte so auf eine Unterlage gelegt werden, dass er sich etwa in Höhe des Herzens befindet.

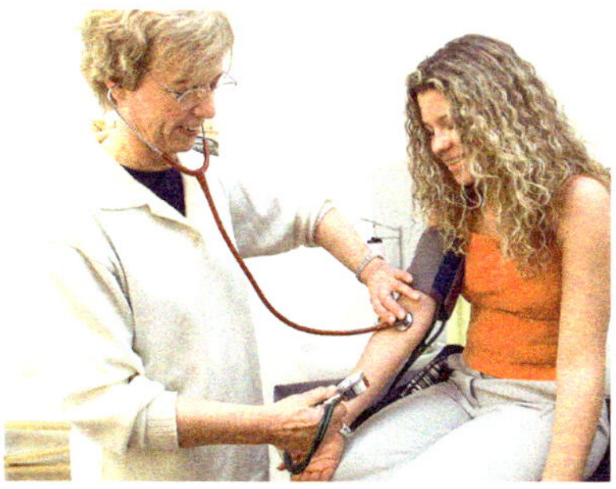

- Pumpe die Manschette so lange auf, bis ein Wert von etwa 150 mmHg erreicht ist. Lege dann unterhalb der Manschette ein Stethoskop auf den Arm. Es ist kein Geräusch wahrnehmbar.

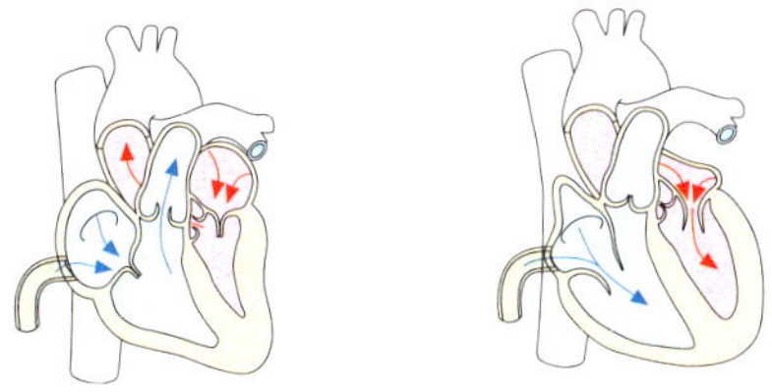

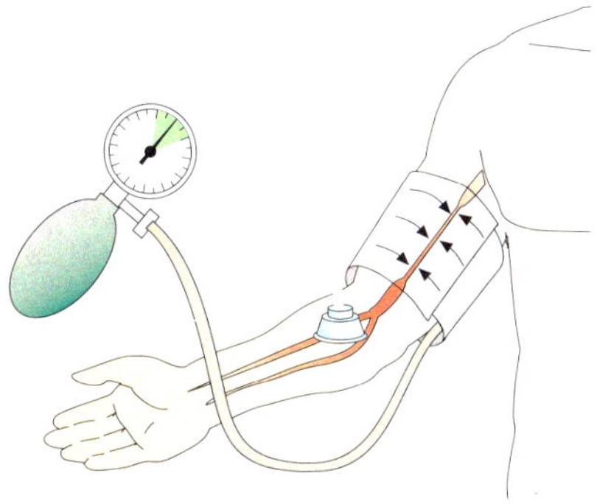

- Vermindere durch Öffnen des Ventils langsam den Außendruck. Im Stethoskop hört man ab einem bestimmten Wert ein pochendes Geräusch. Der gemessene Wert wird notiert. Man bezeichnet ihn als systolischen Wert.
- Vermindere den Manschettendruck langsam weiter, bis die Geräusche im Stethoskop nicht mehr hörbar sind. Der Wert wird notiert. Man nennt ihn diastolischen Wert
- Miss ähnlich wie bei der Messung des Pulses den Blutdruck unter verschiedenen Belastungen.

Aufgaben

⑧ Erkläre, was bei den beiden Werten zu hören ist und wie sie zustande kommen.

⑨ Notiere Ursachen, die zu unterschiedlich hohen Werten führen können.

Oberflächenvergrößerung

Die Oberflächenvergrößerung, wie sie z. B. durch die Kapillarnetze erreicht wird, lässt sich anhand biologischer Beispiele nur schwer exakt bestimmen. Der folgende Modellversuch ist dagegen ohne großen mathematischen Aufwand auszuwerten.

Material:
Würfel oder Würfelzucker, Lineal, evtl. Taschenrechner

Durchführung:
- Lege in verschiedenen Versuchsreihen mit 2, 4, 6 oder 8 Würfeln unterschiedliche Figuren (Beispiele s. Abb).

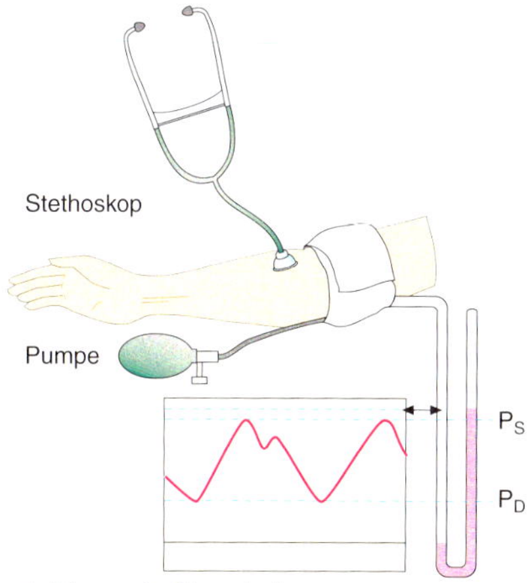

Aufblasen der Manschette

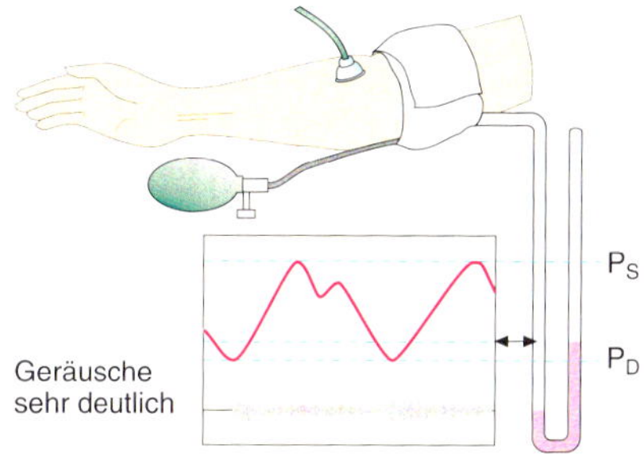

P_S > Manschettendruck > P_D

- Notiere für jede Figur die Anzahl der offenen bzw. der verdeckten Würfelflächen. Errechne für jede Figur die Oberfläche, das Volumen und die relative Oberfläche, d. h. den Quotienten aus Oberfläche und Volumen.

Aufgaben

⑩ Wie ändert sich die relative Oberfläche mit steigender Zahl von Würfeln?

⑪ Wie hängt die relative Oberfläche von der Anordnung der Würfel ab?

⑫ Vergleiche das Ergebnis dieses Modellversuchs mit deinen Kenntnissen über Bau und Funktion von Blutkreislauf und Lunge.

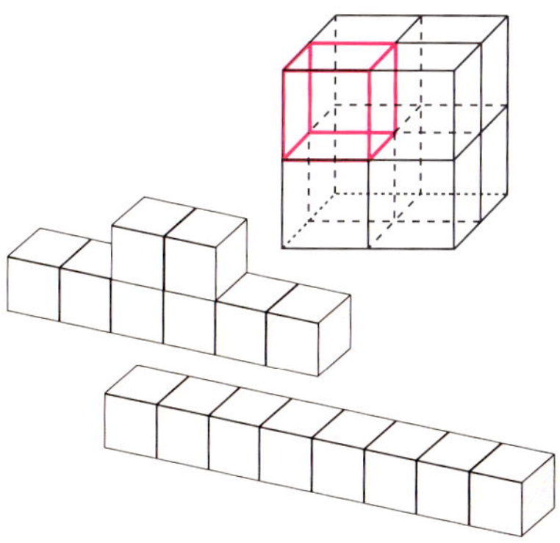

Schädigung von Blutgefäßen

Todesursachen 2006 in Deutschland

Kreislauferkrankungen (ohne Infarkte) 43,7 %

Krebs 25,7 %

Herzinfarkt 7,9 %

Erkrankungen der Atmungsorgane 6,9 %

Erkrankungen des Verdauungssystems 5,2 %

Nicht natürliche Todesursachen 3,9 %

Andere Todesursachen 6,9 %

(Quelle: Statistisches Bundesamt, Wiesbaden, 9/2007)

Die Herz-Kreislauf-Erkrankungen sind bei uns die Todesursache Nummer 1 geworden (siehe Randspalte). Wie Statistiken zeigen, steigt mit zunehmender Industrialisierung eines Landes auch die Zahl dieser Erkrankungen. Das ist kein Zufall, sondern hat einen ursächlichen Zusammenhang: Herz-Kreislauf-Erkrankungen stehen oft in Zusammenhang mit

- zu wenig Bewegung
- Dauerbelastung
- Fehlernährung
- Rauchen
- Schadstoffbelastung
- Fettleibigkeit und Bluthochdruck.

Das sind so genannte *Risikofaktoren*, die gehäuft in hoch industrialisierten Ländern auftreten. Es gibt dort viele Arbeitsplätze, die kaum noch körperliche Bewegung erfordern, jedoch täglich große psychische Belastungen mit sich bringen. Die meisten Wege werden mit dem Auto oder öffentlichen Verkehrsmitteln bewältigt. Der Zigaretten- und Alkoholkonsum steigt. Nahrung ist im Überfluss vorhanden, sehr schmackhaft, aber oft in der Zusammensetzung einseitig.

Arteriosklerose
arteria, gr. = Schlagader;
skleros, gr. = hart

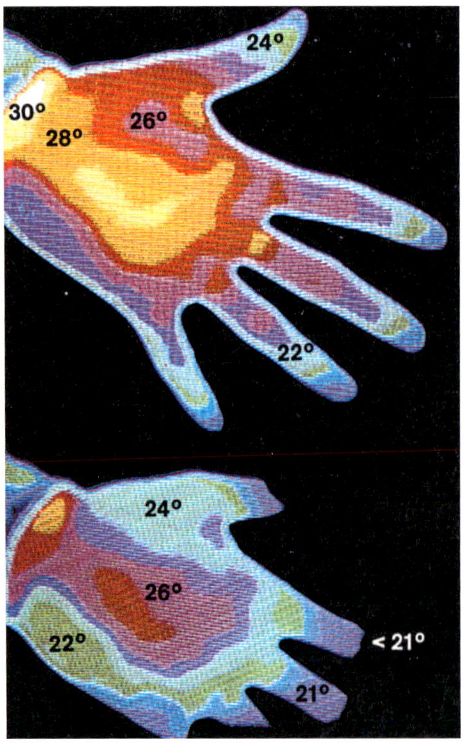

1 Thermografie einer Hand

Arteriosklerose und Infarkt

Das Herz schlägt über 100 000 mal im Verlauf von 24 Stunden und treibt dabei mehr als 14 000 Liter Blut durch die Adern (siehe S. 61). Im normalen Wechselspiel zwischen Herz und Arterien wird dadurch ein bestimmter Blutdruck erreicht, der für einen Erwachsenen verkürzt z. B. mit 120 (systolischer Druck) zu 80 (diastolischer Druck) angegeben wird.

Bluthochdruck entsteht unter anderem infolge einer verminderten Elastizität der Aderwände (*Arteriosklerose*): Durch Fett- und Kalkablagerungen verhärten die Wände, die Adern werden enger. Dadurch nimmt die Beanspruchung der Aderwände zu. Kleine Risse können in der Aderinnenhaut entstehen. Sie führen zu Wucherungen des Bindegewebes, wodurch die Adern noch weiter verengt werden.

Zusätzlich bewirken *Koffein* und *Nikotin* ebenso wie Stressfaktoren der Umwelt das Zusammenziehen der Adern. Nikotin ist einer der zahlreichen Giftstoffe, die beim Rauchen über die Lunge ins Blut gelangen. Es ist einerseits ein starkes Nervengift, das in höheren Konzentrationen tödlich wirkt. Andererseits bewirkt es auch schon in geringeren Konzentrationen, dass sich die Muskeln der Blutgefäßwände zusammenziehen. Damit verengen sich die Blutgefäße, der Blutdruck steigt und der Herzschlag wird beschleu-

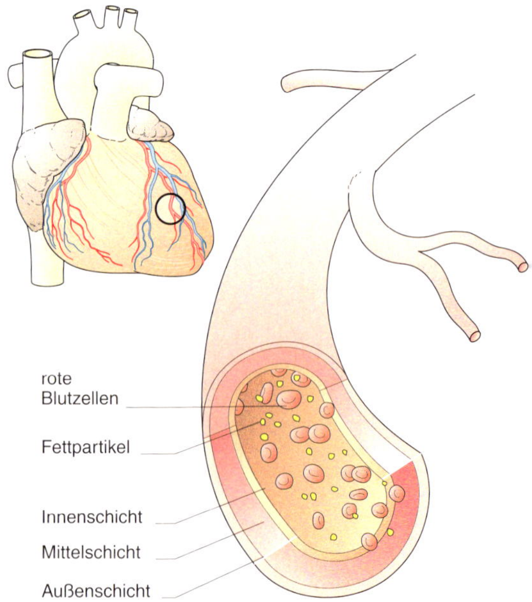

2 Herzkranzgefäße

nigt. Durch die verengten Blutgefäße werden insbesondere die Haut und die Gliedmaßen schlechter durchblutet. Nach dem Rauchen einer Zigarette sinkt z. B. die Hauttemperatur in den Fingerspitzen um 3 °C ab (Abb. 68.1). Nikotin fördert zudem die Bildung von Ablagerungen in den Arterien. So kommt es häufig zu Durchblutungsstörungen und infolgedessen zur Unterversorgung einzelner Organe mit Sauerstoff. Gewebeteile können absterben und müssen operativ entfernt werden (*Raucherbein*).

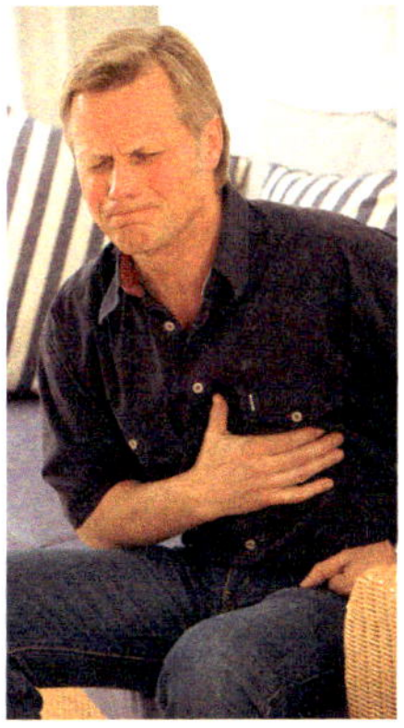

Werden die Adern im Bereich der Herzkranzgefäße (Abb. 68.2) unelastisch und kommt es dort durch kleine Blutklümpchen zum Aderverschluss, wirkt sich das besonders schlimm aus: Durch die Verstopfung der Herzkranzgefäße in einem bestimmten Bereich wird ein Teil der Herzmuskulatur nicht mehr mit Sauerstoff versorgt, ein *Herzinfarkt* ist die Folge (Abb. 68.1). Das Herz kann das Blut nicht mehr durch den Kreislauf pumpen, der Betroffene bricht zusammen und stirbt, wenn nicht rechtzeitig ärztliche Hilfe kommt.

Ein Infarkt kündigt sich oft durch Herzstechen und Schmerzen an, die in den linken Arm ausstrahlen. Das deutet schon auf eine schlechte Durchblutung der Herzmuskulatur hin. Leider werden solche Vorboten oft ignoriert. Nimmt man diese Warnungen ernst und lässt sich von einem Arzt untersuchen, so kann er mit Hilfe eines *Elektrokardiogramms* (EKG) das Herz auf seine Funktionstüchtigkeit untersuchen. Sind die Gefäßverengungen schon weit fortgeschritten, wird beispielsweise eine *Bypass-Operation* durchgeführt. Dabei umgeht man das verengte Herzkranzgefäß mit einem Stück Vene, das man dem Bein entnimmt.

Eine gesunde Lebensweise ist jedoch die beste Vorsorge und vermindert drastisch das Risiko eines Herzinfarktes:

- Nicht rauchen und wenig tierische Fette zu sich nehmen, um der Arteriosklerose vorzubeugen.
- Wenig Kaffee trinken, salzarm essen, sich regelmäßig bewegen (Sport treiben) und lang andauernde Stressbelastungen vermeiden.
- Sein Gewicht kontrollieren, da Übergewicht den Blutdruck steigert.

Das alles sind Regeln, die man leicht einhalten kann. Der Bluthochdruck jedoch ist nur durch Blutdruckmessungen feststellbar. Menschen mit zu hohem Blutdruck merken nichts davon. Sie fühlen sich wohl, sind fit und belastbar. Daher sollte man, wenn der Arzt schon einen hohen Blutdruck festgestellt hat, regelmäßig Blutdruckmessungen durchführen lassen oder mit einem eigenen Gerät selbst durchführen.

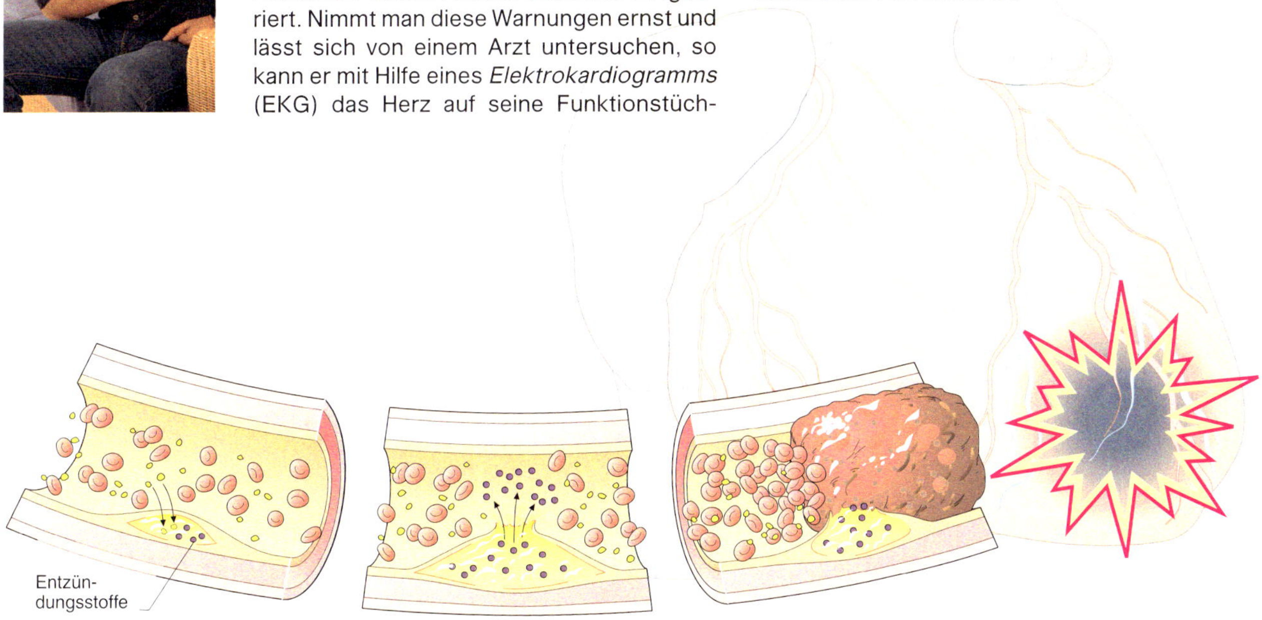

Überschüssiges Fett lagert sich in den Arterienwänden ab. Zusammen mit weiteren Stoffen aus dem Blut bildet sich eine zähe Plaque. Außerdem beginnen sich Entzündungsstoffe in der Plaque zu sammeln.

Die Plaque dehnt sich mit der Zeit aus und kann aufreißen. Durch den Riss gelangen die entzündungsfördernden Stoffe aus der Plaque ins Blut.

Durch die Entzündungsstoffe gerinnt das Blut. Es entsteht ein Blutgerinnsel, das die Arterie verstopfen kann. Die Sauerstoffversorgung des Gewebes wird unterbrochen.

Wird der Herzmuskel nicht mehr mit Sauerstoff versorgt, stirbt er ab. Man spricht dann von einem Herzinfarkt.

1 Die Entstehung eines Herzinfarkts

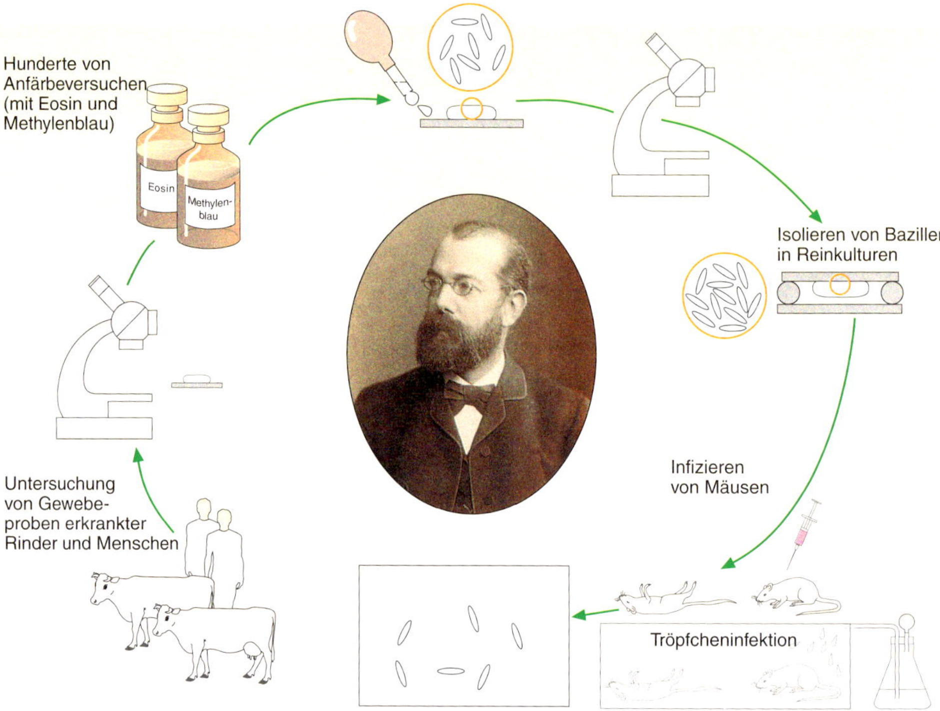

1 Versuchsreihe von Robert Koch

Kampf gegen winzige Feinde

Infektion
infectio, lat. = Ansteckung

Bakterien
bakterion, gr. = Stäbchen
einzellige Mikroorganismen ohne Zellkern

Bazillus
bacillum, lat. = Stäbchen
stäbchenförmiges Bakterium

Mikrobiologie
Wissenschaft und Lehre von den Mikroorganismen

Bakteriologie
Teilgebiet der *Mikrobiologie*, das sich mit der Untersuchung von Bakterien beschäftigt.

Im Jahre 1879 untersuchte Robert Koch (1843 – 1910) das Blut von an *Milzbrand* erkrankten Rindern unter dem Mikroskop. Milzbrand war damals eine weit verbreitete und gefürchtete Viehseuche. Koch hoffte, bei den erkrankten Tieren die Krankheitserreger zu finden. Er suchte nach *Mikroorganismen* (Kleinstlebewesen) – zunächst jedoch ohne Erfolg.

Daraufhin färbte er seine Präparate mit verschiedenen Farbstoffen und konnte tatsächlich bei einer bestimmten Färbemethode winzige stäbchenförmige Gebilde erkennen. Um beweisen zu können, dass es Lebewesen waren, isolierte er sie und beobachtete ihre Vermehrung (▶ S. 154). Danach spritzte er diese Mikroorganismen gesunden Mäusen ein, die daraufhin an Milzbrand erkrankten und starben. In ihrem Blut konnte Koch die Erreger in großer Zahl feststellen und damit beweisen, dass der Milzbrand durch diese Mikroorganismen hervorgerufen wird. Beim Milzbranderreger handelt es sich um stäbchenförmige *Bakterien*, die auch *Bazillen* genannt werden. Mit derselben Methode bewies Koch zwei Jahre später, dass auch die Schwindsucht *(Tuberkulose)* durch derartige Bazillen hervorgerufen wird. Zudem wies er nach, auf welche Weise die Ansteckung erfolgt: Beim Husten und Sprechen von kranken Menschen gelangen feinste Tröpfchen in die Luft. Sie enthalten Tuberkulosebazillen. Über die in der Luft schwebenden Tröpfchen können sich gesunde Menschen infizieren, sobald sie sie einatmen *(Tröpfcheninfektion)*.

Mit der Entdeckung des Tuberkuloseerregers hatte Koch die Grundlagen zur Bekämpfung einer *Infektionskrankheit* gelegt, an der zur damaligen Zeit noch jeder siebte Mensch in Europa starb. Seine Arbeitsmethode ist für die *Bakteriologie* grundlegend geworden.

Aufgabe

① Erkläre, warum Robert Koch die Versuche zur Vermehrung der Bakterien und die Infektionen der Mäuse durchführen musste, um zu beweisen, dass es sich um die Milzbranderreger handelte.

Bakterien sind besondere Einzeller

Schon 1683 entdeckte ANTONIE VAN LEEUWENHOEK mithilfe seines einfachen Mikroskops im Zahnbelag winzige, zu Ketten zusammengeschlossene Kügelchen. Heute weiß man, dass es Bakterien waren. Er muss auf recht große Exemplare mit einer Länge von ungefähr 7 µm gestoßen sein, denn die kleinsten, etwa 0,2 µm großen Bakterien lassen sich auch mit modernen Lichtmikroskopen nicht mehr ausmachen.

Nur mit einem Elektronenmikroskop ist der *Feinbau* der Bakterienzelle zu erkennen. Eine feste, relativ dicke *Zellwand* grenzt die Zelle nach außen ab und gibt ihr Halt und die charakteristische Form. Bei manchen Bakterien ist sie von einer *Schleimhülle* umgeben, die einen zusätzlichen Schutz bietet. Innerhalb der Zellwand umgibt die dünne *Zellmembran* das *Zellplasma*. An manchen Stellen ist die Oberfläche der Zellmembran durch Einstülpen und Auffalten stark vergrößert. Dadurch entsteht eine größere Oberfläche für die zahlreichen lebensnotwendigen Vorgänge, die nur an der Zellmembran ablaufen können. Im Zellplasma liegen *Reservestoffe* und die *Erbsubstanz*. Ein Zellkern ist nicht vorhanden. Auffallend an der Gestalt mancher Bakterien sind die im Zellplasma verankerten *Geißeln*. Sie dienen der Fortbewegung (▶ S. 152).

Gelangt ein Bakterium in eine neue Umgebung, stellt es seinen Stoffwechsel auf die neuen Lebensbedingungen ein. Es kann die für den Stoffwechsel nötigen Stoffe über die gesamte Zelloberfläche aufnehmen und ebenso Stoffe abgeben. Es wächst bis zu einer bestimmten Größe heran und teilt sich dann. Die beiden dabei entstehenden Zellen wachsen, bis sie für eine erneute Zellteilung groß genug sind. Diese Form der *Reproduktion* findet man bei vielen einzelligen Lebewesen. **Reproduktion** tritt also sowohl bei geschlechtlicher Fortpflanzung als auch bei ungeschlechtlicher Vermehrung auf. Da sie bei allen Lebensformen stattfindet, ist sie ein allgemein gültiges **Prinzip** (▶ S. 154).

Bei gutem Nahrungsangebot, ausreichender Luftfeuchtigkeit und Temperaturen um 30 °C kann sich ein Bakterium alle 20 Minuten teilen. Doch diese *Massenvermehrung* führt mit der Zeit zu einschneidenden Veränderungen der Bakterienumwelt: Nahrung wird knapp und giftige Stoffwechselendprodukte, die von den Bakterien ausgeschieden werden, reichern sich in der Umgebung an. Das Bakterienwachstum wird dadurch gehemmt. Bei sehr ungünstigen Umweltbedingungen bilden manche Bakterienarten eine zusätzliche, kräftige Wand aus. Sie kapseln sich ab und bilden so genannte *Sporen*. Bakteriensporen sind sehr widerstandsfähig und können mehrere Jahre überleben. Es wurde nachgewiesen, dass solche Bakteriensporen extreme Temperaturen bis etwa +120 °C und -250 °C überstehen können. Sie überleben sogar im Weltraum. Sobald sich die Umweltbedingungen bessern, keimt die Spore zur Bakterienzelle aus und diese beginnt erneut mit Wachstum und Teilung (▶ S. 154).

Aufgaben

① Vergleiche Bakterienzellen mit Tier- und Pflanzenzellen. Nenne Gemeinsamkeiten und Unterschiede.

② Wie viele Nachkommen hat ein Bakterium nach 4 Stunden, wenn sich die Zahl der Bakterien alle 20 Minuten durch Teilung verdoppelt? Berechne und zeichne eine Vermehrungskurve.

③ Vergleiche die Kurve aus Aufgabe 2 mit der realen Vermehrungskurve (Abb. 1). Nenne Ursachen für die Abweichung vom berechneten Kurvenverlauf.

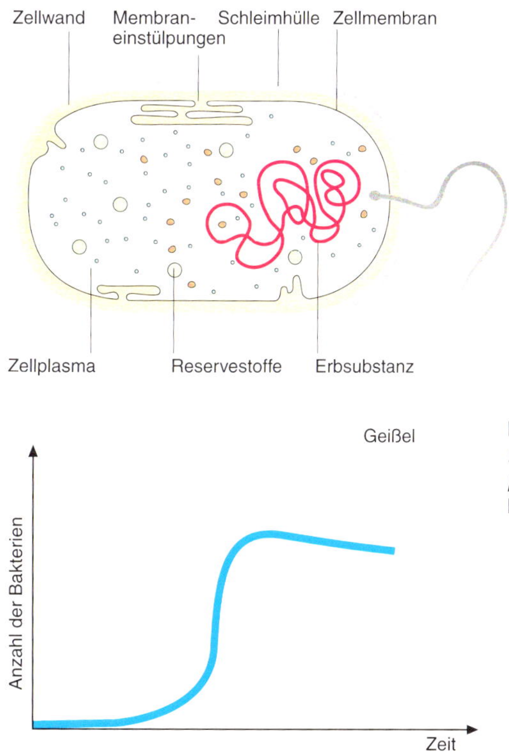

1 Bakterienzelle und reale Vermehrungskurve

Zahnbelag mit Bakterien

(1 µm = 1 Mikrometer = 1/1000 mm)

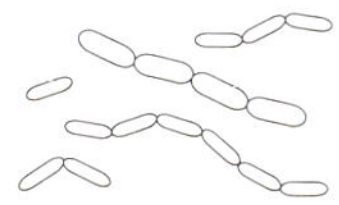

Bazillen

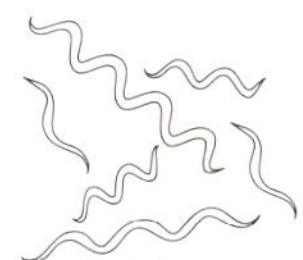

Spirillen

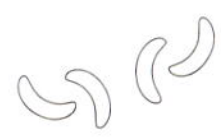

Vibrionen

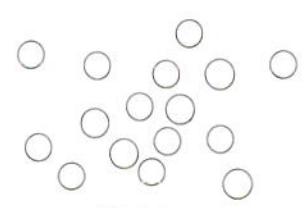

Kokken

Reproduktion
re-, lat. = wieder
productio, lat. = Hervorbringung

Arzneimittel gegen Bakterien

Einzelne Bakterien lassen sich mit bloßem Auge nicht erkennen, trotzdem ist es möglich, sie sichtbar zu machen. Man lässt sie dazu auf einem *Nährboden* wachsen, der alle Stoffe enthält, die Bakterien benötigen. Aus einem einzigen Bakterium entsteht durch viele Zellteilungen ein Häufchen von Bakterien, eine *Kolonie* (▶ S. 154). Diese sieht man gut mit bloßem Auge.

Der englische Bakteriologe ALEXANDER FLEMING bemerkte auf dem Nährboden in einer Kulturschale einige verschimmelte Stellen. Um diese Stellen herum wuchsen keine Bakterienkolonien. Sonderte der Schimmelpilz vielleicht einen Stoff ab, der die Bakterien nicht gedeihen ließ oder tötete? Nach zahlreichen Versuchen zeigte sich, dass der Schimmelpilz *Penicillium notatum* einen Hemmstoff *(Penicillin)* freisetzt, der Bakterien an der Zellteilung hindert. FLEMINGS Ergebnisse waren eine Sensation, konnte man doch hoffen, diesen Stoff als Medikament gegen die zahlreichen, durch Bakterien hervorgerufenen Krankheiten einsetzen zu können. Für seine Entdeckung erhielt FLEMING im Jahr 1945 den Nobelpreis (Abb. 1).

Alexander Fleming
(1881 – 1955)

Zettelkasten

Geschichte des Penicillins

FLEMING machte seine Entdeckung zur Bedeutung des Penicillins im Jahre 1928. Jedoch erst 1940 gelang es einer anderen Forschergruppe, eine kleine Menge Penicillin als reine Substanz aus den Pilzkulturen zu gewinnen. Mit dieser kleinen Menge wurde es als Arzneimittel zuerst an Mäusen, dann an Menschen getestet.

Das Problem bestand jedoch darin, dass nur geringe Mengen des Reinstoffes hergestellt werden konnten. Penicillin war daher zu diesem Zeitpunkt teurer als Gold, selbst aus dem Urin behandelter Patienten wurde es wieder zurückgewonnen. In den folgenden Jahren wurde die Massenproduktion in England und den USA vorangetrieben: Man nutzte Pilzkulturen mit höherer Penicillinproduktion und entwickelte effektivere Trennverfahren.

Besonders im 2. Weltkrieg war Penicillin das Wundermittel, da entzündete Verwundungen bis zu diesem Zeitpunkt meist den Tod bedeuteten. Die Entwicklung der Penicillingroßproduktion wurde daher intensiv gefördert. Ab dem Jahr 1944 konnten große Mengen zur Behandlung der verwundeten alliierten Soldaten eingesetzt werden.

Die Erfolge mit Penicillin hielten jedoch nur einige Jahre an. Es traten immer mehr Bakterien auf, bei denen das Penicillin keine Wirkung zeigte, die gegen Penicillin *resistent* waren. Neue Penicillin-Varianten wurden entwickelt und so lange eingesetzt, bis auch gegen diese neuen Stoffe resistente Bakterienstämme auftraten. Um heute wirksam gegen Bakterien vorzugehen, wird oftmals ein Gemisch verschiedener Stoffe eingesetzt. Man kennt zahlreiche bakterienhemmende Substanzen, die aus Pflanzen oder Pilzen gewonnen oder von Mikroorganismen produziert werden. Ein solcher Stoff, der in geringer Konzentration Mikroorganismen abtötet oder ihre Vermehrung hemmt, wird **Antibiotikum** genannt.

resistent
resistere, lat. = widerstehen

Antibiotikum,
Plural: Antibiotika
anti, gr. = gegen;
bios, gr. = Leben

Penicillin kann als Medikament eingesetzt werden, weil es ausschließlich Bakterienzellen stark schädigt, menschliche Zellen jedoch nicht. Trotzdem sind Penicillin und andere Antibiotika nicht ohne Nebenwirkungen für den Menschen. Antibiotika zerstören z.B. die nützlichen Bakterien im menschlichen Darm, die *Darmflora*. Diese ist für eine normale Verdauung notwendig und verhindert die Entwicklung schädlicher Bakterien. Daher kann es durch Antibiotika zu Verdauungsstörungen kommen. Außerdem sind manche Menschen gegenüber Antibiotika *allergisch*; ihr Körper reagiert in krankhafter Weise überempfindlich. Bei leichten Erkrankungen ist es sinnvoll, auf Antibiotika zu verzichten, der Körper kann eigene Abwehrkräfte aktivieren und ist auf Dauer sogar besser geschützt. Antibiotika dürfen daher nur unter ärztlicher Kontrolle eingenommen werden.

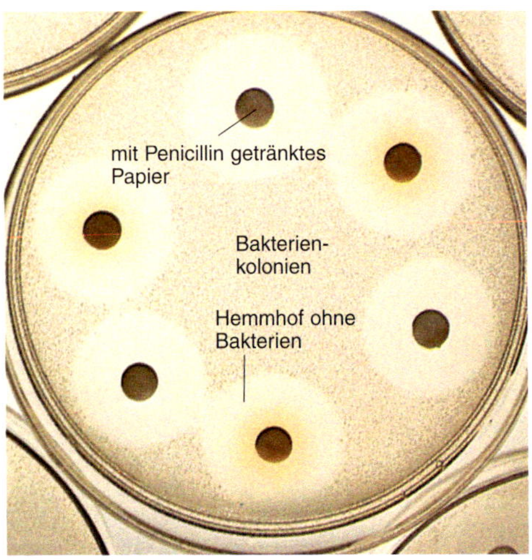

1 Wirkung von Penicillin

Bakterien sind nützlich

Bakterien sind nicht nur Krankheitserreger und eine Plage der Menschen. Im Stoffhaushalt der Natur und in unserem Leben selbst sind sie von großer Bedeutung. Bakterien sind wichtig im *Stoffkreislauf des Bodens*, hier bauen sie altes Laub und anderes abgestorbenes Material zu Wasser, Kohlenstoffdioxid und Mineralstoffen um. Auch in *Gewässern* sind sie für die Selbstreinigung des Wassers sehr wichtig. In *Kläranlagen* sind sie entscheidende Helfer bei der Abwasserreinigung. Große Bedeutung haben die Mikroorganismen auch in der *Nahrungsmittelherstellung.* Milchsäurebakterien verwandeln zum Beispiel Milch in Dickmilch, Quark oder Jogurt und Weißkohl in Sauerkraut. Die Säure verhindert, dass sich Fäulniserreger bilden können und machen Lebensmittel so länger haltbar.

Bakterien in der Frischmilch

In Frischmilch sind Milchsäurebakterien immer vorhanden.

① Lasse ein Glas Milch bis zur Säuerung stehen. Entnimm mit einer Pipette sowohl von der wässrigen Molke als auch von dem quarkartigen Niederschlag etwas Material und lasse es auf dem Objektträger antrocknen. Färbe es drei Minuten mit Methylenblaulösung, gieße den überschüssigen Farbstoff ab und spüle mit Leitungswasser.

Im Mikroskop kann man Milchsäurebakterien mit der stärksten Vergrößerung gut erkennen. Sie haben Kugel- oder Stäbchenform.

Milchsäurebakterien sind für Menschen ungefährlich. Es ist bei den Versuchen jedoch darauf zu achten, dass sich während der Versuchsdurchführung und -beobachtung keine anderen Mikroorganismen auf dem Versuchsmaterial ansiedeln: Fäulnisbakterien erkennt man an dem muffigen Geruch, Schimmelpilze an einer weißlich bis grünlichen, zusammenhängenden Schicht. **Solche Versuche muss man sofort abbrechen!** Die benutzten Kulturen und Gefäße müssen vom Lehrer fachgerecht entsorgt werden.

Herstellung von Dickmilch und Quark

② Fülle einen halben Liter frische Milch in zwei Trinkgläser. Stelle eines in die Küche oder an die Heizung, das andere in den Kühlschrank. Schaue täglich nach, wann die Milch dick wird. Erkläre den Zeitunterschied.

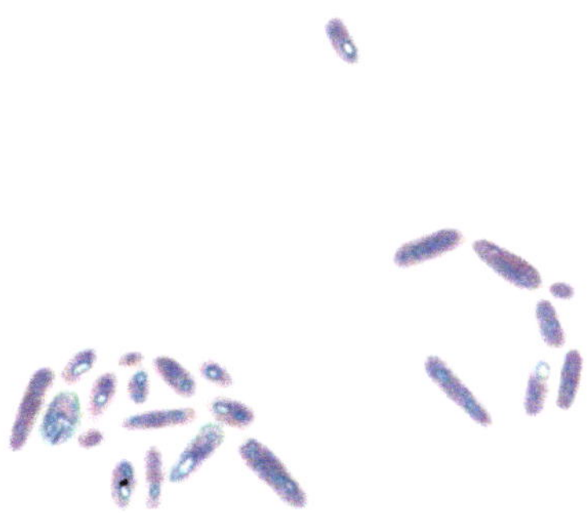

Milchsäurebakterien

③ Rascher verläuft die Säuerung, wenn man einen Esslöffel bereits vorhandener Dickmilch in die Milch rührt. Beim längeren Stehen der Dickmilch trennt sich die wässrige Molke ab, der Rest wird fester. Schütte alles in ein feines Sieb. Die Molke tropft ab und übrig bleibt Quark. Ermittle das Massenverhältnis von Molke zu Quark. Berechne, wie viel Liter Milch für 1kg Quark benötigt werden.

Jogurtbakterien

Jogurt wird in vielerlei Variationen und Geschmacksrichtungen angeboten. Zur Eigenproduktion eignen sich nur Bakterienkulturen aus Jogurt, der ohne Zusätze, nicht sterilisiert und frisch ist.

④ Ein Liter warme Milch wird mit einem Esslöffel Jogurt verrührt, portioniert und warm gestellt (etwa 40 °C) im Wärmeschrank, im Backofen oder im Jogurt-Gerät. Nach wenigen Stunden ist der Jogurt fertig.

Lebensgemeinschaft im Kefirkorn

Kefir ist ein gesundes, in den warmen Ländern Europas beliebtes Sauermilchgetränk. Hergestellt wird es durch Zusatz von Kefirkörnern, die auch bei uns erhältlich sind. Kefirkörner sind blumenkohlartige Knöllchen, die von verschiedenen Bakterien und Pilzen gebildet werden. Das wichtigste Bakterium ist der Kefirbazillus.

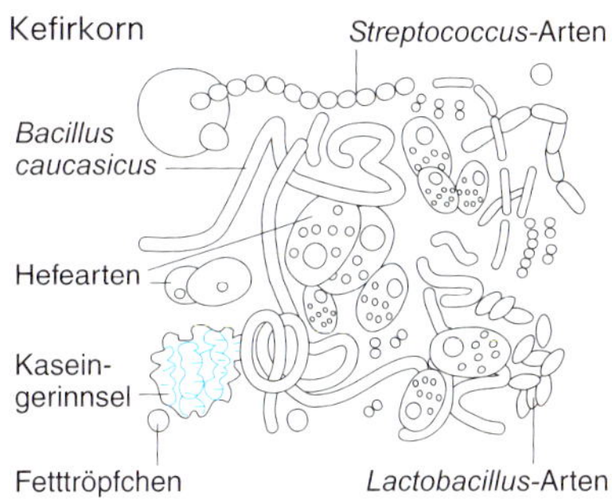

⑤ Zunächst spült man ein Kefirkorn unter dem Wasserstrahl ab. Dann schneidet man ein kleines Stück heraus und zerquetscht es zwischen zwei Objektträgern. Anschließend färbt man das Präparat 4 Minutem mit Methylenblaulösung und mikroskopiert.

Sauerkraut selbst gemacht

Die Herstellung von Sauerkraut dauert längere Zeit und erfordert sauberes Arbeiten, damit nicht Schimmel den Ansatz verdirbt.

⑥ Einen kleinen Weißkrautkopf waschen, äußere Blätter wegwerfen, Schadstellen ausschneiden, mit dem Krauthobel oder der Küchenmaschine schnitzeln. Als Behälter zum Einlagern eignet sich ein Steinguttopf (Inhalt ca. 2 Liter). Er wird mit kochendem Wasser ausgespült und so keimarm gemacht. Nun eine Krautschicht 1 cm hoch einstampfen, darauf folgt ein Esslöffel Salz. So geht es weiter, bis der Topf fast voll ist. Auf das Kraut kommt ein Brett, mit einem Stein beschwert, darüber wird ein Tuch gedeckt.

Zu beachten ist, dass alle verwendeten Teile vorher in kochendem Wasser intensiv gereinigt und somit keimarm gemacht werden müssen. Im Keller reift in zwei Wochen die erste Mahlzeit heran. Nach dem Entnehmen von Mahlzeiten wird der verbleibende Rest wieder gut abgedeckt.

Grippe – eine Viruserkrankung

Gripppe
chrip, russisch = Heiserkeit

grippaler Infekt
Erkältung, umgangssprachlich auch als „Grippe“ bezeichnet

Die *Grippe* geht um. Mit Husten, Schnupfen, Augentränen und Mattigkeit beginnt sich eine Grippe bemerkbar zu machen. Starkes Fieber, Schüttelfrost, Kopf- und Gliederschmerzen, Appetitlosigkeit und Müdigkeit folgen. Nach einigen Tagen lassen die Beschwerden zwar nach, trotzdem fühlt man sich noch schwach und ist nicht voll leistungsfähig.

Beim Niesen, Husten oder Sprechen erkrankter Menschen gelangen die Grippeerreger mit winzigen Flüssigkeitströpfchen in die Luft. Andere atmen sie mit der Luft ein.

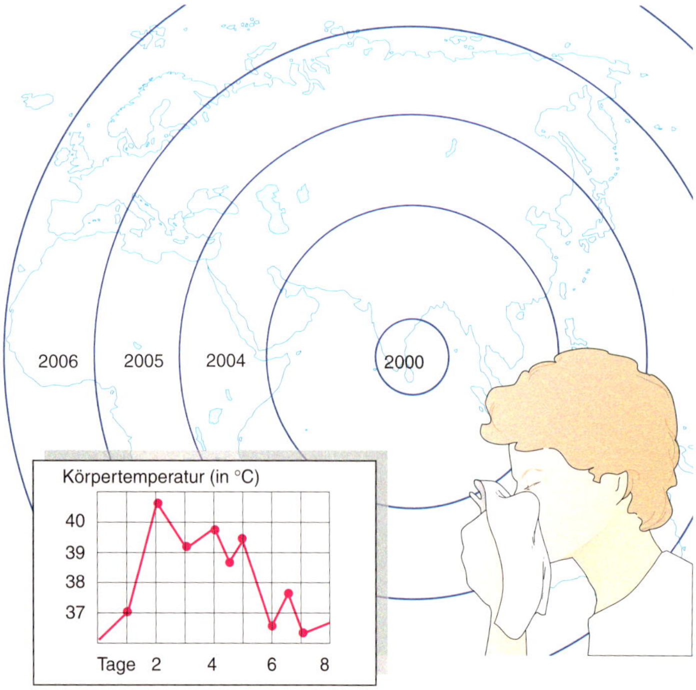

1 Krankheitsverlauf bei einer Grippe und Ausbreitung einer Grippeepidemie

Das Virus
virus, lat. = Schleim, Gift

Epidemie
Seuche, örtlich und zeitlich gehäuftes Auftreten einer ansteckenden Krankheit

Sie haben sich angesteckt (*Tröpfcheninfektion*). Die Infektion wird zunächst gar nicht bemerkt. Nach mehreren Stunden, oft auch erst bis zu 4 Tagen später, treten die oben beschriebenen Anzeichen der Krankheit, die *Symptome*, auf. Die Zeit von der Infektion bis zum Ausbruch der Krankheit und dem ersten Auftreten der Symptome heißt *Inkubationszeit* (Abb. 1).

Besonders groß ist die Infektionsgefahr dort, wo viele Menschen in engem Kontakt untereinander stehen, beispielsweise in öffentlichen Verkehrsmitteln, auf Märkten, in Kinos, Schulen oder anderen öffentlichen Einrichtungen. Auch das Wartezimmer des Arztes ist während einer Grippewelle ein Ort besonderer Infektionsgefahr.

Die Grippe verbreitet sich während einer bestimmten Jahreszeit wie eine Seuche. Über die Tröpfcheninfektion werden viele Menschen infiziert. Man spricht daher auch von einer *Grippeepidemie* (Abb. 1). Nach zwei bis drei Monaten ebbt die Grippewelle langsam wieder ab.

Viren

Lange nahm man an, dass auch die Grippe von Bakterien ausgelöst wird. Man musste aber feststellen, dass mit Antibiotika diese Krankheit nicht zu bekämpfen war, höchstens einige Symptome konnten abgeschwächt werden. Der Grippeerreger kann also kein Bakterium sein. Der Erreger ist ein *Virus*, das sich in Aufbau und Wirkung von den Bakterien unterscheidet.

Viren sind extrem klein. Ihre Größe reicht von 0,02µm bis zu 0,7µm (1µm = 1 Mikrometer = $^{1}/_{1000}$ mm). Im Lichtmikroskop sind Viren nicht zu erkennen, sondern nur mit einem Elektronenmikroskop. Untersuchungen der Viren ergaben, dass sie nur aus Eiweißen und Erbsubstanz bestehen. Gibt man Viren in eine Nährlösung, so vermehren sie sich im Gegensatz zu den Bakterien nicht. Viren haben keinen eigenen Stoffwechsel, keine eigene Fortpflanzung, keine eigene Bewegung und kein Wachstum. Sie besitzen keinen zellulären Aufbau, wie wir ihn sonst allgemein von Lebewesen kennen, sondern bestehen nur aus einer Eiweißhülle, welche die Erbsubstanz umgibt (Abb. 75.1).

Gelangt ein Virus in eine lebende Zelle, so bewirkt es, dass der Stoffwechsel dieser Zelle auf die Bedürfnisse des Virus umgestellt wird. Man nennt die befallene Zelle *Wirtszelle*, weil sie den eingedrungenen Erreger mit allem notwendigen Material versorgen („bewirten“) muss. Die Wirtszelle produziert in vielfacher Ausfertigung die Eiweißstoffe und die Erbsubstanz des Virus. Diese Virusbausteine lagern sich in der Wirtszelle zu zahlreichen neuen, vollständigen Viren zusammen. Die Viren werden nach und nach von der Wirtszelle freigesetzt und können sofort neue Zellen befallen. Von der Infektion der Wirtszelle bis zur Freisetzung neuer Viren vergehen manchmal nur 30 Minuten (▶ S. 154).

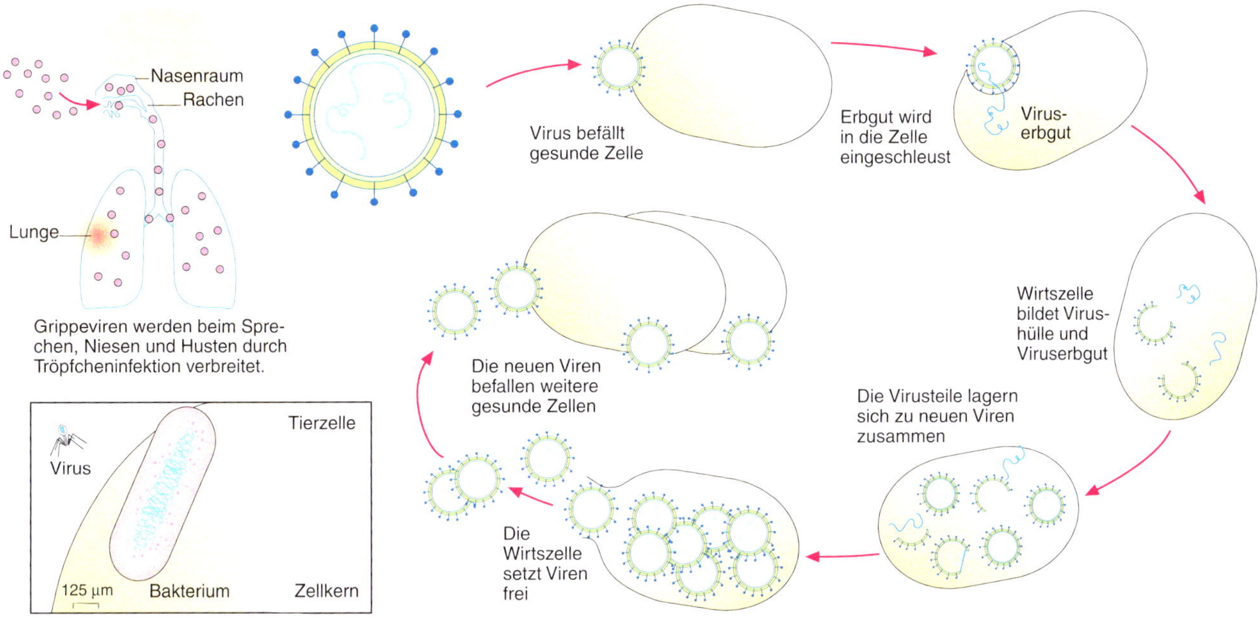

1 Größenvergleich Virus, Bakterium, Zelle und Vermehrungszyklus von Grippe-Viren

Das Grippevirus befällt vor allem die Zellen der Schleimhäute von Nase und Bronchien. Dies erscheint zunächst harmlos. In der Folge können aber bakterielle Krankheitserreger leichter in die geschädigten Gewebe eindringen. Man spricht in solchen Fällen von *Sekundärinfektionen*.

So ist die häufigste Todesursache im Verlauf einer Grippeerkrankung eine anschließende *Lungenentzündung*, die durch Bakterien hervorgerufen wird. Gegen bakterielle Sekundärinfektionen kann der Arzt Medikamente, wie Antibiotika, verschreiben, sie wirken jedoch nicht gegen die Viren.

Typische Viruserkrankungen sind Schnupfen, Grippe, Röteln, Herpes, Masern, Kinderlähmung und Hirnhautentzündung. Auch AIDS wird durch ein Virus verursacht.

Aufgaben

① Erkläre, weshalb zwischen Ansteckung und Ausbruch einer Krankheit mehrere Tage vergehen können.
② Mache Vorschläge, wie man sich vor einer Infektion schützen könnte.
③ Wie unterscheiden sich Bakterien und Viren voneinander? Stelle die Unterschiede in einer Tabelle zusammen.

Zettelkasten

Grippe – Millionen Tote!

Die „Spanische Grippe" gehörte zu den großen medizinischen Katastrophen des letzten Jahrhunderts. Weltweit starben 20 bis 40 Millionen Menschen während und nach Beendigung des Ersten Weltkriegs an dieser Krankheit. Alte und junge Menschen wurden gleichermaßen befallen und manchmal trat der Tod innerhalb von 48 Stunden nach dem Auftreten der ersten Symptome ein. Man vermutet, dass die Katastrophe im März 1918 mit einer fiebrigen Erkrankung in einem Militärcamp in den USA begann. Die Krankheit war außerordentlich ansteckend. Ganze Bataillone erkrankten. Mit den Truppentransporten gelangte die Krankheit nach Europa und innerhalb weniger Monate in nahezu jeden Winkel der Erde.

Die Grippe von 1918 hatte sich bereits durch zahlreiche kleine Epidemien in Frankreich, England und besonders in Spanien angekündigt. In Deutschland erkrankten 10 Millionen Menschen, 300 000 starben. Zu der Katastrophe kam es, weil aggressive Grippeviren an unterschiedlichen Orten zu Erkrankungen führten und am Ende des Ersten Weltkriegs viele Faktoren zusammenfielen: Die Ernährung der Bevölkerung war schlecht, die Abwehrkräfte geschwächt, die Wohnungen waren nicht beheizt und Millionen Menschen mussten auf engstem Raum zusammen hausen. Zusätzlich wurde die weltweite Verbreitung dadurch gefördert, dass Hunderttausende infizierter Soldaten – und Flüchtlinge – in ihre Heimatländer zurückkehrten.

Da Impfungen noch nicht möglich waren, versuchte man mit anderen Methoden die Seuche einzudämmen. Schulen und öffentliche Einrichtungen wurden geschlossen. In einigen Städten der USA war das Tragen von Gesichtsmasken Pflicht.

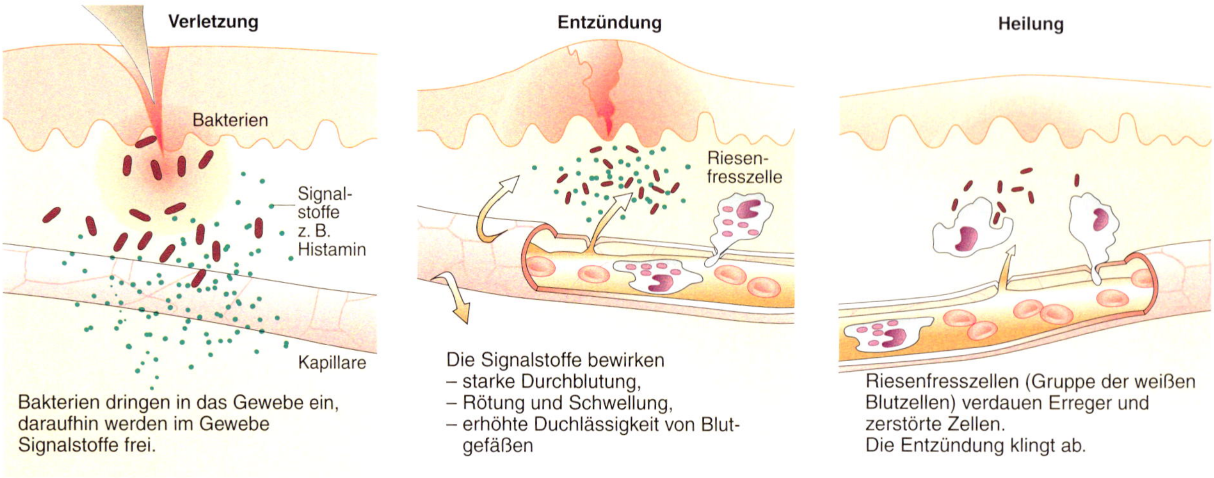

1 Entzündung und unspezifische Abwehrreaktion

Der Körper wehrt sich

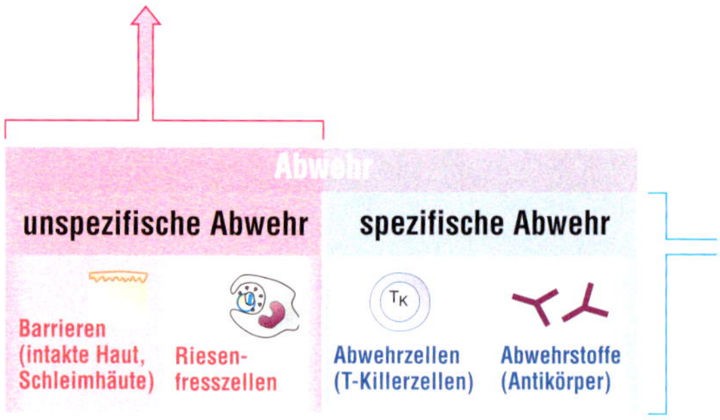

Wir sind ständig von Mikroorganismen umgeben, unter denen auch viele Krankheitserreger sind. Trotzdem werden wir nur selten krank, da unser Körper über ein Immunsystem als Schutzmechanismus verfügt.

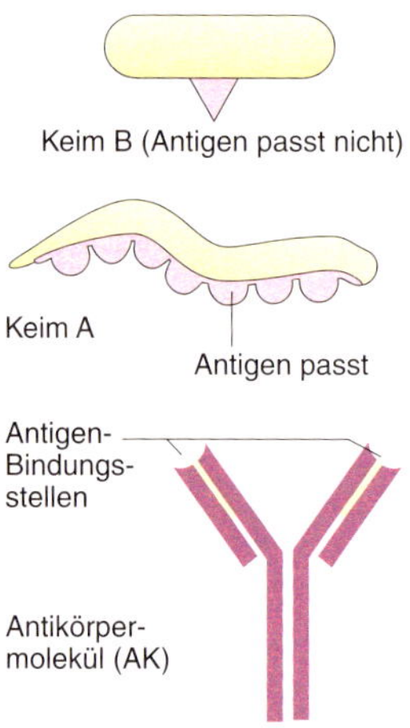

Das unspezifische Abwehrsystem

Einen ersten Schutz gegen das Eindringen von Krankheitserregern in den Körper bildet die unverletzte Haut. Auch die Schleimhäute im Körperinneren haben Abwehrfunktion. Der Nasenschleim z. B. enthält ein Enzym, das Bakterienzellwände zerstört. Im Magen tötet die von der Magenschleimhaut gebildete Magensäure eingedrungene Mikroorganismen ab.

Krankheitserreger können diese natürlichen Schranken normalerweise nur schwer überwinden. Gelangen dennoch Erreger über Wunden, Atemwege oder mit der Nahrung in den Körper, werden sie vom *körpereigenen Abwehrsystem* meist schnell beseitigt und an ihrer Ausbreitung im Körper gehindert.

Die eingedrungenen Krankheitserreger zu beseitigen, bevor sie sich in unserem Körper explosionsartig vermehren, ist Aufgabe von weißen Blutzellen vom Typ *Riesenfresszelle*, auch *Makrophagen* genannt. Sie können die Blutbahn verlassen und sich zwischen den Zellen im Gewebe bewegen. Treffen sie auf Fremdkörper, umfließen sie diese, nehmen sie in ihr Zellplasma auf und verdauen sie. Sowohl die natürlichen Barrieren als auch die Aktivitäten der Makrophagen richten sich gegen körperfremde Stoffe. Sie sind, wie das Fieber, Teil des *unspezifischen Abwehrsystems*.

Das spezifische Abwehrsystem

Kann das unspezifische Abwehrsystem Krankheitserreger nicht aufhalten, z. B. weil der Körper geschwächt ist, reagiert dieser mit einer *spezifischen Immunabwehr*. Der Körper arbeitet nun gezielt gegen einen bestimmten Erregertyp, der vermehrt im Blut auftritt. Gegen diesen werden große Mengen von spezifischen Abwehrstoffen produziert. Diese so genannten *Antikörper* werden mit dem Blut in alle Bereiche des Körpers transportiert. Treffen sie dabei auf Erreger, heften sie sich nach dem *Schlüssel-Schloss-Prinzip* (▶ S. 152) an deren Oberfläche und verbinden immer mehrere von ihnen. Es bilden sich Klumpen, die von Riesenfresszellen leicht gefunden und verdaut werden können.

Antikörper wirken allerdings nur außerhalb von Zellen. Handelt es sich bei den Erregern um *Viren*, so tritt ein Problem auf, denn Viren besitzen die Fähigkeit in Körperzellen einzudringen. Dort sind sie für Antikörper uner-

Zettelkasten

Aktivierung der spezifischen Abwehr

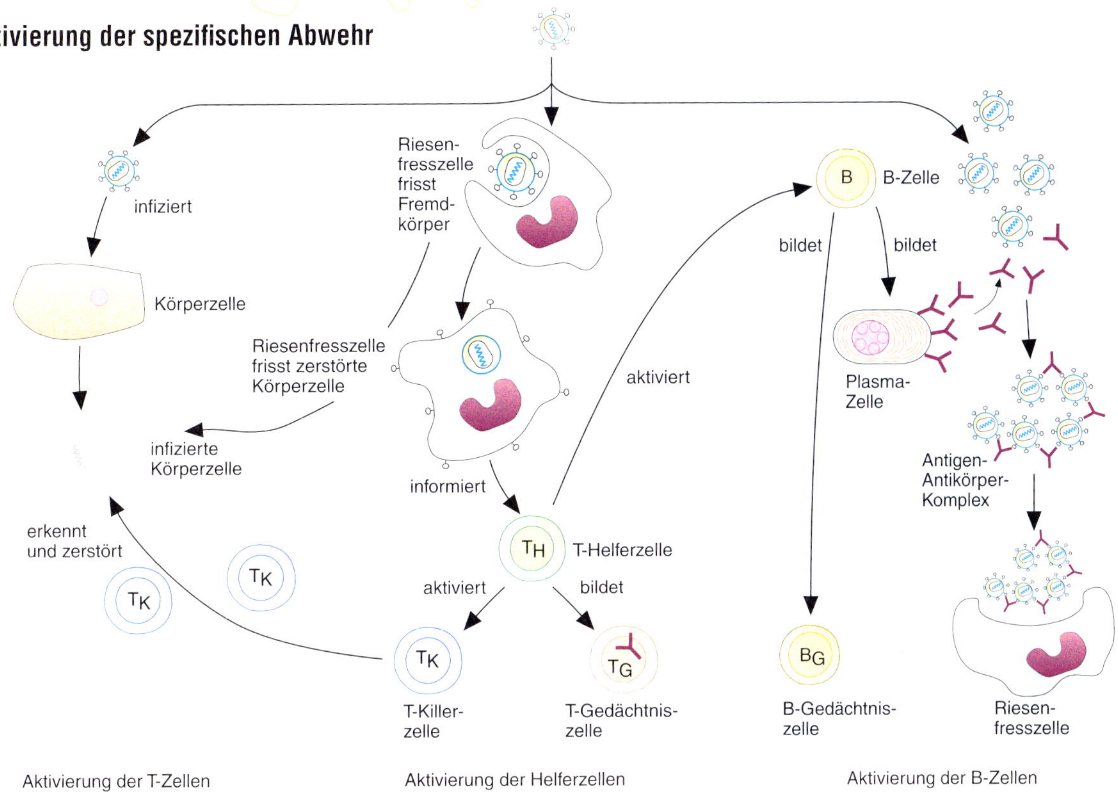

Die spezifische Immunabwehr richtet sich gezielt und sehr wirkungsvoll gegen einen bestimmten Erregertyp. Hierbei wirken neben den Riesenfresszellen weitere Typen der weißen Blutzellen mit:
B-Zellen: Sie entstehen im Knochenmark und reifen in der Milz oder den Lymphknoten (s. S. 63) heran. Ihre Aufgabe ist es, Abwehrstoffe gegen die Krankheitserreger zu bilden.
T-Zellen: Auch sie entstehen im Knochenmark und reifen in der Thymusdrüse. Während des Reifens lernen die Zellen körperfremde von körpereigenen Stoffen zu unterscheiden. B- und T-Zellen kreisen ständig im Blut und im Lymphsystem. Gelangen z. B. Grippeviren in die Schleimhäute der Atemwege, werden Riesenfresszellen durch Signalstoffe angelockt und verdauen die Erreger (Abb. 76.1). Die Riesenfresszellen bauen Bruchstücke der verdauten Erreger in ihre Zellmembran ein und präsentieren sie nach außen. Die T-Zellen nehmen Kontakt zu den präsentierenden Makrophagen auf und werden so über den eingedrungenen Erreger informiert. Da die T-Zellen nun helfen, das ganze Abwehrsystem zu aktivieren, werden sie auch *T-Helferzellen* genannt. Sie aktivieren B-Zellen. Diese vermehren sich daraufhin sehr stark und produzieren Plasmazellen, welche auf den Erreger zugeschnittene Antikörper herstellen. Pro Stunde können von jeder Plasmazelle Millionen von Antikörpern freigesetzt werden. Die Antikörper besitzen eine Y-förmige Struktur, wobei die beiden Enden der Y-Arme so gebaut sind, dass sie genau zur Oberfläche der Erreger passen. Dadurch können sich die Antikörper auf der Erregeroberfläche festsetzen und immer zwei Erreger miteinander verbinden. Die Erreger werden so verklumpt und dann durch Riesenfresszellen beseitigt.

Sind die Viren jedoch schon in die Wirtszellen eingedrungen, sind sie für Antikörper unerreichbar. Die T-Helferzellen informieren und aktivieren daher auch die *T-Killerzellen*. Diese Abwehrzellen sind in der Lage, befallene Körperzellen an den präsentierten Viren-Antigenen zu erkennen und mitsamt den Viren zu zerstören. Makrophagen fressen die zerstörten Wirtszellen.

reichbar und können ungehindert vermehrt werden. Zur Abwehr von Viren werden *spezifische Abwehrzellen* gebildet. Diese *T-Killerzellen* erkennen die befallenen Wirtszellen und zerstören sie. Dabei werden auch die in den Zellen vorhandenen Viren vernichtet.

Bis die spezifische Immunabwehr greift, können Tage bis Wochen vergehen. Genesung tritt ein, wenn die Erreger beseitigt sind.

Im Körper bleiben *Gedächtniszellen* zurück (▶ S. 160). Bei erneutem Befall mit demselben Erreger erfolgt dann eine schnellere Produktion von Antikörpern und eine stärkere Vermehrung der Killerzellen: Die Erreger werden vernichtet, bevor sie sich im Körper ausbreiten können. Die Krankheit bricht nicht aus. Eine solche Unempfindlichkeit gegen bestimmte Krankheitserreger bezeichnet man als *Immunität*.

Aktive und passive Immunisierung

Besonders für ältere oder durch Krankheiten geschwächte Menschen, aber auch für Kleinkinder stellt eine *Grippeerkrankung* eine große Gefahr dar. Deshalb empfehlen viele Ärzte ihren Patienten, sich gegen die Grippe impfen zu lassen. Die Wirkung der Impfung beruht auf der Bildung von *Gedächtniszellen* bei der spezifischen Abwehr, genau wie bei der im Körper natürlich ablaufenden *Immunabwehr* (▶ S. 160).

Impfpass

Kleine Mengen von abgeschwächten Erregern werden in die Blutbahn gespritzt. Diese *Erstinfektion* bewirkt beim Menschen, dass *Antikörper* hergestellt werden. Gleichzeitig entstehen Gedächtniszellen. Die Antikörper werden nach einiger Zeit abgebaut, die Gedächtniszellen bleiben jedoch erhalten – oft ein Leben lang.

Sobald durch eine Zweitinfektion dieselben Krankheitserreger wieder auftreten, werden aufgrund der Gedächtniszellen in kurzer Zeit große Mengen passender Antikörper gebildet (Abb. 1). Da die abgeschwächten und die „echten" Krankheitserreger ähnliche Oberflächeneigenschaften besitzen, reagieren die Gedächtniszellen auch auf die echten Krankheitserreger. Die zu Beginn einer Infektion geringe Zahl an Erregern kann so rasch beseitigt werden. Die Impfung ist deshalb der beste Schutz gegen die Grippe, weil die Viren weder durch Antibiotika noch durch andere Medikamente effektiv bekämpft werden können. Da der Körper die Antikörper selbst gebildet hat, spricht man von einer *aktiven Immunisierung*.

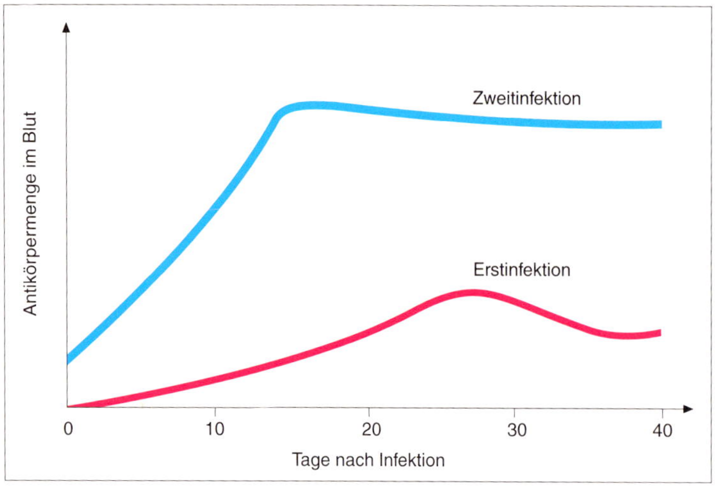

1 Bildung von Antikörpern bei einer Erst- und Zweitinfektion

Viren verändern sich schnell. Daher wird auch die Zusammensetzung des Impfstoffs jedes Jahr nach den Empfehlungen von Medizinexperten der Weltgesundheitsorganisation WHO geändert. Besonders häufige Grippeviren werden herausgesucht und in Hühnereiern oder Zellkulturen vermehrt. Der Impfstoff besteht aus geschwächten Virusstämmen oder Teilstücken dieser Viren, die in den Hühnereiern vermehrt wurden. Die Herstellung des Impfstoffs dauert 3 Monate. Zu Beginn der nächsten Wintersaison wird der Impfstoff ausgeliefert.

Die Erfolge von Schutzimpfungen sind weltweit sehr groß, z.B. hatte die generelle Einführung der Schutzimpfung gegen *Kinderlähmung* (Schluckimpfung) bei uns bewirkt, dass die Zahl der jährlichen Neuerkrankungen von 4700 vor 1960 bis 1995 auf wenige Krankheitsfälle sank. Es gab jedoch vereinzelt Fälle, bei denen Kinder an den bei der Impfung aufgenommenen, abgeschwächten Viren schwer erkrankten. Seit 1998 wird daher gegen Kinderlähmung nicht mehr mit Lebend-, sondern mit *Totimpfstoff* geimpft, der auch nicht mehr geschluckt, sondern gespritzt wird. Totimpfstoffe enthalten abgetötete Erreger oder deren Bruchstücke, die sich im Körper nicht mehr vermehren können. So ist auch bei unsachgemäßem Umgang mit dem Impfstoff eine Infektion ausgeschlossen.

Um bereits erkrankten, jedoch nicht geimpften Menschen helfen zu können, wurde ein anderes Verfahren entwickelt. Hierbei werden Tiere, z.B. Schafe, mit den Krankheitserregern infiziert. Die Tiere bilden spezifische Antikörper gegen diese Erreger, die dann aus dem Blut gewonnen und den Erkrankten gespritzt werden. Das körpereigene Abwehrsystem ist jedoch in diesem Falle nicht aktiviert worden. Man spricht daher von einer *passiven Immunisierung*. Sind die Antikörper nach einiger Zeit abgebaut, erlischt der Impfschutz, der Körper ist nicht dauerhaft immun. Diese Impfung wird *Heilimpfung* genannt. Man führt sie jedoch nicht nur durch, wenn ein Mensch schon erkrankt ist, sondern auch vor einer unmittelbar drohenden Infektion mit dem Erreger einer schweren Krankheit.

Aufgabe

① Erkläre die aktive Immunisierung und erläutere, welche Unterschiede zur passiven Immunisierung bestehen.

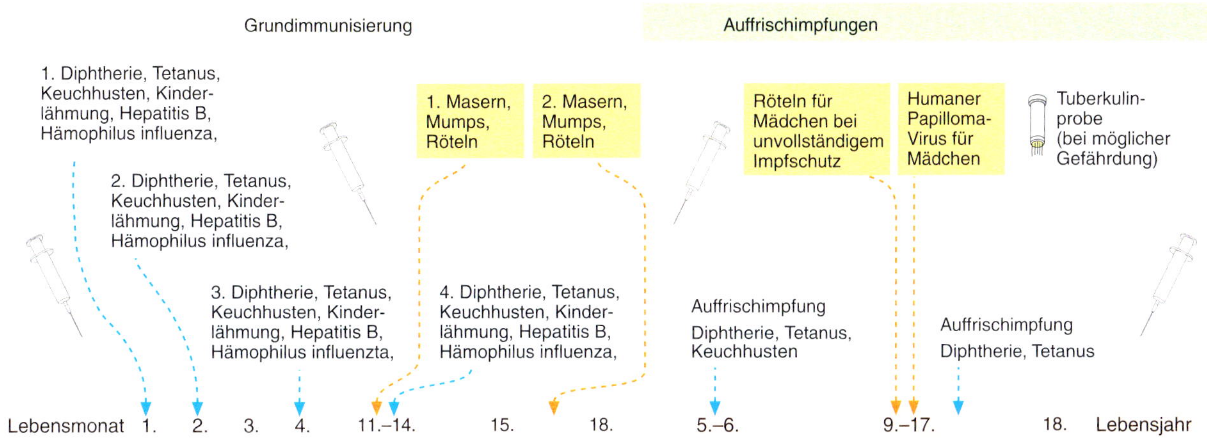

1 Impfplan

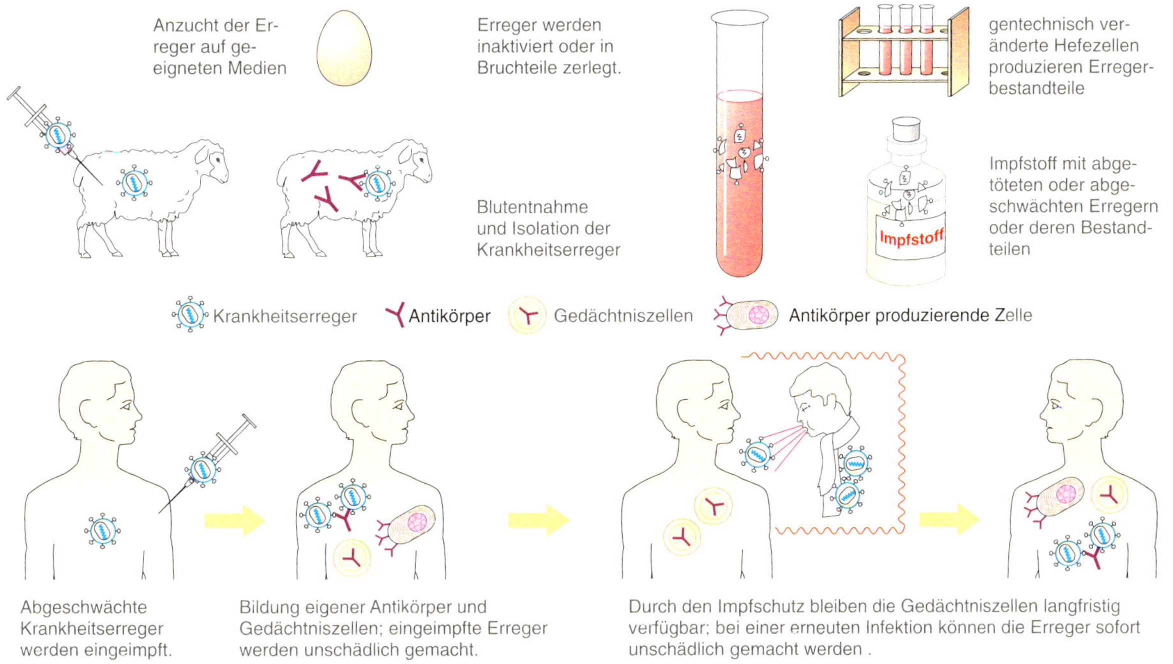

2 Aktive Immunisierung

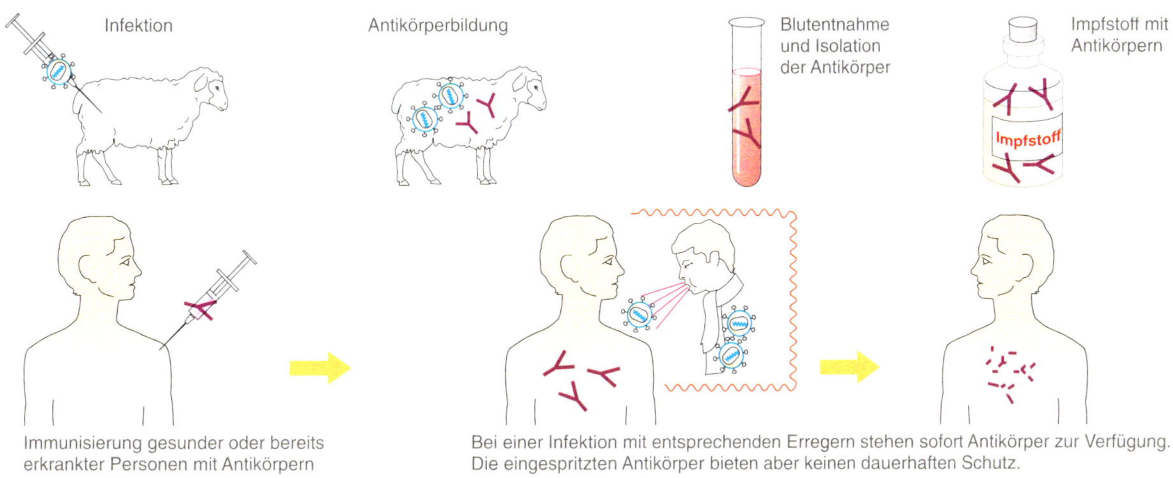

3 Passive Immunisierung

AIDS:
Acquired
Immune
Deficiency
Syndrom

erworbenes Abwehrschwäche-syndrom

Syndrom
Gruppe von zusammengehörigen Krankheitszeichen, die für eine bestimmte Krankheit kennzeichnend sind.

HIV
Human
Immunodeficiency
Virus

menschliches Immunschwäche-Virus

AIDS – ein Virus überlistet das Immunsystem

Eine Infektion mit HI-Viren führt nicht direkt zu der schweren Krankheit AIDS. Viele Infizierte merken zunächst nichts oder es treten nur grippeähnliche Symptome auf, die nach 2 Wochen wieder abklingen. Die Infektion verläuft danach ohne besondere Symptome weiter. Erst nach 12 bis 16 Wochen kann man Antikörper und damit die HIV-Infektion zuverlässig nachweisen. Es kann Jahre dauern, bis die Krankheit AIDS zum Ausbruch kommt.

Bei allen AIDS-Kranken kann man eine extrem niedrige Anzahl von weißen Blutzellen, besonders der T-Helferzellen, feststellen. Dies ist darauf zurückzuführen, dass die HI-Viren sich besonders auf Riesenfresszellen und T-Helferzellen als Wirtszellen spezialisiert haben. Auf der Oberfläche der Viren sind Andockköpfe, die sich an der Oberfläche der Wirtszellen an passenden Andockstellen anheften können (Abb. 1). Die Andockköpfe bestehen aus speziellen Eiweißen, die wie ein Schlüssel ins Schloss der Andockstellen auf den Wirtszellen passen. Da die Riesenfresszellen und die T-Helferzellen diese Stellen besitzen, können sie von HI-Viren befallen werden. Die Membranen der Wirtszelle und des Virus verschmelzen, die Erbsubstanz wird in die Wirtszelle aufgenommen und dort kopiert (▶ S. 154).

Da die T-Helferzellen das Abwehrsystem aktivieren, wirkt sich deren Verminderung nachteilig auf den Schutz vor Infektionen aus. So sind HIV-Infizierte anderen Krankheitserregern, die sich bei einem normal funktionierenden Abwehrsystem niemals im Körper ausbreiten und vermehren könnten, hilflos ausgesetzt. Die Erreger solcher Krankheiten, die nur bei geschwächtem Immunsystem zum Ausbruch kommen, nennt man deswegen *opportunistisch*. Dieser Begriff leitet sich ab vom lateinischen Wort *opportunus* = einer günstigen Gelegenheit folgend. Zu diesen Krankheiten gehören Pilzbefall auf der Haut, besonders auf den Schleimhäuten im Mund, der Speiseröhre oder Luftröhre, spezielle Formen von Lungenentzündungen, Hirnhautentzündungen oder eine seltene Form des Hautkrebs *(Kaposisarkom)*.

HI-Viren wurden nicht nur im Blut, sondern auch in anderen Körperflüssigkeiten, wie Sperma, Scheidensekret, Muttermilch, Speichel oder Tränen, nachgewiesen. In der Tränenflüssigkeit und im Speichel reicht die Konzentration der Viren nicht für eine Infektion aus. Eine hohe Ansteckungsgefahr geht jedoch von Situationen aus, in denen größere Mengen der HI-Viren in Körperflüssigkeiten eines Infizierten in den Körper eines Nichtinfizierten gelangen:

- Infektionen können über *Bluttransfusionen* erfolgen. Sie sind in Deutschland seit 1985 nahezu ausgeschlossen, da die Blutkonserven auf HI-Viren untersucht werden. In Entwicklungsländern ist dies jedoch nicht immer der Fall, daher besteht hier ein hohes Risiko.
- Gemeinsam genutzte *Spritzen* von Drogensüchtigen sind riskant, da in den Injektionsnadeln noch Blutreste vorhanden sind.

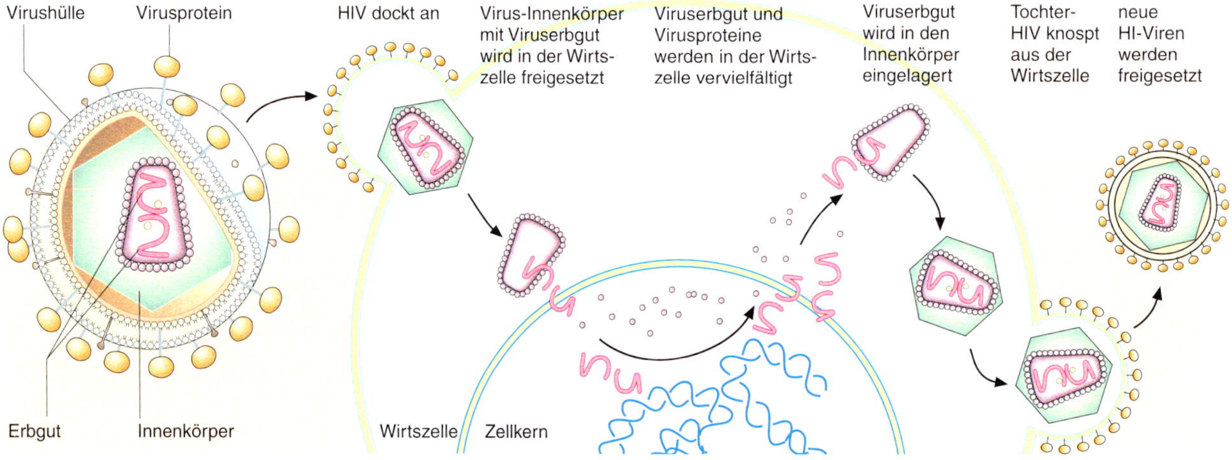

1 Vermehrungszyklus des HI-Virus

Großes Risiko

Gemeinsame Benutzung von Fixerbestecken, Spritzen und Nadeln
Ungeschützter Analverkehr
Ungeschützter Vaginalverkehr
Schwangerschaft bei einer HIV-infizierten Frau
Oralverkehr

Kein Risiko

Küsse, Zungenküsse
Körper-, Hautkontakte
Zusammenleben mit einem Infizierten
Anhusten oder Niesen
Essen im Restaurant
Schwimmbad, Sauna, Toiletten, Waschräume
Friseur, Maniküre, Tätowierungen unter hygienisch einwandfreien Bedingungen, Piercing, Ohrlochstechen
Insektenstiche

1 Ansteckungsgefahr

- Während der Schwangerschaft von HIV infizierten Müttern werden wenige Feten infiziert. Wesentlich größer ist das Risiko während der *Geburt* über das Blut oder danach durch die *Muttermilch*.
- Beim *Geschlechtsverkehr* können durch kleinste Risse in der Scheide oder des Penis Viren aus dem Scheidensekret oder dem Sperma in die Blutbahn gelangen. Beim Analverkehr ist das Risiko besonders groß, da die Viren sehr schnell in den Körper aufgenommen werden. Außerhalb des Körpers an der Luft können die HI-Viren nicht lange überleben.

Die wichtigste Schutzmaßnahme gegen die HI-Viren ist die Verwendung von Kondomen beim Geschlechtsverkehr. Dies ist besonders wichtig bei häufig wechselnden Sexualpartnern. Drogenabhängige sollten Injektionsnadeln nie tauschen. Bei schweren Unfällen sollten bei der Ersten Hilfe Schutzhandschuhe getragen werden.

Wirksame Medikamente gegen AIDS gibt es nicht, man kann bisher nur den Krankheitsverlauf verlangsamen und die opportunistischen Krankheiten unterdrücken. Eine Eindämmung von AIDS lässt sich nur durch **effektive Aufklärung** und **dauerhafte Änderung der Verhaltensweisen** erreichen.

Wie wichtig Aufklärung und der Schutz vor einer HIV-Infektion sind, zeigen die schrecklichen Zahlen aus dem Bericht der Aids-Stiftung vom Dezember 2007: Weltweit mehr als 33 Millionen HIV-Infizierte, 2,5 Millionen Neuinfizierte im Jahr 2007, von denen rund zwei Drittel im südlichen Afrika leben. In Deutschland haben sich seit Beginn der Epidemie vor 25 Jahren rund 70 000 Menschen infiziert, jährlich kommen ca. 3000 Neuinfektionen hinzu – Tendenz steigend, da viele Menschen gleichgültiger gegenüber dem Infektionsrisiko geworden sind und weniger auf Schutzmaßnahmen achten. Bisher sind insgesamt über 30 Millionen AIDS-Tote zu beklagen, im Jahr 2007 starben 2,1 Millionen Menschen an AIDS.

Ein Zusammenleben mit HIV-Infizierten ohne intime Beziehung ist für Nichtinfizierte unbedenklich. Bei alltäglichen Kontakten in der Schule oder am Arbeitsplatz besteht keine Ansteckungsgefahr. HIV-Infizierte brauchen unser Verständnis und dürfen nicht aus der Gemeinschaft ausgegrenzt werden!

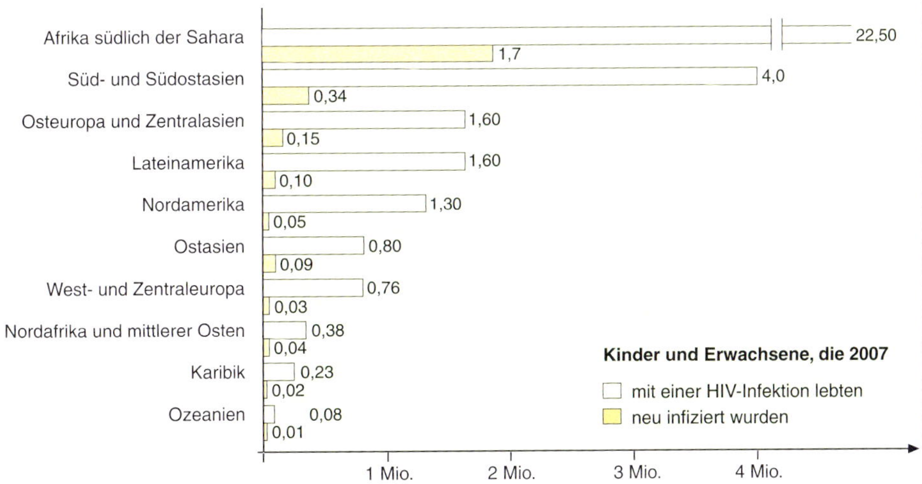

Infektionskrankheiten

Infektionskrankheiten können sehr unterschiedlich verlaufen. Sie werden von Viren, Bakterien oder Einzellern ausgelöst. Einige Infektionskrankheiten sind *meldepflichtig*, d.h. sie müssen dem Gesundheitsamt gemeldet werden. Um die Verbreitung der Infektionskrankheiten zu verhindern, werden die betroffenen Menschen isoliert, sie kommen in *Quarantäne*.

Bakterieninfektionen

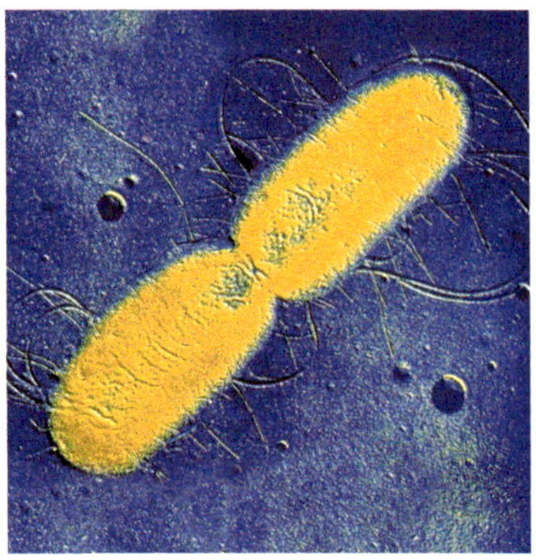

Das Bakterium *Escherichia coli* (abgekürzt: *E. coli)* oder einfach **Colibakterium** lebt im Darm des Menschen. Die vermehrte Aufnahme von Colibakterien, beispielsweise mit verunreinigtem Trinkwasser oder anderen Nahrungsmitteln, kann zu Erkrankungen des Magens und des Darmes führen. Durchfall *(Diarrhoe)* ist häufig die Folge. Deshalb werden Trinkwasser, Lebensmittel und das Wasser in Schwimmbädern dauernd von Mitarbeitern des Gesundheitsamtes überwacht. Sie bestimmen die *Keimzahl*, das ist die Anzahl vermehrungsfähiger Keime in einem Milliliter der Wasserprobe. In öffentlichen Schwimmbädern dürfen pro Milliliter kein einziges Colibakterium, keine krankheitserregenden Keime und höchstens 100 andere, nicht gefährliche Keime vorkommen. Bei Lebensmittelkontrollen fallen insbesondere immer wieder Nahrungsmittel auf, die mit **Salmonellen** verseucht sind. Die große Gruppe der Salmonellen besteht aus über 1600 verschiedenen Bakterienarten. *Salmonellosen* (Lebensmittelvergiftungen) dauern meist nur wenige Tage. Sie sind mit Übelkeit und Durchfall verbunden.

Hauptursache von Salmonellosen ist der Verzehr von verunreinigten Nahrungsmitteln. Es gibt Menschen, die nach einer überstandenen Salmonellose weiterhin über Jahre hinweg Salmonellen ausscheiden.

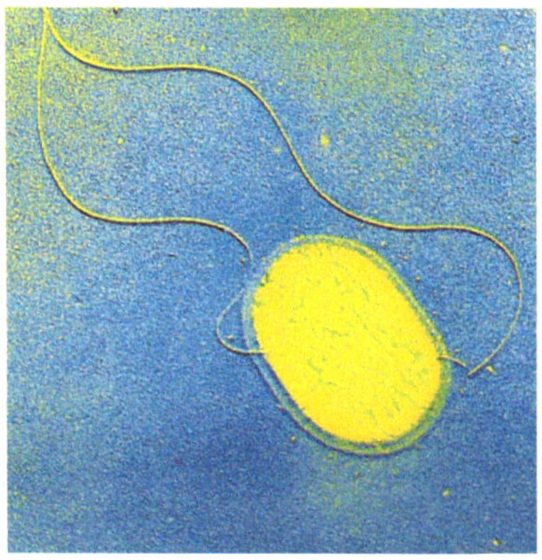

Salmonellen sind meldepflichtig. In Deutschland werden alle Beschäftigten in der Lebensmittelbranche vom Amtsarzt auf Salmonellenausscheidungen untersucht.

Eine Salmonellenart ruft **Typhus** hervor, eine melde- und isolierungspflichtige Krankheit. Die Aufnahme der Erreger erfolgt mit der Nahrung: „Typhus wird gegessen und getrunken". Die Inkubationszeit beträgt 7 — 14 Tage. Wochenlanges, hohes Fieber (40 — 41 °C) schwächt den Körper. Früher betrug die Sterblichkeit 15 %, nach der Einführung der Antibiotika noch etwa 1 %. Nach überstandener Krankheit ist man lebenslang immun.

Diphtherie-Kranke zeigen eine starke Rötung des Rachens und mäßiges Fieber. Die Übertragung der Erreger erfolgt durch *Tröpfcheninfektion*. Gefährlich wird Diphtherie durch die Erstickungsgefahr bei starkem Anschwellen des Rachens und durch die Giftstoffe *(Toxine)*, die durch Diphtheriebakterien abgegeben werden. Sie schädigen den Herzmuskel und führen zu Nervenlähmungen. Gegen die Toxine gibt es ein Heilserum. Antibiotika genügen zur Behandlung nicht, da sie die Toxine nicht unschädlich machen können.

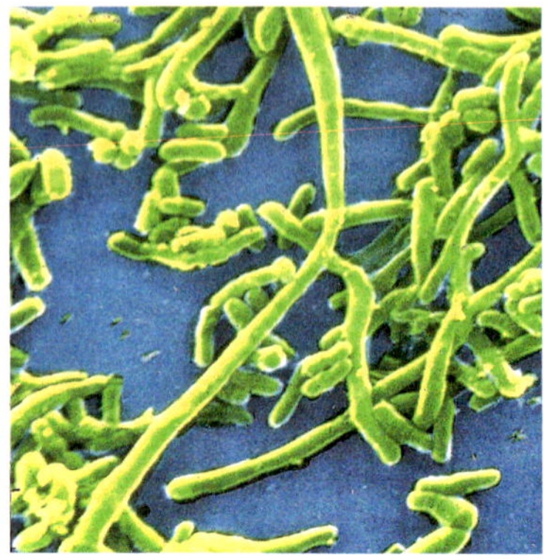

Beim **Keuchhusten** gelangen die Bakterien durch Tröpfcheninfektion in die Atemwege und rufen dort Entzündungen hervor. Der keuchende Husten ist vor allem gefährlich, da Erstickungsgefahr besteht. Hohe Ansteckungsgefahr, Meldepflicht! Vorbeugung durch *aktive Schutzimpfung*.

Ein feuerroter Rachen ist ein Krankheitsmerkmal für **Scharlach**. Dazu kommt ein feinfleckiger, roter Hautausschlag am ganzen Körper. Die Zunge ist entzündet: *Himbeerzunge*. Die Behandlung erfolgt mit Penicillin.

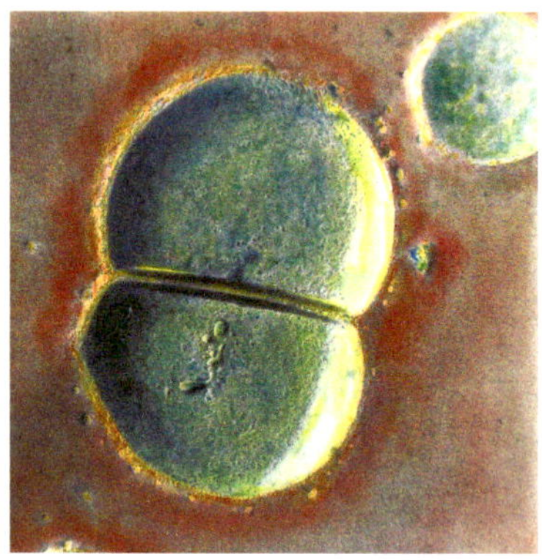

Sowohl eine durchgemachte Scharlacherkrankung als auch eine Impfung bietet keinen dauerhaften Schutz.

Eine krampfhafte Erstarrung der Muskulatur ist die Folge des Toxins, das die **Tetanus**-Bakterien abgeben. Meist gelangen die Bakterien mit Erde oder Straßenschmutz schon bei kleinen Verletzungen in offene Wunden. Die Impfung gegen Tetanus *(Wundstarrkrampf)* soll nach 8 Jahren aufgefrischt werden. Im Krankheitsfall muss innerhalb von 24 Stunden ein Heilserum verabreicht werden.

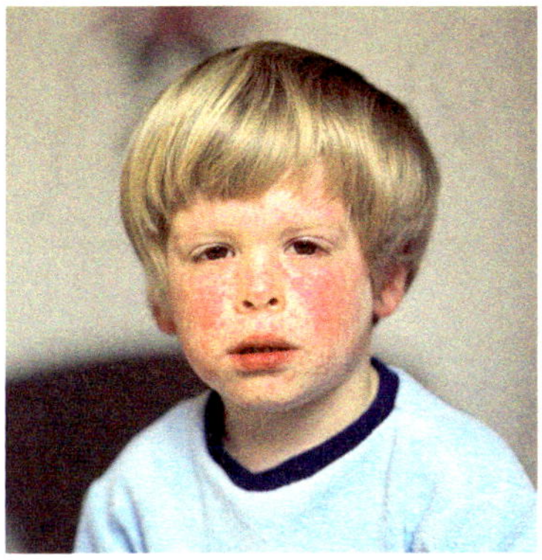

Röteln sind an sich eine harmlose Viruserkrankung. Ein Anschwellen der Lymphdrüsen und ein Hautausschlag, der mit rosaroten Flecken im Gesicht beginnt und sich dann auf den ganzen Körper ausdehnt, kennzeichnen die Krankheit. Meist tritt nur schwaches Fieber auf; das allgemeine Wohlbefinden ist nicht stark beeinträchtigt. Gefährlich sind die Röteln bei Schwangeren, die diese Krankheit noch nicht hatten und auch nicht geimpft sind.

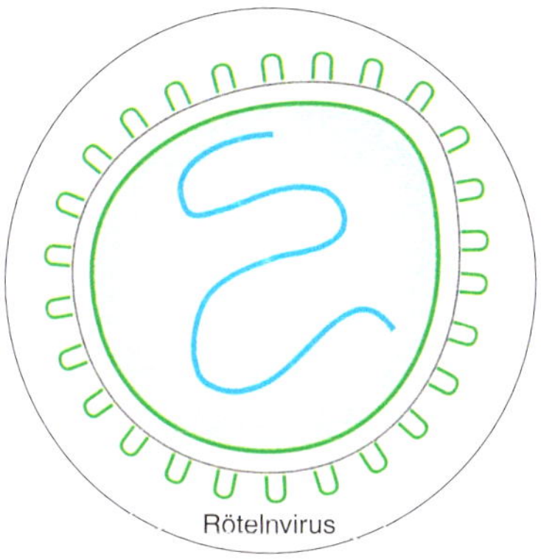

Das ungeborene Kind kann durch die Abwehrstoffe geschädigt werden. Mögliche Folgen sind: Taubheit, Herzfehler und schwere Mehrfachschädigungen. Häufig treten auch Fehlgeburten auf. Deshalb sollten sich alle Mädchen vor Beginn der Pubertät gegen Röteln impfen lassen!

Mumps (Ziegenpeter) ist eine Viruskrankheit, bei der die Ohrspeicheldrüsen anschwellen und Schmerzen verursachen. Dies führt zu der typischen verdickten Wange, der „Hamsterbacke". Die Übertragung erfolgt durch Tröpfcheninfektion, aber auch über gemeinsam benutztes Geschirr oder Besteck sowie durch unmittelbaren Körperkontakt. Die Infektion erfolgt am häufigsten zwischen dem 5. und 9. Lebensjahr. Eine aktive Schutzimpfung ist bei Jungen sinnvoll, da diese doppelt so häufig erkranken wie Mädchen. Zudem können die Erreger die Hoden befallen, was spätere Unfruchtbarkeit *(Sterilität)* zur Folge haben kann.

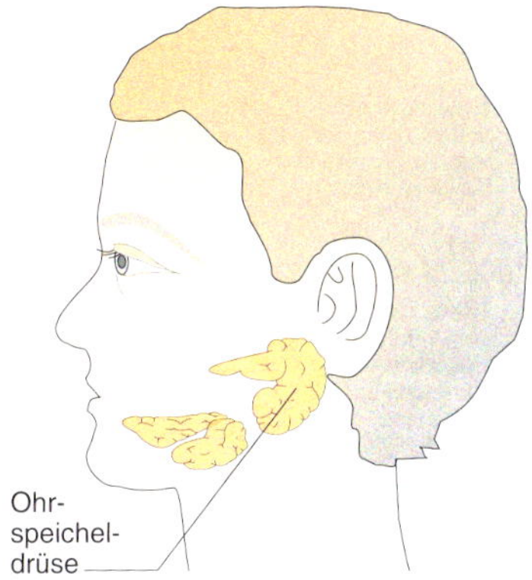

Kinderlähmung wird von den *Polioviren* hervorgerufen – aber durchaus nicht nur bei Kindern! Nach einer Inkubationszeit von 3 bis 14 Tagen fangen Kopf, Rücken und Glieder zu schmerzen an, man beginnt zu schwitzen. Dann treten erste Lähmungserscheinungen auf. Bei sehr schweren Fällen kann es zur Lähmung der Atemmuskulatur kommen. Die Sterblichkeit kann bis zu 20 % betragen. Im Erholungsstadium können die Lähmungen teilweise, selten ganz zurückgehen. Meist bleiben Skelett- und Gelenkveränderungen zurück. Durch konsequenten Impfschutz ist die Kinderlähmung bei uns zu einer fast vergessenen Krankheit geworden. In tropischen Entwicklungsländern ist dies nicht der Fall. Bei der Impfung gegen *Polio* erhält man den Impfstoff nicht mehr als Schluckimpfung, sondern als Injektion.

Bis zu 50 % der an **Pocken** Erkrankten sterben. Die Inkubationszeit beträgt 12 Tage, dann setzt hohes Fieber ein. Schließlich zeigen sich vorwiegend im Gesicht Pusteln, die später aufgehen und nach dem Abheilen die typischen *Pockennarben* hinterlassen. Schon vor 2000 Jahren führte man in Indien eine Impfung gegen Pocken durch. Die angeritzte Haut wurde mit dem Inhalt der Pusteln bestrichen. Darauf folgte eine abgeschwächte Erkrankung, die zur Immunität führte. 1977 trat der letzte natürliche Erkrankungsfall in Somalia auf. Das Virus existiert offiziell nur noch in zwei Laboratorien in Russland und in den USA.

Wer einmal **Masern** gehabt hat, bleibt lebenslang immun. Deshalb gehören sie zu den typischen *Kinderkrankheiten*. Die Erreger werden durch Tröpfcheninfektion übertragen. Die Inkubationszeit beträgt 10 bis 14 Tage. Dann zeigen sich Rötungen des Rachens, Schnupfen, Husten und ein Fieberanstieg, der nach 4 Tagen wieder abklingt. Danach bildet sich der typische Ausschlag auf der Haut, verbunden mit erneutem Fieberanstieg. Da man sich schon während der Inkubationszeit anstecken kann, ist eine Infektion kaum zu verhindern. Es gibt eine *Schutzimpfung*. Es besteht Meldepflicht.

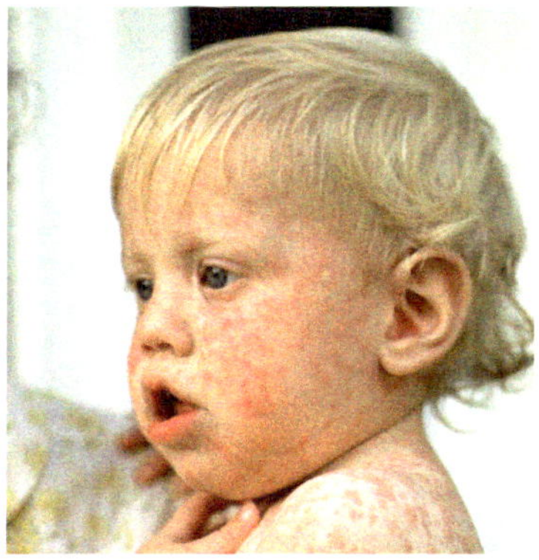

Tollwut wird meist durch einen Hundebiss auf den Menschen übertragen, selten auch durch Bisse von Fuchs oder Katze. Die lange Inkubationszeit von 1 bis 6 Monaten erschwert das Erkennen der Krankheit. Der Ausbruch kündigt sich durch Kopfschmerzen, Krämpfe in der Atemmuskulatur und Atemnot an. Der Kranke hat qualvollen Durst, kann aber nicht schlucken (die sog. „Wasserscheu") und hat starken, schäumenden Speichelfluss. Es gibt eine *Heilimpfung*, die möglichst sofort nach Verdacht auf einen Tollwutbiss anzuwenden ist. Ansonsten verläuft die Tollwut meist tödlich.

Achtung! Daran erkennt man tollwütige Tiere: Sie verlieren ihre Scheu vor dem Menschen. Sie beißen und schnappen nach allem, was sich bewegt. Speichel tropft aus ihrem Maul.

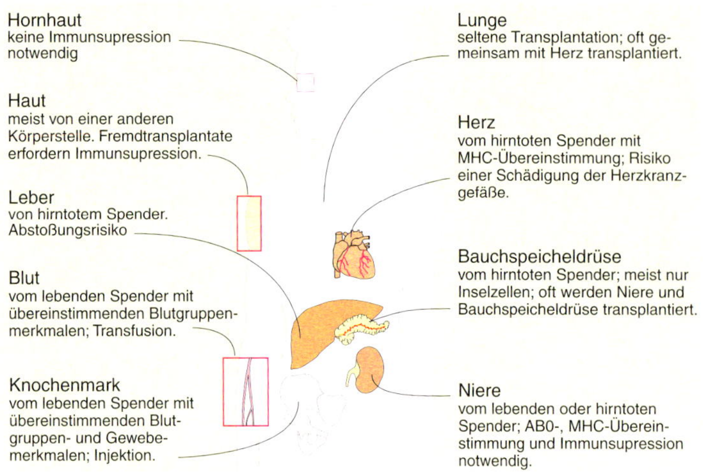

1 Transplantierte Organe

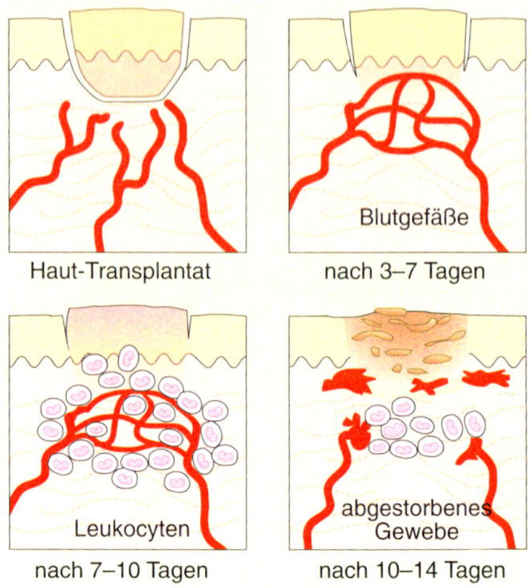

2 Abstoßung von Transplantaten

Leukämie
stark vermehrte Bildung weißer Blutzellen und ihrer nicht funktionsfähigen Vorstufen („Blutkrebs")

Knochenmarkstypisierung
Verfahren zur Feststellung der Gewebemerkmale möglicher Spender für eine Knochenmarksspende (z. B. für Leukämiekranke)

MHC-Proteine
Eiweiße auf den Körperzellen; diese Antigene ermöglichen dem Immunsystem die Unterscheidung zwischen eigenen und fremden Zellen

Organspende
Informationen gibt es unter:
http://www.organspende.de/

Organtransplantation

„Vor 15 Jahren habe ich Knochenmark gespendet, weil meine Schwester an Leukämie erkrankt war". Mit diesen Worten wird von jungen Menschen nicht nur für eine besondere Form der Organspende geworben. Sie übernehmen damit auch Vorbildfunktion und zeigen einen Weg auf, wie man schwer erkrankten Mitmenschen helfen und ihnen unter Umständen das Leben retten kann. In den letzten Jahren haben solche Aufklärungskampagnen dazu geführt, dass sich immer mehr Personen zur Organspende nach dem Tod bereit erklärten und sich Zehntausende zu einer *Knochenmarkstypisierung* für eine Lebendspende gemeldet haben (Abb. 1).

Vor einer Transplantation müssen stets die Gewebe von Spender und Empfänger auf Verträglichkeit untersucht werden. Je besser die Gewebefaktoren übereinstimmen, desto schwächer ist die Immunreaktion. Nur bei der Transplantation zwischen eineiigen Zwillingen bleibt sie aus. In allen anderen Fällen muss die Aktivität des Immunsystems durch Medikamente, die sogenannten *Immunsuppressiva*, unterdrückt werden. Sie werden nach der Transplantation lebenslang eingenommen, da das Immunsystem des Empfängers ansonsten das Transplantat wie einen „Krankheitserreger" behandelt und abstößt (Abb. 2).

Zu diesen Medikamenten gehören cortisonähnliche Substanzen, die allgemein entzündungshemmend wirken. Weiterhin gibt es auch Medikamente, die in bestimmte Schritte der Immunreaktion eingreifen. Bisher gelingt es allerdings keiner Therapie, gezielt die Immunantwort auf das fremde Gewebe zu unterdrücken. Damit wird durch die notwendige Behandlung nach der Transplantation die körpereigene Abwehr immer geschwächt. Krankheitserreger, die ein Gesunder leicht abwehren kann, können dann bei Transplantierten schnell zu einer Infektion führen. Ein vorläufig noch fernes Ziel der Medizin ist es daher, für die Organempfänger eine Therapie zu finden, in der man auf Medikamente ganz oder weitgehend verzichten kann.

Im Augenblick ist es jedoch für viele Erkrankte viel wichtiger, überhaupt ein neues Organ zu bekommen. Weltweit besteht ein enormer Bedarf, dem ein geringes Angebot gegenübersteht. Das könnte sich ändern, wenn mehr Menschen einen Organspendeausweis hätten (Abb. 3).

3 Organspendeausweis

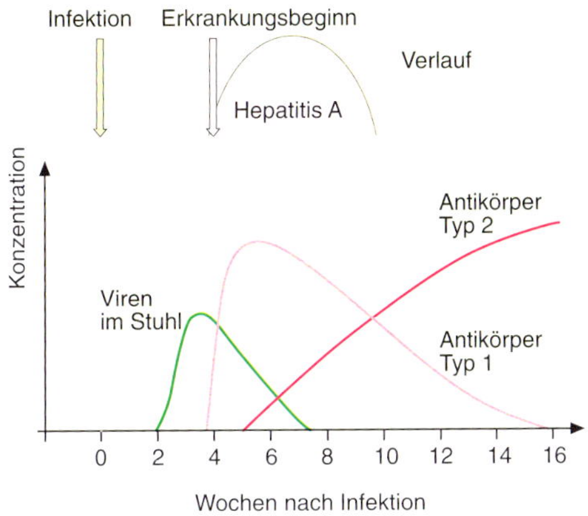

1 Hepatitis A: Virusausscheidung und Antikörper

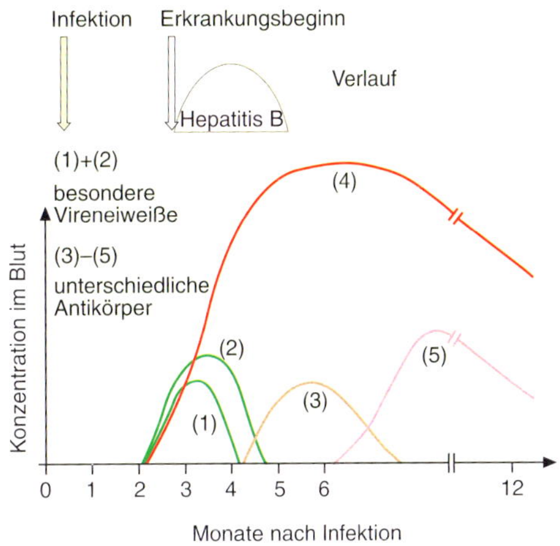

2 Hepatitis B: Verlauf und Antikörperbildung

Hepatitis

Mit dem Begriff *Hepatitis* bezeichnet der Arzt alle Erkrankungen, die mit einer Entzündung der Leber einhergehen. Sie kann durch Viren, Bakterien, Einzeller, Parasiten und durch zahlreiche chemische Substanzen wie Alkohol, Arzneimittel oder Gifte ausgelöst werden. Die weitaus größte Bedeutung haben die durch Viren hervorgerufenen Formen, die je nach Art des Virus als Hepatitis A, B oder C bezeichnet werden. Alle Formen sind durch Schädigung oder Zerstörung der Leberzellen gekennzeichnet. Der Verlauf und die auftretenden Krankheitssymptome unterscheiden sich.

Die *Hepatitis A* (infektiöse Hepatitis) wird durch ein Virus hervorgerufen, das z.B. durch verunreinigtes Wasser, befallene Nahrungsmittel (z.B. Muscheln oder Austern) oder durch den Kontakt mit Erkrankten über Ausscheidungen und Körperflüssigkeiten übertragen wird. Übelkeit, Erbrechen und Bauchschmerzen, Fieber Durchfall und Abgeschlagenheit sind nach einer Inkubationszeit von 15 – 45 Tagen die charakteristischen Symptome, eine Ausheilung dauert ca. 8 Wochen. Die Infektion wird im medizinischen Labor durch den Nachweis spezieller Antikörper, deren Konzentration im Blut während der Infektion unterschiedlich ist, diagnostiziert (siehe Abb. 1). Es gibt eine Impfung, die bei Reisen in Risikogebiete empfohlen wird.

Die *Hepatitis B* wird nur durch das Blut oder andere Körperflüssigkeiten eines Infizierten übertragen. Das kann z.B. beim Geschlechtsverkehr durch Sperma oder Scheidensekret erfolgen. Aber auch Speichel, Tränen, Wundsekret und vor allem Blut sind ansteckend. Eine Infektion ist z.B. über Spritzen möglich, aber auch über nicht sterile Instrumente wie sie zum *Piercen* oder *Tätowieren* verwendet werden. Bei ca. einem Drittel der Weltbevölkerung sind Antikörper gegen diesen Hepatitis-Typ nachweisbar.

Spezielle Eiweiße der auslösenden Viren können im Blut ebenso nachgewiesen werden wie spezifische Antikörper (Abb. 2). Da eine Infektion anfangs oft unbemerkt verlaufen kann, ist dieser Nachweis sehr wichtig, wenn sich unspezifische Symptome wie Appetitlosigkeit, Gelenkschmerzen oder leichtes Fieber einstellen. Später kann es zu einer Gelbsucht kommen. Durch die Störungen im Leberstoffwechsel färben sich Haut, Schleimhäute und die Bindehaut in den Augen gelb. Meist heilt die Krankheit nach 5 – 6 Monaten aus. Sie kann aber auch in eine chronische Form übergehen, bei der die Viren im Körper verbleiben. Leberschäden bis hin zum Leberkrebs können dadurch ausgelöst werden.

Ein wirksamer Schutz vor Hepatitis B ist eine frühzeitig durchgeführte Schutzimpfung (siehe Impfplan, S. 79). Eine spätere Auffrischung wird insbesondere für Personen in medizinischen Berufen und Reisende in Risikogebiete empfohlen.

Hepatitis C wurde ebenso wie weitere Subtypen erst spät entdeckt und ist seltener.

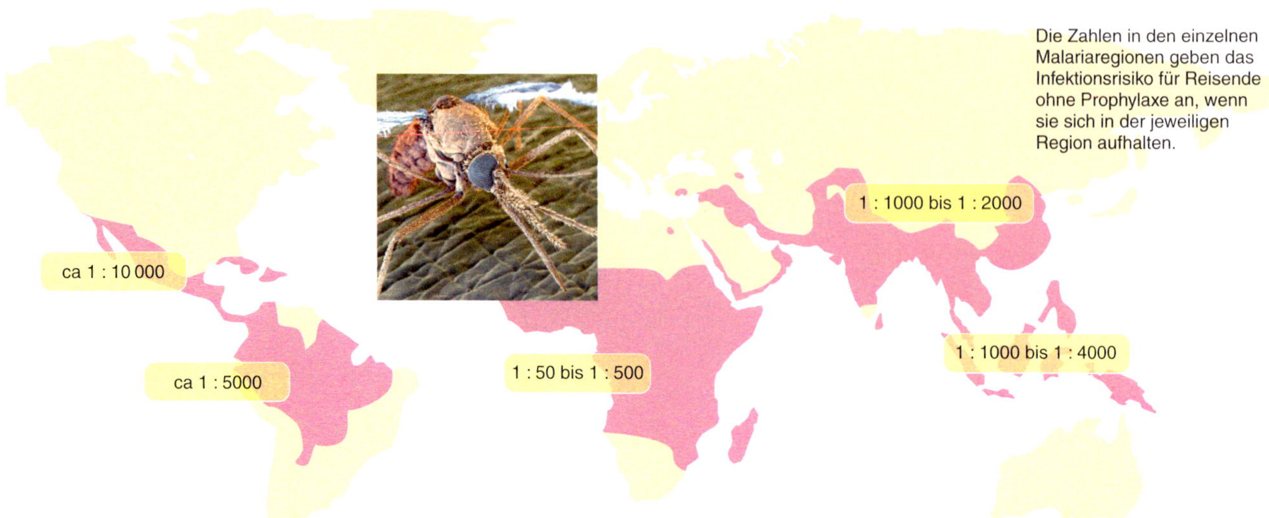

1 Verbreitung von Malaria (vereinfacht nach WHO)

Mücken und Zecken übertragen Krankheitserreger

Malaria

Fernreisen rangieren weit oben auf der Hitliste, doch viele Urlauber zahlen einen hohen Preis: Jährlich gibt es 600 bis 800 Malariainfektionen beim Auslandsurlaub. Man schätzt, dass 300 Mio. Menschen infiziert sind und 2 Mio. jedes Jahr an dieser Krankheit sterben. Abb. 1 zeigt die heutigen Malariagebiete.

Viele Touristen haben keine Informationen über vorbeugende Maßnahmen oder Heilungschancen. Vor Fernreisen sollte man sich bei einem Arzt über die notwendigen Medikamente informieren. Einen absolut sicheren Schutz vor Malaria gibt es nicht, jedoch können Medikamente das Risiko einer Infektion herabsetzen. Die beste *Prophylaxe* ist immer, sich in Malariagebieten vor Mückenstichen zu schützen. Da die weiblichen Mücken nur in der Dämmerung oder nachts stechen, schläft man unter Moskitonetzen; am Tag genügt es, sich die Haut mit Insekten abwehrenden Lotionen einzureiben.

Malaria wird ausgelöst durch Einzeller der Gattung *Plasmodium.* Für ihre Entwicklung sind sie auf zwei Wirte angewiesen, den Menschen und die Fiebermücke *Anopheles.* Die Entwicklung läuft folgendermaßen ab (Abb. 2): Eine infizierte Mücke sticht einen Menschen. Dabei gelangen *Parasiten*, die Plasmodien, mit dem Speichel der Mücke in das menschliche Blut. Über die Blutbahn wandern sie bis zur Leber und dringen in die Leberzellen ein. In den Leberzellen vermehren sie sich durch Zellteilung (▶ S. 154). Die

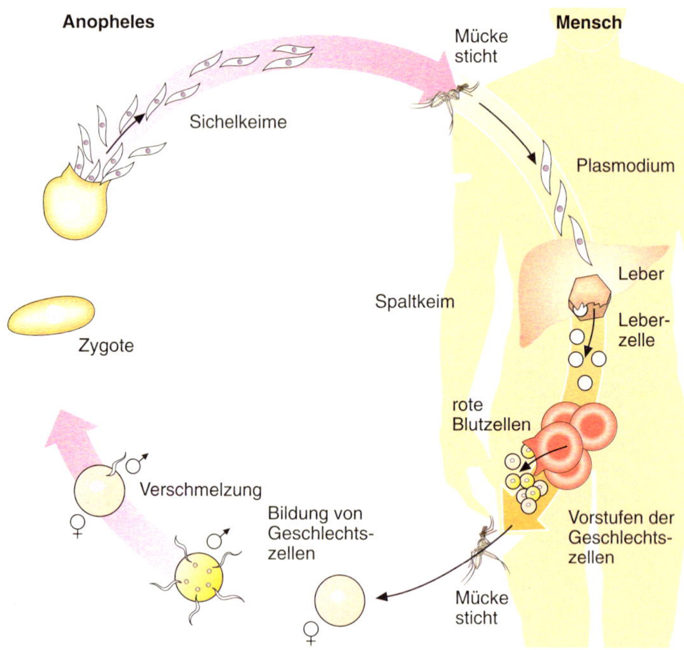

2 Entwicklungszyklus der Malariaerreger

entstandenen Zellen werden *Spaltkeime* genannt. Diese wandern zurück ins Blut und dringen in die roten Blutzellen ein. Dort machen sie erneut Mehrfachteilungen durch, sodass viele neue, kleinere Spaltkeime gebildet werden. Diese Mehrfachteilungen erfolgen bei allen befallenen Blutzellen im gleichen Rhythmus, sodass auch das Aufplatzen der

In Deutschland eingeschleppte Malariafälle im Jahr 2005

Afrika	438
Asien	34
Amerika	17
Australien/ Ozeanien	8
Europa	1

Zellen gleichzeitig erfolgt (bei der häufigsten Malariaform alle drei Tage). Pro Zelle werden etwa 32 Spaltkeime frei, die wiederum neue Blutzellen befallen. Gleichzeitig mit dem Zerfall der roten Blutzellen werden Stoffwechselgifte *(Toxine)* freigesetzt, die zu heftigen Fieberanfällen führen *(Dreitagefieber)*.

Ist das Blut mit Spaltkeimen überschwemmt, bilden sich Vorstufen geschlechtlicher Zellen, die sich nur in der Fiebermücke Anopheles weiterentwickeln können. Sticht Anopheles einen Infizierten, gelangen Erreger mit dem aufgesaugten Blut in den Darm der Mücke. Dort entwickeln sich Geschlechtszellen. Verschmelzen eine männliche und eine weibliche Geschlechtszelle, entsteht eine *Zygote*. Sie dringt in die Darmwandzellen der Mücke ein und bildet dort durch Zellteilung *Sichelkeime*. Sie wandern in die Speicheldrüsen und werden beim nächsten Stich wieder auf Menschen übertragen – der Entwicklungskreislauf ist geschlossen.

Hirnhautentzündung und Borreliose

Zecken (Abb. 1) sind Spinnentiere und ernähren sich von Säugetierblut, welches sie für ihre Entwicklung benötigen. Ein Weibchen kann so viel Blut aufsaugen, dass es von 2 – 4 mm auf Erbsengröße anschwillt. Mit ihren Mundwerkzeugen (Abb. 2) sägen die Zecken eine Öffnung in die Haut. Dabei geben sie ein Betäubungsmittel und Substanzen, die eine Blutgerinnung verhindern, in das Blut ihrer „Opfer" ab. Beim anschließenden Saugen nehmen die Zecken auch Krankheitserreger auf und können sie auf andere „Opfer" übertragen.

In Mitteleuropa übertragen die Zecken zwei für den Meschen gefährliche Krankheiten: die FSME und die Borreliose. *FSME* ist die Abkürzung für die **F**rüh-**S**ommer-**M**eningo-**E**nzephalitis, eine Erkrankung des Nervensystems, die zu Entzündungen der Hirnhaut *(Meningo)* und des Gehirns *(Enzephalon)* führen kann. Die Krankheitserreger sind Viren, die im Frühsommer durch die Zecken eine weite Verbreitung finden. 2 bis 28 Tage nach dem Zeckenbiss kann es zu einem Fieberanstieg kommen. Bei 60 % der Erkrankten kommt es zu schwerwiegenden Folgen im Nervensystem, die zu lang andauernden Kopfschmerzen und vereinzelt auch zu Lähmungen führen können.

Die *Borreliose* wird durch Bakterien ausgelöst. Zwischen dem Zeckenbiss und den ersten Erscheinungen können bis zu 12 Wochen vergehen. Bei 50 % der Infizierten entsteht um die Bissstelle eine sich ringförmig ausbreitende Hautrötung, begleitet von Fieber, Lymphknotenschwellungen, Gelenk- und Kopfschmerzen. Später können Komplikationen im Bereich des Nervensystems bzw. des Herzens hinzukommen. Ein rechtzeitig eingesetztes Antibiotikum kann helfen.

Im Garten, bei Wanderungen im Wald oder beim Spielen auf einer Wiese ist es möglich, dass man Zecken von den Pflanzen abstreift. Deshalb sollte man sich danach gründlich absuchen. Kleidung mit langen Ärmeln oder lange Hosen können zusammen mit einer insektenabwehrenden Lotion einen gewissen Schutz bieten. In gefährdeten Gebieten kann man sich gegen FSME impfen lassen.

1 Zecke

2 Mundwerkzeug der Zecke

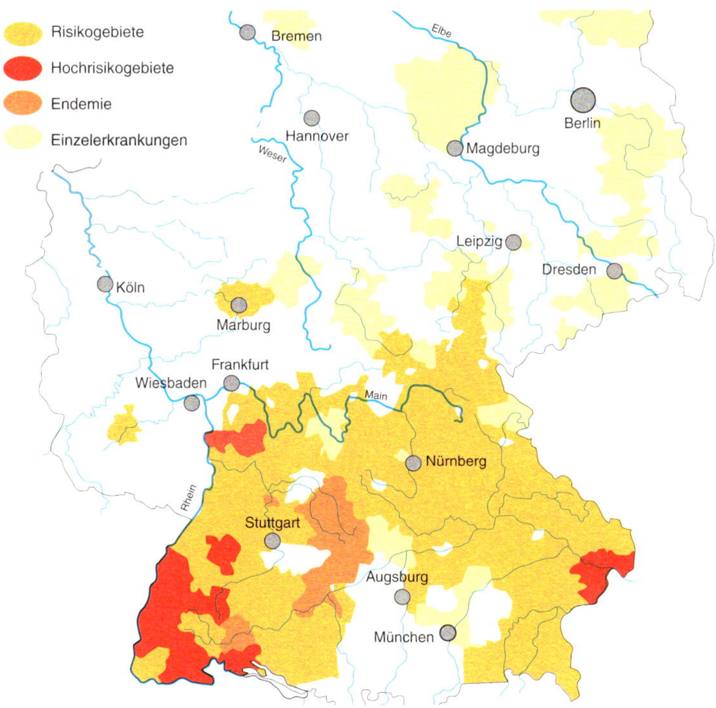

3 FSME-Risikogebiete in Deutschland 2007

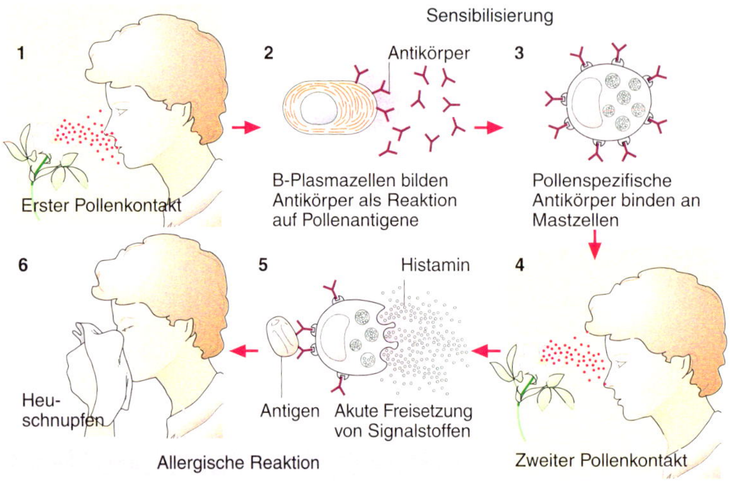

1 Was bei einer allergischen Reaktion abläuft

Ratschläge für Pollenallergiker

- Meide in den Monaten deiner stärksten Beschwerden Wiesen und Felder.
- Meide Sport und körperliche Arbeiten im Freien (z. B. Rasenmähen). Betreibe Hallensport.
- Schlafe bei geschlossenen Fenstern. Öffne sie nur zwischen 22 Uhr und 4 Uhr morgens.
- Verbringe deinen Urlaub möglichst im Hochgebirge oder am Meer.
- Wasche die Haare vor dem Zubettgehen.
- Ziehe die Tageskleidung nicht im Schlafraum aus.
- Achte auf die Pollenfluginformationen im Radio oder im Internet.

Übereifriges Immunsystem

Die Abwehr von Krankheitserregern ist für uns überlebenswichtig und läuft oft unbemerkt in unserem Organismus ab. Manchmal überreagiert das Immunsystem jedoch und reagiert auf harmlose Substanzen, z. B. bei allergischen Reaktionen. Oder es greift körpereigene Strukturen an und führt dann zu sogenannten *Autoimmunreaktionen*.

Allergien

Unter einer Allergie versteht man eine Überreaktion des Immunsystems auf Reizstoffe aus der Umwelt (*Allergene*). Sie gelangen mit der Atemluft, der Nahrung oder über die Haut in unseren Körper und rufen dann sofort oder verzögert eine Abwehrreaktion hervor. Solche Allergene können z. B. sein: Pollen, Nahrungsmittel, Medikamente, Kosmetika, Metalle, Tierhaare oder Ausscheidungen von Tieren.

Die bekannteste allergische Reaktion ist der *Heuschnupfen*. Bei einem Erstkontakt mit bestimmten Blütenpollen bildet der Körper gegen dieses Fremdeiweiß (*Antigen*) spezifische *Antikörper* aus. Sie sammeln sich bevorzugt an der Oberfläche sogenannter *Mastzellen*, einer Form weißer Blutzellen (Abb. 1). Sie befinden sich z. B. in den Schleimhäuten der Atemwege und beinhalten Bläschen mit einem Signalstoff, dem *Histamin*. Durch diese *Sensibilisierung* kann der Körper bei einem weiteren Kontakt mit gleichartigen Pollen schnell reagieren: Die Allergene binden an die Antikörper und die Mastzelle entlässt daraufhin das Histamin. Es bewirkt eine Erweiterung der Blutgefäße, macht Gefäßwände durchlässig und lässt die glatte Muskulatur kontrahieren. Dadurch schwellen die Schleimhäute an und sondern Schleim ab, die Augen röten sich und jucken. Verengen sich die Bronchien, spricht man von *allergischem Asthma*.

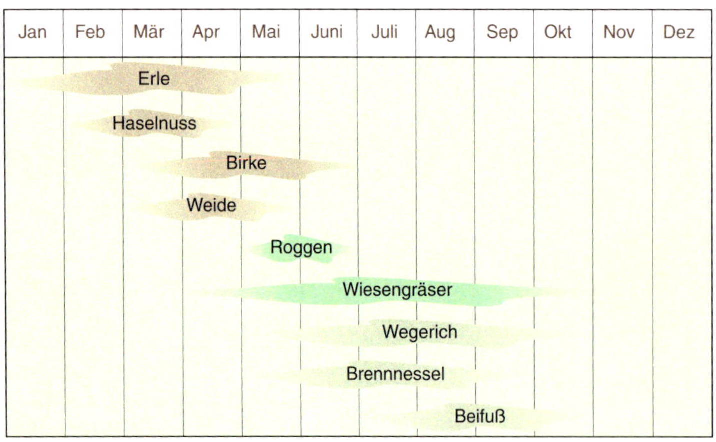

2 Pollenflugkalender

Ähnlich reagiert das Immunsystem bei einer *Tierhaar-* und *Hausstauballergie*. Bei letzterer ist allerdings nicht der Staub, sondern der Kot der Milben, die im Staub leben, der Auslöser. Diese Spinnentiere ernähren sich von den Hautschuppen, von denen jeder Mensch pro Tag ca. 1,5 g verliert. Tierhaarallergiker reagieren meist nicht auf das Haar, sondern auf die Eiweiße aus Speichel, Urin, Kot oder Hautschuppen an den Tierhaaren.

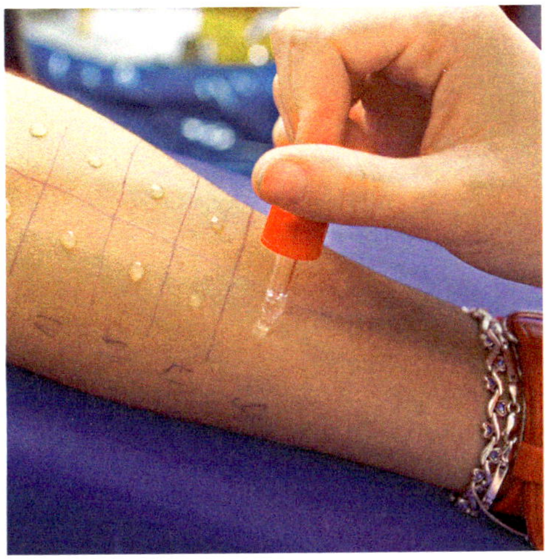

1 Prick-Test

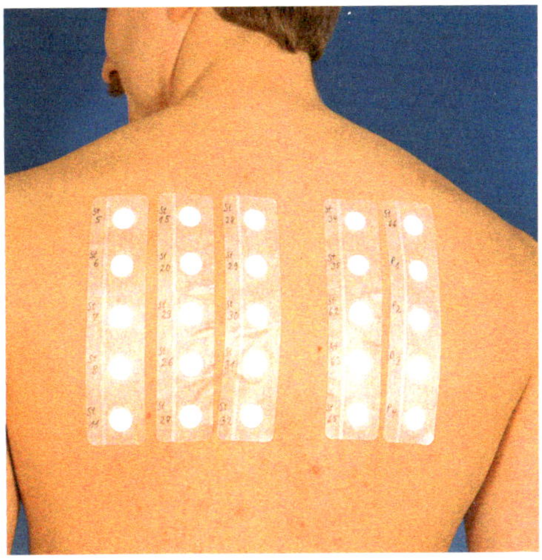

2 Pflastertest

Andere allergische Reaktionen äußern sich mit Durchfall und Erbrechen (z. B. *Lebensmittelallergie*) oder im schlimmsten Fall mit Atemnot und schweren Kreislaufstörungen, z. B. nach dem Stich einer Biene oder Wespe. Auch Hautreaktionen (Rötung, Jucken, Bläschenbildung, Knötchen, Einrisse) können auftreten, z. B. bei nickelhaltigem Modeschmuck. Solche *Hautreaktionen* werden beim *Allergietest* ausgenutzt: Beim Prick-Test (Abb. 1) kommt ein Tropfen der Allergenlösung auf den Unterarm. Die vermuteten Substanzen werden in verschiedenen Feldern platziert. Anschließend wird mit einer kleinen Lanzette in die Haut unter dem Tropfen gestochen. Nach spätestens 30 Minuten zeigen sich Rötung, Pusteln oder Quaddeln. Neben dieser Methode zum Nachweis von Soforttyp-Allergien gibt es den Pflastertest für Spättyp-Allergien. Die Reaktion auf die allergenhaltigen Pflaster, die auf den Rücken aufgeklebt werden, kann z. T. erst nach 72 Stunden abgelesen werden (Abb 2).

Neurodermitis

Diese Hauterkrankung kann bereits bei Kleinkindern auftreten und ist eng mit allergischen Reaktionen verknüpft. Die trockene, gerötete Haut juckt und schuppt sich, was beim Kratzen zu Verletzungen führen kann. Genetisch festgelegt ist hier offensichtlich eine übermäßige Reaktionsbereitschaft des Immunsystems, die aber nicht notwendigerweise zu Neurodermitis führen muss. Besondere Infektionsschübe werden nicht nur als Reaktion auf Allergene beobachtet, sondern auch in persönlichen Konflikt- oder Stresssituationen.

Autoimmunreaktionen

T- und B-Zellen reifen im Knochenmark und in der Thymusdrüse (s. S. 77). In dieser Phase „lernen" die Zellen, die körpereigenen Eiweiße von körperfremden Stoffen zu unterscheiden. Erfolgt das ungenau, kann sich ihre weitere Arbeit gegen den eigenen Körper richten. Gravierende Schäden im Bindegewebe, in den Gelenken, an den Hüllzellen der Nervenfasern, in der Bauchspeicheldrüse oder anderen Organen sind dann die Folge.

Durch die Entzündungsreaktionen wird oft Gewebe zerstört oder die Funktion der angegriffenen Organe stark beeinträchtigt. Dies wird z. B. bei der *Multiplen Sklerose* deutlich (siehe S. 49). Für andere *Autoimmunkrankheiten* sind die Ursachen weitgehend unbekannt. Vermutet wird eine genetische Komponente, die durch äußere Einflüsse aktiviert wird. Ursache könnten aber auch Viren oder Bakterien sein, deren Antigene eine große Ähnlichkeit mit körpereigenen Strukturen haben.

Aufgaben

① Erkläre, welche Bedeutung Histamin bei einer allergischen Reaktion hat. Vergleiche den Vorgang mit Entzündungsreaktionen nach Hautverletzungen (siehe S. 64).

② Erläutere, warum man Pollenallergikern die genannten Ratschläge (S. 88) gibt.

③ Nenne Unterschiede und Gemeinsamkeiten von Allergien, Autoimmunreaktionen und der Immunantwort auf Krankheitserreger.

Sexualität, Fortpflanzung und Entwicklung des Menschen

Der Begriff „Sexualität“ schließt beim Menschen aus biologischer Sicht Fortpflanzung und Entwicklung sowie aus ethischer Sicht Liebe, Partnerschaft und Verantwortung mit ein. Wenn bei der Fortpflanzung ein Spermium in eine Eizelle eindringt, beginnt die Entwicklung eines neuen Lebewesens.

Diskutieren zwei Partner über Themen der Sexualität, so können unterschiedliche Einstellungen und Werte sowie uneinheitliches Rollenverhalten aufeinandertreffen. Es kommt darauf an, dass man lernt, offen und fair miteinander zu reden. Jeder und jede sollte versuchen, Toleranz zu üben und eine verantwortungsvolle Einstellung zur eigenen Sexualität und zur Geschlechtspartnerin bzw. zum Geschlechtspartner zu finden.

Freundschaft

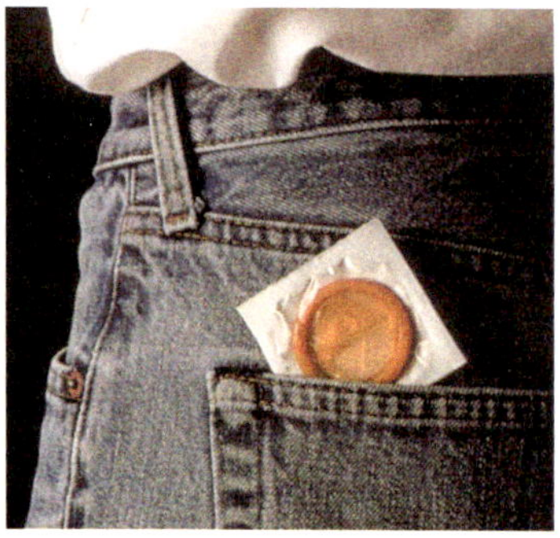

Verhütung

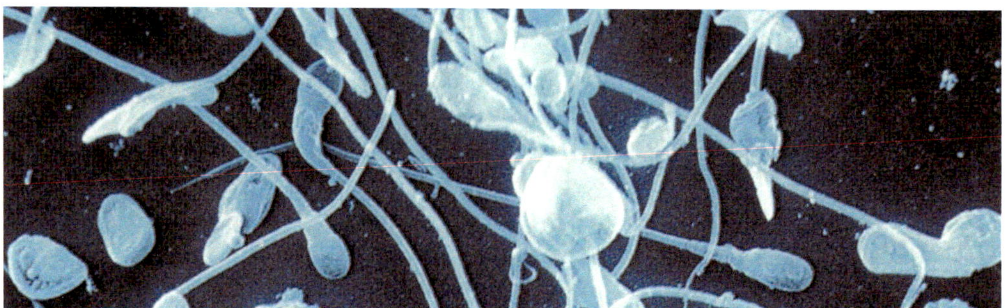

Spermien und Befruchtung

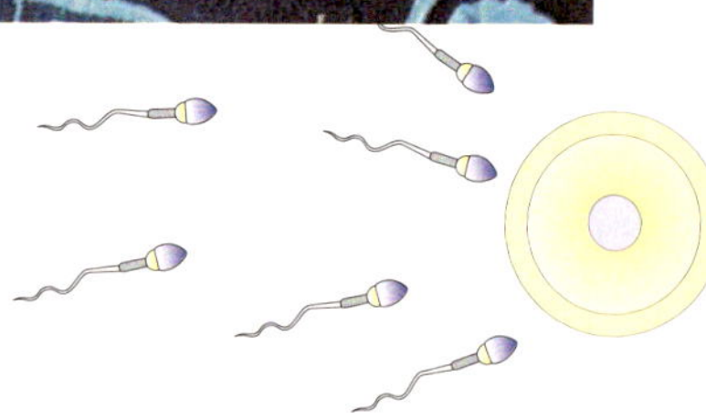

Partnerschaft

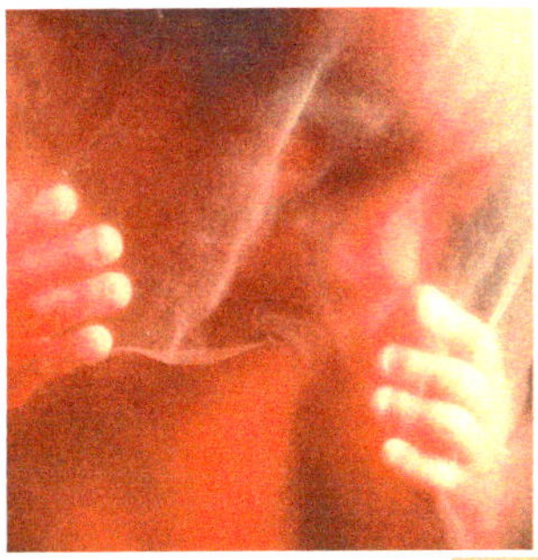

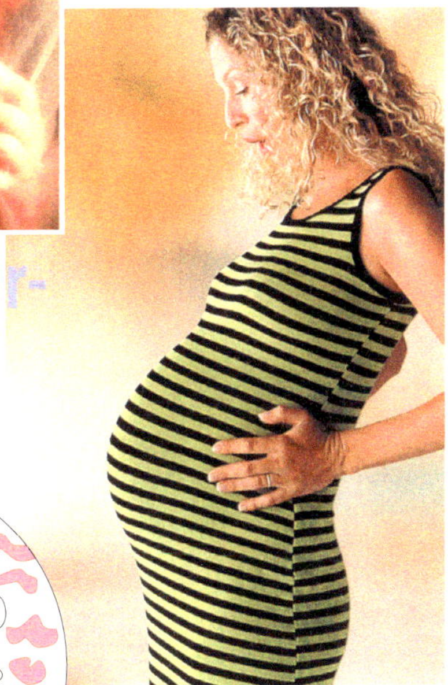

Liebe

Schwanger-
schaft

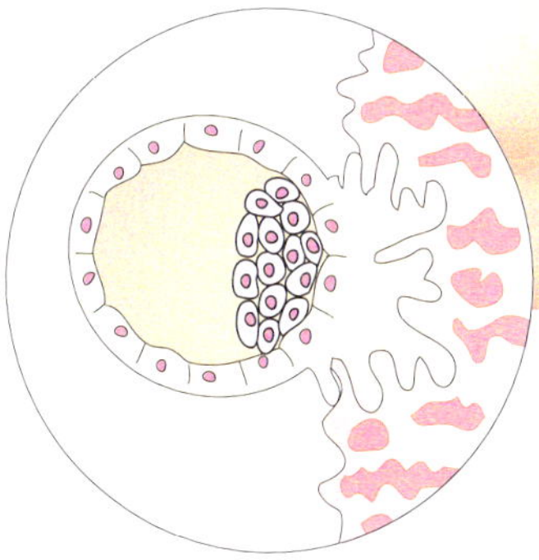

Zellteilung

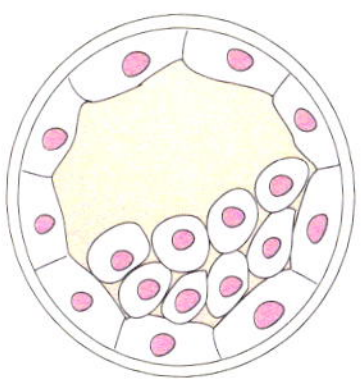

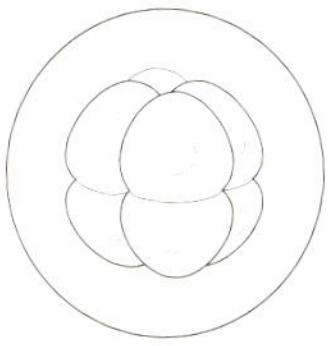

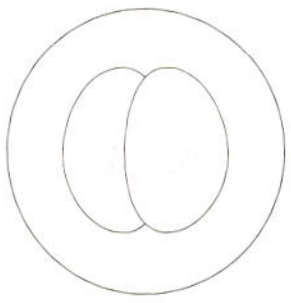

„In der Schule ist sie mir schon lange aufgefallen. Sie hat schöne blonde Haare und eine Superfigur. Sie heißt Alex. Anfänglich hatte ich keinen Mut sie anzusprechen. Viele Jungen haben sie schon angebaggert. Sie lässt sie immer abblitzen, auch wenn es die coolsten Typen sind. Gestern traf ich sie im Schwimmbad. Ich hab sie angesprochen, weil meine Schwester mir gut zugeredet hat. Später haben wir noch ein Eis zusammen gegessen. Hoffentlich mag sie mich auch."

„Endlich habe ich Ulli kennen gelernt. Ich fand ihn schon lange super. Die meisten Jungen, die ich bisher getroffen habe, sind so aufdringlich gewesen, doch Ulli ist eher schüchtern. Und genau das gefällt mir an ihm. Ohne die Hilfe seiner Schwester hätten wir uns nie unterhalten. Das Eisessen war auch noch richtig lustig. Wir haben die ganze Zeit herumgealbert. Ich fände es toll, wenn er mit mir gehen würde."

Willst du mit mir gehen?

So wie Ulli und Alex geht es vielen Jugendlichen und Erwachsenen. Sie sind zu schüchtern, einem anderen Menschen zu gestehen, dass sie ihn mögen. Es gehört schon eine ganze Menge Mut dazu, zu seinen Gefühlen zu stehen und sie dem anderen zu offenbaren. Was ist, wenn man ihm oder ihr nicht gefällt und er oder sie nichts von einem wissen will? Dazu kommt oft die große Angst, der oder die andere könnte die eigenen Gefühle nicht erwidern und einen vielleicht sogar auslachen.

Häufig warten beide auch darauf, dass der andere die Initiative ergreift und dieses Risiko wagt. Dabei muss nicht immer der Junge den ersten Schritt tun, auch Mädchen dürfen ihre Vorliebe für einen Jungen zeigen. Außerdem – man braucht sicher nicht das Aussehen eines Topmodells oder eines Traummanns, um einen Partner zu finden, den man liebt und von dem man geliebt wird! Verliebt sein versetzt jeden Menschen in Hochstimmung. Die ganze Welt steht Kopf, plötzlich dreht sich alles nur noch um „sie" oder „ihn" und man möchte am liebsten dauernd zusammen sein. Schon der Gedanke an den anderen kann weiche Knie, Herzklopfen oder das berühmte Kribbeln im Bauch auslösen. Bekommt man jedoch einen Korb, muss man das akzeptieren, auch wenn es sehr weh tut. Zur Liebe überreden kann man niemanden.

Schwärmen, vorsichtige Annäherungsversuche, erste Verabredungen und Verliebtsein gehören zu den neuen Erfahrungen in der *Pubertät*. Zu der Liebe, wie man sie für Eltern, Großeltern oder Geschwister empfindet, kommt beim Verliebtsein ein neues Gefühl hinzu, das mit *Sexualität* zu tun hat. Wer verliebt ist, möchte dem anderen nahe sein. Es entsteht bei beiden der Wunsch, einander zu berühren und sich zu küssen.

Liebe ist ein tiefes, warmes und schönes Gefühl, das man für einen anderen Menschen empfindet. Gegenseitige Liebe schenkt beiden Partnern Wärme und Zärtlichkeit und gibt beiden das Gefühl von Sicherheit.

Pubertät – Zeit der Veränderungen

Was ist …
… typisch männlich,
… typisch weiblich?

„Ihr habt doch keine Ahnung!“ Türen knallen; dicke Luft bei Familie K. Auseinandersetzungen mit den Eltern sind an der Tagesordnung, wenn Kinder versuchen sich abzugrenzen und ihre eigenen Wege zu gehen. „Du bist wohl gerade in der Pubertät!“ oder „Das sind die Hormone!“ bekommt man dann häufig zu hören.

In der *Pubertät* entwickeln sich Mädchen zu Frauen, die selbst Kinder bekommen können, und aus Jungen werden zeugungsfähige Männer.

Manche der Jungen und Mädchen sind in dieser Zeit mit sich selbst unzufrieden: Die anderen sehen besser aus, haben weniger Pickel und sind irgendwie cooler. Dabei leiden die anderen unter denselben Problemen und haben genauso Angst, nicht akzeptiert zu werden.

Beginn und Dauer der Pubertät sind nicht eindeutig festzulegen. So kann sie schon im Alter von 8 bis 10 Jahren beginnen, manchmal jedoch aber erst mit 16 Jahren. Dies ist durchaus normal. Die Pubertät beginnt mit einem Wachstumsschub – bei Mädchen etwa im Alter zwischen 10 und 12 Jahren, bei Jungen ca. 2 Jahre später. Danach ist das Wachstum der Jungen stärker, sodass sie die Mädchen bald eingeholt und mit 14 oder 15 Jahren meist überholt haben. Manchmal halten die inneren Organe und die Muskulatur mit dem schnellen Körperwachstum nicht Schritt und bei den Jugendlichen kommt es

2 Mit der Clique die Freizeit genießen

zu Kreislaufproblemen. Daneben finden in der Pubertät weitere körperliche Veränderungen statt. Bei Mädchen und Jungen beginnt die *Achsel-* und *Schambehaarung.* Die Jungen bilden eine kräftigere Muskulatur aus, die Schultern werden breiter, das Becken bleibt schmal. Der Kehlkopf vergrößert sich, die Stimmbänder werden länger und die Stimme wird tiefer *(Stimmbruch).* Bartwuchs und Brustbehaarung setzen ein (Abb. 1).

Bei den Mädchen entwickeln sich die Brüste, die Hüften werden breiter, die Schultern bleiben schmal. Die bei den Jugendlichen nach der Pubertät ausgebildeten Merkmale werden als **sekundäre Geschlechtsmerkmale** (▶ S. 154) bezeichnet.

Häufig werden die sekundären Geschlechtsmerkmale auch durch entsprechende Kleidung besonders betont, nicht zuletzt um für einen Partner oder eine Partnerin attraktiv zu sein.

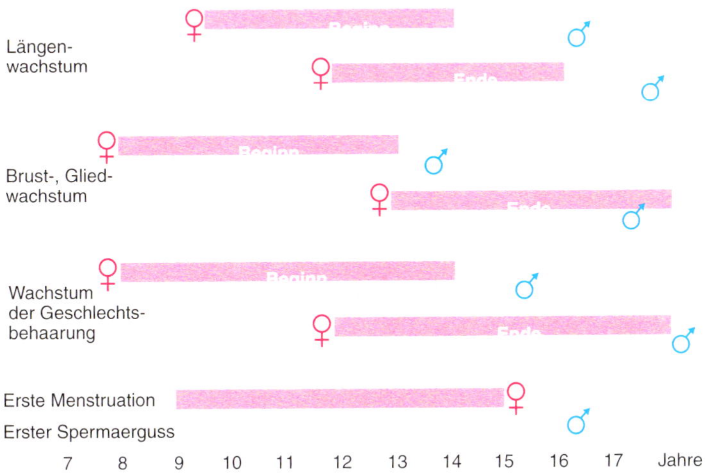

1 Möglicher Beginn von Veränderungen in der Pubertät

Aufgaben

① Jugendliche schließen sich in der Pubertät oft zu Cliquen zusammen. Nenne Vorteile dieser Cliquenbildung. Siehst du auch Nachteile oder Probleme (Abb. 2)?

② Mädchen und Jungen verhalten sich in einer Gruppe Gleichaltriger oft unterschiedlich. Liste typisch weibliche und typisch männliche Verhaltensweisen auf. Vergleicht untereinander.

③ Stelle in einer Tabelle die primären und sekundären Geschlechtsmerkmale von Mann und Frau einander gegenüber.

Die Geschlechtsorgane des Mannes

Schon bei neugeborenen Jungen sind der *Penis* und der *Hodensack* als äußere Geschlechtsmerkmale zu erkennen. Man bezeichnet sie als *primäre Geschlechtsmerkmale*, im Gegensatz zu den sekundären Geschlechtsmerkmalen, die sich erst in der Pubertät ausbilden.

Die eiförmigen Hoden des Mannes sind paarig und liegen eingebettet im Hodensack. In den Hoden entstehen die männlichen Keimzellen, die *Spermien*, und die Geschlechtshormone (s. Seite 52). Die Spermien werden in den *Nebenhoden* gespeichert. Dort beginnt je ein *Spermienleiter*. In diese geben die *Vorsteherdrüse* (Prostata) und weitere Drüsen Sekrete ab. Nur mithilfe dieser Sekrete können sich die Spermien in der Scheide, der Gebärmutter und im Eileiter der Frau bewegen.

Spermien und Sekrete bilden zusammen das *Sperma*. Im Bereich der Vorsteherdrüse vereinigen sich die beiden Spermienleiter mit dem Harnleiter aus der Blase zu einem gemeinsamen Ausführgang, der *Harn-Sperma-Röhre*.

Der *Penis*, auch Glied genannt, besteht aus *Schaft* und *Eichel*. Der Schaft enthält *Schwellkörper*, die rasch mit Blut gefüllt werden können, wodurch sich das Glied versteift. Die Harn-Sperma-Röhre führt durch den Schaft und mündet in der Eichel.

Die Eichel ist sehr empfindlich. Sie wird von der verschiebbaren *Vorhaut* bedeckt und geschützt. Unter der Vorhaut sondern Talgdrüsen fettende Stoffe ab, in denen sich Krankheitserreger gut vermehren können. Deshalb muss das Glied täglich gewaschen werden. Dazu wird die Vorhaut zurückgezogen und die Eichel und das übrige Glied werden mit warmem Wasser und Seife gewaschen.

Bei der sexuellen Erregung des Mannes kommt es zur *Erektion,* also der Versteifung des Gliedes. Dabei sind die Schwellkörper mit Blut gefüllt. So kann der steife Penis bei der körperlichen Vereinigung von Mann und Frau, dem *Geschlechtsverkehr,* in die Scheide der Frau eingeführt werden. Auf dem Höhepunkt der gefühlsmäßigen Erregung der Geschlechtspartner, dem *Orgasmus*, wird das Sperma herausgeschleudert. Man nennt dies *Ejakulation*.

(1) Harnblase
(2) Harnleiter
(3) Vorsteherdrüse
(4) Leistenkanal
(5) Harn-Sperma-Röhre
(6) Penis
(7) Schwellkörper
(8) Spermienleiter
(9) Nebenhoden
(10) Hoden
(11) Vorhaut
(12) Eichel
(13) Bläschendrüse

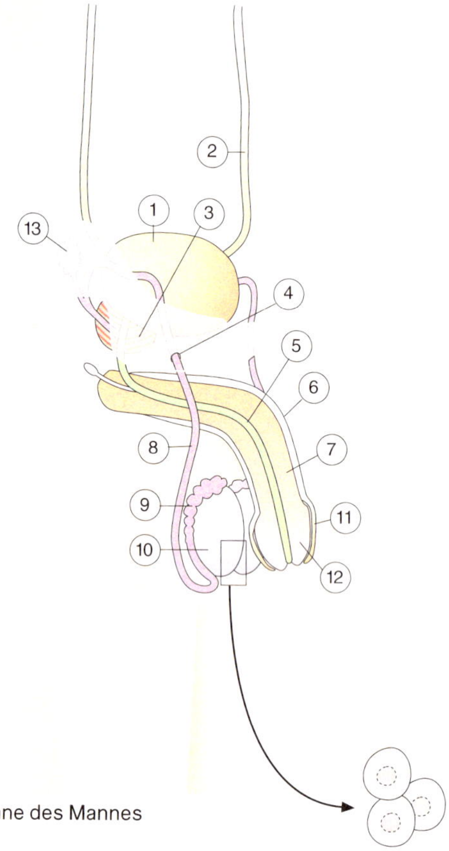

1 Die Geschlechtsorgane des Mannes

Urspermienzellen

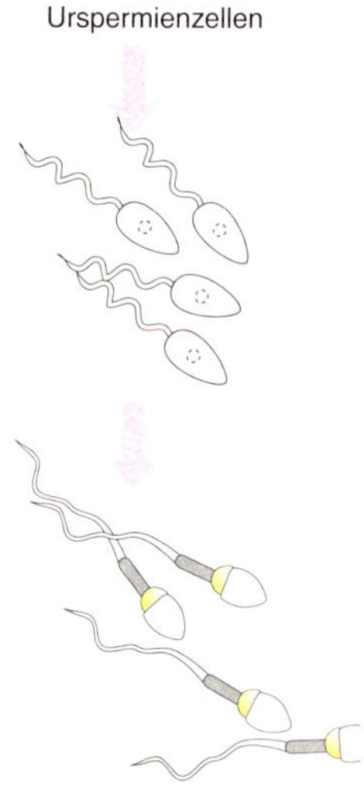

Spermienentwicklung in den Hoden

Der erste, spontan erfolgende Spermaerguss, die *Pollution*, erfolgt in der Pubertät oft unbewusst im Schlaf. Dieser natürliche Vorgang zeigt, dass der Junge geschlechtsreif geworden ist. Durch Reizung des Penis kann ein Spermaerguss auch selbst herbeigeführt werden. Diese *Selbstbefriedigung (Masturbation)* ist eine mögliche Form der menschlichen Sexualität. Sie ist aber keineswegs ein gesundheitsschädliches oder gar unnormales Sexualverhalten.

Aufgabe

(1) Stelle einander gegenüber: Primäre und sekundäre Geschlechtsmerkmale, innere und äußere Geschlechtsorgane des Mannes.

Die Spermien

Die Spermien gehören mit einer Länge von etwa 0,06mm zu den kleinsten Zellen des menschlichen Körpers. Sie entstehen im Innern der Hoden aus den *Urspermienzellen* (Spermienmutterzellen). Erst bei Eintritt in die Pubertät beginnen sich diese Zellen zu teilen. Dabei führt jede Urspermienzelle nacheinander zwei so genannte *Reifeteilungen* durch. So entstehen aus jeder Urspermienzelle vier Spermien (Abb. 1).

Im *Kopf* des Spermiums liegt der Zellkern. Von dem *Mittelstück* wird die Energie für die Fortbewegung bereitgestellt. Der *Schwanzfaden* schlägt wie die Geißel eines Einzellers. Er verleiht dem Spermium eine Schwimmgeschwindigkeit von ca. 3mm pro Minute. Auf dem Weg zur Eizelle, die sich bereits im Eileiter befindet, werden die Spermien zunächst schnell durch das rhythmische Zusammenziehen der Scheide, der Gebärmutter und der Eileiter nach dem Orgasmus der Frau vorwärts bewegt. Langsamer kommen die Spermien durch die Eigenbewegung mit ihren Geißeln vorwärts (▶ S. 152). Sie orientieren sich dabei entlang der steigenden Konzentration eines Lockstoffs, der von der befruchtungsfähigen Eizelle abgegeben wird (▶ S. 160).

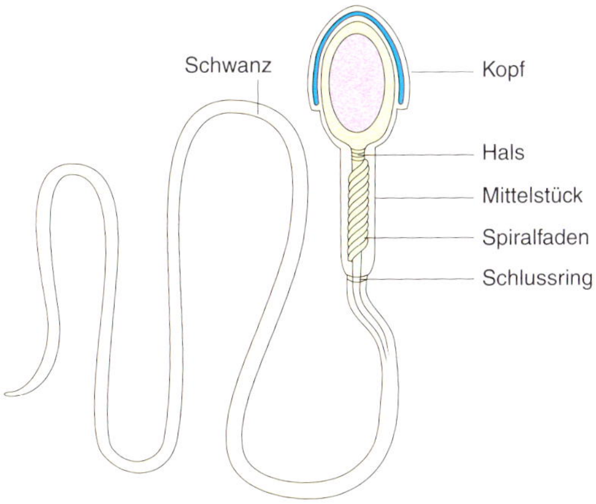

1 Aufbau eines Spermiums (Schema)

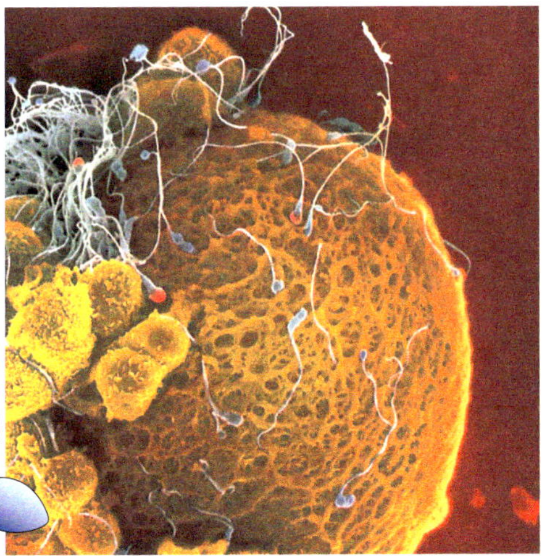

2 Menschliche Spermien an einer Eizelle

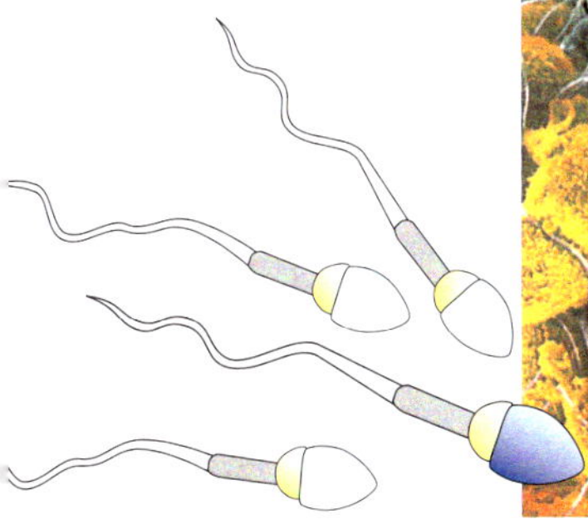

reife Spermien

Bei einer Ejakulation werden 3 bis 5ml Sperma abgegeben, das bis zu 100 Millionen Spermien enthält. Trotzdem gelangen nur einige hundert bis zur Eizelle (Abb. 2). Dafür gibt es mehrere Gründe:

- Zahlreiche Spermien sind so verändert, dass sie bewegungsunfähig und nicht mehr befruchtungsfähig sind. Man kennt solche mit zwei und mehr Geißeln, solche ohne Geißel oder mit funktionsuntüchtiger Geißel sowie viele andere Missbildungen.
- Durch das saure Milieu in der Scheide wird die Bewegungsfähigkeit der Spermien gehemmt.
- Im Schleimpfropf am Gebärmuttereingang bleiben viele Spermien stecken.
- Die weißen Blutzellen der Frau vernichten zahlreiche Spermien, da sie für den weiblichen Körper fremde Zellen sind.
- Der Energievorrat vieler Spermien ist verbraucht, bevor die Eizelle erreicht ist.
- Durch das Schlagen der Wimpern im Eileiter strömt Flüssigkeit vom Eierstock zur Gebärmutter hin. Diese Strömung hemmt die Wanderung der Spermien zum Eileitertrichter hin.

Die im Nebenhoden gespeicherten Spermien bleiben dort in einem inaktiven Zustand etwa vier Wochen lebensfähig. Nach einer Ejakulation sind die Spermien im Gebärmutterhals bis zu mehreren Tagen befruchtungsfähig.

Für die ständige Neubildung von Spermien und deren Speicherung ist es von Bedeutung, dass die Temperatur im Hodensack zwischen 2°C und 5°C unter der normalen Körpertemperatur von etwa 37,5°C liegt. Untersuchungen haben gezeigt, dass schon bei geringfügig höheren Temperaturen die Spermienbildung unterdrückt wird. Ebenfalls nachgewiesen wurde, dass Raucher und Alkoholiker eine deutlich höhere Zahl defekter Spermien haben oder die Gesamtzahl der Spermien geringer ist.

Die Geschlechtsorgane der Frau

Die äußerlich sichtbaren Geschlechtsorgane der Frau bestehen aus verschiedenen Hautfalten, *große* und *kleine Schamlippen* genannt. Es sind Fettpolster, durchsetzt von Bindegewebe und Muskelfasern. Die Schamlippen umschließen schützend den Scheideneingang und die von der *Scheide* getrennte Öffnung der Harnröhre. Im vorderen Bereich zwischen den Schamlippen liegt der *Kitzler* (Klitoris). Er ist ein leicht erregbarer Schwellkörper, der zahlreiche Nervenendigungen enthält und, wie die Eichel des Penis, sehr empfindlich ist. Durch Reizung des Kitzlers können sich Frauen selbst befriedigen. Zwischen Scheide und After liegt der *Damm*, der von der dehnbaren Beckenbodenmuskulatur gebildet wird.

Die Scheide *(Vagina)*, ein 8 bis 11cm langer schlauchförmiger Hohlmuskel, führt nach innen zur *Gebärmutter*. Die Scheidenwände sind mit einer Schleimhaut ausgekleidet, deren abgestoßene Epithelzellen reich an Glykogen sind. Dieses stärkeähnliche Kohlenhydrat wird von den in der Scheide lebenden Milchsäurebakterien *(Scheidenflora)* in Milchsäure umgewandelt. Dadurch entsteht ein saures Milieu, das Krankheitserreger unschädlich machen kann. Ein zusätzlicher Schutz der inneren Geschlechtsorgane besteht darin, dass sich die elastischen Scheidenwände zusammenziehen, sodass sie aufeinander liegen und nur einen schmalen Spalt freilassen. Zum größten Teil wird der Scheideneingang bis zum ersten Geschlechtsverkehr durch das *Jungfernhäutchen* (Hymen) verschlossen (Abb. 1).

Der Scheide kommen im Wesentlichen zwei Aufgaben zu: Sie nimmt beim Geschlechtsverkehr den Penis und das von ihm abgegebene Sperma auf und sie ist der natürliche *Geburtskanal*, durch den das Kind bei der Geburt herausgepresst wird.

Am oberen Ende der Scheide liegt der *Gebärmutterhals*. Er ist die Übergangsstelle von den äußeren zu den inneren Geschlechtsorganen und damit die Verbindung zwischen Gebärmutter und Scheide. Er wird von einem Schleimpfropf verschlossen. Die *Gebärmutter* (Uterus) ist ein faustgroßer, dehnbarer Hohlmuskel, der von einer Schleimhaut ausgekleidet ist. Während der Schwangerschaft vergrößert sich ihr Volumen von wenigen Millilitern auf mehrere Liter. Am oberen, breiten Ende der Gebärmutter münden die beiden *Eileiter* ein. Es sind etwa 15cm lange, bleistiftstarke Schläuche, die innen mit einer Flimmerschleimhaut ausgekleidet sind. Jeder Eileiter öffnet sich mit einem fransenbesetzten Trichter zu je einem *Eierstock* hin. Die Eierstöcke *(Ovarien)* sind die weiblichen Keimdrüsen, die an Bindegewebsbändern in der Bauchhöhle aufgehängt sind. In ihnen reifen die Eizellen heran und sie bilden weibliche Geschlechtshormone.

(1) Harnblase
(2) Harnleiter
(3) Gebärmutter
(4) Eierstock
(5) Eileiter
(6) Trichter des Eileiters
(7) Gebärmutterhals (Portio)
(8) Scheide
(9) Harnröhre
(10) innere und äußere Schamlippen
(11) Kitzler
(12) Schambein

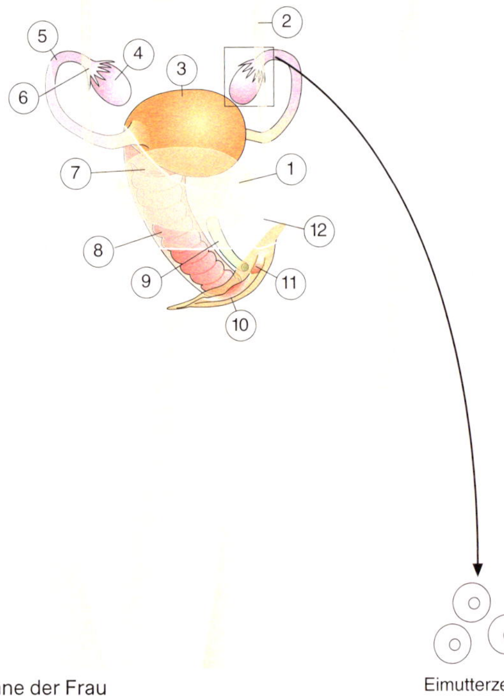

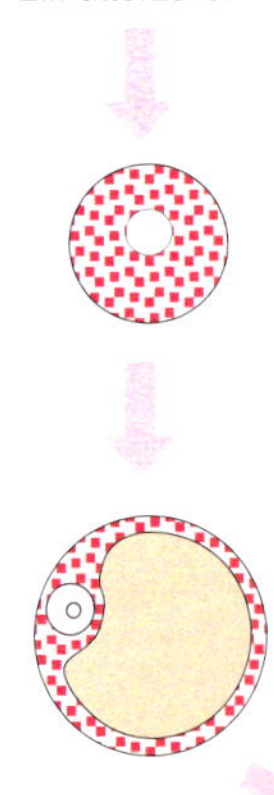

1 Die Geschlechtsorgane der Frau

Aufgaben

(1) Ordne den Geschlechtsorganen der Frau die jeweils vergleichbaren des Mannes zu.

(2) Welches sind die primären und sekundären Geschlechtsmerkmale der Frau? Erstelle eine Liste.

Eizellen und Befruchtung

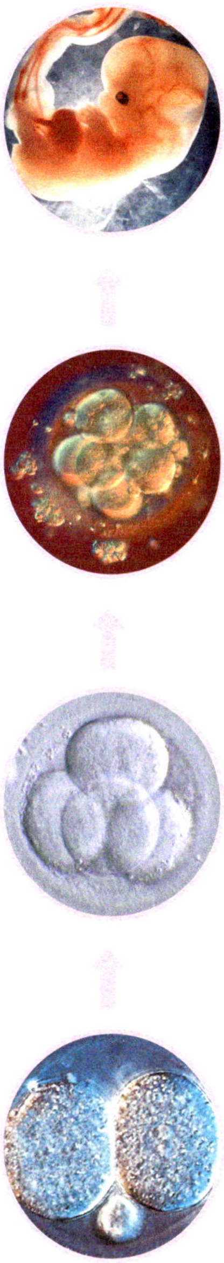

Schon während der dritten Schwangerschaftswoche bilden sich im weiblichen Embryo die ersten *Ureizellen*. Durch vielfache Zellteilungen entstehen daraus 5 bis 6 Millionen *Eimutterzellen* in jedem Eierstock des noch ungeborenen Mädchens. Die meisten dieser Eimutterzellen gehen bereits vor der Geburt zugrunde, die überlebenden Zellen wachsen heran und verharren nach einer ersten Reifeteilung in einem Ruhestadium. Bei der Geburt des Mädchens sind etwa 400000 solcher unreifer Eizellen in den beiden Eierstöcken vorhanden. Von diesen aber kommen im Laufe des Lebens einer Frau, beginnend mit der Pubertät, nur etwa 450 wirklich zur Ausreifung.

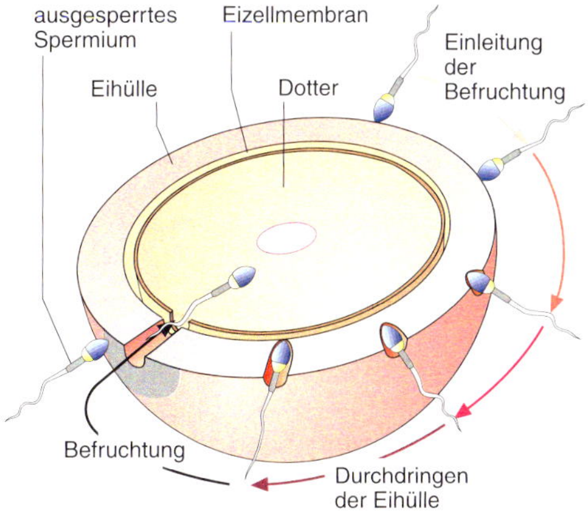

1 Menschliche Eizelle und Befruchtung

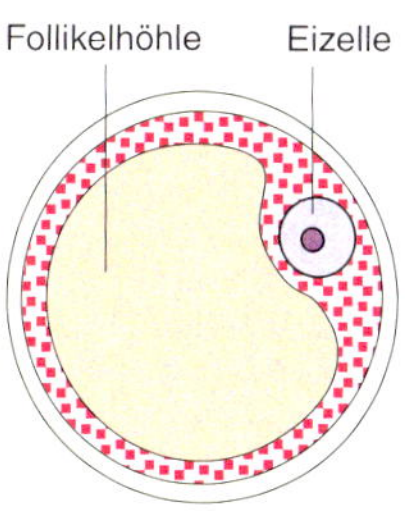

Reifer Follikel

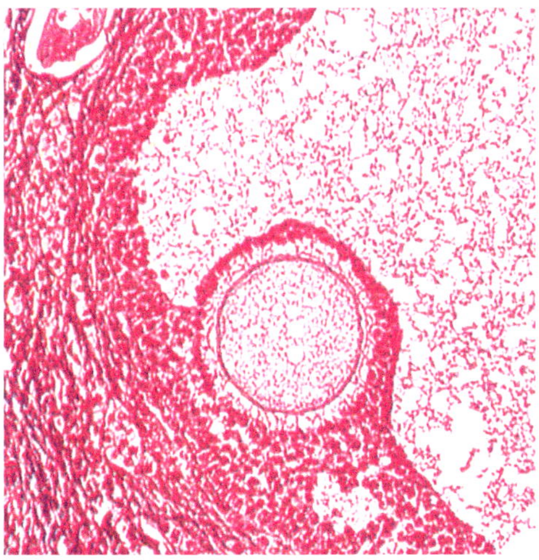

2 Eizelle im Follikel (160 x vergr.)

Die Eizelle, umgeben von einer feinen schützenden Schicht, reift innerhalb des Eierstocks in einem flüssigkeitsgefüllten Bläschen, dem *Follikel,* heran. Dieser Follikel kann auf eine Größe von bis zu 2 cm heranwachsen. Ist das Ei reif, wandert der Follikel an die Oberfläche des Eierstocks und platzt auf. Das Ei wird mit der Follikelflüssigkeit ausgespült und vom nahe liegenden Trichter des Eileiters aufgenommen. Diesen Vorgang nennt man *Follikel-* oder *Eisprung* (Ovulation). Die im Eierstock zurückbleibenden Follikelreste werden zum *Gelbkörper* (s. S. 98) umgebaut.

Die reife Eizelle ist eine der größten Zellen des menschlichen Körpers; sie ist bereits mit bloßem Auge sichtbar (Abb. 1). Mit einem Durchmesser von bis zu 0,2 mm hat sie ein rund 250000-mal größeres Volumen als eine Spermienzelle. In ihrem Zellkern liegen die Erbanlagen. Den größten Teil des Volumens nimmt aber der große *Dotter* ein, der der Speicherung von Nährstoffen dient. Im Gegensatz zu den Spermien kann die Eizelle sich nicht selbst fortbewegen. Flimmerhärchen im Eileiter und Kontraktionswellen der Eileitermuskulatur erzeugen einen Flüssigkeitsstrom, der sie in Richtung Gebärmutter transportiert.

Die Eizelle ist nach dem Eisprung nur ca. 12 Stunden lang befruchtungsfähig und befindet sich noch im oberen Teil des Eileiters. Um sie zu befruchten, müssen die Spermien sie innerhalb dieser Zeitspanne dort erreichen. Dabei kann nur ein einziges Spermium in die Eizelle eindringen. Danach wird die Hülle der Eizelle für weitere Spermien undurchlässig. Der Zellkern im Spermienkopf verschmilzt mit dem Zellkern der Eizelle. Mit der Verschmelzung der Zellkerne ist die *Befruchtung* vollzogen (▶ S. 154). Die befruchtete Eizelle nennt man *Zygote.* Ihr Zellkern enthält die Erbanlagen aus dem Spermium des Vaters und aus der Eizelle der Mutter. Aus der befruchteten Eizelle entstehen nun durch fortwährende Teilungen der *Embryo* und letztlich alle Zellen des menschlichen Körpers (Abb. 2).

Aufgabe

① Stelle in einer Tabelle Gemeinsamkeiten und Unterschiede in der Entwicklung der Spermien und der Eizellen aus ihren jeweiligen Mutterzellen zusammen.

Der weibliche Zyklus

Hormone der Hypophyse
FSH = Follikel stimulierendes Hormon
LH = luteinisierendes Hormon

Hormone des Follikels
Östrogene

Hormon des Gelbkörpers
Progesteron

Hormon des Mutterkuchens
HCG =
Human
chorionic
gonadotropine

chorion (gr.) = Zottenhaut

Während im Eierstock eine Eizelle heranreift, verändert sich zeitgleich die Gebärmutterschleimhaut. Beide Vorgänge werden durch Hormone geregelt (▶ S. 158).

Das *Follikel stimulierende Hormon (FSH)* fördert Follikelwachstum und -reifung. Unter dem Einfluss des *luteinisierenden Hormons (LH)* stehen Follikelsprung und Gelbkörperbildung. FSH und LH werden aus bestimmten Zentren der *Hypophyse* ausgeschüttet. Sie selbst wird durch Botenstoffe aus dem *Hypothalamus* stimuliert (Abb. 1).

Auch der reifende Follikel bildet Hormone, die *Östrogene*. Sie bewirken, dass die Gebärmutterschleimhaut innerhalb von etwa zwei Wochen auf die vierfache Dicke heranwächst. Gleichzeitig hemmen sie die Menge der FSH- und LH-Ausschüttung in der Hypophyse. Bei einem bestimmten Mengenverhältnis von FSH und LH kommt es zum *Eisprung*. Zu diesem Zeitpunkt steigt die Körpertemperatur um etwa 0,5 °C an.

Nach dem Eisprung wandelt sich der entleerte Follikel unter dem Einfluss des LH um. Er wird zum Gelbkörper. Dieser bildet nun die Gelbkörperhormone *(Progesterone)*. Sie bewirken, dass die Gebärmutterschleimhaut weiterwächst, Nährstoffe speichert und sich so auf die Einnistung einer befruchteten Eizelle vorbereitet. Die Progesterone hemmen gleichzeitig die LH-Ausschüttung der Hypophyse, sodass kein neuer Follikel heranreifen kann.

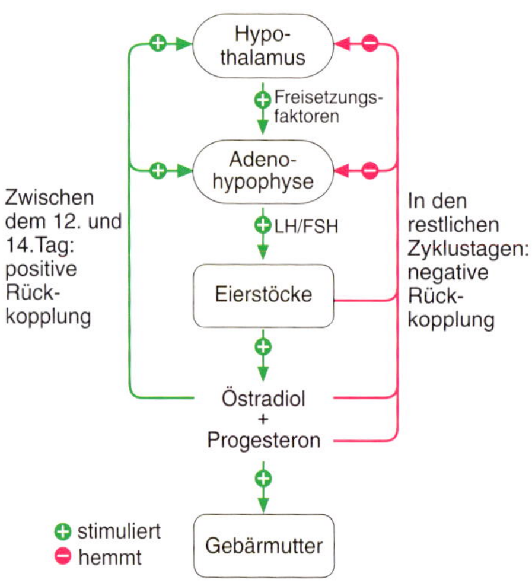

1 Hormonelle Regulationsmechanismen

Die befruchtete Eizelle teilt sich bereits im Eileiter mehrmals, sodass sich ein aus wenigen Zellen bestehender *Keim* in der Gebärmutterschleimhaut einnistet. Nun wird das *Schwangerschaftshormon* HCG vom Gewebe des Embryos gebildet. Das HCG bewirkt, dass der Gelbkörper erhalten bleibt. Außerdem lässt es die Milchdrüsen der Brust anschwellen und bereitet sie so auf die Milchbildung vor.

Ist die Eizelle nicht befruchtet worden, verkümmert der Gelbkörper und die Progesteronbildung geht zurück. Die *Menstruation* (Regel- oder Monatsblutung) setzt ein. Das Abstoßen der obersten Schichten der Schleimhaut tritt regelmäßig etwa alle 28 Tage auf (*Zyklus*).

Zu Beginn der Pubertät schwanken die Zykluslängen meistens noch stark. Die Regelmäßigkeit der Monatsblutungen stellt sich manchmal erst nach einigen Jahren ein. *Menstruationsbeschwerden*, wie Übelkeit, Kopf- und Bauchweh, treten häufig bei Mädchen oder jungen Frauen auf. Bei starken Schmerzen oder wenn sich auch nach Jahren noch keine konstante Zykluslänge eingestellt hat, sollte ein Frauenarzt *(Gynäkologe)* aufgesucht werden.

Während der Menstruation fehlt der Schleimhautpfropf im Gebärmutterhals, sodass Blut und Schleimhautreste abfließen können. Damit fehlt aber auch die Sperre gegen aufsteigende Krankheitserreger, für die das ausfließende Blut mit den Schleimhautzellen ein guter Nährboden ist. Deshalb ist gerade während der Menstruation auf eine besonders gründliche *Hygiene* der äußeren Geschlechtsorgane zu achten: Das ausfließende Blut wird mit saugfähigen *Tampons* oder *Binden* aufgefangen, die regelmäßig gewechselt werden müssen; ferner sollten die äußeren Geschlechtsorgane täglich gründlich gewaschen werden.

Durch die hormonelle Regelung reift üblicherweise nur eine Eizelle heran. Es können aber auch zwei Zellen gleichzeitig heranreifen und beim Follikelsprung frei werden. Werden beide von je einem Spermium befruchtet, so entwickeln sich *zweieiige Zwillinge*. Weitaus seltener kommt es vor, dass sich ein Keim in einem frühen Stadium vollständig durchschnürt und sich die beiden Hälften getrennt weiterentwickeln. Es entstehen *eineiige Zwillinge* mit identischer

Erbinformation. Sie sind immer gleichen Geschlechts und gleichen sich in vielen anderen erblichen Merkmalen.

Im Alter von etwa 45 – 50 Jahren werden bei der Frau die Zyklen unregelmäßig und die Regelblutungen hören schließlich ganz auf *(Menopause)*. Das bedeutet, dass keine Eizellen mehr heranreifen und die Frau jetzt keine Kinder mehr bekommen kann. Diese Zeit der hormonellen Umstellung nennt man auch *Wechseljahre*.

Aufgaben

① Die Gelbkörperhormone (Progesterone) und die Östrogene beeinflussen die LH- und FSH-Ausschüttung der Hypophyse. Wie geschieht das und welche Bedeutung hat dies bei einer beginnenden Schwangerschaft?

② Beschreibe die Folgen für den Zyklus, wenn das FSH bzw. die Progesterone ausfallen würden.

③ Erkläre, weshalb während der Menstruation die Gefahr einer Gebärmutterinfektion besonders groß ist.

④ Bei regelmäßiger und exakter Messung der Körpertemperatur *(Basaltemperatur-Methode)* erhält man einen recht genauen Überblick über den Zyklusverlauf. Kann mit dieser Methode der Zeitpunkt angegeben werden, wann ein Eisprung erfolgen wird? Erläutere.

⑤ Begründe, warum jede Frau einen Regelkalender führen sollte.

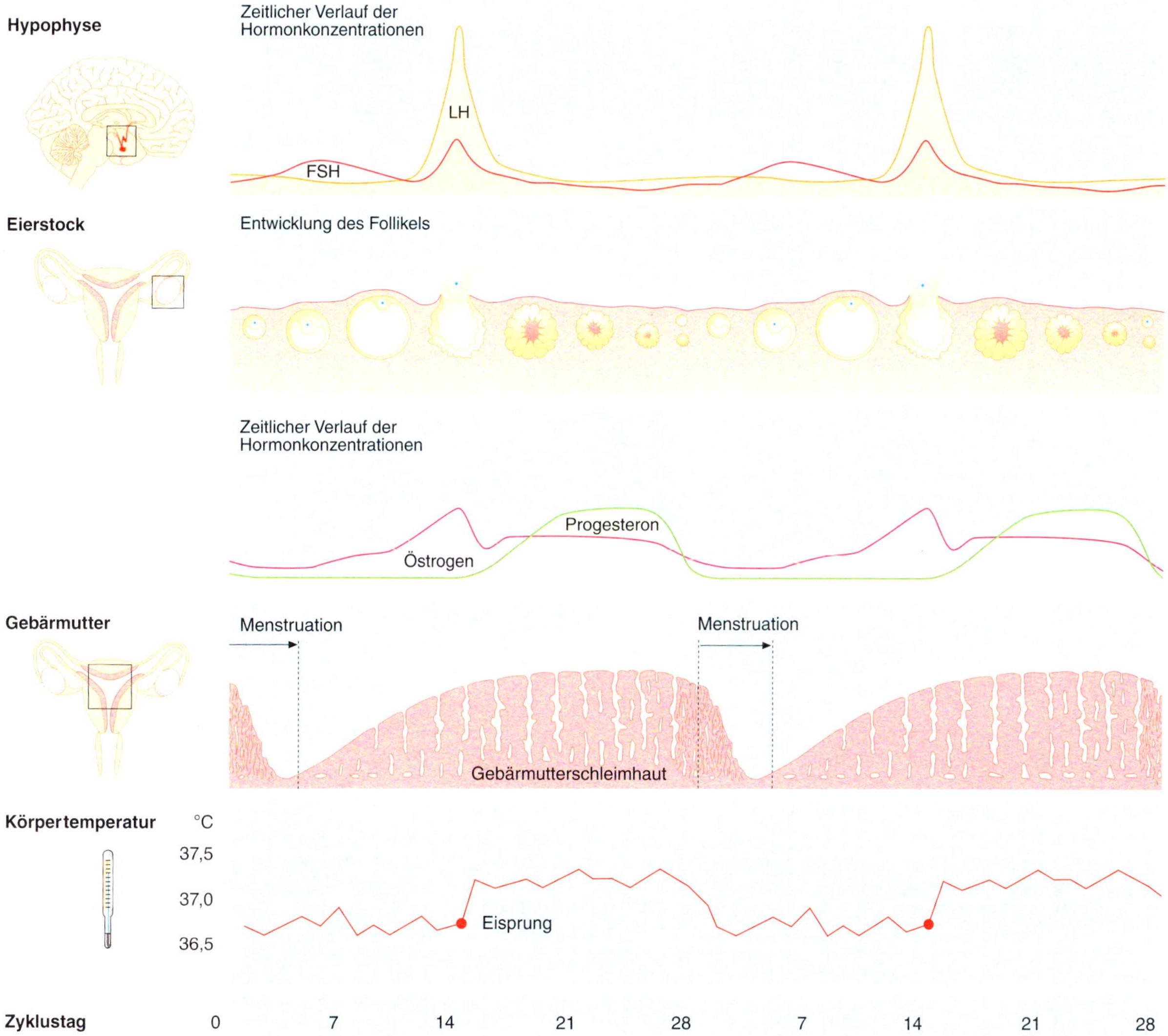

1 Übersicht zu den Vorgängen beim weiblichen Zyklus

Die Entwicklung von Embryo und Fetus

Dringt ein Spermium in die Eizelle ein und verschmelzen die Zellkerne der beiden Geschlechtszellen, so ist die *Befruchtung* vollzogen. Aus der befruchteten Eizelle, der *Zygote*, entstehen nun durch fortwährende Teilungen alle Zellen des menschlichen Körpers und auch Versorgungs- und Schutzstrukturen.

Die ersten Teilungen der Zygote erfolgen schon auf dem Weg zur Gebärmutter. Nach 24 Stunden ist das *Zweizellstadium* erreicht, aus dem sich durch weitere Teilungen ein 4-, 8-, 16- und 32-zelliger Keim entwickelt. Die Zellen bleiben dicht beieinander und bilden einen Zellhaufen *(Maulbeerkeim)*, der noch den Durchmesser der ursprünglichen Zygote hat. Im weiteren Verlauf ordnen sich die Zellen zu einer Hohlkugel *(Blasenkeim)* an, die sich mit Flüssigkeit füllt. An einer Stelle im Inneren der Hohlkugel sammeln sich andere Zellen zu einer kompakten inneren Zellmasse aus wenigen hundert Zellen. Der Blasenkeim erreicht etwa am 7. Tag nach der Befruchtung die Gebärmutter und nistet sich nun in der vorbereiteten Schleimhaut ein.

Nach der Einnistung bilden die Hüllzellen kleine *Zotten* aus, die wie Wurzeln immer tiefer in die Gebärmutterschleimhaut vordringen. Die Zellen der Zotten stehen im direkten Kontakt mit Blutgefäßen der Mutter. Das kindliche Gewebe und die Gebärmutterschleimhaut bilden zusammen den Mutterkuchen, die *Plazenta*. Ab diesem Zeitpunkt beginnt die Ernährung des Keimes über den mütterlichen Blutkreislauf und er beginnt zu wachsen.

Nur die innere Zellmasse des Blasenkeims entwickelt sich zum *Embryo*. Innerhalb der ersten 4 Wochen wächst der Embryo auf etwa 6 mm heran. Schon jetzt beginnen sich die Grundrisse eines Menschen deutlich abzuzeichnen: der Kopf, der etwa $^1/_3$ der ganzen Gestalt einnimmt, die Anlagen des Gehirns und der Wirbelsäule sowie am Körper des Embryos die Arm- und Beinknospen. Auch das Herz arbeitet schon.

Am Ende der 8. Woche sind alle inneren Organe angelegt, das Herzbläschen schlägt bereits 65-mal in der Minute, obwohl das Blutgefäßsystem noch unfertig ist. Der Embryo ist jetzt 3 bis 4 cm lang und 10 bis 15 g schwer. Er liegt im Fruchtwasser der *Fruchtblase* und ist über die *Nabelschnur* mit der mütterlichen Plazenta verbunden.

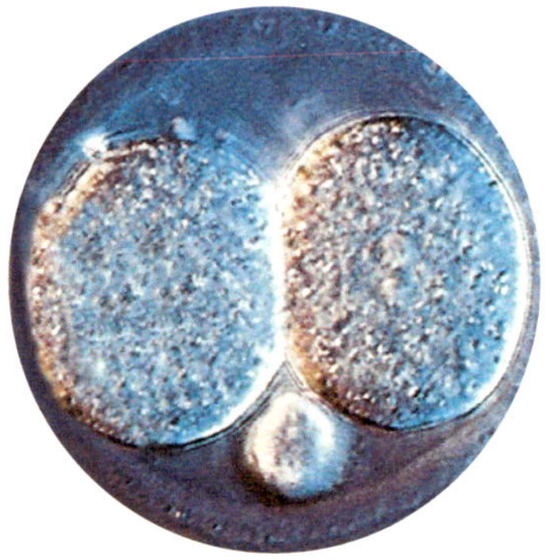

Zweizellstadium

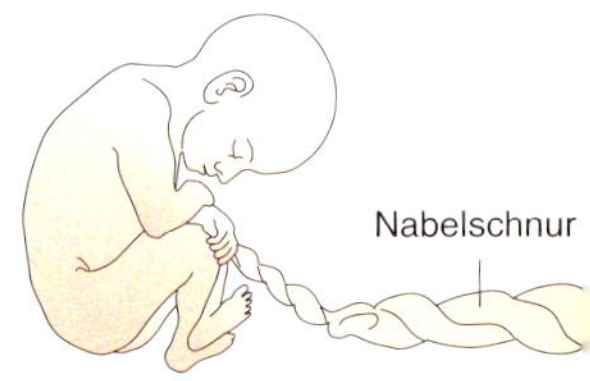

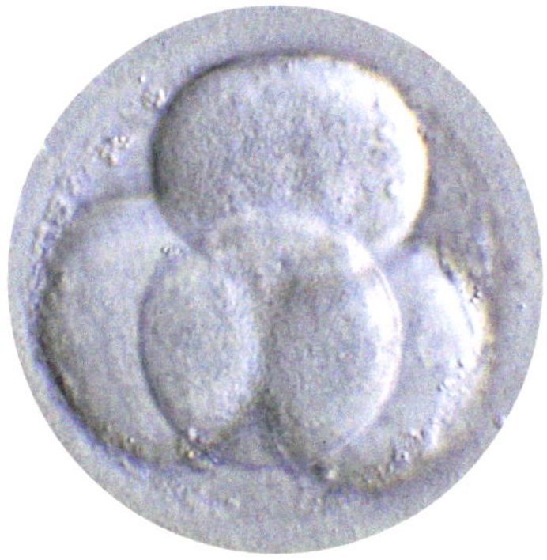

Vierzellstadium

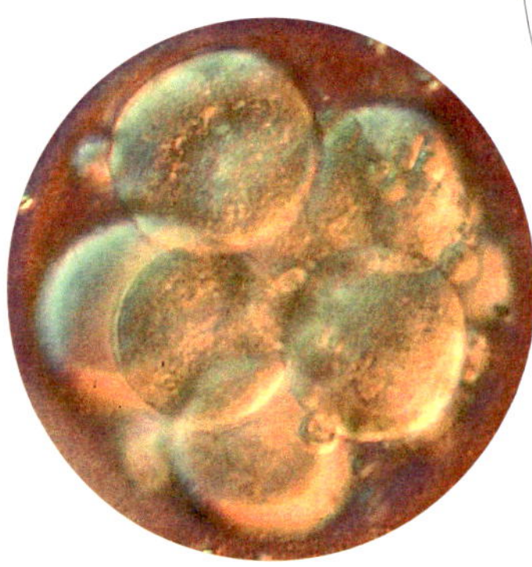

Sechzehnzellstadium

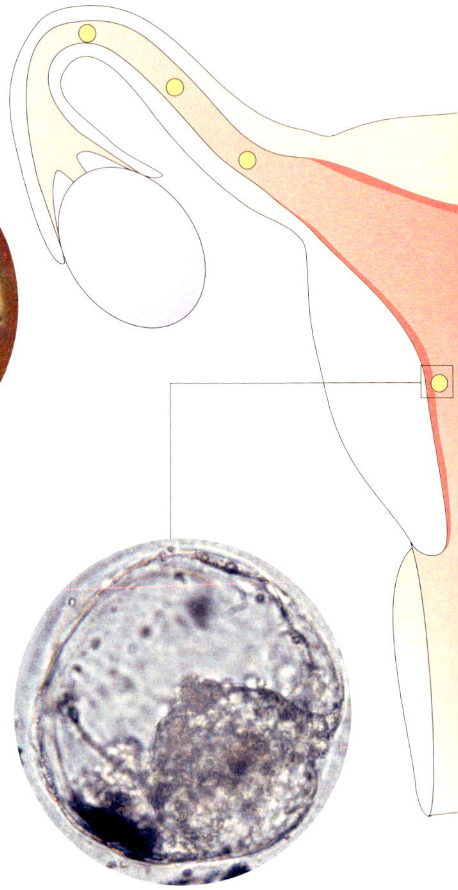

Blasenkeim

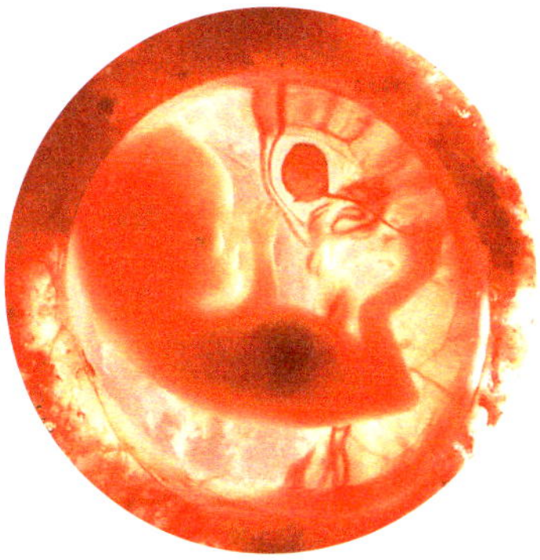

Fetus (14 Wochen)

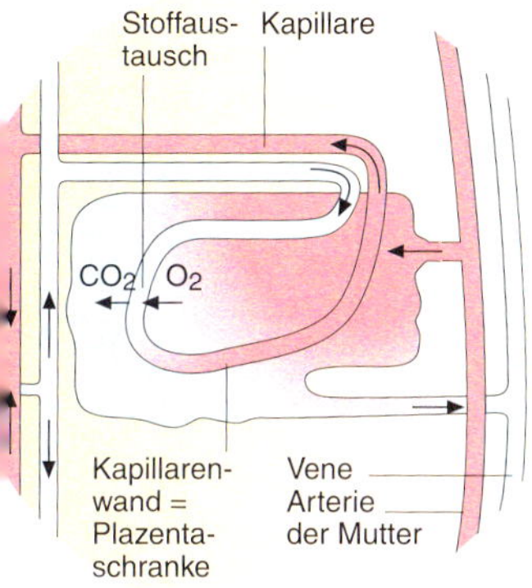

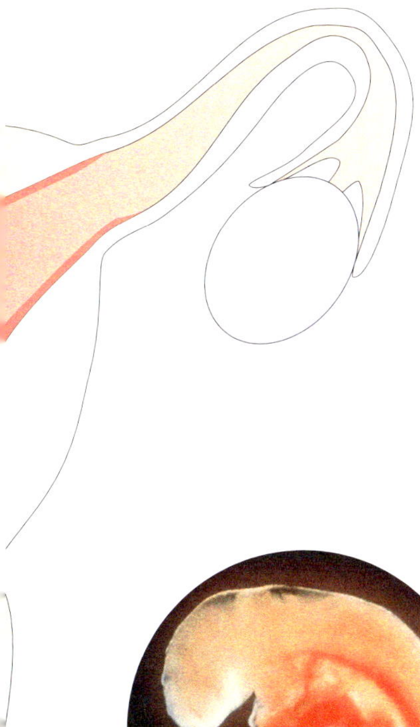

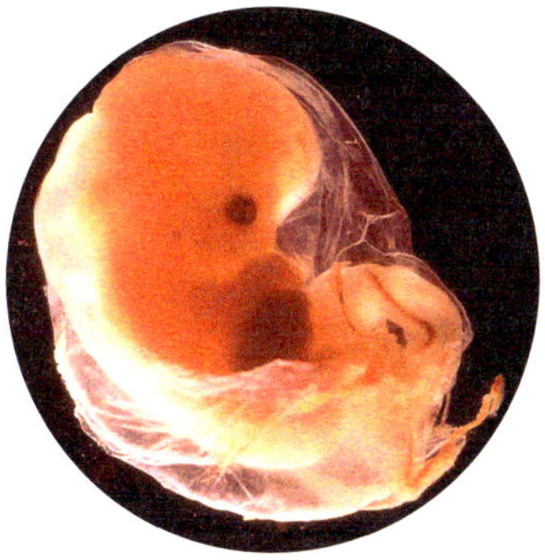

Embryo (8 Wochen)

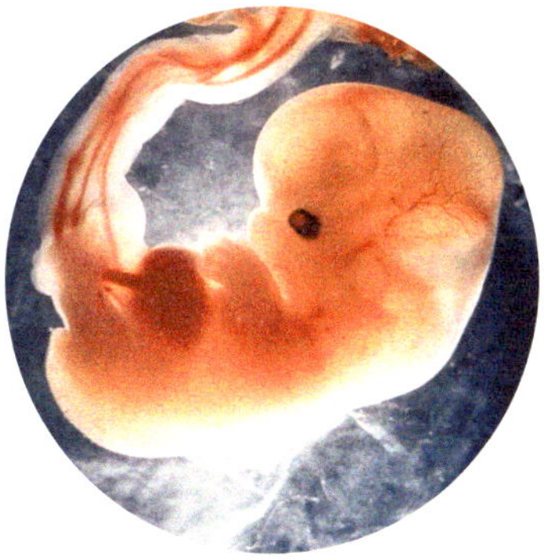

Embryo (6 Wochen)

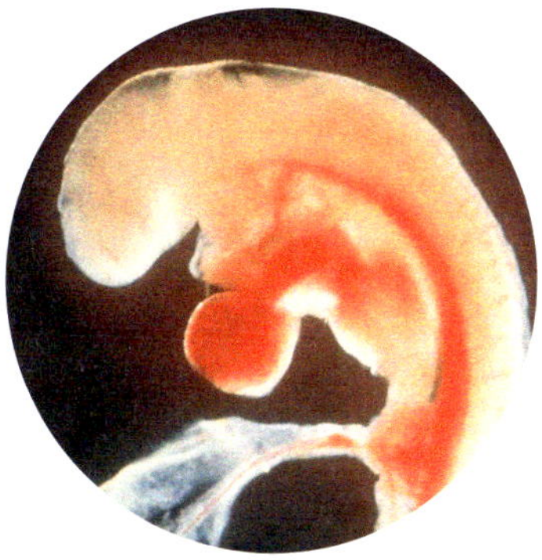

Embryo (4 Wochen)

Die *Nabelarterien* des Kindes verästeln sich sehr stark und ragen in die zahlreichen Hohlräume der Plazenta, die mit mütterlichem Blut gefüllt sind. Die dünnen Wände der kindlichen Adern trennen das Blut von Mutter und Kind, sodass kein Blutaustausch und keine Durchmischung erfolgen kann. Dies nennt man die *Plazentaschranke*. Durch diese dünne Zellschicht kann jedoch ein kontrollierter Stoffaustausch erfolgen (▶ S. 160). Sauerstoff und Nährstoffe werden von Blutgefäßen *(Kapillaren)* des Kindes aufgenommen, das im Körper des Kindes entstandene Kohlenstoffdioxid und andere Stoffwechselprodukte an das mütterliche Blut abgegeben. Andere Stoffe, z. B. manche Vitamine, müssen aktiv, d. h. durch besondere Transportvorgänge, aufgenommen werden.

Die *Nabelvene* bringt das mit Sauerstoff und Nährstoffen angereicherte Blut in den kindlichen Körper zurück. Rote und weiße Blutzellen sowie Blutplättchen des mütterlichen Blutes können die Plazentaschranke kaum oder gar nicht durchdringen, wohl aber einige Krankheitserreger (z. B. diejenigen, die Röteln auslösen), im Blut befindliche Antikörper der Mutter, Alkohol, Nikotin und andere Drogen sowie Arzneimittel. Stoffe und Erreger, die die Plazentaschranke überwunden haben, können die Entwicklung der Kinder beeinträchtigen – z. B. lässt das eingeatmete Nikotin einer Zigarette das Herz des Ungeborenen 20 Schläge pro Minute schneller schlagen. Kinder von Raucherinnen sind bei der Geburt oft kleiner und anfälliger gegen Krankheitserreger. Auch Medikamente, wie z. B. das Schlafmittel *Contergan* in den 1960er-Jahren, können zu schweren Missbildungen bei den Kindern führen.

Mit Beginn des 3. Schwangerschaftsmonats endet die Embryonalzeit. Von nun an nennt man das im Mutterleib heranwachsende Kind *Fetus*. Es beginnt die Entwicklungsphase der bereits angelegten, inneren Organe bis zur Funktionstüchtigkeit, die bis zum Ende des 7. Monats andauert. Diesen Zeitraum nennt man auch *Wachstumszeit*.

In dieser Zeit beginnt der Fetus, die Funktionen mancher seiner Organe zu üben: Er beugt und streckt seine Arme und Beine und bewegt seinen Kopf. Der Fetus lernt schlucken und trinkt vom *Fruchtwasser*, in dem er schwimmt. Die „Verknöcherung“ der knorpeligen Skelettanlagen beginnt, Haare wachsen, Nägel an Zehen und Fingern entstehen. Die äußeren Geschlechtsorgane sind erkennbar.

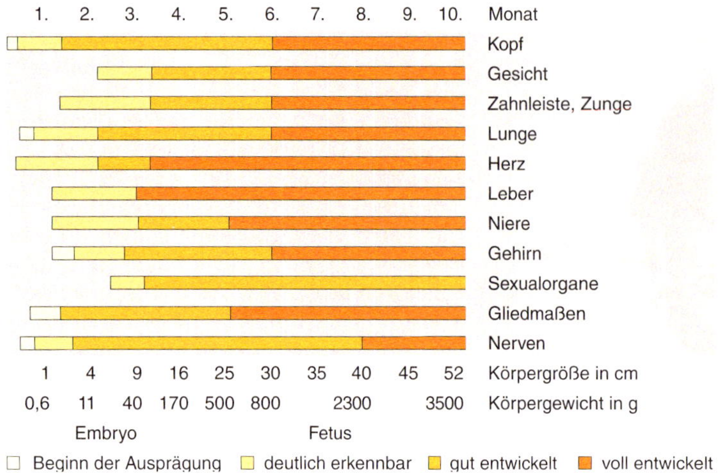

1 Ausbildung der Organe

2 Gemeinsame Vorfreude auf das Baby

Schwangerschaft und Geburt

Die Schwangerschaft dauert durchschnittlich 280 Tage bzw. 40 Wochen. Erste Anzeichen für eine Schwangerschaft sind das Ausbleiben der Menstruation sowie Spannungsgefühle in der Brust. Sie entstehen durch das Wachstum der Milchdrüsen, das durch das *Schwangerschaftshormon* HCG hervorgerufen wird. Es wird vor allem zu Beginn der Schwangerschaft gebildet.

Da die Schwangerschaftshormone mit dem Urin ausgeschieden werden, kann die Frau selbst schon bald nach Ausbleiben der Menstruation mit Teststäbchen aus der Apotheke einen *Schwangerschaftstest* durchführen. Drei Wochen nach Ausbleiben der Regel kann der Arzt diesen ersten Test mit Sicherheit bestätigen.

Eine Schwangerschaft bedeutet nicht nur körperliche und seelische Veränderungen für die Frau, sie übernimmt auch eine große Verantwortung für sich selbst und das in ihr wachsende Kind. Dazu gehört zunächst einmal die Einstellung der Lebensgewohnheiten auf die neue Situation. Wichtig ist, nicht zu rauchen, keinen Alkohol zu trinken, keine Drogen zu nehmen, Medikamente nur nach Rücksprache mit dem Arzt zu verwenden, sich ausgewogen zu ernähren und viel zu bewegen, sich aber nicht körperlich zu überanstrengen.

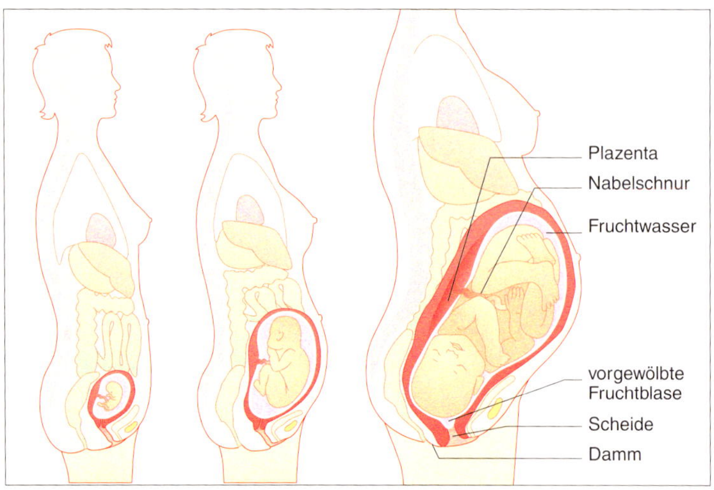

3 Dritter und siebter Schwangerschaftsmonat, Eröffnungsphase der Geburt

Darüber hinaus sollten Schwangere die *Vorsorgeuntersuchungen* in Anspruch nehmen, bei denen Blut- und Harnuntersuchungen sowie Gewichtskontrollen bei der Mutter, Abhören der Herztöne und Ultraschallaufnahmen des Kindes wichtige Informationen darüber liefern, ob die Schwangerschaft normal verläuft. Zusätzlich können sich werdende Eltern in speziellen Schwangerschaftskursen auf die Geburt vorbereiten. Für die Schwangere ist ein positives Umfeld wichtig, da sich Aufregungen und Sorgen nicht nur auf das Kind übertragen, sondern extreme Belastungen auch zu *Fehlgeburten* führen können. Diese Beendigung der Schwangerschaft, bevor das Kind lebensfähig ist, kann auch durch Erkrankungen von Mutter und Kind oder hormonelle Störungen hervorgerufen werden.

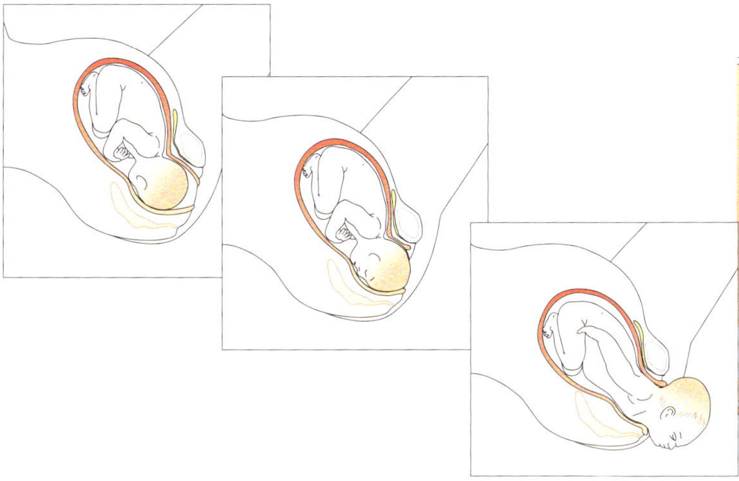

1 Phasen der Geburt

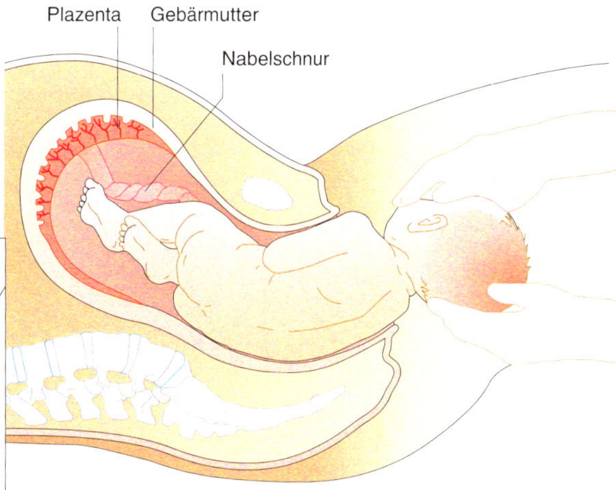

2 Austreibungsphase der Geburt

Die Geburt kündigt sich durch krampfartige Kontraktionen der Gebärmuttermuskulatur an. Diese *Wehen* werden u.a. durch zwei Faktoren ausgelöst: Das Östrogen/Progesteron-Verhältnis verschiebt sich gegen Ende der Schwangerschaft und die Hypophyse setzt ein weiteres Hormon, das Oxytocin, frei. Es regt die Muskulatur der Gebärmutter an, sich verstärkt zusammenzuziehen. Außerdem erhöht sich der Druck des Fetus auf das Gewebe. Diese Veränderung wird über das Nervensystem registriert und greift mit in die Signalkette (▶ S. 160) ein. Durch die Wehen wird das Kind in der Regel mit dem Kopf voran gegen den Gebärmutterhals gedrückt und dieser dadurch gedehnt (*Eröffnungsphase*). Dann platzt die Fruchtblase und das Fruchtwasser fließt ab. Kurze, starke und rasch aufeinander folgende Presswehen drücken Kopf und Körper durch den natürlichen Geburtsweg, die Scheide, heraus *(Austreibungsphase)*. Diese Phasen entfallen, wenn durch einen Kaiserschnitt die Bauchdecke geöffnet und das Kind durch die Operation auf die Welt geholt wird.

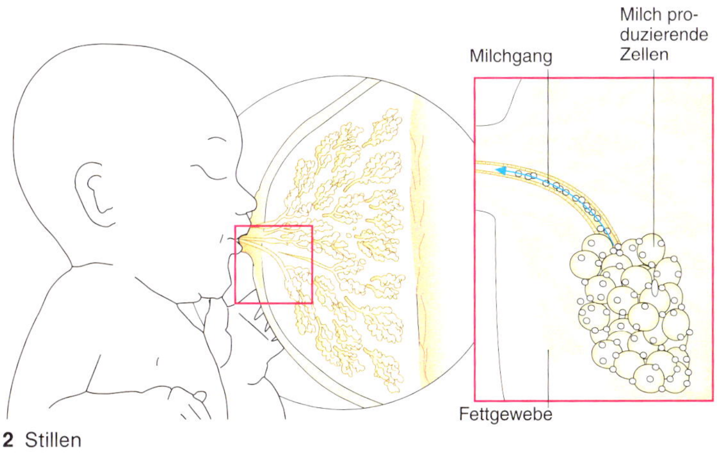

2 Stillen

Direkt nach der Geburt nehmen die Lungen des Neugeborenen ihre Funktion auf und es atmet nun selbstständig. Die Nabelschnur ist jetzt überflüssig und wird durchtrennt, was schmerzlos für das Kind ist. Kurz darauf wird das Baby der Mutter auf den Bauch gelegt und die Eltern können es streicheln und im Arm halten. Etwa 30 Minuten nach der Geburt lösen sich Plazenta und Nabelschnur ab und werden als *Nachgeburt* ausgestoßen.

Nach der Geburt beginnt unter der Wirkung des Hormons Prolaktin die Milchbildung. Durch das Saugen des Kindes werden dann Nervenimpulse ausgelöst, die letztlich die Hypophyse zur Freisetzung von Oxytocin veranlassen. Damit wird die Muskulatur in der Wandung der Milchgänge veranlasst, sich zusammenzuziehen und die Milch wird aktiv herausgepresst. Das *Stillen* fördert den engen Kontakt zwischen Mutter und Kind. Außerdem werden dem Kind über die Muttermilch wichtige Abwehrstoffe zugeführt.

Aufgaben

① Erläutere, warum Alkohol, Nikotin, Drogen und andere Gifte in der Schwangerschaft und während des Stillens gefährlich für das Kind sind.
② Warum legt man das Neugeborene auf den Körper der Mutter?
③ Stelle in einer Tabelle die Rolle der Hormone bei Schwangerschaft und Geburt bzw. nach der Geburt zusammen.

Sexualität und Verantwortung

Bei Nicole und Heiko hat es gefunkt. Beide haben sie „Schmetterlinge im Bauch" und sind halb krank vor Sehnsucht, wenn sie einander nicht sehen können. Die beiden möchten am liebsten jede freie Minute miteinander verbringen. Aber sie unternehmen auch öfter etwas getrennt oder in der Gruppe mit Freunden. Denn wer nur noch Augen für einander hat und sich mit dem Traumpartner von Freunden isoliert, läuft Gefahr alleine dazustehen, sollte die Beziehung in die Brüche gehen. Nicole und Heiko wollen die Wünsche und Gefühle des anderen verstehen und selbst verstanden werden. In einer solchen Partnerschaft erlebt man Geborgenheit. Man kann sich so zeigen, wie man ist, und darf auch mal „schlecht drauf" sein.

Wenn ein Mädchen und ein Junge miteinander gehen, steht das Bedürfnis nach Nähe und Zärtlichkeit im Vordergrund. Sie gehen Arm in Arm, halten Händchen und küssen sich. Ist ein Paar länger zusammen, können sich Zärtlichkeiten zum Streicheln und Reizen der Geschlechtsorgane *(Petting)* entwickeln. Es kann bei beiden der Wunsch entstehen, miteinander zu schlafen. Dabei muss sich jeder Partner bei jedem Schritt frei entscheiden und auch nein sagen können. Man sollte dabei stets auf sein Gefühl achten und sich nicht von dem beeinflussen lassen, was „Mann" oder „Frau" in diesem Alter tut. Einander zu lieben bedeutet auch, dass beide auf die Wünsche und Bedürfnisse des anderen Rücksicht nehmen. Gelingt dies nicht, sollte man sich trennen, auch wenn es sehr weh tut. Nur selten ist der erste Partner der richtige. Manche Beziehung, die zunächst Liebe zu sein scheint, entpuppt sich später als Verliebtsein.

Will ein Paar miteinander schlafen, muss es sich darüber im Klaren sein, dass ein Mädchen bereits beim ersten Geschlechtsverkehr schwanger werden kann. Beim Petting kann es zu einem Spermaerguss kommen und Spermienzellen können über die Hände in die Scheide gelangen. Die Befruchtung der Eizelle und damit eine Schwangerschaft ist aber auch ohne Spermaerguss möglich. Wird das Glied steif, bildet sich oft ein Tropfen Flüssigkeit *(Vorlusttropfen),* der schon Spermienzellen enthalten kann. Um eine ungewollte Schwangerschaft zu vermeiden, sollten die Partner zuvor offen über *Verhütung* sprechen, sich auf eine Methode der *Empfängnisverhütung* einigen und diese anwenden. Angesichts der Infektionsgefahr mit HIV und anderen sexuell übertragbaren Krankheiten sollte man sich immer mit Kondomen schützen.

Aufgaben

① Was gehört für dich zur Liebe? Schreibt eure Vorstellungen auf und sprecht darüber in Gruppen.

② Erstelle nach dem Lexikon auf Seite 105 eine Tabelle, in der die Wirkungsweise und Zuverlässigkeit der Verhütungsmethoden aufgeführt sind. Welche der Methoden sind für Jugendliche geeignet? Informiere dich auch unter geeigneten Internetadressen.

Methoden der Empfängnisverhütung

Um eine ungewollte Schwangerschaft zu verhindern, sollten sich die Partner gemeinsam über Methoden der Verhütung informieren und diese verantwortungsvoll und konsequent einsetzen. Informationen und Beratung geben zum Beispiel Frauenärzte oder die *Bundeszentrale für gesundheitliche Aufklärung* (www.bzga.de).

Barrieremethoden verhindern das Eindringen von Spermien in die Gebärmutter. Ein **Kondom** besteht aus sehr dünnem und dehnbarem Latexmaterial und wird vor dem Geschlechtsverkehr über das versteifte Glied des Mannes gezogen, bevor dieses in die Scheide eingeführt wird.

Wird der Penis nach dem Spermaerguss aus der Scheide gezogen, muss das Kondom am Ring festgehalten werden, damit es nicht abrutscht und Sperma in die Scheide gelangt. Bei jedem Geschlechtsverkehr wird ein neues Kondom verwendet. Das Kondom ist das einzige Verhütungsmittel, das – richtig angewandt – vor AIDS und anderen sexuell übertragbaren Krankheiten schützt! Kondome erhält man problemlos rezeptfrei in Apotheken, Drogerien und Supermärkten. *Zuverlässigkeit (Pearl Index):* 1 bis 6, d.h. von 100 Paaren, die diese Methode ein Jahr lang anwenden, werden 1 bis 6 Frauen schwanger.

Ein **Diaphragma** oder **Pessar** ist eine halbkugelige Gummikappe mit einem biegsamen Rand. Bestrichen mit einem *spermienabtötenden Gel*, wird es vor dem Geschlechtsverkehr in die Scheide eingeführt. Es verschließt den Muttermund und verhindert so das Eindringen von Spermien in die Gebärmutter. Ein Arzt passt die Größe des Diaphragmas an und erklärt die richtige Handhabung. (*Pearl Index:* 2 bis 6)

Eine **Spirale** wird vom Arzt in die Gebärmutter eingesetzt und regelmäßig kontrolliert. Bei der Kupferspirale hemmt in Spuren freigesetztes Kupfer die Beweglichkeit der Spermien. Hat dennoch eine Befruchtung stattgefunden, verhindert die Spirale die Einnistung des Keims in die Gebärmutterschleimhaut. Sie gilt mit einem *Pearl Index* von 2 bis 3 als relativ sicher.

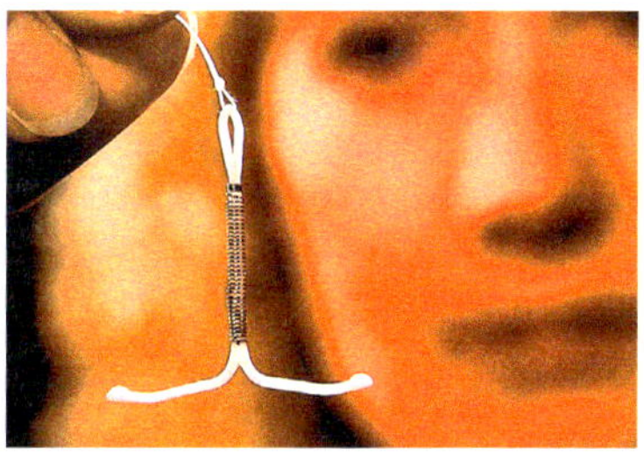

Die **Pille** enthält Hormone, Östrogene und Gestagene, die im Körper der Frau eine wichtige Rolle für den Zyklus und die Schwangerschaft spielen. Die Einnahme dieser Hormonpräparate verhindert, dass im Eierstock eine Eizelle heranreift. Zudem verfestigt sich der Schleim im Gebärmutterhals, sodass die Spermienzellen nicht eindringen können. Durch Veränderungen der Gebärmutterschleimhaut kann sich ein Keim nicht einnisten.

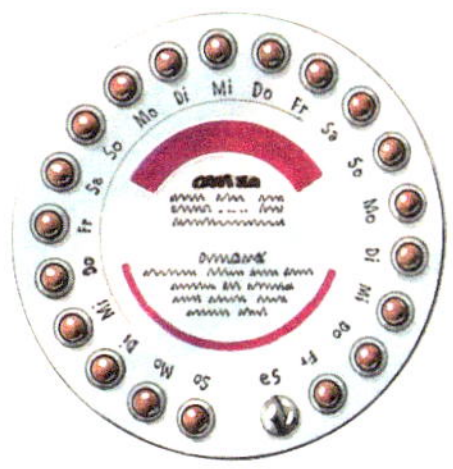

Die Pille wird vom Arzt verschrieben, der dann auch die regelmäßigen Kontrolluntersuchungen durchführt. Die meisten Präparate werden 21 Tage lang täglich immer zur selben Zeit eingenommen, dann folgt eine siebentägige Einnahmepause. Bei Erbrechen oder Durchfall besteht kein ausreichender Empfängnisschutz und es muss in diesem Zyklus auf ein anderes Verhütungsmittel, z. B. das Kondom, zurückgegriffen werden. Frauen, die die Pille nehmen, sollten auf das Rauchen verzichten, da es die Gefahr einer *Thrombose* deutlich erhöht. Bei regelmäßiger Einnahme gilt die Pille als sehr sicher (*Pearl Index:* 0,5 bis 2); sie schützt jedoch nicht vor sexuell übertragbaren Krankheiten, wie z.B. AIDS. Die **Minipille** enthält nur das Hormon Progesteron, sie kann den Eisprung nicht verhindern, wohl aber den Schleimpfropf im Gebärmutterhals verändern, so dass es im Allgemeinen nicht zu einer Befruchtung kommt (*Pearl Index:* 0,4 bis 4,3).

Ein *Verhütungsring* ist ein hormonhaltiger, flexibler Kunststoffring, der in die Scheide eingeführt wird. Dort verbleibt er für 3 Wochen und setzt kontinuierlich geringe Mengen an Hormonen frei. Nach einer ringfreien Woche wird ein neuer Ring eingesetzt.

Hormonimplantate sind Stäbchen, die unter die Haut eingepflanzt werden und über lange Zeiträume kleine Mengen an Hormonen freisetzen.

Chemische Verhütungsmittel in Form von Zäpfchen, Cremes, Tabletten und Schaum müssen eine bestimmte Zeit vor dem Geschlechtsverkehr in die Scheide eingebracht werden. Sie enthalten spermienabtötende Substanzen und bilden außerdem eine mechanische Barriere für die Spermien. Diese chemischen Verhütungsmittel gelten als sehr unsicher und sollten daher nur zusammen mit einem Kondom (wenn sie dafür laut Beipackzettel geeignet sind) oder Diaphragma verwendet werden.

Beim *Koitus interruptus*, dem umgangssprachlichen „Aufpassen", zieht der Mann sein Glied vor dem Spermaerguss aus der Scheide. Zur Empfängnisverhütung ist diese Methode absolut ungeeignet, da auch schon vor dem Höhepunkt Spermien in die Scheide gelangen können.

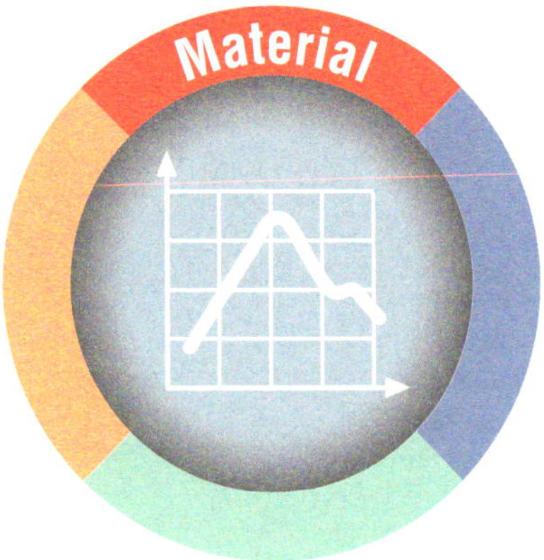

Schwangerschaftsabbruch

Grundsätzlich ist der Schwangerschaftsabbruch, die sogenannte *Abtreibung*, in Deutschland verboten und wird bestraft. Ausnahmen sind im § 218 des Strafgesetzbuches geregelt. Innerhalb von 12 Wochen nach der Empfängnis darf ein Eingriff von einem Arzt vorgenommen werden, wenn die Schwangere eine Beratungsbescheinigung vorlegt. Die Beratung dient dem Schutz des Ungeborenen und soll helfen, die Konfliktsituation zu bewältigen. Der Schwangerschaftsabbruch kann aus unterschiedlichen Gründen erfolgen (Notlage, Vergewaltigung). Ist die Gesundheit der Mutter gefährdet oder ist zu befürchten, dass das Kind an einer Erbkrankheit leiden wird, kann der Abbruch auch nach der 12. Woche erfolgen.

Als mögliche Methoden zum Schwangerschaftsabbruch stehen zwei grundsätzliche Verfahren zur Verfügung: Entweder die Einnahme eines Medikaments unter ärztlicher Aufsicht (sog. „Abtreibungspille") oder zwei chirurgische Verfahren (Absaugen des Embryos aus der Gebärmutter, Ausschabung der Gebärmutter).

Aus einem Brief

„Gestern war ich in der Apotheke, weil mir schon seit ein paar Tagen morgens immer schlecht war. Irgendwie wusste ich, was bei dem Test herauskommen würde – ich war erst mal gar nicht erstaunt. Aber dann, nach einer halben Stunde, hab` ich bloß noch auf meinem Bett gehockt und geheult. Was soll ich denn jetzt machen, ich bin doch erst 16, und das Abi will ich auch. Ich hab` mir vorgestellt, wie ich mit dem Kinderwagen in der Englischstunde sitze und dem Baby den Schnuller `reinschiebe ... und wir wollten noch Kondome kaufen, aber hatten beide grade kein Geld mehr. Michi weiß noch gar nichts und meinen Eltern hab` ich auch noch nichts erzählt. Die trifft der Schlag! Seit ich mit Michi zusammen bin, haben sie mich belämmert: „Pass` auf". Als ob das nur an mir hängen würde! Und jetzt ist es passiert, beim ersten Mal ohne Gummi. Was soll ich bloß machen, ich hab` keine Ahnung. Du bist die Einzige, die mir helfen kann."

Erinnerungen

„Es ist jetzt drei Jahre her – ich erinnere mich noch genau an den Augenblick, als Anne auf mich zugelaufen kam, freudestrahlend, und mir um den Hals fiel: „Endlich, endlich hat es geklappt!" Sie war damals 35, ich 37, und seit Jahren wollten wir schon ein Kind. Ich glaube, es war unser glücklichster Moment! Wir schmiedeten Pläne – eine größere Wohnung, den Erziehungsurlaub wollten wir uns teilen, stillen – unbedingt. Und natürlich sollte auch noch ein Brüderchen oder Schwesterchen kommen, vielleicht ein oder zwei Jahre später. Endlich würden wir eine richtige Familie sein. Anne ging regelmäßig zu ihrer Frauenärztin, alles lief normal – dachten wir. Weil Anne schon 35 Jahre alt war, riet ihr die Ärztin zu einer Fruchtwasseruntersuchung. Und das Ergebnis hat alle Träume zerstört: Mit 90%iger Sicherheit würde das Kind schwerste körperliche und geistige Schäden haben! Für uns brach eine Welt zusammen, wir waren ratlos, verzweifelt, wir fühlten uns allein gelassen, obwohl viele Leute uns gute Ratschläge gaben, uns trösten wollten. Vielleicht war es gut, dass wir nicht allzu viel Zeit hatten, um eine Entscheidung zu treffen – wir waren psychisch am Ende. Wir wussten nur, dass wir uns entscheiden mussten. ... Heute ist der Schmerz nicht mehr so stark, aber die Erinnerungen werden bleiben. Wir haben uns entschlossen, ein Kind zu adoptieren – und wir werden es lieben wie unser eigenes".

Marla

„Wir hatten uns auf meinem Abi-Ball kennen gelernt, sie war die jüngere Schwester einer Mitschülerin. Na ja, es hat gleich gefunkt zwischen uns, obwohl sie drei Jahre jünger war als ich. Bevor ich meinen Zivildienst anfing, blieben uns noch die Sommerferien und wir haben die sechs Wochen fast rund um die Uhr zusammen verbracht. Wir waren unzertrennlich, so richtig verliebt. Dieses Gefühl hielt auch noch die nächsten zwei Jahre an, obwohl ich zum Studieren in eine andere Stadt gezogen war. Etwa ein halbes Jahr vor ihrem Abi fing es an zu kriseln, irgendwie passte alles nicht mehr so gut. Immer öfter haben wir uns gezofft – und uns wieder versöhnt, es war ein dauerndes Hin und Her. Bis ich Schluss gemacht habe. Ich fühlte mich wieder frei, ungebunden, ich wollte Bäume ausreißen. Bis ihre Schwester mich anrief: Meine Ex war schwanger – von mir! Von einer Sekunde zur anderen gab es nur noch Wut und Hass in mir. Sie hat mein Leben kaputt gemacht, meine Zukunft, was soll ich mit einem Kind – ich wollte dieses Kind nicht, sie sollte es abtreiben. Ich habe in diesen Wochen nur an mich und mein durch sie verpfuschtes Leben gedacht – kein Gedanke an sie, wie sie mit dieser Situation zurechtkam, was aus ihrem Leben werden sollte. Vor zwei Jahren wurde meine Tochter Marla geboren – dank der Stärke ihrer Mutter. Ich bin heute ein stolzer Vater, der gelernt hat, Verantwortung zu übernehmen. Obwohl ihre Mutter und ich nicht wieder zusammen sind."

Wann beginnt menschliches Leben?

Medizinische Sicht: „Der Beginn des Lebens kann mit der Schwangerschaft gleichgesetzt werden, die Einnistung des Keims in die Gebärmutter ist dann der Zeitpunkt des Beginns."

Juristische Sicht: „Die Rechtsfähigkeit des Menschen beginnt mit der Vollendung der Geburt. Das werdende Leben wird in den §§ 218 ff. gesondert geschützt."

Biologische Sicht: „Das Leben beginnt mit der Vereinigung von Spermium und Eizelle."

Theologische Sicht: „... – so ist unzweifelhaft vom Augenblick der Empfängnis an nicht nur ein „Zellknäuel, sondern wirkliches menschliches Leben vorhanden, das schon vom Augenblick der Verschmelzung der Keimzellen an alle Anlagen individueller menschlicher Entwicklung in sich trägt..."

Aufgaben

① Erörtere Gründe für und gegen einen Schwangerschaftsabbruch.

② Gestalte ein Informationsplakat zum Thema. Verwende dazu z. B. eine Mindmap und weitergehendes Material der Beratungsstellen.

③ Wie würdest du dich verhalten, wenn du selbst, deine Freundin oder eine Bekannte schwanger würde?

1 Homosexuelle Jugendliche

Ich bin anders ... na und?

Florian entdeckt eines Tages, dass er sich ganz intensiv zu seinem neuen Mitschüler Sven hingezogen fühlt. Maren, die immer gerne mit Jungen befreundet war, verliebt sich im Sportverein in Lea. Beide entdecken, dass sie anders empfinden als die Jungen und Mädchen in ihren Cliquen. Florian genießt einerseits das Gefühl des Verliebtseins, das er schon öfter bei seinen Freunden miterlebt, nur selbst noch nie empfunden hat. Aber dass er sich in einen anderen Jungen verliebt hat, erschreckt ihn. Ihm wird klar, dass er sich insgeheim schon immer für Jungen interessiert hat, dieses Interesse aber irgendwie verdrängt hat – doch dieses starke Gefühl, das er plötzlich empfindet, kann er nicht mehr ignorieren. Er muss etwas tun. Maren hat sogar schon mal mit einem Jungen geschlafen, mit dem sie länger gegangen war, aber glücklich war sie dabei nicht – sie wollte damals mit ihren Freundinnen, die schon Erfahrungen gesammelt hatten, mithalten. Mit Lea ist das ganz anders – in ihrer Nähe wird Maren ganz nervös und sie hat „Schmetterlinge im Bauch“, wenn sie an sie denkt (Abb. 1).

Maren und Florian stehen vor einer wichtigen Entscheidung. Sie entdecken, dass ihre Gefühle zum gleichen Geschlecht mehr als nur freundschaftlich sind. Sie sind sich nicht sicher, ob sie ihre Gefühle dem Menschen, in den sie sich verliebt haben, mitteilen können. Was ist, wenn Sven oder Lea ganz ablehnend reagieren? Auch viele andere Fragen tauchen auf: Hat das intensive Gefühl nur etwas mit Sven bzw. mit Lea zu tun oder ist es grundsätzlich? Bin ich schwul – bin ich lesbisch – oder vielleicht bisexuell? Sollte ich mit meinem Eltern darüber sprechen? Wenn ja, wie stelle ich das an? Wie reagieren die Leute aus meiner Clique, wenn sie es erfahren? Werden sie es verstehen? Was ist mit meinen Mitschülern und Mitschülerinnen? Und die Lehrer? Muss ich es gleich in die ganze Welt hinausposaunen oder bin ich lieber vorsichtig und weihe nur ganz vertraute Menschen ein? Warum gerade ich? Ich wollte doch immer eine Familie haben – wieso empfinde ich so?

Mit diesen und sicher noch vielen anderen Fragen sind fast alle Jugendlichen konfrontiert, die vor ihrem *„Coming Out“* stehen. „Coming Out“ bezeichnet den Prozess der Selbstwahrnehmung der sexuellen Orientierung und das „Heraustreten“ aus dem Schweigen. In der ersten Phase, dem „inneren Coming Out“, nimmt der/die Betroffene die eigenen Gefühle zum gleichen Geschlecht realistisch wahr. In der zweiten Phase, dem „äußeren Coming Out“, teilen sich die Betroffenen zunächst meist eng vertrauten Freunden oder Verwandten mit und dann nach und nach einem weiteren Kreis von Menschen. Statt „Coming Out“ hat sich in den letzten Jahren der Begriff *„outen“* eingebürgert.

Es gibt in vielen Städten Selbsthilfegruppen, um betroffene Jugendliche im Prozess des „Coming Out“ zu unterstützen oder auch als Kontaktforum zu anderen betroffenen Jugendlichen zu dienen.

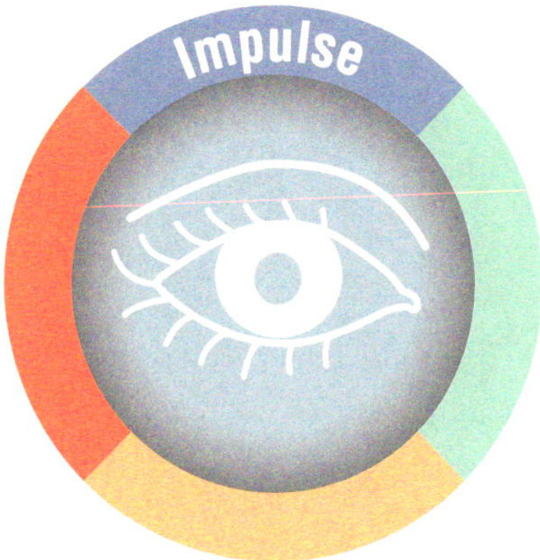

Sexualität

Auf dieser Doppelseite geht es um Freundschaft, Liebe, Sexualität, Verhütung, AIDS. Das sind sehr persönliche Themen und es gibt unterschiedliche gesellschaftliche und religiöse Anschauungen. Jeder sollte auf dem Weg zum Erwachsenwerden seinen eigenen Standpunkt und seine Form der selbstbestimmten Sexualität finden. Diese Seiten sollen dir Impulse geben zum Nachdenken über deine Wünsche, Träume, deine Hoffnungen und Befürchtungen. Sie wollen Denkanstöße vermitteln, dich zum Gespräch mit Freunden, Freundinnen und auch deinen Eltern herausfordern und dir Mut machen, unbefangen über diese Themen zu sprechen.

Verhütung

Jährlich werden in Deutschland etwa 20 000 minderjährige Mädchen schwanger! In einer Partnerschaft sollten die Partner gemeinsam die Verantwortung übernehmen, damit es nicht zu einer ungewollten Schwangerschaft kommt.

Hast du dir schon Gedanken über Verhütung gemacht? Welche Verhütungsmethode käme für dich in Frage? Wie kannst du mit einem Partner/einer Partnerin über Verhütung sprechen?

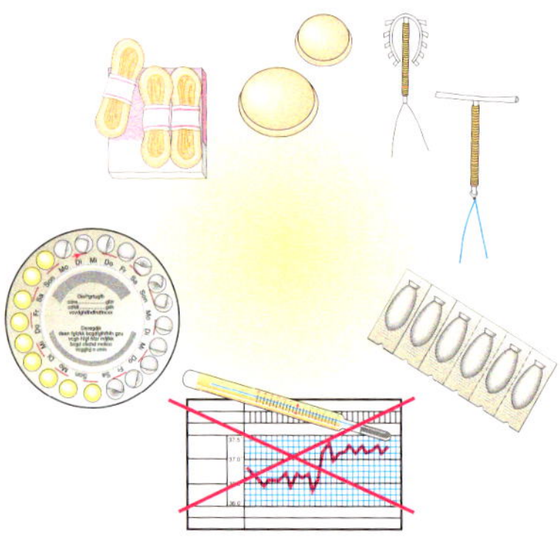

Sexuelle Selbstbestimmung

Gabi hat einen Freund, den sie liebt. Aber sobald er sie anfasst, wird sie stocksteif. Einmal hat sie sogar nach ihm geschlagen. Wenn er zärtlich zu ihr werden will, sieht sie sofort ihren Onkel vor sich. Der hat sie sechs Jahre lang begrapscht und betätschelt. Erst als er vor zwei Jahren weggezogen ist, hat das aufgehört. Was der Onkel mit ihr gemacht hat, weiß sie nicht mehr genau. Sie hat sich immer wie tot gestellt, weil sie sich so ekelte.

An wen kann Gabi sich wenden? Informiere dich über Beratungsstellen in eurer Nähe, die in einem solchen oder einem ähnlichen Fall Hilfe geben können.

Liebe und Sexualität

Liebe und Sexualität sind Begriffe, die viel miteinander zu tun haben, man sollte sie aber nicht gleichsetzen oder verwechseln. Für viele sind beide untrennbar miteinander verbunden – sie können sich Sexualität ohne Liebe nicht vorstellen. Anderen fällt es dagegen leicht, Liebe und Sexualität zu trennen. Für sie kann es durchaus auch Sexualität ohne Liebe oder Verliebtsein geben.

Welche Probleme können sich daraus ergeben?

Das erste Mal

„Ich habe schon irgendwie versucht, sie zu überreden, aber es war mir auch wichtig, dass wir beide es wollten.“ (Robert, 17 Jahre)

„Ich habe eigentlich nicht wirklich auf mich gehört, ich hatte eigentlich nur Angst ihn zu verlieren, wenn ich nicht das tue, was er will.“ (Michaela, 18 Jahre)

„Bin ich unnormal, wenn ich mit 18 noch keine sexuellen Erfahrungen habe?“ (Sarah, 18 Jahre)

Wie denkst du über das erste Mal? Glaubst du, du könntest etwas verpassen, wenn du wartest?

Bildlich gesprochen

Wär ich ein Baum ich wüchse
dir in die hohle Hand
und wärst du das Meer ich baute
dir weiße Burgen aus Sand.

Wärst du eine Blume ich grübe
dich mit allen Wurzeln aus
wär ich ein Feuer ich legte
in sanfte Asche dein Haus.

Wär ich eine Nixe ich saugte
dich auf den Grund hinab
und wärst du ein Stern ich knallte
dich vom Himmel ab.

(Ulla Hahn)

Wie interpretierst du das Gedicht? Kannst du selbst Liebesgedichte und/oder Liebesgeschichten schreiben? Welche Liebesgeschichte möchtest du deiner Klasse vorstellen?

Welche ist die „Superfrau"

Was macht mich liebenswert?

Wenn du genau hinsiehst und hinhörst, merkst du, dass verschiedene Menschen Unterschiedliches an dir liebenswert finden. Das hilft, nicht immer auf das zu schauen, was du an dir vielleicht nicht magst.

Jeder schreibt seinen Namen auf ein DIN-A4-Blatt. Lasst die Blätter kreisen und schreibt dabei zu jeder Person eine positive Eigenschaft.

Wer immer so sein will wie die anderen, hat nur wenig, was ihn von anderen unterscheidet, was aus dem Rahmen fällt, was ihn zu etwas Besonderem und vielleicht gerade deshalb liebenswert macht.

Welcher ist der „Supermann"

Sexualität und AIDS

Nach Angaben der Weltgesundheitsorganisation infizieren sich täglich 7000 Menschen neu mit HIV. Rund 33 Millionen Menschen tragen weltweit das HIV in sich. 30 Millionen sind an den Folgen von AIDS gestorben und jährlich kommen ca. 2 Millionen weitere Tote hinzu.

95 % der HIV-Infizierten leben in Niedriglohnländern, aber auch in Deutschland infizieren sich jährlich rund 3000 Menschen neu mit HIV. In den letzten Jahren hat die Zahl der Neuinfektionen zugenommen.

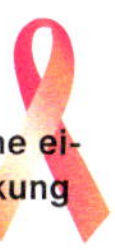

Du kannst eine eigene Ansteckung mit AIDS und anderen sexuell übertragbaren Krankheiten verhindern. Erläutere.

Informiere dich über weitere sexuell übertragbare Krankheiten. Nimm Stellung zu der Abbildung.

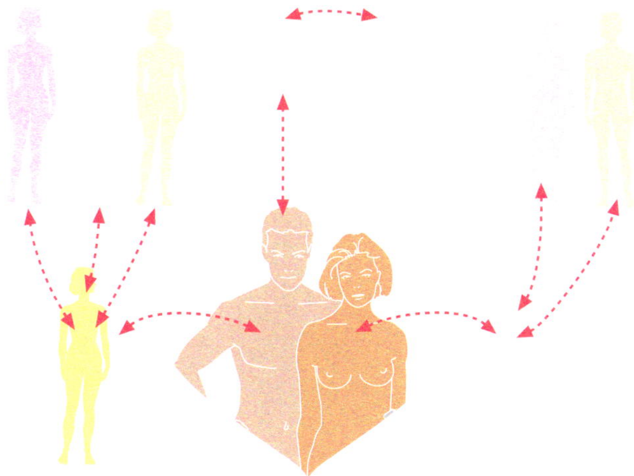

Homosexualität

Unter Homosexualität verstehen wir Sexualität zwischen Partnern des gleichen Geschlechts. Mittlerweile gibt es auch Ehen gleichgeschlechtlicher Partner; auch Kinder können in einer solchen familiären Gemeinschaft groß werden.

Kannst du dir vorstellen, welchen Vorurteilen Kinder ausgesetzt sind, die nicht in einer typischen Vater-Mutter-Kind-Familie aufwachsen?

Glossar zur Sexualität

AIDS: Abkürzung für engl. *acquired immune deficiency syndrome;* Vollbild der Infektionskrankheit des erworbenen Immunschwächesyndroms. Das HI-Virus kann beim Geschlechtsverkehr mit dem Sperma oder der Scheidenflüssigkeit auf den Sexualpartner übertragen werden. Ungeschützter Geschlechtsverkehr, d.h. ohne Nutzung von Kondomen, ist eine der häufigsten Ansteckungsmöglichkeiten, v. a. mit wechselnden Partnern

Analverkehr: Beim Analverkehr wird der Penis in den After der Partnerin oder des Partners eingeführt. HIV kann auch besonders bei ungeschütztem Analverkehr übertragen werden. Die Benutzung von Kondomen ist daher unerlässlich.

Bisexualität (*Zweigeschlechtlichkeit*): Der Wunsch eines Menschen, sowohl zu Männern als auch zu Frauen sexuelle Beziehungen einzugehen.

Coming out: Zeitpunkt, zu dem Homosexuelle ihre Liebe zu gleichgeschlechtlichen Partnern vor sich selbst und vor anderen akzeptieren und als etwas für sie Positives zu erleben gelernt haben.

Erotik: Ist allgemein alles, was Männer und Frauen als sexuell anregend oder aufreizend empfinden. Nicht jeder spricht auf die gleichen erotischen Reize gleich stark an.

Exhibitionismus: Die vor allem bei Männern auftretende sexuelle Erregung durch das Vorzeigen der Geschlechtsorgane. Der Exhibitionist genießt die verstörten Reaktionen von Kindern, Jugendlichen und Frauen.

Familienplanung: Viele Paare wünschen sich Kinder. Manchmal ist es sinnvoll, den Kinderwunsch zunächst aufzuschieben, bis die Beziehung sich gefestigt hat oder eine Berufsausbildung abgeschlossen ist. Unter Familienplanung versteht man, dass ein Paar so lange verhütet, bis sich beide Partner in der Lage fühlen, gemeinsam die Verantwortung für ein Kind zu übernehmen.

Entscheidet sich das Paar für ein Kind, so kann es die fruchtbaren Tage der Frau mit der *Basaltemperaturmethode* bestimmen. Sollte die Frau auch nach längerer Zeit nicht schwanger werden, können Ärzte die Zeugungsfähigkeit des Mannes und der Frau untersuchen. Neben körperlichen Schwierigkeiten, bei denen Ärzte teilweise helfen können, können allerdings auch seelische Gründe für die Kinderlosigkeit entscheidend sein. Dann besteht noch die Möglichkeit, nach eingehender Beratung ein Kind zu *adoptieren* und als Familie gemeinsam glücklich zu leben.

Geschlechtshormone: Bewirken die Ausbildung der Geschlechtsorgane und der sekundären Geschlechtsmerkmale sowie das Heranreifen von Ei- und Spermienzellen. Die weiblichen Hormone Östrogen und Progesteron werden in den Eierstöcken gebildet, das männliche Testosteron in den Hoden.

Geschlechtskrankheiten: Gefährliche Infektionskrankheiten, deren Erreger vorwiegend durch ungeschützten Geschlechtsverkehr übertragen werden. Die häufigsten Geschlechtskrankheiten sind der *Tripper* und die *Syphilis.*

Gynäkologe/in: Arzt/Ärztin für Frauenheilkunde und Geburtshilfe.

Heterosexualität: Auf das andere Geschlecht bezogene Sexualität. Sie gilt in den meisten Kulturen als Norm.

HIV: Bezeichnung für das Virus, das AIDS verursacht. Es kommt im Blut, im Sperma und in der Scheidenflüssigkeit in so hoher Konzentration vor, dass es zur Ansteckung führen kann. Gegen die Übertragung beim Geschlechtsverkehr bietet ein *Kondom* bei sachgerechter Anwendung einen guten Schutz.

Homosexualität: Anderes Wort für *Gleichgeschlechtlichkeit.* Homosexuelle Männer und Frauen fühlen sich zu Partnern des gleichen Geschlechts hingezogen, mit ihnen erfahren sie Liebe und sexuelle Lust.

Impotenz: Anhaltende Erektionsstörung

Lesbisch: Homosexuelle Beziehungen zwischen Frauen.

Masochismus: Sexuelle Lust, die nur durch Erleiden von Schmerzen und Demütigungen erreicht wird.

Natürliche Empfängnisverhütung: Damit bezeichnet man Methoden, die die fruchtbaren und unfruchtbaren Tage im Zyklus der Frau und die dabei zu beobachtenden Körperzeichen für die Empfängnisverhütung nutzen. Beobachtet werden dazu Veränderungen der morgendlichen Körpertemperatur oder die Beschaffenheit des Vaginalschleims. Diese Methoden sind für Jugendliche nicht geeignet, da sehr häufig Unregelmäßigkeiten im Zyklus auftreten.

Oralverkehr: Berührung der erogenen Zonen, insbesondere der Geschlechtsorgane, mit dem Mund und der Zunge.

Orgasmus: Körperlich-seelischer Höhepunkt der sexuellen Erregung und Lust. Die sexuelle Erregung ist durch zärtliches Berühren der erogenen Zonen so stark angewachsen, dass es bei der Frau zum rhythmischen Zusammenziehen des Scheideneingangs und der Gebärmutter und beim Mann zur Ejakulation kommt. Heute wird durch zu starke Gewichtung des Orgasmus der falsche Eindruck erweckt, dass jedes sexuelle Erlebnis mit einem Orgasmus enden muss, um schön und befriedigend zu sein.

Petting: Reizung erogener Zonen, vor allem der Geschlechtsorgane, mit der Hand oder dem Mund, teilweise bis zum Orgasmus.

Pädophilie: Sexuelles Verlangen und die Vorliebe eines Erwachsenen zu Kindern des gleichen oder des anderen Geschlechts. Die Kinder sind noch nicht in der Pubertät.

Pornographie: Pornos sind Bilder oder Filme, die nackte Menschen meist bei sexuellen Handlungen zeigen. Sie zielen einseitig darauf ab, den Betrachter sexuell zu erregen. Andere Bereiche der Sexualität, wie Zärtlichkeit, Gefühle und Liebe, die zur Persönlichkeit eines Menschen gehören, werden bewusst ausgeklammert.

Prävention oder **präventive Maßnahmen** sind vorbeugende oder verhütende Maßnahmen.

Promiskuität: Nennt man den Geschlechtsverkehr mit häufig wechselnden Partnern. Durch Promiskuität ohne die Verwendung von Kondomen ist das Risiko einer Ansteckung mit HI-Viren und Geschlechtskrankheiten extrem hoch.

Prostitution: Das gewerbsmäßige Anbieten und Verkaufen des eigenen Körpers zur Befriedigung sexueller Bedürfnisse anderer. Es gibt weibliche und männliche Prostituierte.

Sadismus: Das Empfinden von sexueller Lust, wenn dem Sexualpartner Schmerzen oder Demütigungen zugefügt werden.

Safer Sex: Sexualpraktiken, welche die Gefahr einer Ansteckung mit HIV herabsetzen sollen. Bester Schutz: Beim Geschlechtsverkehr mit unbekannten Partnern auf jeden Fall Kondome verwenden.

Schwule: Ursprünglich Schimpfwort für männliche Homosexuelle, das homosexuelle Männer heute zur Kennzeichnung ihrer Sexualität gewählt haben. In allen vergangenen und gegenwärtigen Kulturen gab und gibt es diese gleichgeschlechtlichen Beziehungen.

Selbstbefriedigung: Sexuelle Selbstreizung *(Masturbation)* des Penis bzw. des Kitzlers bis zum Orgasmus.

Sexueller Missbrauch: Sexuelle Handlungen, die Erwachsene an Kindern und Jugendlichen oder Männer an Frauen (seltener Frauen an Männern) gegen deren Willen vornehmen. Die Opfer der sexuellen Handlungen gegenüber Kindern und Jugendlichen sind in erster Linie Mädchen, aber auch Jungen. Der Erwachsene nutzt seine Macht über das Opfer zur eigenen Bedürfnisbefriedigung. Die Verwirrung der Opfer in ihrer Ohnmacht ist groß. Sie haben meist umfangreiche Scham- und Schuldgefühle. Diese nutzen die Täter mit Versprechungen und Drohungen, um die Opfer zur Geheimhaltung zu veranlassen. Vertrauensvolle Hilfen können Betroffene bei Beratungsstellen für Kinder, Eltern und Jugendliche, beim Kinderschutzbund oder Familienberatungsstellen der Stadt oder des Kreises erhalten (siehe Telefonbuch oder Internet).

Sterilisation: Entscheidet sich ein Paar endgültig, keine oder keine Kinder mehr zu bekommen, können sich der Mann oder die Frau sterilisieren lassen. Dabei wird beim Mann der Spermienleiter durchtrennt, bei der Frau werden die Eileiter abgebunden oder durchtrennt.

Syphilis oder *Lues*: Eine Infektionskrankheit, die ohne Behandlung den ganzen Körper schädigt und zum Tode führt. Die Erreger, es handelt sich dabei um spiralförmige Bakterien, dringen beim Geschlechtsverkehr durch winzige Hautverletzungen in den Körper ein. Nach drei Wochen bildet sich an der Infektionsstelle ein kleiner, rötlich verfärbter Knoten. Dieses 1. Stadium verschwindet nach einigen Wochen. Nach zwei bis drei Monaten folgt ein nicht juckender, fleckenartiger Hautausschlag mit winzigen Knötchen. Der Kranke leidet unter Kopfschmerzen, Fieber und Müdigkeit. Spätestens in diesem 2. Stadium, in dem eine Behandlung mit Antibiotika noch möglich ist, muss man zum Arzt gehen. Im 3. Stadium wird das Nervensystem angegriffen.

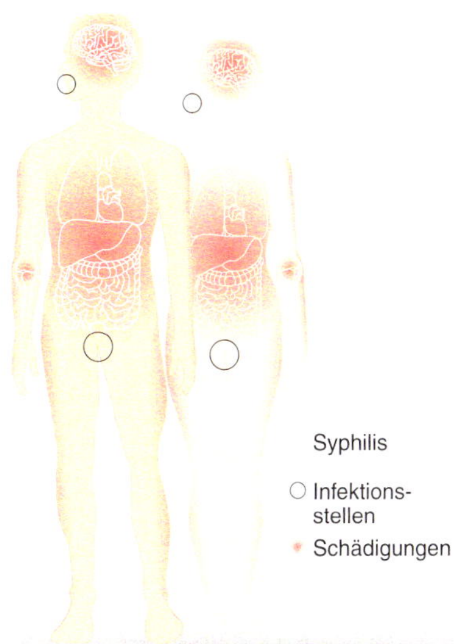

Transvestit: Ein Mann, der sich meistens aufgrund seiner sexuellen Neigung wie eine Frau kleidet und verhält.

Tripper oder *Gonorrhoe* ist die häufigste Geschlechtskrankheit. Die Erreger sind Bakterien, sogenannte *Gonokokken*. Nach 2 bis 5 Tagen verspürt man Jucken in der Harnröhre und Brennen beim Wasserlassen. Schon bei ersten Verdachtsmomenten sollte man den Arzt aufsuchen. Die weitere Entwicklung der Krankheit und die Spätfolgen zeigt die Abbildung.

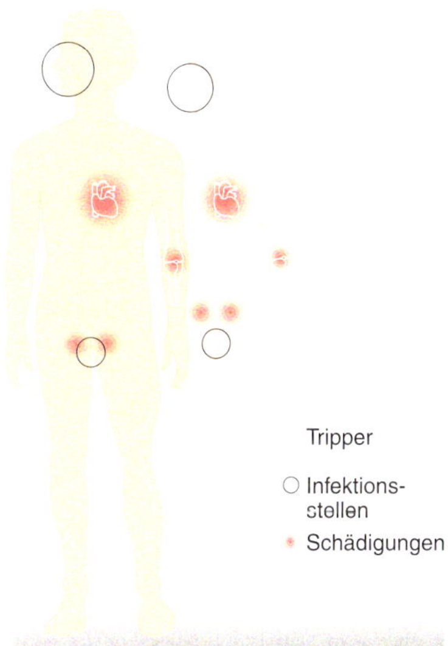

Urologe: Facharzt für alle Organe, die der Ausscheidung dienen. Er ist auch der Arzt für Männer, die Probleme mit den Geschlechtsorganen haben; spezielle Männerärzte gibt es nur selten.

Voyeur oder **Spanner** nennt man einen Menschen, der sexuelle Erregung empfindet, wenn er andere in sexuell erregenden Situationen oder bei sexuellen Handlungen beobachtet.

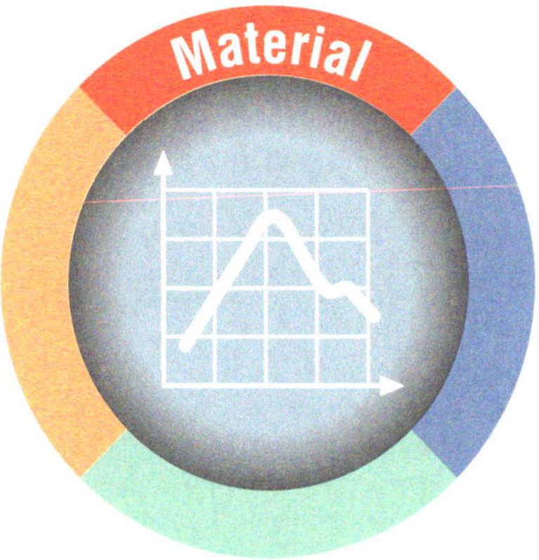

Hormone

Das Wirkprinzip der Hormone

Hormone werden mit dem Blut im Körper verteilt, sie wirken jedoch nur an bestimmten Zielorganen und lösen nur dort ganz bestimmte Reaktionen aus. Jedes Hormon hat eine chemisch genau festgelegte Struktur und kann einer bestimmten Stoffklasse zugeordnet werden, z. B. Peptide, Steroide oder von Aminosäuren abgeleitete Verbindungen. Die Zellen der Zielorgane weisen an ihrer Oberfläche passende Rezeptoren auf. Wird der Hormon-Rezeptor-Komplex gebildet, kommt es in der Zielzelle rasch zu einer Zellantwort: Ganz bestimmte Enzyme werden aktiviert oder Stoffe neu synthetisiert. Dadurch laufen Stoffwechselvorgänge ab, die vorher in der Zelle noch nicht „eingeschaltet" waren.

Aufgaben

① Ordne die beschriebenen Vorgänge den entsprechenden Phasen der Abbildung 1 zu. Erkläre anhand dieser Erkenntnisse die Steigerung des Blutzuckerspiegels durch Glukagon.
② Beschreibe das Schlüssel-Schloss-Prinzip (▶ S. 152) an diesem Beispiel.
③ Bei der Basedow'schen Krankheit binden bestimmte Proteine aus dem Blut fälschlicherweise an TSH-Rezeptoren und lösen die Zellantwort aus. Erläutere die Folgen.

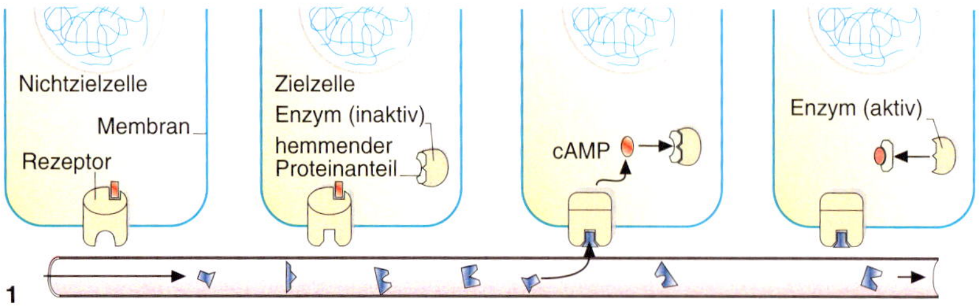

1

Hormonelle Empfängnisregelung

Die in der „Pille" enthaltenen Hormone (Östrogen, Gestagene) wirken auf die Hypophyse und verhindern, dass diese einen Eisprung (Ovulation) in den Eierstöcken auslöst.

Aufgabe

④ Welcher Vorgang ist in der folgenden Abbildung dargestellt? Beschreibe den Zusammenhang.

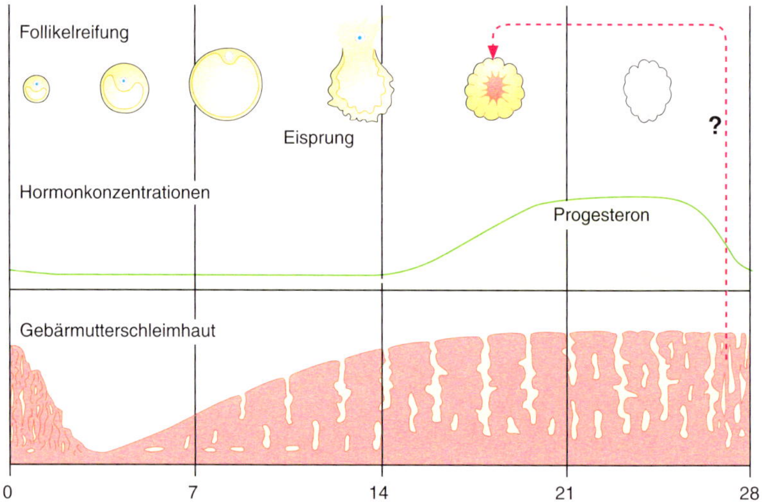

2

Regelung und Steuerung

Bei der Steuerung wird die Richtung oder Stärke bestimmter Vorgänge in Lebewesen oder in der Technik durch eine übergeordnete Instanz beeinflusst. Dazu gibt sie Signale an eine nachgeordnete Instanz weiter, die die Information aufnimmt und eine Reaktion ausführt. Eine Rückmeldung (Rückkopplung, feedback) an die übergeordnete Instanz erfolgt nicht (Abb. 3).

Ein Beispiel ist die Steuerung des Bartwuchses durch männliche Geschlechtshormone. Bei der Regelung dagegen erfolgt eine Rückmeldung an die übergeordnete Instanz, welche Auswirkungen ihre Signale hervorgerufen haben (Abb. 4). Beispiele sind die Regelkreise. Sie dienen dazu, einen bestimmten Faktor oder Zustand, wie z. B. den Blutzuckerspiegel, im Körper auf einem konstanten Niveau zu halten.

Aufgaben

⑤ Vergleiche Steuerung und Regelung anhand der Abb. 3 und 4 und mit den Darstellungen auf der Seite 25. Übertrage sie auf selbstgewählte Beispiele.
⑥ Begründe, warum negative Rückkopplungen biologisch zweckmäßig sind.

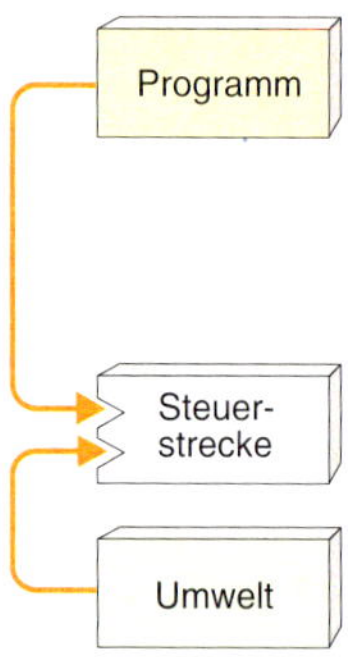

3

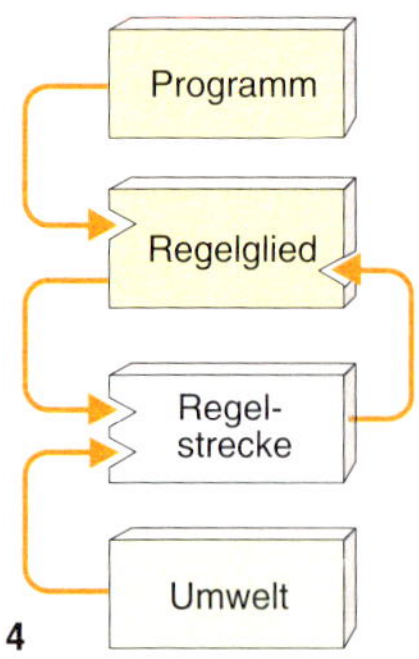

4

Lexikon

Hormone

Hormonelle Empfängnisregelung

Ganz anders als die „Pille“ und die sogenannte „Minipille“ (siehe auch Seite 105) wirkt die **„Pille danach“**. Sie enthält Hormone, die die Einnistung des Embryos in die Gebärmutterschleimhaut verhindern. Die „Pille danach“ muss 2 bis 3 Tage nach dem Geschlechtsverkehr unter ärztlicher Aufsicht eingenommen werden und kann erhebliche Nebenwirkungen verursachen. Sie ist rechtlich zulässig, gilt jedoch als ethisch problematisch, weil sie die Einnistung eines bereits entstandenen Embryos verhindert. Sie ist deshalb kein gängiges Mittel zur Empfängnisverhütung, sondern nur eine Notlösung.

Schilddrüsenhormone

Eine **Schilddrüsen-Überfunktion** gehört zu den häufigsten Hormonerkrankungen. Typische Symptome bei einer Schilddrüsen-Überfunktion sind Gewichtsverlust trotz normaler Nahrungsaufnahme, starkes Schwitzen, leichtes Zittern der Hände, beschleunigter Puls, Ausbildung eines Kropfes, psychische Übererregbarkeit und Angstzustände. Häufig treten die Augäpfel aus der Augenhöhle hervor.

Zur Behandlung gibt es mehrere Möglichkeiten: Bestimmte Medikamente, die *Thyreostatika*, vermindern die Produktion von Schilddrüsenhormonen. Eine weitere Methode ist die Einnahme einer Lösung mit sogenanntem *Radioiod*, das von der Schilddrüse leicht aufgenommen wird. Durch seine radioaktive Strahlung wird Schilddrüsengewebe abgetötet. Eine *operative Entfernung* von Schilddrüsengewebe wird durchgeführt, wenn die Medikamente nicht ausreichend wirken, sich ein Tumor gebildet hat oder wenn ein Kropf sehr groß geworden ist.

Bei einer **Unterfunktion der Schilddrüse** befinden sich zu geringe Konzentrationen an Schilddrüsenhormonen im Blut. Häufigste Ursache war früher eine Unterversorgung mit Iod durch falsche Ernährung. Durch die Verwendung von iodiertem Speisesalz und den Verzehr von Meeresfischen ist diese Erkrankung selten geworden. Zur Behandlung einer Unterfunktion kann ein *synthetisches Schilddrüsenhormon* verabreicht werden. Es muss auf Dauer eingenommen werden, da sonst die Symptome wie Müdigkeit, geringe Belastbarkeit, aufgedunsenes Gesicht und verdickte Haut wieder auftreten können.

Wechseljahre

Zwischen dem 45. und 55. Lebensjahr kommen Frauen in das *Klimakterium*, auch **Wechseljahre** genannt: Die Östrogenkonzentration sinkt, die Eierstöcke produzieren keine Eizellen mehr, die Menstruationsblutungen hören auf. Belastend können die durch Schwankungen der Hormonkonzentration verursachten Beschwerden werden. Dazu gehören u. a. Stimmungsschwankungen und Hitzewallungen. Die Knochen können anfälliger gegen Brüche werden *(Osteoporose)*. Die Wahrscheinlichkeit eines Herzinfarktes steigt. Seit einigen Jahren steht eine Hormontherapie zur Linderung starker Beschwerden zur Verfügung: Medikamente mit bestimmten weiblichen Geschlechtshormonen gleichen die verringerte körpereigene Hormonmenge wieder aus.

Testosteron

Neben den Spermien bilden die Hoden spezielle Zellen aus, die das männliche Hormon **Testosteron** produzieren. Dieses Hormon ist zuständig für das Wachstum und die Reifung der Geschlechtsorgane sowie für die Ausbildung der sekundären männlichen Geschlechtsmerkmale. Das Testosteron gehört zur Gruppe der *Androgene* und ist chemisch mit den weiblichen Sexualhormonen Östrogen und Progesteron verwandt. Das Hormon wird in den Zellen des Hodens, in geringeren Mengen auch im Eierstock der Frau und in der Nebennierenrinde gebildet. Es wird im Blutserum transportiert. Testosteron stimuliert in der Pubertät das Hoden- und Peniswachstum und die Ausbildung der sekundären männlichen Geschlechtsmerkmale, z. B. tiefe Stimme, Bartwuchs, Knochen- und Muskelwachstum. Es hat eine allgemein Gewebe aufbauende Wirkung, die auch zum Doping in sogenannten *Anabolika* genutzt wird. Das Testosteron stimuliert den Sexualtrieb, hat Einfluss auf das Aggressionsverhalten und setzt die Reifung der Spermien in Gang. Auch die Glatzenbildung steht mit der Testosteronmenge in Zusammenhang.

Hormone als Dopingmittel

EPO ist die Abkürzung für das Hormon *Erythropoetin*. Es wird in der Niere hergestellt und fördert die Bildung roter Blutzellen (Erythrocyten). EPO kann heute gentechnisch hergestellt werden. Es dient zur Behandlung von Blutarmut bei Krebs und Nierenerkrankungen. EPO wird missbräuchlich als *Dopingmittel* eingesetzt, weil bei einer Erhöhung der Erythrocytenzahl mehr Sauerstoff transportiert werden kann und dadurch die Leistungsfähigkeit, speziell bei Ausdauersportarten wie Radfahren, steigt. Das Blut wird allerdings dabei auch zähflüssiger, was die Gefahr einer Thrombose deutlich erhöht. Ein sicherer Nachweis ist aufwendig, da sich synthetisches von natürlichem EPO schwer unterscheiden lässt.

Wachstumshormone

Eine deutlich zu geringe Körpergröße, sogenannter **Zwergwuchs**, kann hormonelle Ursachen haben: Produziert die Hypophyse zu wenig *Wachstumshormon*, ist kein normales Wachstum möglich. Auch eine genügende Menge an Schilddrüsenhormonen ist für eine normale Entwicklung notwendig. Eine Überproduktion an Wachstumshormon kann zu einer deutlich erhöhten Körpergröße führen. Kinder werden deshalb regelmäßig darauf untersucht, ob ihr Wachstum innerhalb des altersgemäßen Normalmaßes liegt. Treten deutliche Wachstumsverzögerungen auf, können je nach Ursache Schilddrüsenhormone oder Wachstumshormone verabreicht werden. Menschliches Wachstumshormon kann gentechnisch hergestellt werden.

Genetik

Wie kommt es, dass Lebewesen ihren Eltern in vielen Merkmalen gleichen oder zumindest ähnlich sind? Warum sind Kinder des gleichen Elternpaares dennoch in vielen Eigenschaften untereinander verschieden? Die Wissenschaft, die sich mit solchen und ähnlichen Fragestellungen beschäftigt, heißt *Vererbungslehre* oder *Genetik*. Bei der Suche nach möglichen Antworten haben sich im Laufe der Zeit mehrere Forschungsrichtungen entwickelt.

Die *klassische Genetik* untersucht das Aussehen eines Lebewesens und es werden Regeln aufgestellt, die verständlich machen, in welcher Form körperliche Merkmale eines Elternpaares bei den Nachkommen wieder auftreten. Sucht man nach den Ursachen für diese Gesetzmäßigkeiten, so lassen sie sich vor allem auf der mikroskopischen Ebene, also in den Zellen finden. Damit beschäftigt sich die *Cytogenetik*. Als Molekulargenetik schließlich bezeichnet man diejenige Forschungsrichtung, die nach den stofflichen Grundlagen der Vererbung fragt. Mit dem Erbgeschehen beim Menschen befasst sich die *Humangenetik*.

Wir wissen heute dank intensiver Forschung Vieles über die tatsächlichen Abläufe. Wir kennen Gesetzmäßigkeiten bei der Vererbung und auch den chemischen Aufbau der Erbsubstanz. Es gelingt sogar, durch Methoden der *Gentechnik* Erbanlagen verschiedener Tier- und Pflanzenarten neu zu kombinieren. In der Zukunft gilt es, mit diesem Wissen verantwortungsvoll umzugehen.

Stammbaum

Chromosomen

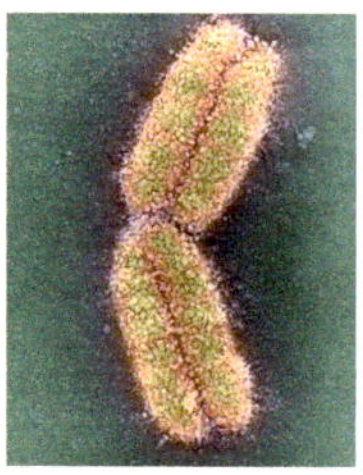

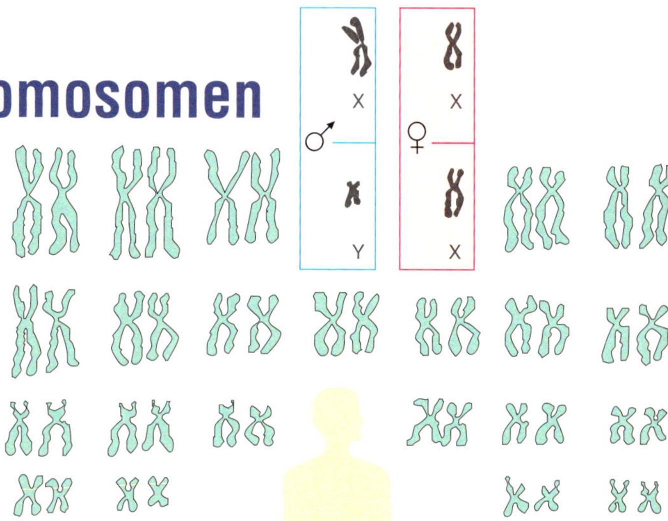

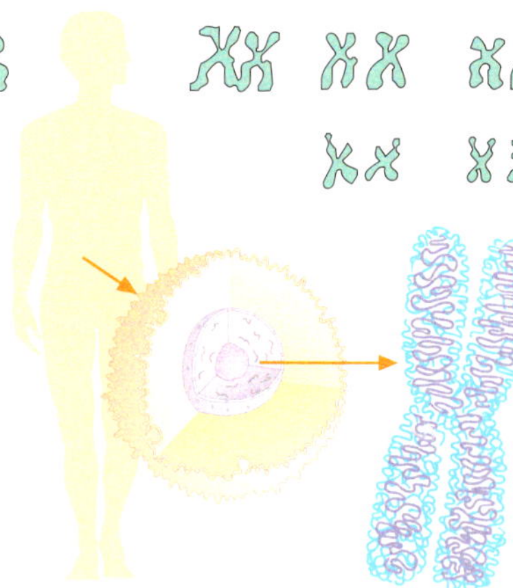

Mendel

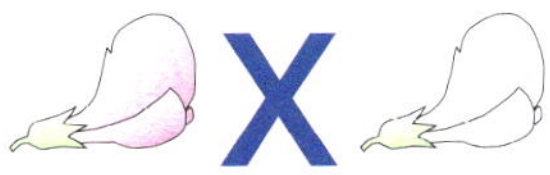

Phänotyp

dominant-rezessiver
Erbgang

Merkmal

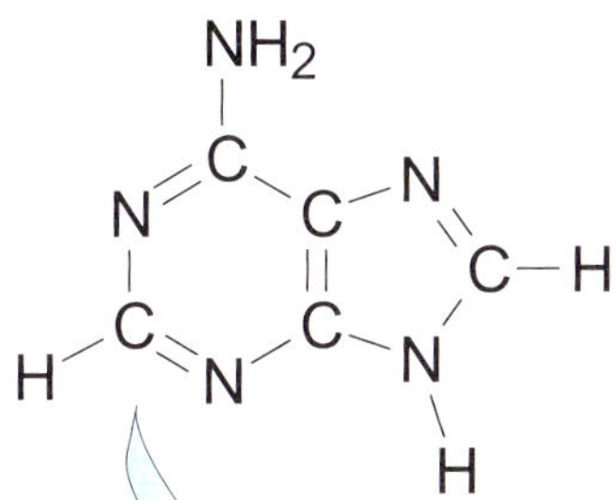

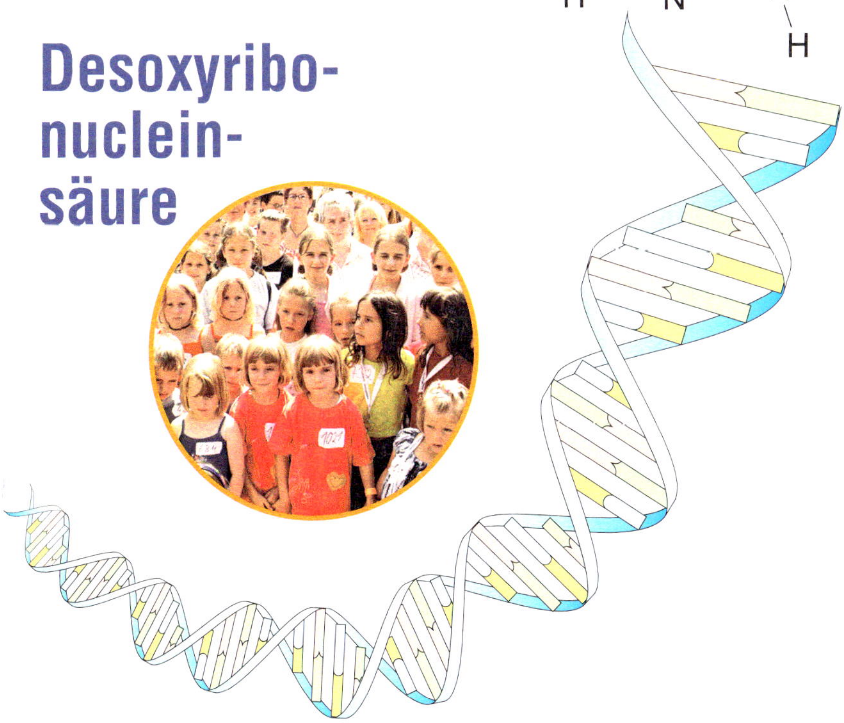

Desoxyribo-nuclein-säure

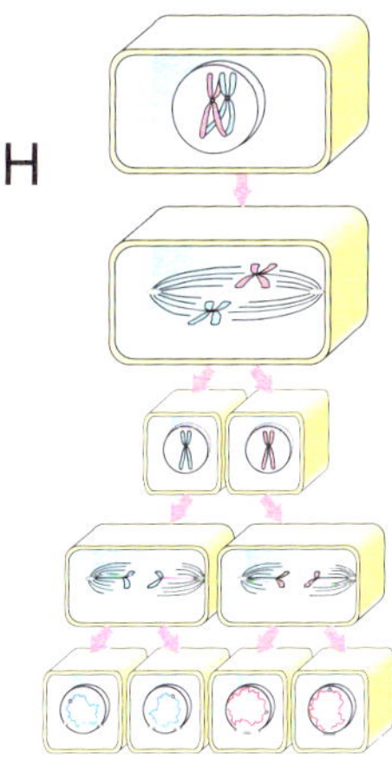

Meiose

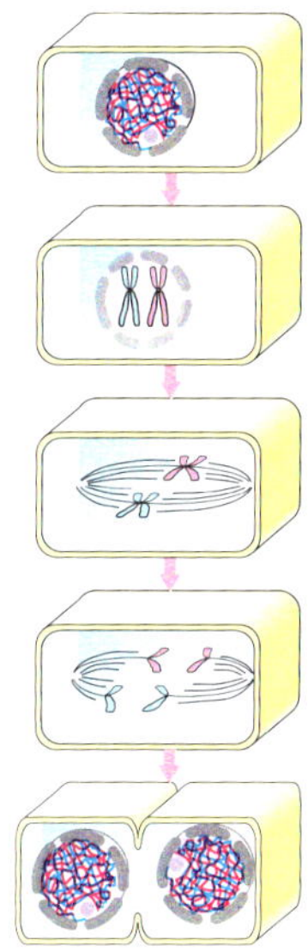

Mitose

Johann Gregor Mendel entdeckt die Vererbungsregeln

Der Augustinermönch JOHANN GREGOR MENDEL arbeitete bei seiner Suche nach den Regeln der Vererbung vor allem mit einer Pflanzenart, nämlich der *Saaterbse*. Diese Pflanze ist im Mittelmeerraum beheimatet und wird dort von relativ schweren Insekten bestäubt. In Mitteleuropa fehlen diese Insekten. Hier kommt es deshalb zur *Selbstbestäubung*, wobei die Pflanzen in gleicher Weise fruchtbar sind und Samen entwickeln. MENDEL konnte bei seinen Untersuchungen also sicher sein, dass keine unerwünschte Fremdbestäubung erfolgte.

Zu Beginn seiner Arbeit besorgte sich MENDEL in mehreren Samenhandlungen 34 verschiedene Erbsensorten. Er säte die Erbsen aus und züchtete die Pflanzen zwei Jahre lang im Klostergarten. Dabei stellte er fest, dass auf einigen Beeten ausschließlich gleich aussehende Erbsen wuchsen. Solche Pflanzen, die ohne Ausnahme ein bestimmtes Merkmal über mehrere Generationen beibehalten, heißen *reinerbig*. Diese Sorten schienen MENDEL besonders geeignet, sein Ziel zu erreichen, nämlich ein „allgemeingültiges Gesetz für die Bildung und Entwicklung der Hybriden aufzustellen“.

JOHANN GREGOR MENDEL (1822 – 1884)

Als **Sorte** bezeichnet man die Angehörigen einer Art, die sich in einem (oder mehreren) Merkmalen konstant von den anderen Artangehörigen unterscheiden.

Hybride nennt man Mischlinge, die bei der Kreuzung von zwei Pflanzensorten entstehen. Bei Tieren heißen die Mischlinge *Bastarde*.

Eine wichtige Voraussetzung für das Gelingen seiner Untersuchungen war, dass MENDEL mit reinerbigen Sorten experimentierte. Seine besondere Leistung liegt vor allem in seinem methodischen Ansatz, in dem er drei grundlegende Ideen vereinigte:

1. MENDEL beschränkte sich bei seinen Untersuchungen zunächst auf ein einziges *Merkmal*. Das heißt, dass er bei einer Versuchsreihe mit Erbsenpflanzen beispielsweise nur auf die *Farbe der Blüten* achtete; zu allen anderen Merkmalen, wie Wuchsform oder Samenfarbe, machte er in diesem Fall keine Aussage.
2. MENDEL überließ seine Kreuzungen nicht dem Zufall, sondern setzte gezielt ganz bestimmte Experimente ein. Seine Versuche konnten deshalb jederzeit wiederholt und die Ergebnisse von anderen Forschern überprüft werden.
3. Schließlich wertete er seine Ergebnisse *statistisch* aus. Dieser Sachverhalt brachte es mit sich, dass MENDEL sehr viele Experimente durchführen musste, um möglichst umfangreiches und abgesichertes Zahlenmaterial zu erhalten. Denn die von ihm entdeckten Regeln

Zettelkasten

Mendels Lebenslauf

JOHANN GREGOR MENDEL wurde am 22.Juli 1822 in Heinzendorf an der mährisch-schlesischen Grenze in der heutigen Tschechischen Republik geboren. Seine Eltern waren Kleinbauern. Nach dem Abitur trat MENDEL in das Augustinerkloster zu Brünn ein. 1847 wurde er zum Priester geweiht. Neben der Seelsorge widmete er sich besonders der Botanik und begann im Jahre 1851 ein zweijähriges Studium der Naturwissenschaften in Wien.

Nach seiner Rückkehr nach Brünn lehrte er Naturgeschichte und Physik an der dortigen Oberrealschule. In dieser Zeit (1853 – 1868) führte er im Garten des Klosters (s. Abb.) seine später berühmt gewordenen Experimente mit Erbsenpflanzen durch. Seine Ergebnisse trug er im Jahr 1865 vor dem „Naturforschenden Verein“ in Brünn vor. Sie wurden in ihrer Bedeutung nicht verstanden, sondern nur belächelt. Dennoch veröffentlichte MENDEL seine Arbeit 1866 unter dem Titel „Versuche über Pflanzen-Hybriden“.

Um die Bestätigung eines anerkannten Wissenschaftlers zu erhalten, sandte er seine Ergebnisse an den Schweizer Botaniker VON NÄGELI. Dieser hielt nicht viel von MENDELS „Erbsenzählerei“. MENDEL war enttäuscht. Er widmete sich von nun an mehr seinen Aufgaben als Abt des Klosters in Brünn. Hier starb er am 6.Januar 1884.

Ein Jahr vor seinem Tod hatte MENDEL prophezeit: „Mir haben meine wissenschaftlichen Arbeiten viel Befriedigung gebracht und ich bin überzeugt, dass die Welt die Ergebnisse dieser Arbeit anerkennen wird.“

Im Jahr 1900 war es dann soweit! Die Botaniker HUGO DE VRIES, ERICH VON TSCHERMAK und CARL ERICH CORRENS hatten unabhängig voneinander die gleichen Gesetzmäßigkeiten wie MENDEL gefunden. Jetzt war die Zeit reif für eine wissenschaftliche *Vererbungslehre*, deren Begründer MENDEL ist.

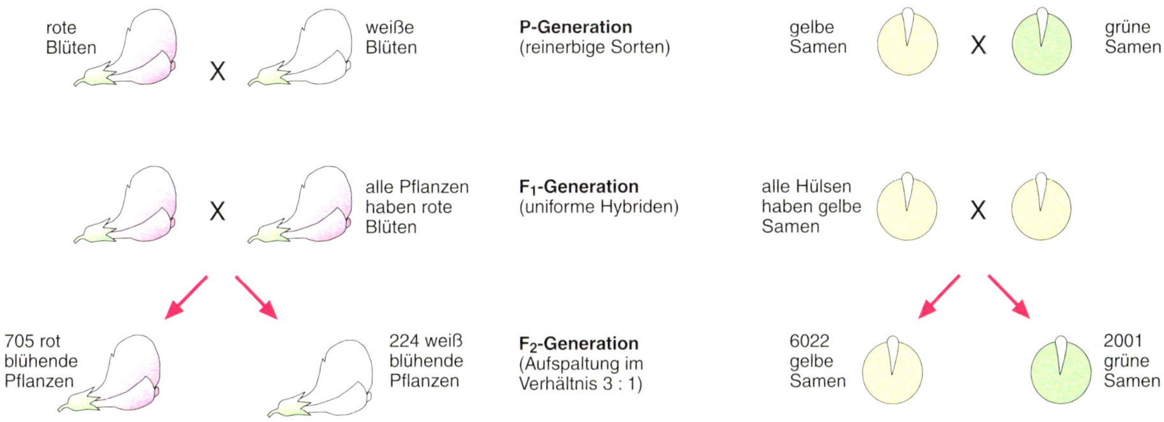

1 MENDELS Versuche mit verschiedenen Saaterbensorten und deren Nachkommen

sind Wahrscheinlichkeitsaussagen, die nur für eine große Anzahl von Nachkommen gelten. Welches Merkmal im Einzelfall auftritt, lässt sich dabei nicht sicher vorhersagen.

Für seine ersten Experimente wählte MENDEL eine Erbensorte mit reinerbig grünen Samen aus und bestäubte sie künstlich mit dem Pollen von reinerbig gelbsamigen Pflanzen. Diese Elterngeneration, die *Parentalgeneration* (P), erbrachte in ihren Hülsen ausschließlich gelbe Erbsen. Alle Nachkommen in der Tochtergeneration, der ersten *Filialgeneration* (F$_1$), sahen also gleich *(uniform)* aus.

Man könnte vermuten, dass die Herkunft des Pollens den Ausschlag für die Samenfarbe gibt. Zur Kontrolle führte MENDEL die umgekehrte *(reziproke)* Kreuzung durch: Pollen der grünsamigen Sorte wurde auf die Narbe von gelbsamigen Erbsenpflanzen übertragen. Auch jetzt traten wieder ausschließlich gelbe Samen in der F$_1$-Generation auf.

In gleicher Weise untersuchte MENDEL sechs weitere Merkmale, zum Beispiel *Samenform* (rund bzw. kantig), *Länge der Sprossabschnitte* (kurz bzw. lang), *Form* und *Farbe der Hülsen*. In allen Fällen stellte sich heraus, dass die Mischlinge der F$_1$-Generation uniform für das jeweilige Merkmal waren. Beispielsweise ergab die Kreuzung von rot blühenden mit weiß blühenden Erbsenpflanzen stets rote Blüten; kreuzte er Pflanzen mit runden Samen mit solchen, die kantige Samen hatten, so waren die Erbsen in der F$_1$-Generation immer rund. Diese Ergebnisse werden heute so zusammengefasst:

Mendels Methode der Fremdbestäubung:

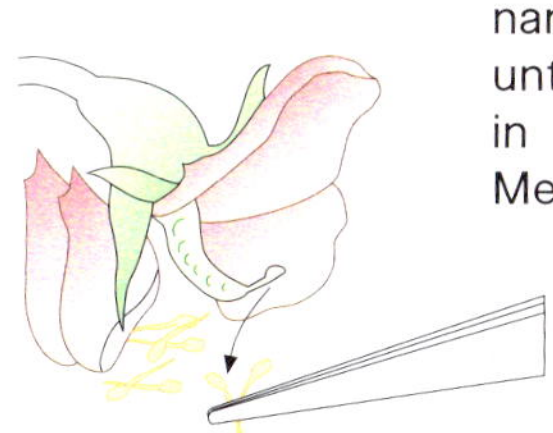

Entfernen der Staubblätter aus einer roten Blüte

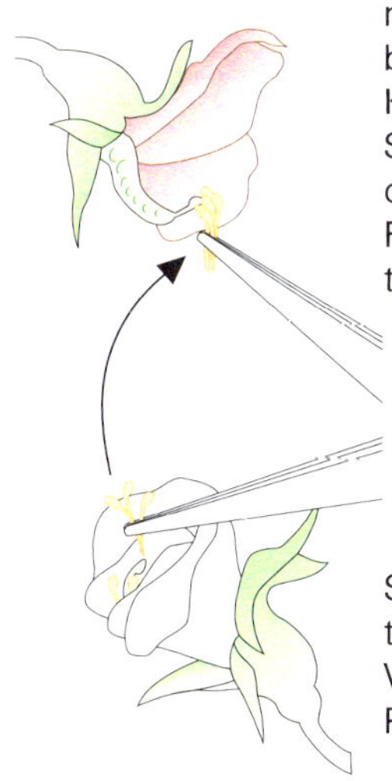

Übertragen von Pollen aus Staubblättern einer weißen Blüte auf die Narbe der roten Blüte

1. Mendel'sche Regel:
Kreuzt man zwei Individuen einer Art miteinander, die sich in einem Merkmal reinerbig unterscheiden, so sind die Nachkommen in der F$_1$-Generation in Bezug auf dieses Merkmal untereinander gleich. Das gilt auch bei der reziproken Kreuzung *(Uniformitätsregel)*.

MENDEL bezeichnete das in der ersten Filialgeneration unterdrückte Merkmal als *rezessiv*, das auftretende als *dominant*. Das führte zu der Frage, ob das rezessive Merkmal völlig verloren gegangen sei. MENDEL brachte deshalb die gelben F$_1$-Erbsen zum Keimen, vermehrte diese Pflanzen durch Selbstbestäubung weiter und untersuchte das Aussehen der nächsten, also der zweiten Filialgeneration (F$_2$). Von 258 Pflanzen erntete er 8023 Samen, davon waren 6022 gelb und erstaunlicherweise 2001 grün. Das entspricht recht genau einem Verhältnis von gelb : grün wie 3 : 1 (Abb. 1).

MENDEL kontrollierte dieses Ergebnis bei allen sieben untersuchten Merkmalen. Stets tauchte in der F$_2$-Generation das zweite Merkmal der Eltern wieder im gleichen Verhältnis auf. Die zweite von ihm entdeckte Regel lautet damit:

2. Mendel'sche Regel:
Kreuzt man die Mischlinge der F$_1$-Generation untereinander, so treten in der F$_2$-Generation auch die Merkmale der Elterngeneration P in einem festen Zahlenverhältnis wieder auf. Beim dominant-rezessiven Erbgang erfolgt die Aufspaltung im Verhältnis 3 : 1 *(Spaltungsregel)*.

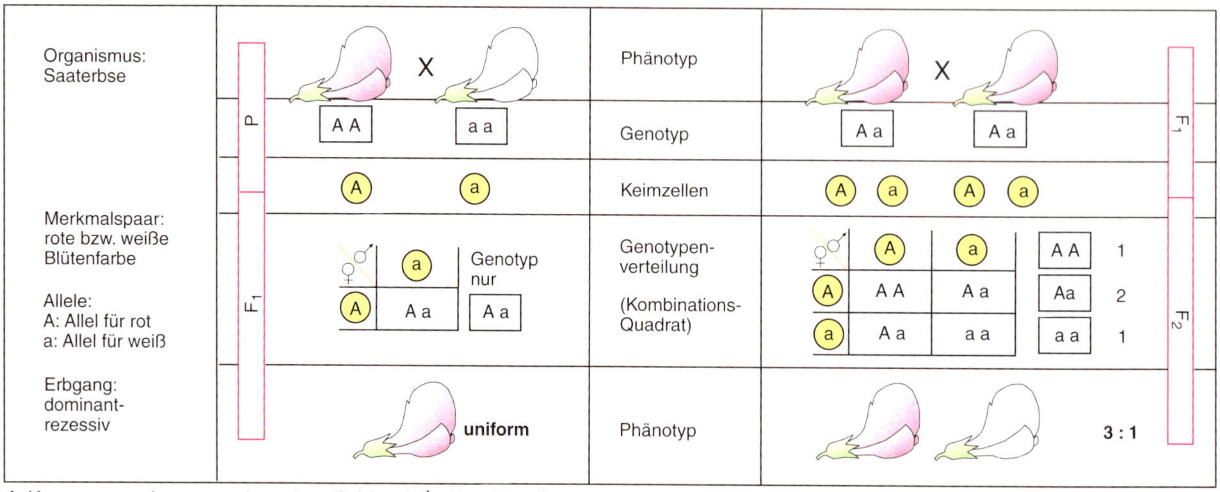

1 Kreuzungsschema zur 1. und zur 2. Mendel'schen Regel

Das Kreuzungsschema – ein Modell erklärt die Versuche

Gen
Anlage für ein Merkmal

Allel
Zustandsform eines Gens

A, a
Allelbezeichnungen bei einem dominant-rezessiven Merkmalspaar

Genotyp
Allelkombination

Phänotyp
Erscheinungsbild (Merkmalsausprägung)

Die von MENDEL entdeckten Regeln kann man anhand eines Kreuzungsschemas erklären. Diese Modellvorstellung soll am Beispiel der Saaterbse für die Vererbung des Merkmals „Blütenfarbe" vorgestellt werden.

Wesentlich für das Verständnis des Modells ist Folgendes: Man geht davon aus, dass nicht das beobachtbare Merkmal – also die Blütenfarbe – an die Nachkommen weitergegeben wird, sondern nur eine Anlage für das Merkmal. Diese Anlage ist nicht sichtbar und wird als *Gen* bezeichnet. Da es weiße und rote Erbsenblüten gibt, gibt es auch zwei Anlagen, die nebeneinander (parallel) vorkommen können. Diese zwei Zustandsformen eines Gens heißen *Allele*. Es gibt also das Allel für die Ausbildung der roten Blütenfarbe und das Allel für weiße Blütenfarbe. Man kennzeichnet das Allel für das dominante Merkmal durch einen großen, das für das rezessive Merkmal durch den gleichen kleinen Buchstaben.
A: Allel für rote Blütenfarbe,
a: Allel für weiße Blütenfarbe.

Da sich die reinerbigen, rot blühenden Pflanzen der Parentalgeneration in ihrem Verhalten bei Kreuzungsexperimenten von denen in der F_1-Generation unterscheiden, geht man davon aus, dass jede Pflanze in ihren Zellen nicht nur ein, sondern zwei Allele eines Gens besitzt. Es bestehen demnach drei Möglichkeiten:
AA: reinerbig dominant (rot blühend),
aa: reinerbig rezessiv (weiß blühend) und
Aa: mischerbig (rot blühend).

Diese Allelkombination bezeichnet man als den *Genotyp* der Erbsenpflanze. Dieser Genotyp legt eindeutig das Erscheinungsbild, den *Phänotyp*, fest. Dem gleichen Phänotyp kann aber ein unterschiedlicher Genotyp zugrunde liegen, wie am Beispiel der rot blühenden Erbsen zu erkennen ist.

In den Keimzellen wird immer nur ein Allel eines Gens weitergegeben. Nach der Befruchtung besitzt das sich entwickelnde Lebewesen dann wieder zwei Allele, eines vom Vater und eines von der Mutter. Dieser Vorstellung entsprechend lässt sich ein *Kreuzungsschema* aufstellen (s. Abb. 1). Dadurch ist es möglich, das Ergebnis eines Kreuzungsversuches zu erklären bzw. statistisch vorherzusagen.

Aufgaben

① Eine reinerbig gelbsamige Erbsensorte wird mit einer reinerbig grünsamigen gekreuzt.
  a) Erstelle ein Kreuzungsschema für die F_1- und die F_2-Generation.
  b) Nenne die Verhältniszahlen der Genotypen bzw. Phänotypen.

② Aus der Kreuzung zweier mischerbig rot blühender Erbsen der F_1-Generation erhält man zufällig vier Nachkommen. Welche Phänotypen können sie haben?

③ Bei einer rot blühenden Erbsenpflanze weiß man nicht, ob sie rein- oder mischerbig ist. Beschreibe ein Experiment, das geeignet ist, eine Entscheidung über den Genotyp zu fällen.

Die Rückkreuzung

Die Kreuzung zwischen reinerbigen Lebewesen liefert nach der 1. Mendel'schen Regel gleich aussehende Nachkommen. Kreuzt man zwei Mischlinge miteinander, so besagt die 2. Mendel'sche Regel, dass beim dominant-rezessiven Erbgang zwei verschiedene Merkmalsausprägungen im Verhältnis 3 : 1 auftreten. Es gibt noch eine weitere wichtige Kreuzungsmöglichkeit, nämlich die zwischen einem mischerbigen und einem rezessiv-reinerbigen Lebewesen. Sie wird als *Rückkreuzung* bezeichnet. Welches Ergebnis ist hier zu erwarten?

Am Beispiel der Farbe von Erbsenblüten liefert das Kreuzungsschema folgende Aussage (s. Abb. 1): Die Nachkommen einer mischerbigen, rot blühenden Pflanze und einer weiß blühenden müssten sich in beide Merkmale aufspalten und zwar im Verhältnis 1 : 1.

Mendel stellte genau diese Berechnungen an und führte danach auch die entsprechende Kreuzung durch. Das experimentelle Ergebnis stimmte mit seiner Vorhersage überein. Damit war die Richtigkeit seiner Überlegungen bestätigt.

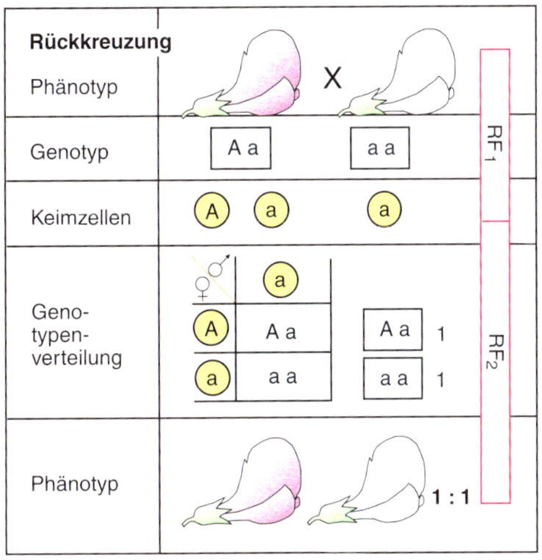

1 Kreuzungsschema zur Rückkreuzung

Aufgaben

① Die Rückkreuzung wird auch als „Testkreuzung" bezeichnet. Begründe.

② Zu welchem Ergebnis führt die Kreuzung einer mischerbig roten mit einer reinerbig roten Erbse? Erstelle ein Kreuzungsschema. Unterscheide zwischen Genotyp und Phänotyp.

Zettelkasten

Der intermediäre Erbgang — unvollständige Dominanz

Der Tübinger Botaniker Correns benutzte um 1900 für seine Versuche die *Wunderblume*. Die Kreuzung zweier Sorten, einer rot und einer weiß blühenden, ergab in der F_1-Generation ausschließlich Pflanzen mit rosa Blüten. Die Nachkommen waren also uniform, die Merkmalsausprägung lag aber zwischen den beiden elterlichen Erscheinungsbildern. Dieser Erbgang, der wesentlich seltener zu beobachten ist als der dominant-rezessive, heißt *intermediär*. Kreuzt man die F_1-Individuen untereinander, so treten in der F_2-Generation neben den rosa Hybridformen — entsprechend der Spaltungsregel — die Erscheinungsbilder der Parentalgeneration in einem bestimmten Verhältnis wieder auf. Beim intermediären Erbgang erfolgt die Aufspaltung jedoch im Verhältnis 1 : 2 : 1, wie das Kreuzungsschema zeigt. Hierbei benutzt man einen Buchstaben mit verschiedenen Indices für die entsprechenden Allele eines Gens.

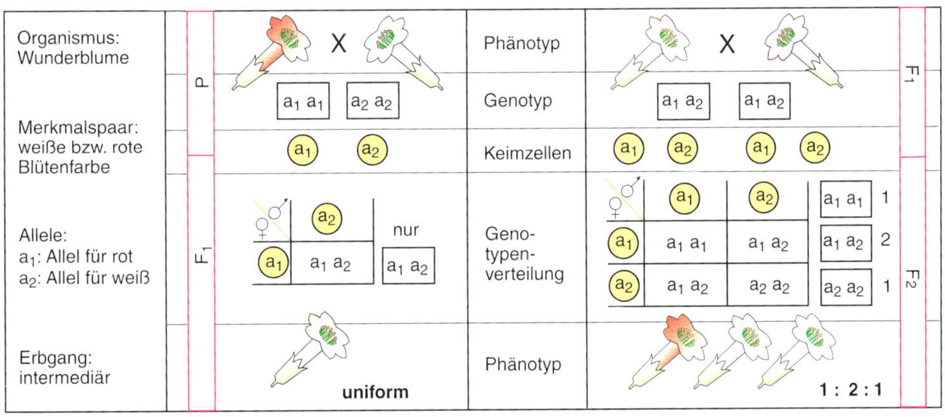

Aufgaben

① Erstelle für die Wunderblume ein Kreuzungsschema, das einer Rückkreuzung entspricht, und werte es aus.

② Der Kunde eines Gärtners bestellte tausend rosa Wunderblumen. Um diesen Wunsch möglichst schnell zu erfüllen, kreuzte der Gärtner mehrere rosafarbene Pflanzen untereinander. Analysiere, ob das sinnvoll war.

Mendels dritte Regel zur Vererbung

MENDEL führte auch Kreuzungen durch, bei denen er auf zwei Merkmalspaare achtete, z. B. auf *Farbe* und *Form* der Erbsensamen. Seine Ausgangssorten waren gelbe runde bzw. grüne kantige Erbsen. Die F_1-Generation war erwartungsgemäß uniform. Es traten nur gelbe runde Samen auf. Gelb bzw. rund ist gegenüber grün bzw. kantig dominant. Eine solche Kreuzung zwischen Sorten mit zwei unterschiedlichen Merkmalen nennt man *dihybrid*, im Gegensatz zur *monohybriden* mit nur einem Merkmalspaar.

Bei der Kreuzung von Mischlingen der F_1-Generation untereinander erhielt MENDEL 556 Samen in der F_2-Generation. Davon waren 315 gelb und rund, 101 gelb und kantig, 108 grün und rund, 32 grün und kantig. Das entspricht recht genau einem Zahlenverhältnis von 9 : 3 : 3 : 1, wie nach dem Kreuzungsschema zu erwarten ist. Bei dieser Kreuzung treten in der F_2-Generation auch Erbsen mit neuen Merkmalskombinationen auf, nämlich gelbe kantige und grüne runde Erbsen. Das ist nur möglich, wenn die einzelnen Gene unabhängig voneinander verteilt werden. Dann können Allele in neuen Kombinationen zusammentreten. Dies besagt die

3. Mendel'sche Regel: Kreuzt man zwei Lebewesen einer Art, die sich in mehr als einem Merkmal reinerbig unterscheiden, so können die Merkmalspaare in neuen Kombinationen auftreten. Die Gene werden also unabhängig voneinander verteilt (*Unabhängigkeits-* und *Neukombinationsregel*).

Durch Neukombination von Merkmalen entsteht **Variabilität**. Variabilität ist bei allen Organismenarten zu beobachten, es handelt sich um ein allgemeingültiges **Prinzip**, das z. B. in der Tier- und Pflanzenzüchtung große Bedeutung hat (► S. 162).

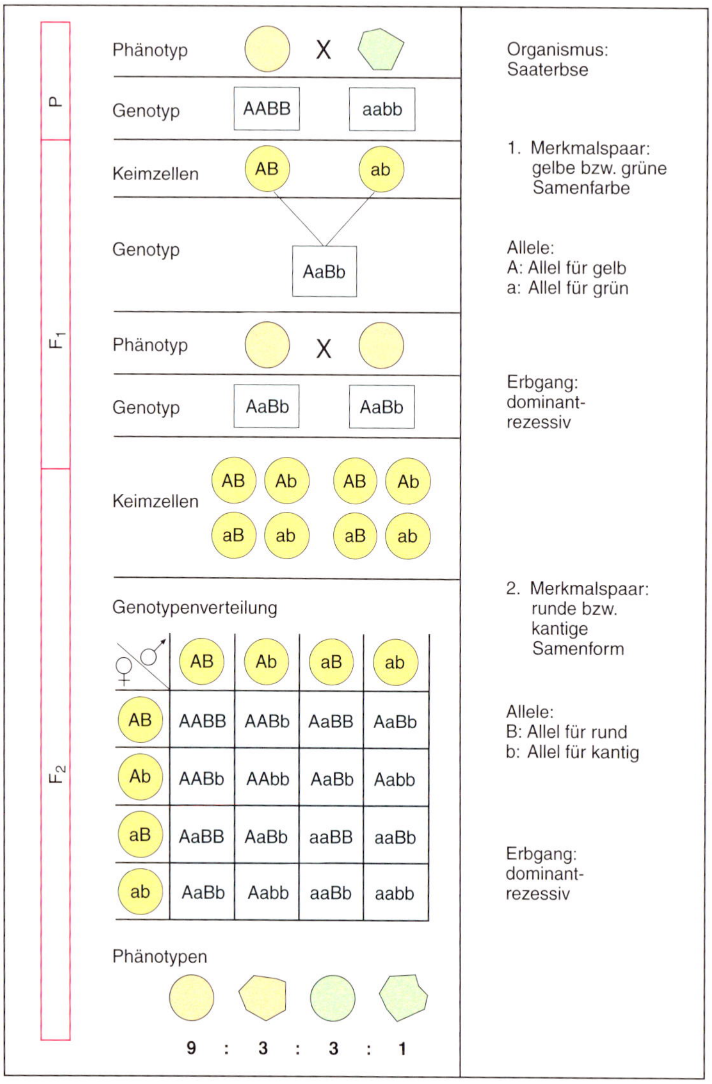

1 Kreuzungsschema zur 3. Mendel'schen Regel

Aufgaben

① Bestätige anhand des Kreuzungsschemas, dass für die Merkmale Samenfarbe bzw. Samenform die ersten beiden Mendel'schen Regeln zutreffen, wenn man jedes Merkmal für sich alleine betrachtet.

② Eine Erbsenpflanze aus der F_1-Generation mit gelbrunden Samen wird mit einer grünkantigen gekreuzt (Rückkreuzung in zwei Merkmalspaaren). Entwickle dazu ein Kreuzungsschema und werte es aus.

③ Ein Züchter hat eine süße, aber reblausanfällige Traubensorte und eine reblausfeste Sorte mit sauren Früchten. Schlage vor, wie eine süße, reblausfeste Rebsorte zu züchten ist. Die Allele für sauer bzw. für reblausanfällig sind jeweils dominant.

④ In der F_2-Generation (Abb. 1) tauchen auch grünrunde Samen auf. Welche Genotypen können sie haben? Gib an, wie man die reinerbigen herausfinden kann.

⑤ Eine Pflanzensorte mit großen Blättern und roten Blüten wird mit einer kleinblättrigen, weiß blühenden Sorte gekreuzt. In der F_1-Generation tauchen nur mittelgroße Blätter und rosa Blüten auf. Wie viele Phänotypen sind in der F_2-Generation zu erwarten?

Modellversuche zu den Vererbungsregeln

Jedes Elternteil besitzt für ein bestimmtes Merkmal genau zwei Anlagen. Von den Anlagen des Vaters und von denen der Mutter wird für dieses Merkmal immer nur eine an die Nachkommen weitergegeben. Welche Anlage das ist, hängt vom Zufall ab.

Zufallsereignisse lassen sich experimentell simulieren, zum Beispiel durch Münzwurf oder durch verdecktes Ziehen aus einer Urne. Für die folgenden Versuche bildet ihr am besten Dreiergruppen.

Urnenversuch

Material:
Für jede Schülergruppe zwei undurchsichtige Behälter (Tüte oder Leinensäckchen), 40 gleich große Perlen, davon jeweils 20 von gleicher Farbe, z. B. 20 rote und 20 weiße, Protokollmaterial.

Durchführung:
In jeden der beiden Behälter werden zehn rote und zehn weiße Perlen eingefüllt. Ein Schüler mischt die Perlen, ein Zweiter zieht, ohne hinzusehen, jeweils eine Perle aus jedem der beiden Behälter und legt sie auf den Tisch.

Der Dritte ist Protokollant und notiert das Ergebnis in Form der abgebildeten Liste. Danach werden die Perlen in den zugehörigen Behälter zurückgelegt, gemischt und der Vorgang wird insgesamt zwölfmal durchgeführt.

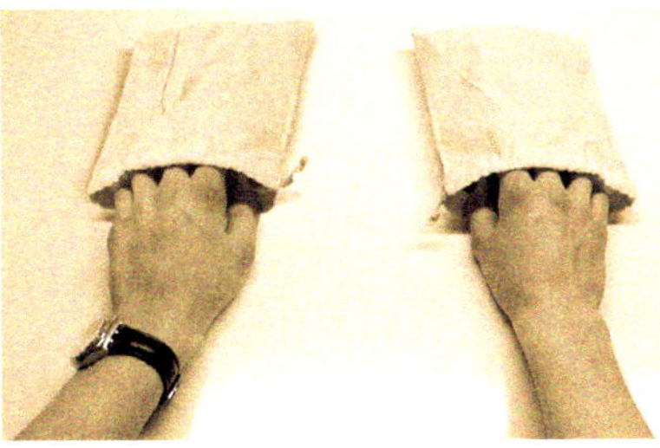

Die Rollen werden gewechselt, damit jeder einmal alle drei Aufgaben übernommen hat.

Versuchsnummer	**Perlenfarben (Genotyp)**	**zugehöriger Phänotyp**
1	rot/rot	
2	weiß/rot	
3	weiß/weiß	
4	rot/rot	
5	...	

Auswertung:

① Gib an, warum das Spiel als Modellversuch zur 2. Mendel'schen Regel angesehen werden kann. Was bedeuten dabei:
- die zwei Behälter mit den Perlen;
- die Perlen als solche;
- die Verschiedenfarbigkeit der Perlen;
- die gleiche Anzahl der Perlen;
- das blinde Herausgreifen und Nebeneinanderlegen von zwei Perlen?

② Warum müssen die Perlen nach dem Ziehen wieder in den Behälter zurückgelegt werden?

③ Ordne nun jedem Ergebnis den Phänotyp der gedachten Nachkommen zu, wie es einem dominant-rezessiven Erbgang entspricht, zum Beispiel bei der Vererbung der Blütenfarbe von Erbsen.

④ Vergleiche deine Versuchsergebnisse mit den Vorhersagen nach der 2. Mendel'schen Regel. Falls sich Abweichungen ergeben, nenne mögliche Gründe.

⑤ Addiert nun die Ergebnisse eurer Gruppe und anschließend alle Ergebnisse der ganzen Klasse. Wie verhält es sich jetzt mit der Genauigkeit?

Phänotyp	rot	weiß
Erwartung	9	3
Ergebnis		

⑥ Entwerft eine Versuchsanordnung zur 1. Mendel'schen Regel. Warum lohnt sich die Durchführung in diesem Fall nicht?

⑦ Entwerft eine Versuchsanordnung, die der Rückkreuzung entspricht. Wie müssen die Perlen nun auf die Behälter verteilt werden? Spielt entsprechend.

Münzwurfversuch

Bei diesem Modellversuch kann die 3. Mendel'sche Regel für dominant-rezessive Erbgänge simuliert werden.

Material:
Zwei verschiedene Münzen, jede doppelt vorhanden, evtl. ein Tuch, um die Geräusche beim Münzwurf zu vermindern, Protokollmaterial.

Durchführung:
Zwei Schüler erhalten je zwei verschiedene Münzen und lassen sie aus geringer Höhe auf den Tisch fallen. Man verabredet zum Beispiel, dass „Zahl" jeweils der Weitergabe des dominanten Allels entspricht, „Wappen" sei das rezessive Allel dieses Gens. Der Protokollführer notiert in einer Strichliste sofort die zugehörigen Phänotypen, zum Beispiel gelb/grün oder rund/kantig. Es wird insgesamt 48-mal geworfen.

Auswertung:

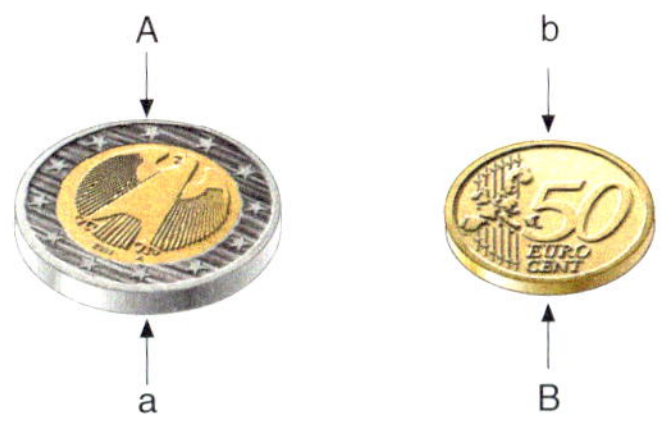

Beispiel:

1. Schüler	A	b	Genotyp Aabb
2. Schüler	a	b	Phänotyp gelb kantig

Phänotyp	gelb, rund	gelb, kantig	grün, rund	grün, kantig
Erwartung	27	9	9	3
Ergebnis				

⑧ Warum ist es günstig, den Münzwurf z. B. 48-mal zu protokollieren und nicht 50-mal?

⑨ Wie sind die Erwartungswerte entsprechend der 3. Mendel'schen Regel? Vergleiche mit deinem Versuchsergebnis. Begründe mögliche Abweichungen.

⑩ Fasst alle Ergebnisse zusammen und vergleicht nun das Versuchsergebnis mit den erwarteten Werten.

⑪ Beim Werfen ergab sich, dass achtmal hintereinander eine gelbe Erbse erzeugt wurde. Erläutere, ob sich dadurch die Wahrscheinlichkeit erhöht hat, dass beim nächsten Wurf eine grüne Erbse entsteht.

Chromosomen und Mitose

MENDEL hatte keine Vorstellung von der stofflichen Natur der Erbanlagen. Zu seiner Zeit wurden gerade die ersten leistungsstarken Mikroskope entwickelt. Forscher, die Zellen mithilfe des Mikroskops untersuchten, entdeckten in den Zellkernen sich teilender Zellen leicht färbbare, fädige Strukturen, die man später als *Chromosomen* bezeichnete.

Bevor sich eine Zelle teilt, ist in ihrem Zellkern außer einem oder zwei *Kernkörperchen (Nucleoli)* eine mit bestimmten Farbstoffen anfärbbare Struktur, das *Chromatin*, erkennbar. Es besteht aus Proteinen und dem Träger der Erbinformation, der **DNA**. Erst mit Beginn der Zellteilung (Abb. 1b) spiralisiert sich das Chromatin zu den im Lichtmikroskop sichtbaren Chromosomen auf.

Die Chromosomen können sich hinsichtlich ihrer Größe und ihrer Feinstruktur unterscheiden. Alle Zellkerne eines Lebewesens enthalten stets die gleiche Zahl an Chromosomen. Dabei sind je zwei Chromosomen untereinander gleich, man nennt sie *homologe Chromosomen*. Daraus folgt, dass in Zellkernen zwei Sätze von Chromosomen vorkommen. Man nennt dies einen *diploiden Chromosomensatz*.

Es gibt zwei Typen von Chromosomen: *Zwei-Chromatid-Chromosomen* (2C) bestehen aus zwei identischen Teilen, die durch das *Centromer* zusammengehalten werden.

Chromosom (REM-Aufnahme)

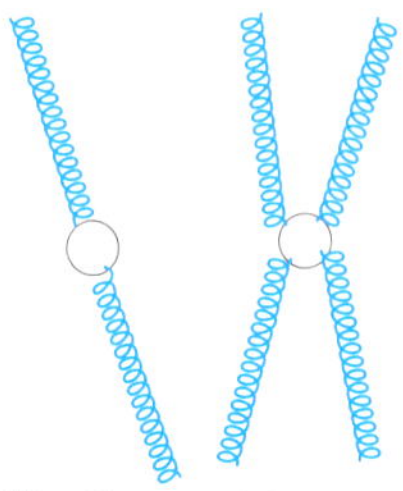

Ein-Chromatid- und Zwei-Chromatid-Chromosom

Ein-Chromatid-Chromosomen (1C) entstehen dadurch, dass Zwei-Chromatid-Chromosomen am Centromer getrennt werden.

Chromosomen sind die *Transportform* des Erbmaterials, das bei der Zellteilung auf die beiden Tochterzellen verteilt werden muss. Würde sich die Zelle einfach nur durchschnüren, erhielte jede Tochterzelle nur einen Teil der Erbinformation. Um dies zu vermeiden, wird die DNA bereits vor der Zellteilung kopiert *(Interphase)*. Anschließend muss die Erbinformation exakt gleich auf beide Tochterzellen verteilt werden, sodass nicht eine der beiden Zellen Informationen doppelt erhält, die dann der anderen fehlen. Dies wird durch eine entsprechende Anordnung der Chromosomen erreicht.

Abb. 1 zeigt die Zellteilung für nur ein Paar homologer Chromosomen. Zu Beginn der *Kernteilung*, der **Mitose**, sind Zwei-Chromatid-Chromosomen vorhanden, die sich immer mehr verkürzen und verdicken *(Prophase)*. Sie ordnen sich in einer Ebene an *(Metaphase)*, die Chromatide werden getrennt und der *Spindelapparat* transportiert die so gebildeten Ein-Chromatid-Chromosomen zu entgegengesetzten Polen *(Anaphase)*. Diese Chromosomen entspiralisieren sich zum Chromatin *(Telophase)*. Nach der Kernteilung erfolgt die Teilung der Zelle, bei der Zellplasma und Organellen auf die beiden Tochterzellen verteilt werden.

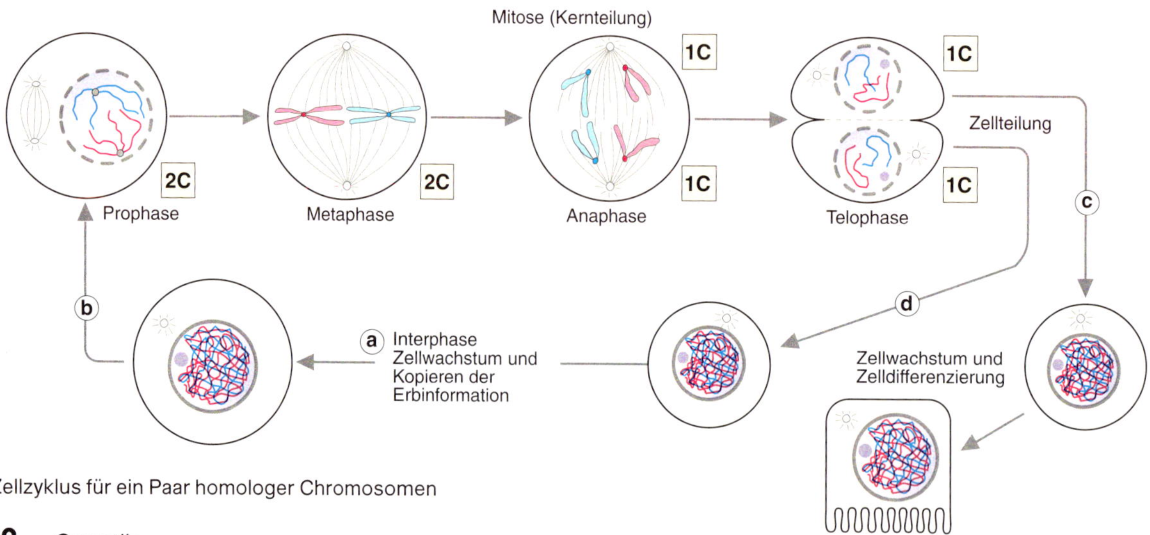

1 Zellzyklus für ein Paar homologer Chromosomen

Der Ablauf der Mitose

Die Mitose läuft kontinuierlich ab, aus Gründen der Übersicht unterteilt man sie aber in aufeinanderfolgende Phasen, die unterschiedlich schnell ablaufen.

Prophase

Während der Prophase wird das Chromatin zur Transportform verdichtet. Dadurch werden die Chromosomen allmählich sichtbar. Ein Spindelapparat aus zahlreichen röhrenförmigen Eiweißmolekülen bildet sich zwischen den Polen. Am Ende der Prophase lösen sich die Nucleoli auf, die Kernmembran zerfällt und die Chromosomen wandern in die Äquatorialebene.

Metaphase

Der Spindelapparat ist voll ausgeprägt. Die Chromosomen ordnen sich in der *Äquatorialebene* an und lassen sich jetzt gut unterscheiden. Da jede Zelle Erbmaterial von Vater und Mutter übernommen hat, gibt es zwei äußerlich übereinstimmende Sätze an Chromosomen (2n). Jedes dieser Chromosomen besteht aus zwei identischen Spalthälften (*Chromatiden*=2C), da es bereits in der Interphase verdoppelt wurde. Am Centromer hängen die beiden Chromatiden eines Chromosoms noch zusammen.

Anaphase

Die Chromatiden eines jeden Chromosoms werden am Centromer voneinander getrennt und bewegen sich mithilfe der Spindelfasern zu den entgegengesetzten Polen. Am Ende der Anaphase befindet sich an jedem Pol ein Chromatid eines jeden Chromosoms.

Telophase

Der Spindelapparat löst sich auf, die Chromosomen lockern sich wieder auf, bis sie nur noch als Chromatin zu sehen sind. Kernkörperchen und Kernhülle bilden sich neu.

Auf die Mitose folgt die *Cytokinese*. Tierische Zellen schnüren sich ein (Furchung), pflanzliche Zellen bilden eine mittlere *Zellplatte* aus, die sich nach außen vergrößert.

Nach der Zellteilung entscheidet sich das weitere Schicksal der Zelle: Verliert sie ihre Teilungsfähigkeit, differenziert sie sich zu einer Zelle des Dauergewebes. Anderenfalls durchläuft sie den Zellzyklus bis zur nächsten Zellteilung.

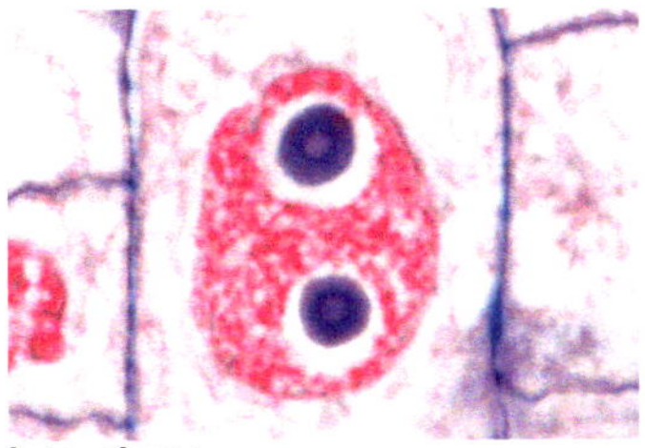
Interphase

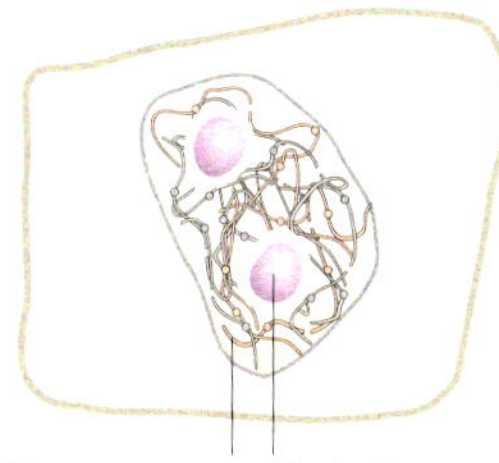

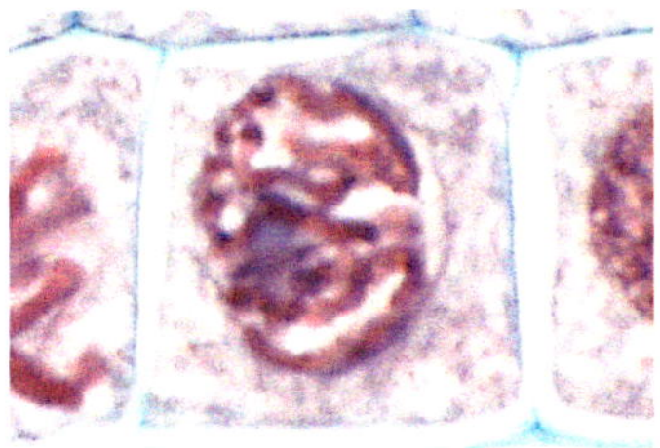
Prophase

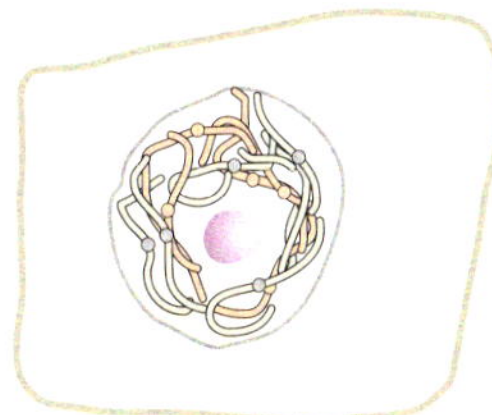

Metaphase

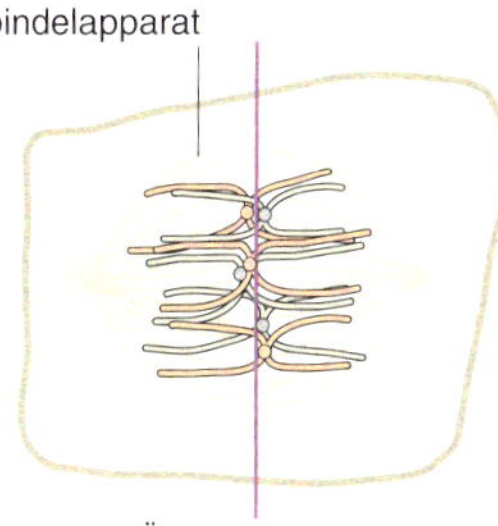

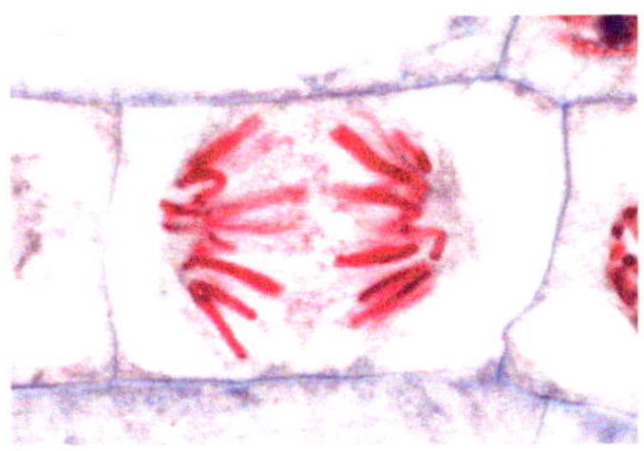
Anaphase

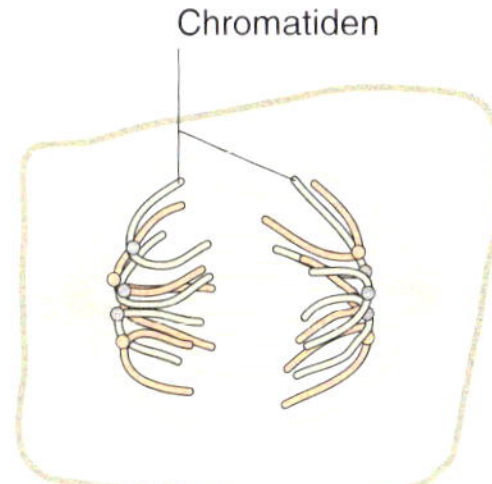

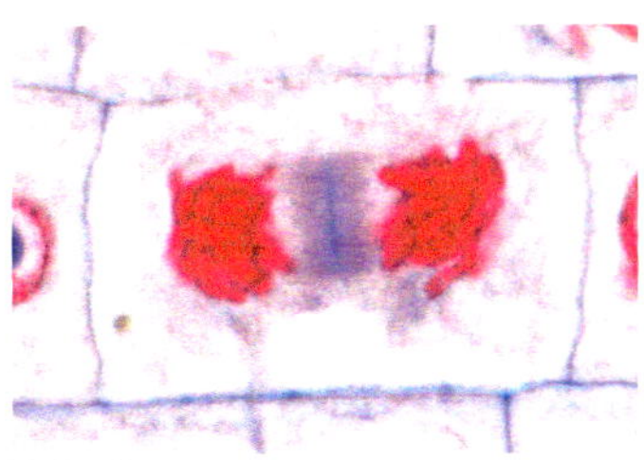
Telophase

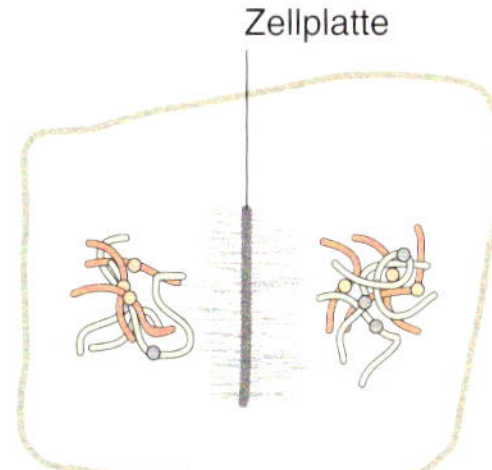

Meiose

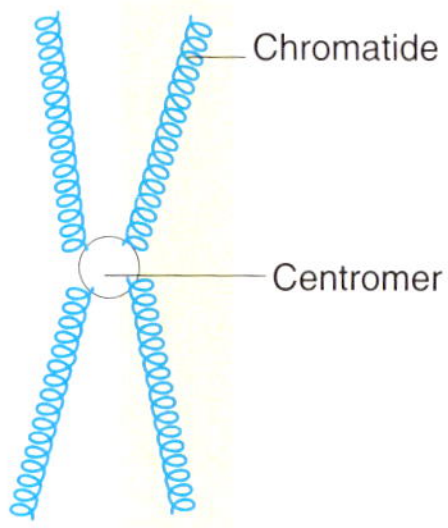

Zwei-Chromatid-Chromosom

Jedes Lebewesen besitzt in den Zellkernen seiner Körperzellen eine gleich bleibende artspezifische Anzahl von Chromosomen, von denen sich jeweils zwei in Form und Gestalt gleichen – sie sind *homolog* (siehe auch Seite 122). So hat ein Mensch zum Beispiel 46 Chromosomen in 23 homologen Paaren.

Für die geschlechtliche Fortpflanzung bilden Lebewesen *Keimzellen*. Bei der Befruchtung einer Eizelle durch eine Spermienzelle verschmelzen die Zellkerne der beiden Keimzellen miteinander. Würden die Zellkerne der Keimzellen bei einem Menschen wie die Körperzellen ebenfalls einen doppelten Chromosomensatz mit 46 Chromosomen enthalten, dann müssten in den Zellen der Kinder 92 Chromosomen vorhanden sein – 46 von der Mutter und 46 vom Vater.

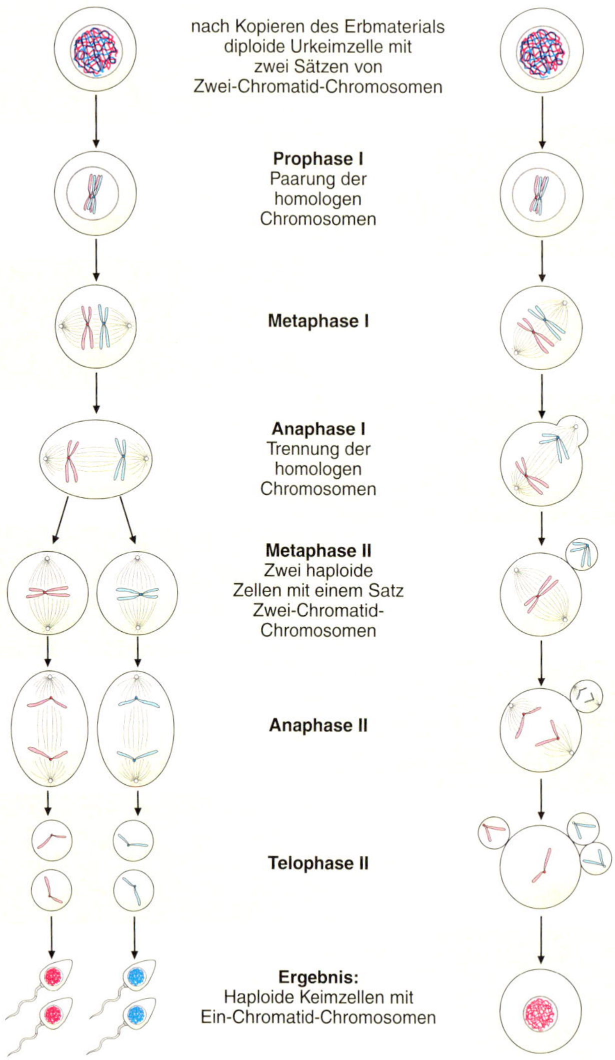

1 Meiose und Keimzellenbildung

Würde sich die Anzahl der Chromosomen von Generation zu Generation verdoppeln, wäre sie in der 10. Generation auf 23552 angewachsen. Da aber alle Menschen in ihren Zellkernen gleich viele Chromosomen besitzen, muss deren Anzahl bei der Keimzellenbildung reduziert werden.

Untersuchungen von Keimzellen zeigten, dass sie tatsächlich nur einen einfachen Chromosomensatz besitzen. Von den beiden homologen Chromosomen ist jeweils nur eines vorhanden. Man nennt solche Zellen mit einem einfachen Chromosomensatz *haploid*, Körperzellen mit doppeltem Chromosomensatz diploid.

Der Teilungsvorgang, bei dem in den Eierstöcken bzw. Hoden aus diploiden Urkeimzellen haploide Keimzellen entstehen, wird als **Meiose** bezeichnet. Er ist bei der Reifung der Keimzellen zu beobachten und läuft in zwei Teilschritten ab, die 1. bzw. 2. *Reifeteilung* genannt werden.

Abbildung 1 zeigt die Vorgänge bei der Meiose: In einem ersten Schritt wird das Erbmaterial der Urkeimzellen kopiert. Aus zwei Sätzen von Ein-Chromatid-Chromosomen entstehen dabei zwei Sätze der Zwei-Chromatid-Chromosomen.

In der 1. Reifeteilung spiralisieren sich die Zwei-Chromatid-Chromosomen zunächst auf. Die beiden homologen Chromosomen lagern sich dabei exakt aneinander, sodass Paare homologer Chromosomen entstehen. Kernmembran und Kernkörperchen lösen sich auf. Die Chromosomenpaare ordnen sich in der Äquatorialebene an. Nun werden die Paare getrennt, die Chromosomen werden von den Spindelfasern zu den Zellpolen transportiert. Es entstehen zwei haploide Zellen, die jeweils einen Satz von Zwei-Chromatid-Chromosomen enthalten.

Die 2. Reifeteilung verläuft im Prinzip wie eine mitotische Teilung. Die Chromosomen ordnen sich in der Äquatorialebene an, die beiden Schwesterchromatiden werden am Centromer getrennt und zu den entgegengesetzten Zellpolen transportiert. Um die Ein-Chromatid-Chromosomen werden Kernhüllen gebildet. Das Ergebnis der Meiose sind vier haploide Keimzellen, die je einen Satz Ein-Chromatid-Chromosomen enthalten.

Durch Reduktion der Chromosomenzahl entstehen in der Meiose aus diploiden Urkeimzellen haploide Keimzellen. Verschmelzen bei der Befruchtung die Kerne zweier Keimzellen miteinander, ist die befruchtete Eizelle wieder diploid. Aus dieser entsteht dann durch mitotische Teilungen der vielzellige Organismus. Zur geschlechtlichen Fortpflanzung werden durch Meiose wieder haploide Keimzellen gebildet (▶ S. 154).

Abbildung 1 zeigt die Verteilung der Chromosomen für einen Organismus mit zwei Chromosomenpaaren ($n=2$). In den diploiden Körperzellen befinden sich dann $2n=4$ Chromosomen: zwei Chromosomen mütterlicher Herkunft (rot) und zwei väterlicher Herkunft (blau).

In der 1. Reifeteilung werden die Paare homologer Chromosomen getrennt und die Chromosomen mütterlicher und väterlicher Herkunft zufällig auf die beiden Zellpole verteilt. Es gibt vier verschiedene Möglichkeiten, wie die Chromosomen in den Keimzellen kombiniert werden können (Abb. 1).

Bei drei Chromosomenpaaren ($n=3$) können bereits $2^3=8$ verschiedene Keimzellen entstehen. Entsprechend wären beim Menschen mit seinen 23 Chromosomenpaaren demnach – konsequent weitergedacht – $2^{23}=8\,388\,608$ verschiedene Keimzellen möglich. Die Wahrscheinlichkeit, dass zwei Kinder eines Elternpaares dieselbe Chromosomenausstattung erhalten, ist also verschwindend gering (▶ S. 162), zumal sowohl der Vater als auch die Mutter diese große Anzahl verschiedener Keimzellen bilden können.

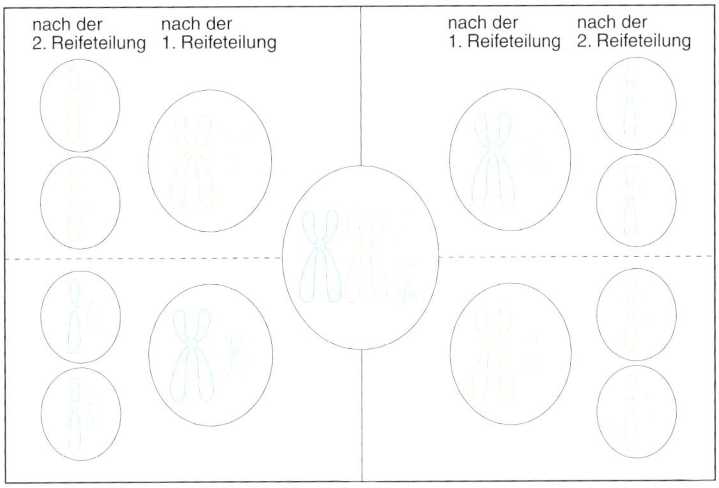

1 Kombinationsmöglichkeiten bei $n=2$

n
Anzahl der Chromosomen im haploiden Satz

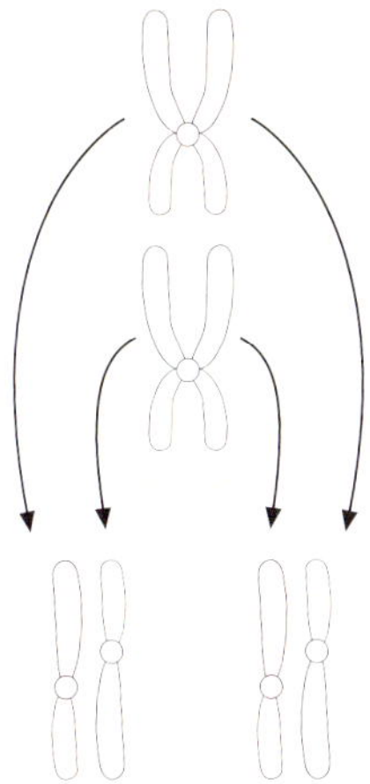

Aufgaben

1. Vergleiche in einer Tabelle Ablauf und Ergebnis der 1. Reifeteilung der Meiose mit der Mitose.
2. Erläutere, inwiefern die Vorgänge bei der 2. Reifeteilung der Meiose im Prinzip den Abläufen bei der Mitose entsprechen.
3. Zeichne nach der Vorlage von Abb. 1 die Kombinationsmöglichkeiten bei der Bildung von Keimzellen mit drei Chromosomen ($n=3$).

Zettelkasten

Die Meiose wurde anhand lichtmikroskopisch sichtbarer Kennzeichen in Phasen unterteilt. Es handelt sich jedoch um einen kontinuierlichen Vorgang, der sich besser als Film darstellen ließe. Die Dauer der einzelnen Phasen kann sehr unterschiedlich sein. Die Fotos zeigen Momentaufnahmen der Meiose bei der Pollenbildung der Lilie.

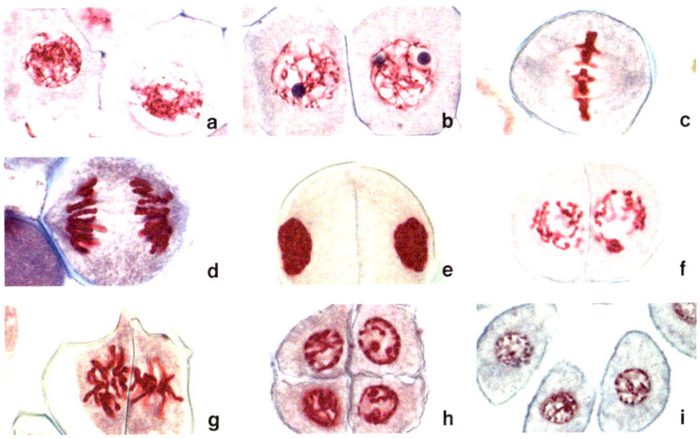

Aufgaben

1. Beschreibe die Fotos und ordne sie den Meiose-Phasen zu (siehe Schemazeichnungen auf Seite 124).
2. Wodurch lassen sich die abgebildeten Meiosestadien eindeutig von Mitosestadien der gleichen Art unterscheiden?

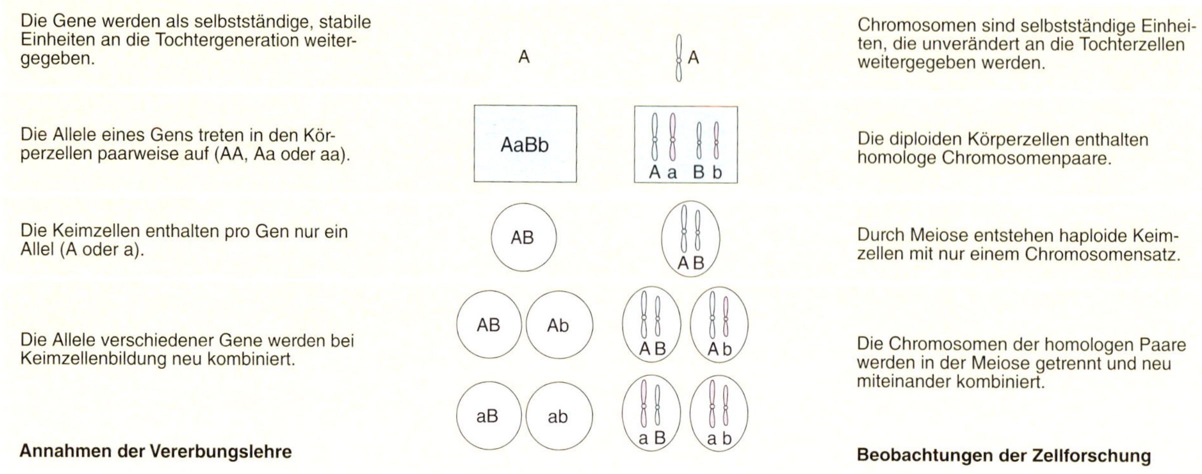

1 Gegenüberstellung von Annahmen der Vererbungslehre und Beobachtungen der Zellforschung

Chromosomentheorie der Vererbung

Die Frage der Vererbung von Merkmalen wurde von den Forschern des 19. Jahrhunderts unterschiedlich angegangen. Während Züchtungsforscher versuchten, Vererbungsregeln durch Kreuzungsexperimente zu finden, interessierte Zellbiologen die Struktur des Zellkerns und der Erbanlagen. MENDEL sprach von hypothetischen „Zellelementen", die für die Unterschiede der Hybriden verantwortlich sein könnten. Er wusste nicht, dass Zellbiologen seiner Zeit diese „Elemente" gesehen hatten und sie *Kernschleifen* nannten. 1875 wurde der Ablauf der Mitose, 1890 der Vorgang der Meiose beschrieben. Aber erst THEODOR H. BOVERI und WILLIAM SUTTON verknüpften die zellbiologischen Kenntnisse über Chromosomen mit den Ergebnissen aus den Kreuzungsexperimenten MENDELS. Sie erkannten, dass sich die *Chromosomen* genau so verhalten wie von MENDEL gefordert: Sowohl die *Gene* als auch die Chromosomen sind in den Körperzellen paarweise vorhanden. Die Chromosomen werden unabhängig voneinander vererbt und bei der Keimzellenbildung und Befruchtung neu kombiniert (Abb. 1).

1903 formulierten sie die *Chromosomentheorie der Vererbung*: Die Chromosomen sind die Träger der Erbanlagen. Die Theorie wurde durch Experimente bestätigt und bildet die Grundlage der modernen Gentechnik.

„Die Gesetze, welche die Vererbung beherrschen, sind völlig unbekannt."

CHARLES DARWIN, 1859

Chromosomentheorie der Vererbung
„Die Chromosomen sind die Träger der Erbanlagen."

BOVERI und SUTTON, 1903

Zettelkasten

Eine Jahrhundertentdeckung wird nicht wahrgenommen

MENDELS Arbeit ist ein klassisches Vorbild für die experimentelle Lösung eines wissenschaftlichen Problems. Noch 1859 bedauerte MENDELS Zeitgenosse CHARLES DARWIN: „Die Gesetze, welche die Vererbung beherrschen, sind völlig unbekannt." 1861 schrieb die Französische Akademie der Wissenschaft dieses Problem zur öffentlichen Behandlung aus. Trotzdem blieb MENDEL Zeit seines Lebens der einzige, der sich der Bedeutung seiner Entdeckung zu diesem damals aktuellen Problem bewusst war. „Mir haben meine wissenschaftlichen Arbeiten viel Befriedigung gebracht, und ich bin überzeugt, dass es nicht lange dauern wird, da die ganze Welt die Ergebnisse dieser Arbeiten anerkennen wird."
Das Unverständnis seiner Zeitgenossen lag nicht daran, dass MENDELS Arbeiten unbekannt waren. 115 Bände gingen im Schriftenaustausch an Wissenschaftler ins Ausland und sogar in der *Encyclopaedia Britannica* wurden seine Versuche zitiert.

Versuche über Pflanzenhybriden
von
Gregor Mendel

Vorgelegt in den Sitzungen vom 8. Februar und 8. März 1865. Gedruckt in den Verhandlungen des naturforschenden Vereins in Brünn. IV. Band. Abhandlungen [3]* 1865. Brünn, 1866. Im Verlage des Vereins S. 3–47.

Einleitende Bemerkungen.

Künstliche Befruchtungen, welche an Zierpflanzen deshalb vorgenommen wurden, um neue Farbenvarianten zu erziehlen, waren die Veranlassung zu den Versuchen, die hier besprochen werden sollen. Die auffallende Regelmäßigkeit, mit welcher dieselben Hybridformen immer wiederkehrten, so oft die Befruchtung zwischen gleichen Arten geschah, gab die Anregung zu weiteren Experimenten, deren Aufgabe es war, die Entwicklung der Hybriden in ihren Nachkommen zu verfolgen.

DNA
engl. **d**eoxyribo-**n**ucleic **a**cid
(acid = Säure)

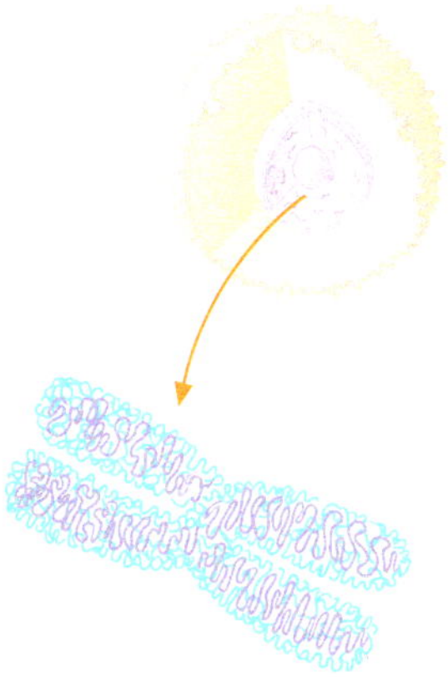

DNA – der Stoff, aus dem die Gene sind

Die Chromosomen sind die Träger der Erbanlagen. In ihnen muss sich der Stoff, aus dem die Gene bestehen, finden lassen. Chemische Untersuchungen haben ergeben, dass vor allem zwei Stoffgruppen im Zellkern vorkommen: Eiweiße (*Proteine*) und Kernsäuren (*Nucleinsäuren*). Lange hielt man die Proteine für das genetische Material, denn ihre vielfältigen Wirkungsmöglichkeiten, z. B. als Enzyme, waren bekannt. Aber 1944 konnte OSWALD AVERY nachweisen, dass eine Kernsäure das informationstragende Molekül ist, und zwar die *Desoxyribonucleinsäure (DNS oder DNA).*

Bau der DNA

Die DNA-Moleküle bilden einen langen, unverzweigten Doppelstrang. Man kann ihn mit einer Strickleiter vergleichen, die ganz gleichmäßig um sich gedreht ist. Der Bau dieser Doppelschraube, auch *Doppelhelix* genannt, ist bei allen Lebewesen gleich. Für die Aufklärung der DNA-Struktur erhielten die amerikanischen Forscher JAMES WATSON und FRANCIS CRICK 1962 den Nobelpreis.
Die beiden „Seile" oder „Holme" der Strickleiter zeigen einen regelmäßigen Wechsel zwischen einem Molekül *Phosphorsäure* und einem Zuckermolekül (*Desoxyribose*). Vier weitere Bausteine, nämlich *Adenin*, *Thymin*, *Cytosin* und *Guanin,* bilden jeweils zu zweien eine „Sprosse" der Leiter, wobei immer Adenin mit Thymin bzw. Cytosin mit Guanin gepaart ist. Diese Moleküle werden wegen ihrer chemischen Eigenschaften auch als *Basen* bezeichnet. In der Abfolge der Sprossen (Adenin-Thymin bzw. Cytosin-Guanin) ist die *genetische Information* verschlüsselt.

Kopieren der DNA

Die DNA ist als Träger der Erbinformation in jeder Zelle vollständig vorhanden. Deshalb ist es notwendig, sie vor jeder Zellteilung zu kopieren. Dieser Vorgang muss sehr präzise ablaufen. Jeder Fehler würde eine Änderung im Erbgut – eine *Mutation* – bedeuten (Abb. 1).

Die eindeutige Paarung der Basen ermöglicht es, von diesem Molekül eine Kopie herzustellen. Werden nämlich die Basenpaare der „Sprossen" des Doppelstrangs getrennt, so entstehen zwei einzelne Stränge. Die beiden einzelnen Stränge lassen sich wieder zu einem Doppelstrang ergänzen. Wie bei einem Puzzlespiel werden passende Bausteine angelagert. Die benötigten Bausteine, nämlich Einheiten aus Phosphorsäure, Zucker und Basen – die *Nucleotide* – , sind im Zellkern in ausreichender Menge vorhanden.

Das *Kopieren* der DNA geschieht immer vor einer neuen Zellteilung. Zu Beginn einer Mitose besitzt deshalb jedes Chromosom zwei identische Chromatiden, die gleichmäßig auf die Tochterzellen verteilt werden. Somit wird garantiert, dass jede neue Körperzelle die vollständige Information erhält (▶ S. 160).

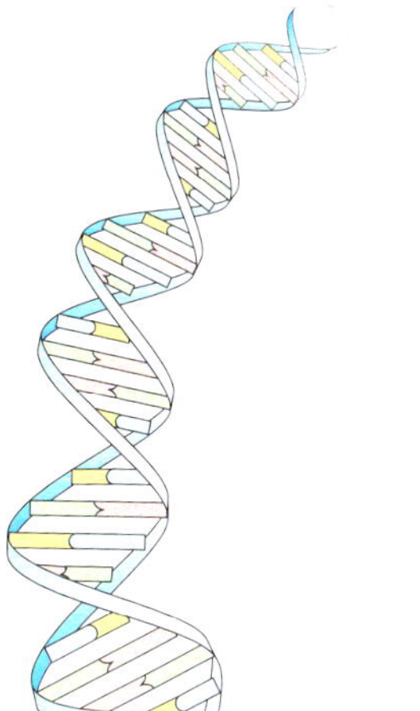

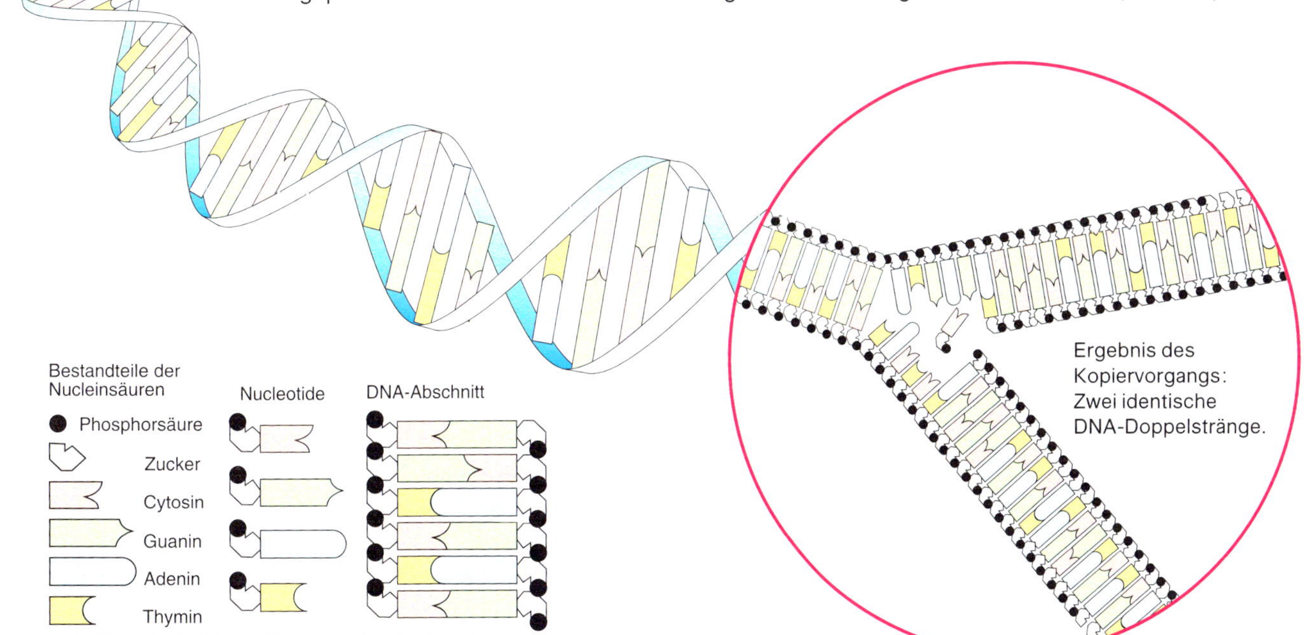

1 Aufbau der DNA und Vorgang der Verdopplung

Vom Gen zum Merkmal

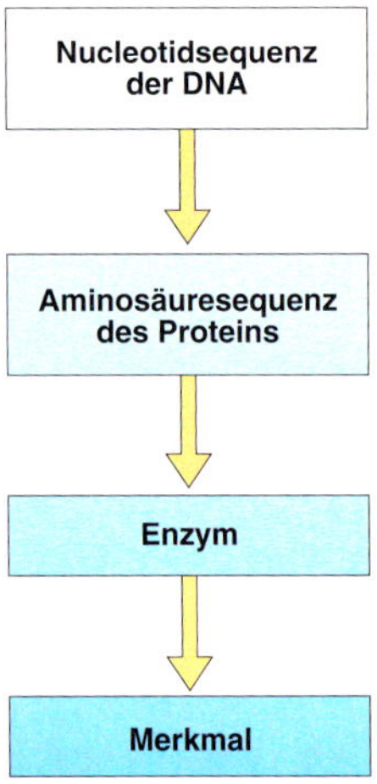

Ein Chemielehrer möchte, dass seine Klasse im Unterricht roten Farbstoff herstellt. Im Sammlungsschrank befindet sich ein Ordner, der die zugehörige Arbeitsanweisung enthält. Also kopiert er sie entsprechend dem Bedarf und teilt die Kopien an die Schülergruppen aus. Diese lesen das Arbeitsblatt und stellen den erforderlichen Versuchsaufbau zusammen. Aus den bereitgestellten Ausgangsstoffen kann dann der Farbstoff hergestellt werden.

Zwischen der Synthese von Farbstoff im Chemieunterricht und den Vorgängen im Organismus lassen sich Parallelen aufzeigen: Damit Erbsenpflanzen rot blühen können, muss in den Zellen ihrer Blütenblätter roter Farbstoff gebildet werden. Die Herstellung des Farbstoffs läuft in ganz ähnlichen Schritten ab wie im genannten Beispiel.

Gen
DNA-Abschnitt, der die gentische Information für ein Protein enthält

Die Anleitung für die Produktion von rotem Blütenfarbstoff befindet sich im Zellkern, dem Informationsspeicher der Zelle. Ein DNA-Abschnitt eines Chromosoms, ein *Gen*, enthält die erforderliche Information. Sie ist in der Abfolge der Basen verschlüsselt.

Genetischer Code
gibt an, welchem Basentriplett welche Aminosäure zugeordnet ist

Enzym
Protein, das eine chemische Reaktion beschleunigt.

Der Aufbau eines Farbstoffs in der Zelle ist nur mithilfe spezifischer Werkzeuge möglich. Bei diesen Werkzeugen handelt es sich um spezielle Eiweißmoleküle, die *Enzyme*. Zunächst werden über mehrere Zwischenschritte solche Enzyme aufgebaut, mit denen dann letztlich der Farbstoff hergestellt wird. Rot blühende Pflanzen besitzen also in ihren Genen die Information für die Herstellung der Enzyme, die zur Farbstoffbildung erforderlich sind.

Eiweiße (Proteine) werden in der Zelle nur an *Ribosomen* gebildet. Das sind winzige Zellorganellen, die in großer Zahl im Zellplasma liegen. Ribosomen werden auch als die Eiweißfabriken der Zelle bezeichnet. Die Anleitungen zum Aufbau der Eiweiße liegen verschlüsselt in der DNA im Zellkern. Wie gelangen sie zu den Ribosomen im Zellplasma?

Dazu wird der DNA-Doppelstrang zuerst teilweise aufgetrennt. Dann wird von einem Abschnitt aus einem der beiden Stränge eine einsträngige Kopie erstellt. Dazu lagern sich passende Bausteine, Nucleotide, an den DNA-Einzelstrang an und werden zu einem Nucleinsäuremolekül verknüpft. Da die Bausteine als Zucker nicht Desoxyribose, sondern *Ribose* enthalten, wird das neu gebildete Molekül genauer als *Ribonucleinsäure (RNA)* bezeichnet. Dieses Molekül löst sich von der DNA und gelangt als sogenannter „Bote" (*messenger-RNA* oder kurz *m-RNA*) durch die Poren der Kernmembran ins Zellplasma. Das m-RNA-Molekül ist eine Abschrift der DNA, enthält also dieselbe Information wie der entsprechende DNA-Abschnitt im Zellkern. In dieser Transportform kann die benötigte Information zu den Ribosomen gelangen.

Die Grundbausteine der Proteine sind *Aminosäuren*. Am Aufbau der Proteine aller Organismen sind 20 verschiedene Aminosäuren beteiligt. Jedes Protein ist gekennzeichnet durch eine typische Anzahl und Abfolge von Aminosäuren. Diese Abfolge der Ami-

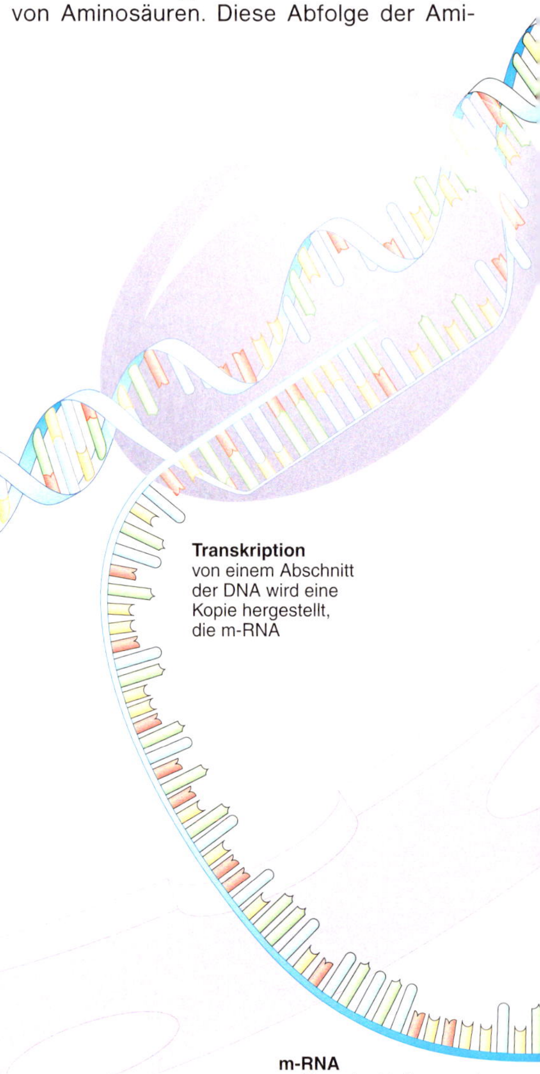

Transkription
von einem Abschnitt der DNA wird eine Kopie hergestellt, die m-RNA

m-RNA
verlässt den Zellkern und bindet an ein Ribosom

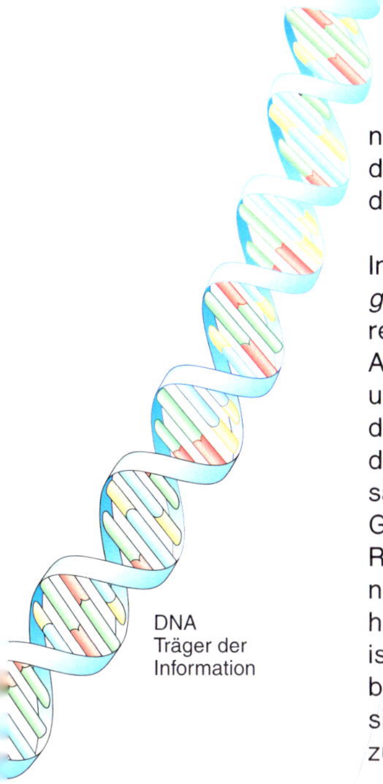

nosäuren ist in der DNA beziehungsweise in der m-RNA festgelegt. Sie ist in der Abfolge der Basen verschlüsselt.

In zahlreichen Versuchen gelang es, diesen *genetischen Code* zu knacken, also zu klären, wie die Abfolge der Aminosäuren in der Abfolge der vier verschiedenen Basen A, T, C und G verschlüsselt ist. Immer drei aufeinanderfolgende Basen, ein *Basentriplett*, bilden das Codewort für jeweils eine der 20 Aminosäuren. Gelangt z. B. die Dreierkombination GCG (Guanin – Cytosin – Guanin) an ein Ribosom, so bedeutet dies, dass die Aminosäure Alanin als nächste an das entstehende Eiweißmolekül angefügt wird. Heute ist die Bedeutung sämtlicher Basentripletts bekannt. Verschiedene Überträgermoleküle sind dafür verantwortlich, die Tripletts abzulesen und die zugehörigen Aminosäuren anzuliefern. Es handelt sich um eine weitere Sorte von Ribonucleinsäuren, die man als *transfer-RNA* oder *t-RNA* bezeichnet. t-RNA-Moleküle sind in der Lage, Aminosäuren zu binden. Jede t-RNA kann nur eine ganz bestimmte Aminosäure an sich binden. Zudem besitzt jedes t-RNA-Molekül eine Kennung, die ebenfalls aus einem Basentriplett besteht. Die t-RNA, die die Aminosäure Alanin bindet, trägt z. B. die Kennung CGC.

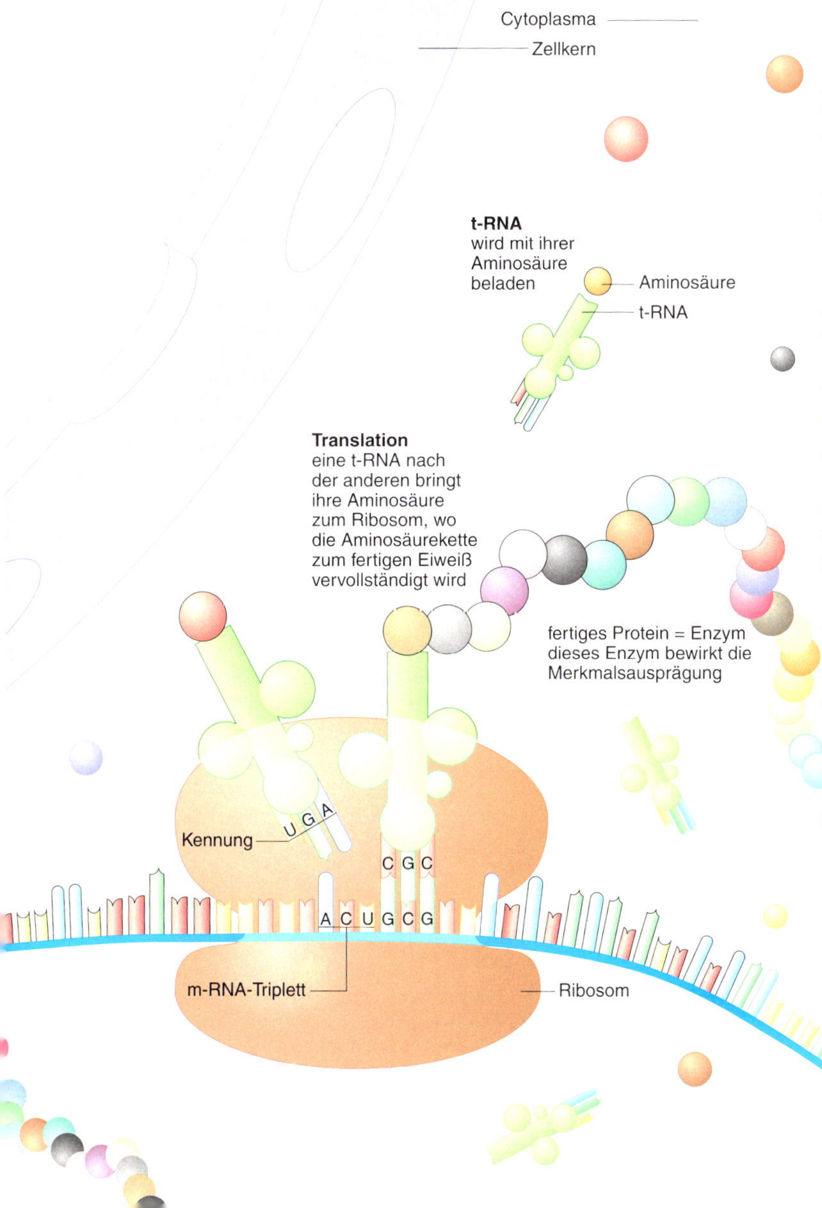

Das Ribosom gleitet an der m-RNA entlang, dabei ist immer ein Triplett der m-RNA ablesebereit. Im gezeichneten Beispiel ist es das Triplett GCG, das für die Aminosäure Alanin steht. Von den verschiedenen t-RNA-Molekülen passt genau eines: das mit der Kennung CGC, das die Aminosäure Alanin gebunden hat. Die Basen CGC bilden exakt das Gegenstück zu denen des m-RNA-Tripletts. Die t-RNA lagert sich an. Die mitgebrachte Aminosäure Alanin wird an das Ende der bereits vorhandenen Aminosäurekette angeheftet. Dann wird die nächste Dreierkombination (m-RNA-Triplett) abgelesen usw. Die jeweils mitgebrachten Aminosäuren werden genau in der Reihenfolge angehängt, wie es der Reihenfolge der Basentripletts auf dem m-RNA-Molekül entspricht. So entsteht programmgemäß eine lange, gewundene Kette von Aminosäuren, das Enzym.

Dieses Enzym übernimmt nun im Stoffwechsel eine bestimmte Aufgabe. In diesem Fall ermöglicht es die Reaktion, aus der der rote Blütenfarbstoff hervorgeht. Eine Erbsensorte, die in ihrer DNA die Information für dieses Enzym nicht besitzt, kann auch den Farbstoff nicht bilden, sie bleibt weiß. Bei allen Lebewesen ist die Ausbildung eines Merkmals an bestimmte Proteine gebunden. Der zugrunde liegende genetische Code ist bei allen Lebewesen derselbe. Er ist *universell.*

Am Beispiel der DNA zeigt sich ein biologisches **Prinzip**: In einer räumlichen Struktur, hier der Abfolge der Basen in der DNA, wird **Information** gespeichert (▶ S. 160).

Aufgabe

① Vergleiche die Herstellung des Farbstoffs im Unterricht mit der Bildung des roten Blütenfarbstoffs in der Zelle. Mit welchen Strukturen und Vorgängen im Organismus lassen sich der Sammlungsschrank, der Ordner, das Arbeitsblatt, die angefertigten Kopien und der Versuchsaufbau vergleichen? Wo hinkt der Vergleich, wo liegen seine Grenzen?

Methoden der Humangenetik

Menschen unterscheiden sich in einer Vielzahl von Merkmalen. Die *Humangenetik* untersucht die Vererbung von Merkmalen beim Menschen. Die Vererbung beim Menschen folgt denselben Gesetzmäßigkeiten, denen auch alle anderen Lebewesen unterliegen.

Die wissenschaftlichen Methoden, die bei der Untersuchung der Vererbung angewendet werden, unterscheiden sich aber grundsätzlich von denen der Tier- und Pflanzengenetik. Zum einen verbieten sich gezielte Kreuzungen aus ethischen Gründen, zum anderen würde die lange Generationsdauer und die geringe Anzahl an Nachkommen die Auswertung solcher Kreuzungsversuche ohnehin sehr erschweren.

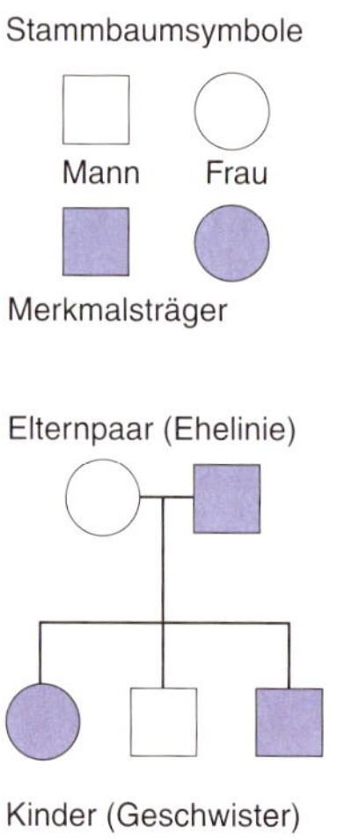

In der Humangenetik wird Datenmaterial verwendet, das bereits vorliegt. Nach dem Sammeln von Daten über das Auftreten eines bestimmten Merkmals wird ein *Familienstammbaum* erstellt. Dazu werden häufig die in der Randspalte gezeigten Symbole verwendet. Bei der Analyse eines solchen Stammbaums wird dann vom *Phänotyp* auf den *Genotyp* geschlossen, um den Erbgang eines Merkmals aufzuklären.

An Merkmalen, die *monogen*, also nur durch eine Erbanlage bedingt sind, lässt sich zeigen, dass die Mendel'schen Regeln auch für die Vererbung beim Menschen gelten. Die Weitergabe von Merkmalen, wie z. B. die Form der Ohrläppchen, des Haaransatzes, aber auch zahlreicher erblich bedingter Krankheiten, kann mit den Mendel'schen Regeln teilweise erklärt werden.

Viele Merkmale, wie Statur, besondere Begabungen, aber auch Haar-, Augen- oder Hautfarbe, sind allerdings durch mehrere Erbanlagen bedingt. Darüberhinaus werden sie zum Teil durch Umweltfaktoren beeinflusst. In diesen Fällen ist es kaum möglich, schlüssige Erbgänge nach den Mendel'schen Regeln aufzustellen.

Weitere klassische Methoden der Humangenetik sind zum einen *massenstatistische Verfahren*, zum anderen die *Zwillingsforschung*. Insbesondere an eineiigen Zwillingen mit identischem Erbgut, die aber getrennt aufgewachsenen sind, lässt sich untersuchen, welchen Einfluss die Erziehung und das soziale Umfeld auf die Ausprägung bestimmter Merkmale haben.

Familienstammbäume lassen Erbgänge erkennen

Ein rezessiv vererbtes Merkmal tritt nur bei Homozygotie in Erscheinung, also nur dann, wenn zwei entsprechende Allele vorhanden sind (aa). Bei dominanter Vererbung können Merkmalsträger homozygot (AA) oder heterozygot (Aa) sein. Hier reicht bereits das Vorhandensein eines Allels aus, um das Merkmal zur Ausprägung zu bringen.

Untersuchungen an Familienstammbäumen ermöglichen Aussagen über den Erbgang eines bestimmten Merkmals.

Das Merkmal angewachsene Ohrläppchen (Abb. 1) wird rezessiv vererbt. Die Eltern (zweite Generation) besitzen beide freie Ohrläppchen, haben aber eine Tochter mit angewachsenen Ohrläppchen. Angenommen, das Allel für angewachsene Ohrläppchen wäre dominant. Dann müssten die Mutter und/oder der Vater das Merkmal ebenfalls zeigen, denn mindestens einer der Eltern muss ja das Allel für angewachsene Ohrläppchen besitzen. Da aber kein Elternteil das Merkmal trägt, lässt sich der Stammbaum nur mit einem rezessiven Erbgang widerspruchsfrei deuten.

Das *Marfan-Syndrom* (Abb. 2) ist ein Krankheitsbild mit zahlreichen Symptomen, die alle auf einer zu hohen Elastizität des Bindegewebes beruhen. Ursache ist ein verändertes Struktureiweiß (siehe Seite 147). In Generation II haben zwei Betroffene eine gesunde Tochter. Wäre das Allel für das Marfan-Syndrom rezessiv, wären beide Eltern reinerbig und könnten kein normales Allel an die Tochter weitergeben. Die Genotypen lassen sich nur bei dominanter Vererbung widerspruchsfrei angeben. Erblich bedingt kann es zu Veränderungen des Skeletts, etwa zur Ausbildung eines sechsten Fingers kommen. Die Abbildung 3 zeigt den Stammbaum einer Familie, in der dieses Merkmal gehäuft auftritt.

Aufgaben

① Übertrage die Stammbäume in Abb. 2 und 3 in dein Heft. Führe die Allelbezeichnungen A und a ein und gib für jede Person die möglichen Genotypen an.

② Woran erkennt man an einem Stammbaum sicher eine rezessive bzw. dominante Vererbung? Formuliere Regeln.

③ Die Familie, deren Stammbaum Abb. 3 zeigt, wünscht sich ein drittes Kind. Mit welcher Wahrscheinlichkeit ist es Merkmalsträger?

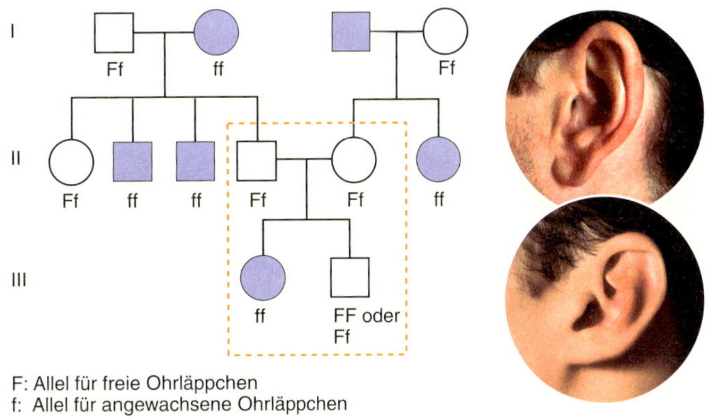

1 Stammbaum einer Familie, in der angewachsene und freie Ohrläppchen auftreten

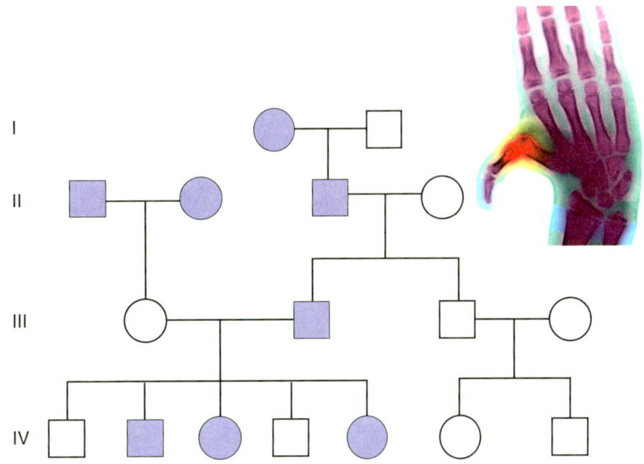

2 Stammbaum einer Familie, in der das Marfan-Syndrom mehrfach auftritt

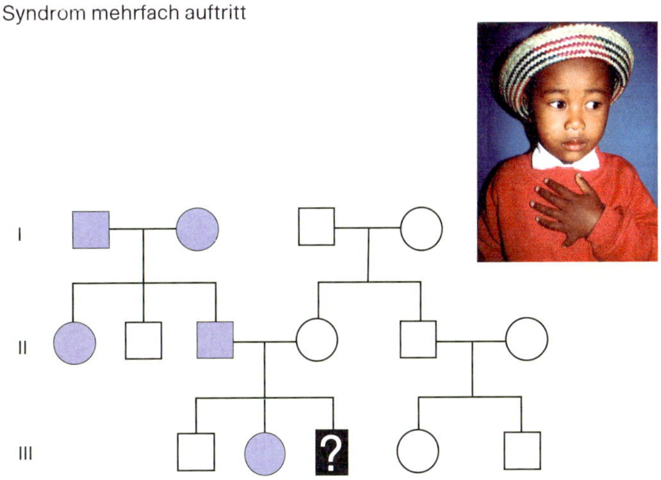

3 Stammbaum einer Familie, in der Sechsfingrigkeit mehrfach auftritt

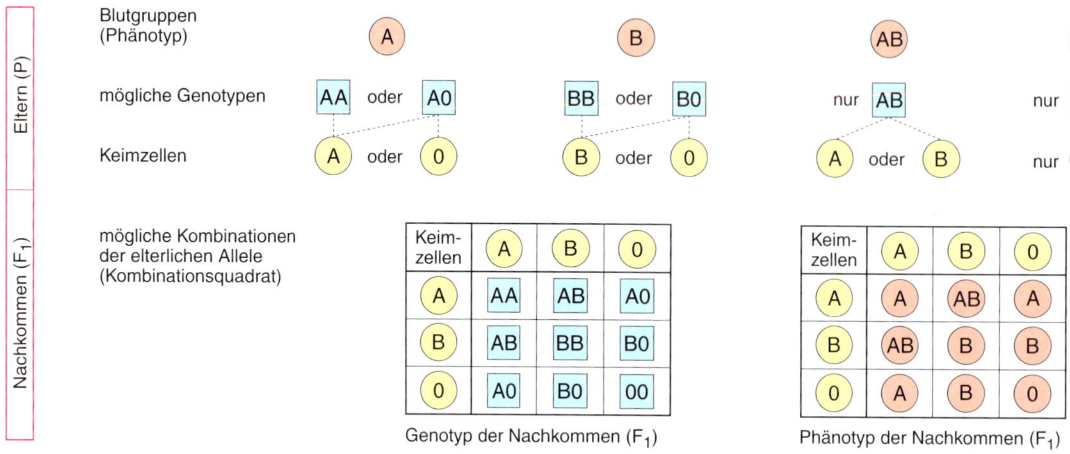

1 Vererbung der Blutgruppen im AB0-System

Vererbung der Blutgruppen

Man kennt beim Menschen mehr als 20 verschiedene Blutgruppensysteme. Die Unterschiede beruhen auf über 130 verschiedenen Proteinen der roten Blutzellen. Jeder Mensch besitzt aber eine charakteristische *Blutgruppe*, die er sein ganzes Leben lang unverändert behält.

Die Ausbildung der Blutgruppeneigenschaften wird von Genen gesteuert. Die zugehörigen Erbgänge sind weitgehend bekannt. Aus der Medizin ist nämlich ausreichend statistisches Material vorhanden, wodurch die Vererbung der Blutgruppe von den Eltern auf die Kinder geklärt werden konnte.

Das AB0-System

Bei der Vererbung dieser Blutgruppen begegnet uns etwas Neues. Das zugehörige Gen liegt nicht in zwei, sondern in drei verschiedenen Allelen vor, die man als A, B und 0 bezeichnet. Durch sie werden die vier Blutgruppen A, B, AB und 0 bestimmt. Diese Bezeichnung des Phänotyps darf man nicht mit den Allelbezeichnungen verwechseln (siehe Abb. 1)!

In seinen Körperzellen hat jeder Mensch natürlich nur zwei dieser Allele. Sind die beiden Allele gleich, so ist der Mensch reinerbig für diese Blutgruppe. Treffen zwei verschiedene Allele aufeinander, so sind A und B beide dominant über das rezessive Allel 0. Da A und B auch gleichzeitig vorkommen können und beide dominant wirken, spricht man in diesem besonderen Fall von *codominanten Allelen.*

Den sechs möglichen Allelkombinationen entsprechen deshalb vier Blutgruppen mit folgenden Genotypen:

Blutgruppe A	– Genotyp AA oder A0
Blutgruppe B	– Genotyp BB oder B0
Blutgruppe AB	– Genotyp AB
Blutgruppe 0	– Genotyp 00

Aufgaben

① Vervollständige die folgende Tabelle für alle denkbaren Blutgruppenkombinationen von Mutter und Vater.

	Blutgruppe des Vaters		A			B	
Blutgruppe der Mutter	Genotyp ♂		AA	A0			
	♀	Keimzellen	A	A	0		
A	AA	A	A	A	A		
	A0	A	A	A	A		
		0	A	A	0		
B	BB	B	AB	AB	B		
	B0	B	AB				
		0					
			↑	↑	↑	↑	↑

mögliche Blutgruppen der Kinder

② Zwei Elternpaare haben vier Kinder mit den Blutgruppen A, B, AB und 0. Die Phänotypen der Eltern sind 0/0, A/B, AB/0 und B/B. Kann man die Kinder eindeutig den Elternpaaren zuordnen? Begründe.

Der Rhesusfaktor

Trotz der Beachtung des AB0-Systems kam es bei Bluttransfusionen gelegentlich zu Komplikationen. Die Ursache dafür wurde 1940 gefunden. Damals wurde bei Rhesusaffen an der Membran von roten Blutzellen ein Protein entdeckt, das auch beim Menschen vorkommt. Es erhielt die Bezeichnung *Rhesusfaktor*. Etwa 85 % aller Mitteleuropäer besitzen diesen Faktor. Diese Menschen bezeichnet man als *rhesuspositiv* (Rh+). Die restlichen 15 % sind *rhesusnegativ* (rh−), ihnen fehlt dieses Protein. Der Rhesusfaktor ist unabhängig von anderen Blutgruppenmerkmalen. Der Erbgang ist dominant-rezessiv, die entsprechenden Allele werden mit D (für Rh+) bzw. mit d (für rh−) bezeichnet.

Inwiefern kann bei Bluttransfusionen eine *Rhesusunverträglichkeit* auftreten? Menschen, die rhesusnegativ sind, bilden *Antikörper* gegen den Rhesusfaktor, wenn sie zum ersten Mal mit rhesuspositivem Blut in Berührung kommen. Bei einer zweiten Transfusion mit rhesuspositivem Blut bewirken diese Antikörper dann eine Verklumpung der roten Blutzellen des Spenderblutes. Es kommt zu Komplikationen, weil die roten Blutzellen zerstört werden.

Auch bei manchen Schwangerschaften besteht die Gefahr einer Rhesusunverträglichkeit. Hat eine rhesusnegative Mutter ein rhesuspositives Kind ausgetragen, so kann es passieren, dass sie während des Geburtsvorganges durch kleine Risse in den Gefäßen der Plazenta mit rhesuspositivem Blut in Berührung kommt. Die Mutter bildet daraufhin Antikörper gegen rhesuspositives Blut, die bei einer zweiten Schwangerschaft durch die *Plazentaschranke* in den Kreislauf des eventuell wieder rhesuspositiven Kindes gelangen und es lebensbedrohlich schädigen können. Bei jeder weiteren Geburt können sich die Auswirkungen noch verstärken. Die Medizin kennt heute vorbeugende Gegenmaßnahmen (Abb. 1).

Aufgaben

1. In der Randspalte sind Familien mit der Verteilung des Rhesusfaktors angeführt.
   a) Gib die zugehörigen Genotypen an.
   b) In welchen Fällen besteht die Gefahr der Rhesusunverträglichkeit?
2. Das erste Kind einer rh−-Mutter war rhesusnegativ. Welche Auswirkungen sind für das zweite Kind zu erwarten?
3. Bei einer Vaterschaftsklage kommen zwei Männer in Frage, Vater eines Kindes zu sein. Folgende Blutgruppen wurden bei den Beteiligten festgestellt:
   - Mutter: A, rh−
   - Kind: 0, rh−
   - Mann 1: A, Rh+
   - Mann 2: AB, rh−

   Lässt sich einer der Männer als möglicher Vater ausschließen? Begründe.
4. Bei Vaterschaftsuntersuchungen mithilfe von Blutgruppeneigenschaften spricht man von Vaterschaftsausschluss, nicht von Vaterschaftsnachweis. Warum?
5. Ein weiteres Blutgruppensystem, das zum Vaterschaftsausschluss herangezogen werden kann, ist das MN-System. Informiere dich darüber und berichte vor der Klasse.

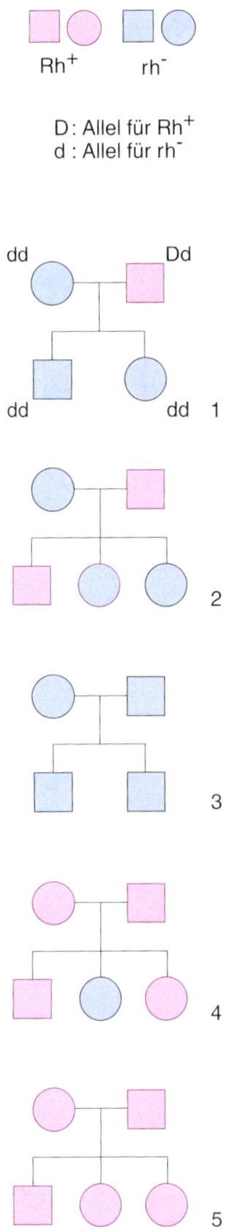

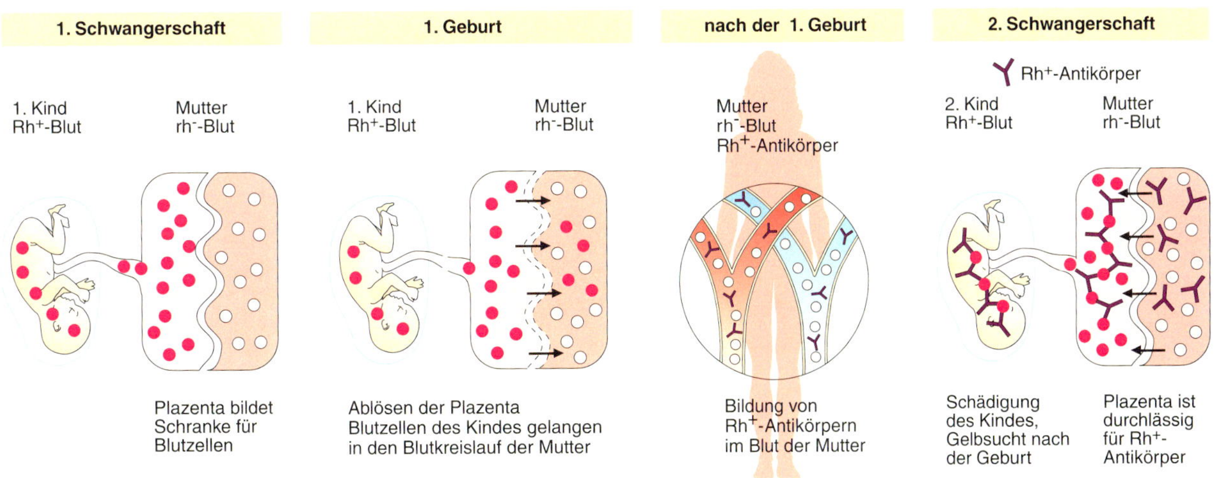

1 Rhesusunverträglichkeit

An den Chromosomen erkennt man das Geschlecht

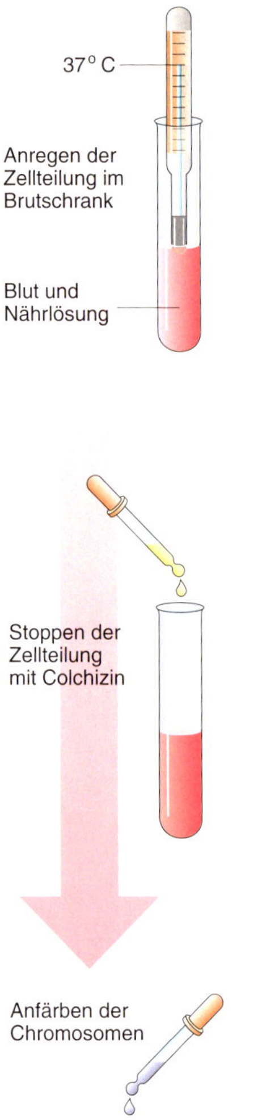

In allen Körper- und Keimzellen des Menschen, mit Ausnahme der roten Blutzellen, befindet sich ein Zellkern. Er enthält normalerweise 46 Chromosomen; nur die haploiden Keimzellen besitzen 23. Es ist möglich, die Chromosomen der Körperzellen zu Paaren homologer Chromosomen zu ordnen. Das Ergebnis heißt *Karyogramm*. Dabei geht man folgendermaßen vor: Einige Tropfen Blut werden in eine geeignete Nährlösung gebracht. Im Brutschrank werden die weißen Blutzellen bei 37 °C zur Teilung angeregt. Mit Colchizin, dem Gift der Herbstzeitlosen, lassen sich die Zellteilungen in einem Stadium unterbrechen, in dem die Chromosomen mikroskopisch gut zu erkennen sind.

Nach dem Anfärben werden sie unter dem Mikroskop betrachtet und fotografiert. Die einzelnen Chromosomen werden aus dem Foto ausgeschnitten und jeweils paarweise geordnet. Dabei vergleicht man
- die absolute Länge eines Chromosoms,
- das Längenverhältnis des langen Chromosomenarms zum kurzen,
- das Vorkommen von Einschnürungen am Ende einiger Chromosomen (*Satelliten*)
- und das *Muster* der *Querbanden*.

Nach ihrer Ähnlichkeit werden die Chromosomen in Gruppen zusammengefasst (Kennbuchstaben A – G) und paarweise durchnummeriert (Abb. 1).

Bei dieser Zuordnung stellt sich ein wichtiger Unterschied im Karyogramm von Frau und Mann heraus: Im männlichen Geschlecht findet man ein ungleiches Chromosomenpaar. Das kleinere der beiden, das nur der Mann besitzt, wird als *Y-Chromosom* bezeichnet. Das größere heißt *X-Chromosom*. Es kommt beim Mann einfach, bei der Frau jedoch doppelt vor. Jeder Mensch besitzt also ein Paar *Geschlechtschromosomen* und 22 Paare *Körperchromosomen (Autosomen)*.

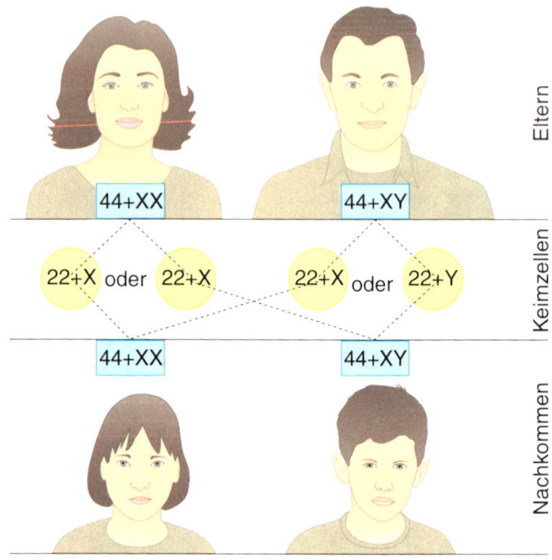

2 Vererbung des Geschlechts

Abbildung 2 zeigt, wie die Geschlechtschromosomen in den Keimzellen von Mann und Frau verteilt sind. Die Frau kann nur Eizellen mit einem X-Chromosom bilden. Beim Mann gibt es zwei verschiedene Spermienzellen: solche mit einem X- und solche mit einem Y-Chromosom. Das Geschlecht des Kindes wird bei der Befruchtung also allein durch die Spermienzelle bestimmt (► S. 154).

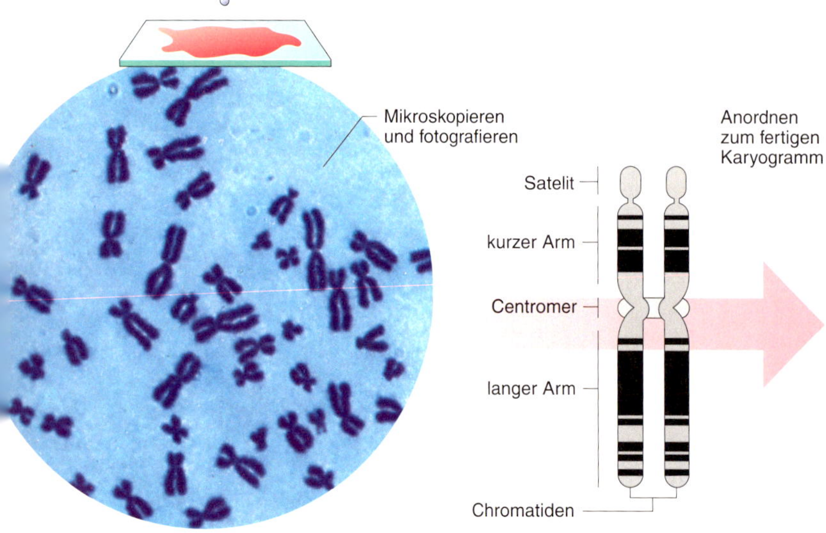

1 Chromosomen des Menschen (700 x vergr.)

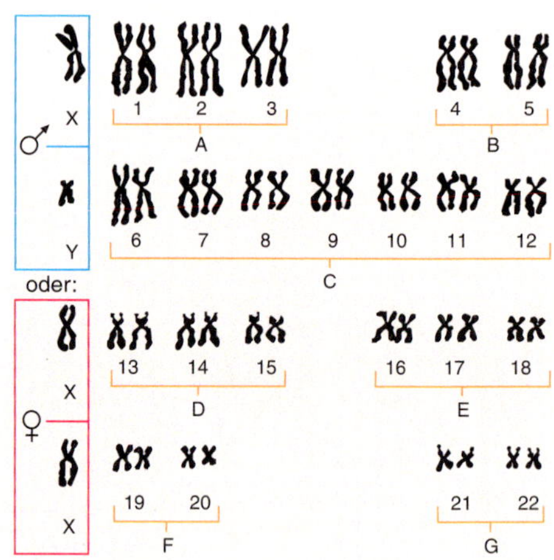

3 Karyogramm

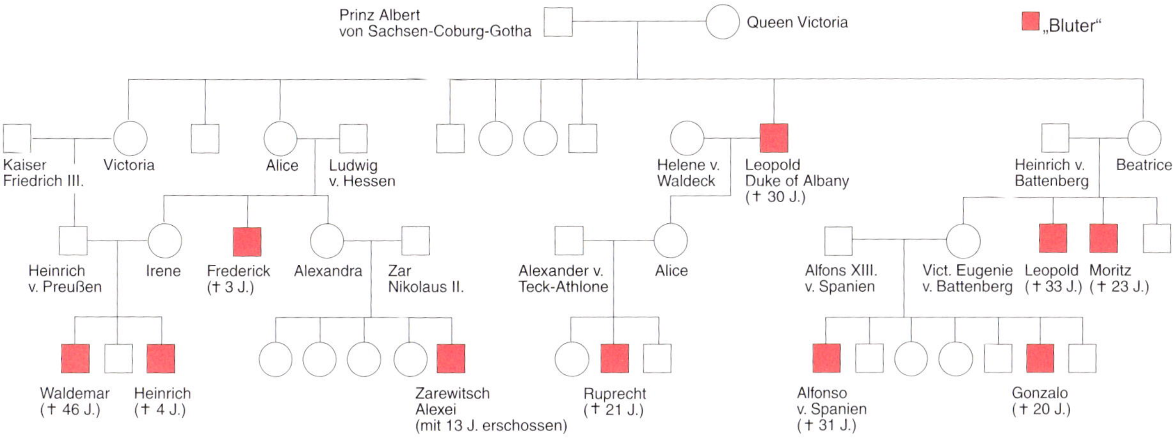

1 Historischer Stammbaum der Bluterkrankheit in europäischen Fürstenhäusern

Der Erbgang der Bluterkrankheit

Bei den meisten Menschen gerinnt aus einer Wunde austretendes Blut in 4 bis 7 Minuten. Ist die Gerinnungszeit auf über 15 Minuten verzögert, so spricht man von *Bluterkrankheit*. Sie ist in europäischen Fürstenhäusern gehäuft anzutreffen. Es fällt auf, dass ausschließlich Männer in diesem Stammbaum Bluter sind. Sollte der Erbgang in irgendeiner Weise mit der Weitergabe der Geschlechtschromosomen zusammenhängen?

Geht man davon aus, dass das Gen, das für die Blutgerinnung verantwortlich ist, auf dem Y-Chromosom liegt, so müsste die Krankheit immer vom Vater auf den Sohn vererbt werden. Der Stammbaum zeigt aber, dass das nicht der Fall ist. Man weiß heute, dass das Gen auf dem X-Chromosom liegt. Das wesentlich kleinere Y-Chromosom besitzt kein entsprechendes Gen.

Man muss also drei Fälle unterscheiden:
- X-Chromosomen mit dem Allel A für normale Blutgerinnung,
- X-Chromosomen mit dem Allel a für bluterkrank und
- das hierfür genleere Y-Chromosom.

X-Chromosomen kommen bei beiden Geschlechtern vor. Da ein Mann nur ein X-Chromosom besitzt, ist er krank, wenn dieses das entsprechende Allel trägt. Eine mischerbige Frau ist gesund; sie kann das Allel a jedoch auf ihre Söhne übertragen (*Konduktorin*), selbst wenn der Ehemann gesund ist. Diesen besonderen Erbgang nennt man *geschlechtschromosomengebunden*.

Aufgaben

① Überlege, ob es auch bluterkranke Frauen geben kann. Begründe.

② Lies den folgenden Brief, den Mr. J. Scott am 26.Mai 1777 schrieb, genau durch. Von welchem Leiden berichtet er? Stelle den Stammbaum der Familie Scott auf und erkläre den Erbgang.

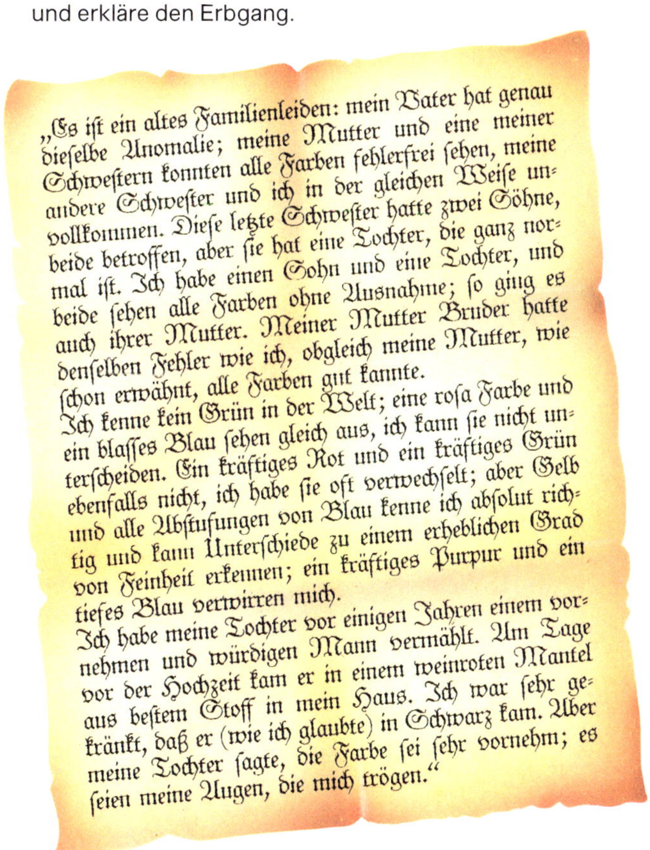
„Es ist ein altes Familienleiden: mein Vater hat genau dieselbe Anomalie; meine Mutter und eine meiner Schwestern konnten alle Farben fehlerfrei sehen, meine andere Schwester und ich in der gleichen Weise unvollkommen. Diese letzte Schwester hatte zwei Söhne, beide betroffen, aber sie hat eine Tochter, die ganz normal ist. Ich habe einen Sohn und eine Tochter, und beide sehen alle Farben ohne Ausnahme; so ging es auch ihrer Mutter. Meiner Mutter Bruder hatte denselben Fehler wie ich, obgleich meine Mutter, wie schon erwähnt, alle Farben gut kannte.
Ich kenne kein Grün in der Welt; eine rosa Farbe und ein blasses Blau sehen gleich aus, ich kann sie nicht unterscheiden. Ein kräftiges Rot und ein kräftiges Grün ebenfalls nicht, ich habe sie oft verwechselt; aber Gelb und alle Abstufungen von Blau kenne ich absolut richtig und kann Unterschiede zu einem erheblichen Grad von Feinheit erkennen; ein kräftiges Purpur und ein tiefes Blau verwirren mich.
Ich habe meine Tochter vor einigen Jahren einem vornehmen und würdigen Mann vermählt. Am Tage vor der Hochzeit kam er in einem weinroten Mantel aus bestem Stoff in mein Haus. Ich war sehr gekränkt, daß er (wie ich glaubte) in Schwarz kam. Aber meine Tochter sagte, die Farbe sei sehr vornehm; es seien meine Augen, die mich trögen.“

Trisomie 21 – ein Chromosom zu viel

Syndrom
Gruppe von mehreren Krankheitsanzeichen, die gleichzeitig auftreten können.

Die beiden unten abgebildeten Kinder besitzen ein Erscheinungsbild, das man nach dem englischen Kinderarzt J. L. H. LANGDON-DOWN als *Down-Syndrom* bezeichnet. Unbedachterweise nennt man es leider auch manchmal *Mongolismus*. Diese Bezeichnung bezieht sich auf den Verlauf des oberen Augenlides, klingt aber auch abwertend. Man sollte deshalb nur die fachsprachliche Bezeichnung verwenden (Abb. 1).

Seit 1959 kennt man den Ausgangspunkt des Down-Syndroms. Im Karyogramm der Betroffenen findet man ein zusätzliches Chromosom: das Chromosom Nr. 21 ist nicht nur doppelt, sondern dreifach vorhanden *(Trisomie 21)*. Die Auswirkungen dieses überzähligen Chromosoms beschränken sich nicht auf das Aussehen der Betroffenen. Es kommt auch zu einer Fehlentwicklung innerer Organe, zu größerer Anfälligkeit gegen Infektionskrankheiten und zu einer Verminderung der geistigen Fähigkeiten. Durch eine früh einsetzende pädagogische Betreuung können die Auswirkungen abgeschwächt werden. Wegen der häufig auftretenden Herzfehler starben früher viele Betroffene schon im Kindesalter, die Fortschritte der modernen Medizin ermöglichen heute eine höhere Lebenserwartung.

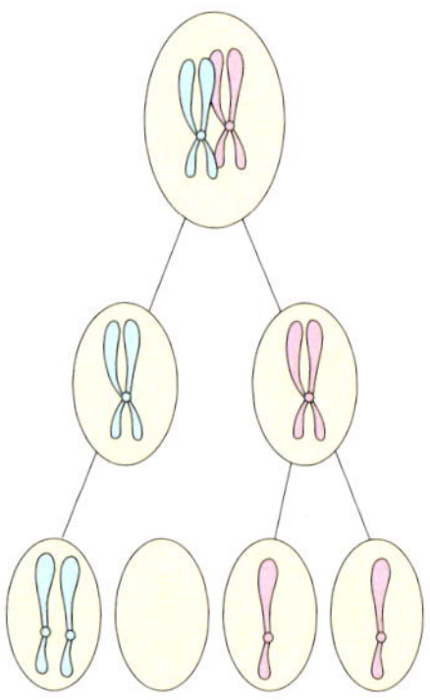

Die Ursache der Trisomie 21 liegt in einem Fehler bei der Meiose. Durch Nichttrennung zweier Chromosomen gelangt bei der ersten oder zweiten Reifeteilung ein zusätzliches Chromosom in eine der Keimzellen, die andere erhält kein Chromosom 21.

Trisomie 21 tritt in der Regel spontan auf. Das heißt, dass auch Eltern, in deren Familienstammbaum das Down-Syndrom noch nicht vorgekommen ist, ein betroffenes Kind zeugen können. Dabei ist bei Müttern, die im Alter von über fünfunddreißig Jahren ein Kind bekommen, statistisch ein Anstieg des Risikos festzustellen (Abb. 2). Auch Fehler bei der Keimzellenbildung des Vaters können die Ursache für das Down-Syndrom sein.

Die Trisomie 21 tritt bei Geburten mit einer Häufigkeit von 1 : 550 auf. Eigentlich ist zu erwarten, dass jedes Chromosom von einer Nichttrennung und Fehlverteilung während der Meiose betroffen sein kann. Dennoch hat man nur noch die *Trisomie 18* und die *Trisomie 13* bei Neugeborenen festgestellt. Die Organschäden sind in diesen Fällen so groß, dass die Lebenserwartung weit unter einem Jahr liegt. Wahrscheinlich wirken andere Trisomien schon während der Embryonalentwicklung tödlich, ebenso wie ein nur einmal vorkommendes Chromosom (*Monosomie*). Eine Ausnahme bilden offenbar die Geschlechtschromosomen. Von ihnen sind verschiedene Fehlverteilungen bekannt.

Es gibt beispielsweise Frauen, die nur ein einziges X-Chromosom besitzen (*X0-Typ*). Sie sind kleinwüchsig und besitzen keine funktionsfähigen Eierstöcke. Ebenso kommen Männer vor, die neben dem Y- noch zwei X-Chromosomen in ihren Zellen aufweisen (*XXY-Typ*). Diese Männer sind etwa 10 cm größer als der Durchschnitt. Auch sie sind nicht fortpflanzungsfähig.

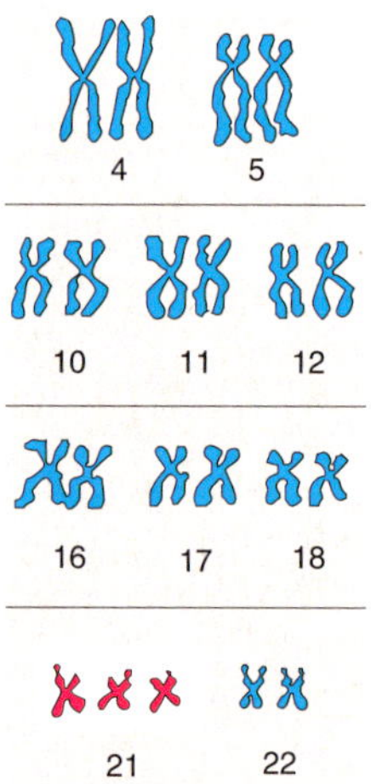

Ausschnitt aus dem Karyogramm

1 Kinder mit dem Down-Syndrom

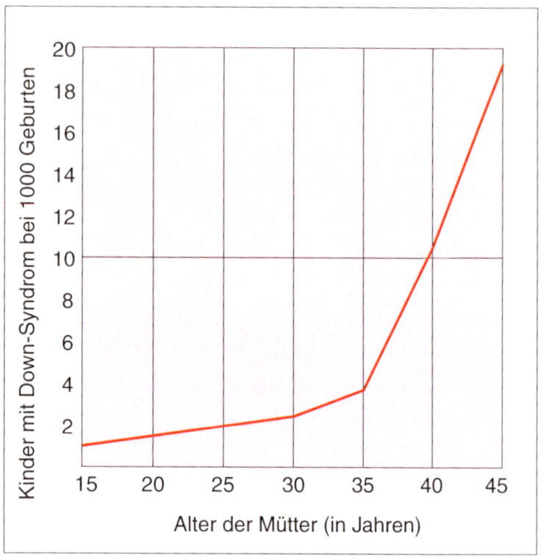

2 Altersabhängigkeit der Trisomie 21

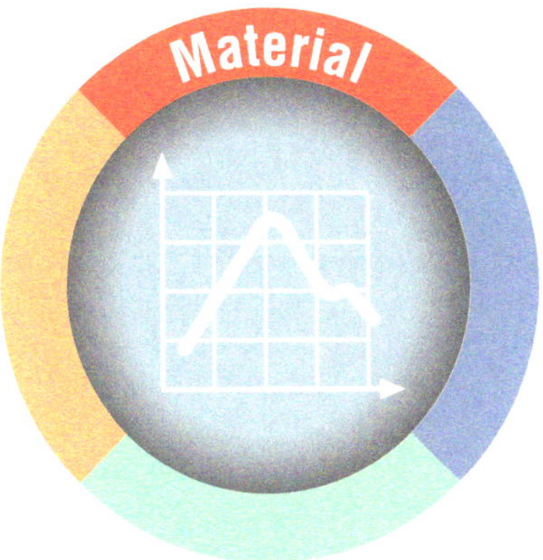

Menschen mit einem Handicap

Material 1

Beratung und Frühförderung

„Nach einer normalen und glücklichen Schwangerschaft wurde Marina, unser viertes Kind, am 4.12.1989 geboren. Als der Kinderarzt bei ihr das Down-Syndrom diagnostizierte, betraten wir als Eltern ein völlig unbekanntes Terrain. Wir fühlten uns verloren, unsere erste Reaktion war Traurigkeit und Unsicherheit über ihre Zunkunft.... Wir begannen, alle möglichen Informationen zu sammeln, um mehr darüber zu erfahren, was während der Schwangerschaft schief gegangen war und was man nun tun könnte, um ihre Entwicklung zu fördern. So hörten wir zum ersten Mal von „Frühförderung" und „Integration" und, Gott sei Dank, entdeckten wir sie früh im Leben unserer Tochter". (aus: Unruh, John F.: Down-Syndrom, Berlin 1998)

Das Deutsche Down-Syndrom InfoCenter bietet Beratung für Eltern, die gerade ein Baby mit Down-Syndrom bekommen haben. Das InfoCenter will Anlaufstelle für ein erstes ausführliches Beratungsgespräch sein. Die Hilfe erhalten die Eltern von kompetenten Gesprächspartnern sensibel und praxisorientiert, denn alle Berater/-innen sind selbst Eltern eines Kindes mit Down-Syndrom. (Deutsches Down-Syndrom InfoCenter, www.ds-infocenter.de)

Material 2

Leben mit dem Down-Syndrom

Pablo Pineta, Student der Pädagogik in Malaga, ein Mensch mit dem Down-Syndrom: „Ich bin ein Mensch und keine Unzulänglichkeit!"

Ruth Cromer: „Ich bin ein Mensch mit einem Handicap. An erster Stelle bin ich Mensch."

1997 auf dem Down-Syndrom-Weltkongress in Madrid: „Als ich noch kleiner war, wurde ich von meinen Klassenkameraden akzeptiert. Ich ging zu vielen Partys und wurde oft eingeladen, auch zum Übernachten. Aber als ich Teenager wurde, veränderte sich alles. Meine Art, mein Aussehen waren nicht so, wie es meine Schulfreunde gerne gehabt hätten. Sie plagten mich und lachten mich aus. Da fing ich wirklich an zu merken, dass ich anders war."
(Gabrielle Jane Clark. In: Leben mit dem Down-Syndrom Nr. 28, Mai 1998)

Material 3

Was kommt nach dem integrativen Unterricht?

„Wesel. Sarah war immer die Erste. Was nicht immer ein Glück war. Denn sie und ihre Eltern mussten stets kämpfen, dass die heute 17-Jährige mit Down-Syndrom mit nicht behinderten Kindern in den Kindergarten, später in die Grundschule und dann in die Hauptschule gehen konnte. Jetzt ist Sarah mit der Schule fertig. Und mit dem Thema Integration auch. Denn Ausbildungsplätze für Behinderte sind rar in der Welt der Gesunden. ... Heute lernt sie (Sarah) ... mit zehn anderen Behinderten in der Werkstufe der Schule in Bergerfurth, das ist der berufsbildende Zweig der Schule für geistig Behinderte....

Sarah, die gerne am PC sitzt und in der Küche steht, ist von einer Art Kantine hellauf begeistert. Vom Einkaufen der Lebensmittel bis hin zum Servieren gehört alles dazu. Praktisches Lernen fürs Leben, denn wenn das Kotelett im Einkauf mehr kostet als später beim Verkauf, dann kann was nicht stimmen.... In Hamburg betreiben beispielsweise geistig Behinderte ein Hotel. Und in Wesel wahrscheinlich bald eine Möbel-Restaurierungswerkstatt."
(NRZ, 9. 9. 2000)

„Nach der Schulzeit steht der Wechsel in die Arbeitswelt an. Die meisten Erwachsenen mit dem Down-Syndrom arbeiten in einer Werkstatt für Behinderte. In den letzten Jahren setzt sich jedoch auch im Bereich der Arbeitsmöglichkeiten der Integrationsgedanke allmählich durch. Immer mehr junge Menschen finden einen Arbeitsplatz auch außerhalb einer beschützenden Werkstatt und gehen einer Tätigkeit in der ganz „normalen" Arbeitswelt nach. Menschen mit dem Down-Syndrom arbeiten z. B. in der Gastronomie, in Altersheimen, in Kindergärten oder auch in Krankenhäusern.

Wichtig ist dabei aber in jedem Fall die Unterstützung durch eine Arbeitsassistenz, die bei der Suche nach einem geeigneten Arbeitsplatz vermittelt, anschließend bei der Vorbereitung auf die auszuübende Tätigkeit hilft und den jungen Menschen auch so lange begleitet, wie dies nötig ist."
(Deutsches Down-Syndrom InfoCenter, Lauf a. d. Pegnitz)

Aufgaben

1. Erkläre, warum es für Kinder mit dem Down-Syndrom besonders wichtig ist, dass sie schon sehr früh, möglichst ab der Diagnosestellung, eine individuelle Frühförderung erhalten.
2. Trotz optimaler Frühförderung können nicht alle Kinder mit Down-Syndrom die in Material 3 beschriebene Selbstständigkeit erreichen. Recherchiere, welche Hilfe dann z. B. „betreutes Wohnen" bietet.
3. Warum ist es auch für Menschen mit dem Down-Syndrom so wichtig, eine Arbeit zu finden? Informiere dich über die Funktion, die „beschützende Werkstätten" haben.
4. Informiere dich über die Möglichkeiten zur Integration behinderter Menschen in Kindergärten und Schulen. Welche Angebote gibt es in deiner Stadt?
5. Die frühere „Aktion Sorgenkind" heißt heute „Aktion Mensch". Recherchiere, welche Ziele die Organisation hat.

Genetische Beratung

Die genetische Beratung ist ein Angebot an alle, die sich ein Kind wünschen oder bereits schwanger sind und klären möchten, wie hoch das Risiko ist, ein Kind mit geschädigten Erbanlagen zu bekommen. Das Beratungsangebot richtet sich insbesondere an Personen, die selbst von einer genetisch bedingten Erkrankung betroffen sind, an Paare, die bereits ein Kind mit einer möglicherweise oder sicher erblich bedingten Erkrankung haben oder in deren näherer Verwandtschaft Krankheitsfälle aufgetreten sind. Auch Personen, die für sich selbst das Auftreten einer genetisch bedingten Erkrankung befürchten, können sich an *genetische Beratungsstellen* wenden.

Grundlage jeder genetischen Beratung ist ein Gespräch, in dem die Ratsuchenden über mögliche Untersuchungsmethoden und Therapien informiert werden. In einem Teil der Fälle werden Wege aufgezeigt, um dem Auftreten einer Krankheit vorzubeugen. Durch die umfassende Beratung erhalten die Paare Entscheidungshilfen für bzw. gegen das Austragen einer Schwangerschaft oder den Verzicht auf eigene Nachkommen. Die Entscheidung selbst liegt aber stets beim betroffenen Paar.

Zunächst wird ein *Familienstammbaum* über in der Regel drei Generationen erstellt. Dabei werden mitgeteilte Krankheiten und Diagnosen überprüft. Gegebenenfalls werden Untersuchungen von Familienmitgliedern durchgeführt oder veranlasst. Der Familienstammbaum ermöglicht eine Risikoabschätzung. Dazu muss bekannt sein, ob die Krankheit dominant oder rezessiv vererbt wird. Im dominanten Fall haben gesunde Eltern gesunde Kinder. Ist ein Partner erkrankt und heterozygot betroffen, werden statistisch 50 % der Kinder die Krankheit haben. Sind beide Eltern heterozygot, erhöht sich der Anteil nach der zweiten Mendel`schen Regel auf 75 %.

Liegt dagegen ein rezessiver Erbgang vor, ist es schwieriger, das Erkrankungsrisiko abzuschätzen. Heterozygote Eltern zeigen keine Symptome, können das Allel für die Krankheit aber auf ihre Kinder übertragen. Bei vielen erblich bedingten Erkrankungen kann mit einem *Heterozygotentest* festgestellt werden, ob Eltern Überträger sind. Bei der Sichelzellenanämie genügt dazu eine mikroskopische Blutuntersuchung, Überträger der Mukoviszidose bilden Schweiß mit erhöhtem Salzgehalt.

Durch die *pränatale Diagnose* ist es während der Schwangerschaft möglich, genetisch bedingte Erkrankungen des ungeborenen Kindes festzustellen. Bei *Ultraschalluntersuchungen* lassen sich bereits im zweiten Schwangerschaftsmonat Fehlbildungen des Embryos erkennen. Bei einer *Fruchtwasseruntersuchung* werden Zellen des ungeborenes Kindes aus dem Fruchtwasser entnommen. Auch aus dem Mutterkuchen (Plazenta) oder dem Nabelschnurblut können solche embryonalen Zellen entnommen und untersucht werden. Veränderungen an den Chromosomen lassen sich durch mikroskopische Untersuchungen nachweisen. Biochemische Tests können Stoffwechselstörungen aufdecken. Bei positivem Befund kann in manchen Fällen frühzeitig eine Behandlung eingeleitet werden. So können beispielsweise die Folgen einer *Phenylketonurie* (s. Seite 139) durch eine entsprechende Diät vermieden werden. In anderen Fällen stehen die Eltern vor der schwierigen Entscheidung, ob die Mutter das Kind austrägt oder nicht.

Neben einer erblichen Belastung können auch ein erhöhtes Alter der Mutter sowie eine Strahlenbehandlung, die Einnahme erbgutverändernder Medikamente oder eine Infektion mit Röteln oder Mumps vor oder während der Schwangerschaft Anlass für eine vorgeburtliche Untersuchung sein. Bei allen drei beschriebenen Methoden besteht ein geringes Risiko einer Fehlgeburt.

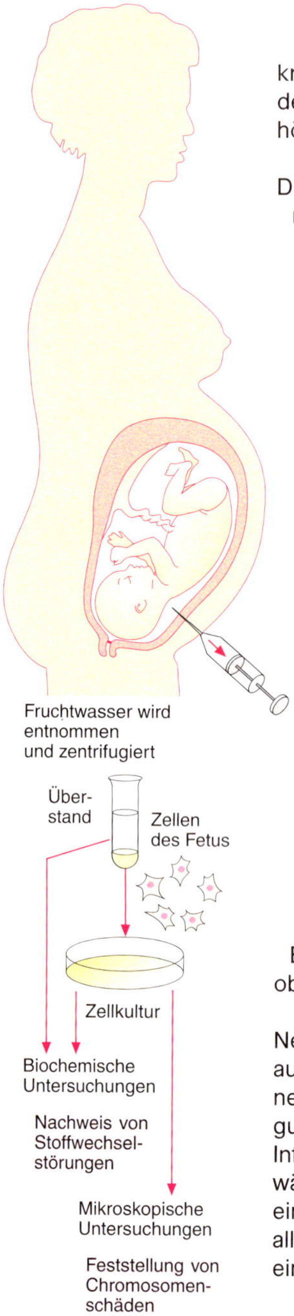

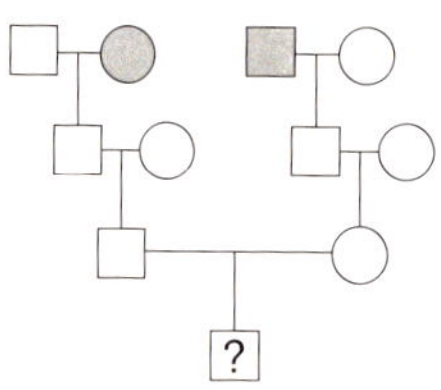

Aufgaben

① Ist ein Paar blutsverwandt, wird eine genetische Beratung dringend empfohlen. Erkläre anhand eines Stammbaums, wie aus einer Ehe von Cousin und Cousine ein Kind mit einer seltenen rezessiv vererbten Krankheit hervorgehen kann.

② Die Abb. links zeigt den Stammbaum einer Familie, in der zwei Urgroßeltern an derselben rezessiv vererbten Krankheit litten. Berechne, mit welcher Wahrscheinlichkeit ein Urenkelkind erkranken wird.

Weitere genetisch bedingte Krankheiten

Phenylketonurie

Bei der Phenylketonurie *(PKU)* kann die mit der Nahrung aufgenommene Aminosäure Phenylalanin aufgrund eines Enzymdefekts nicht abgebaut werden. Sie wird zum Teil im Urin ausgeschieden, reichert sich aber auch in Blut und Gewebe an und wird zu giftigen Stoffwechselprodukten abgebaut. Dies beeinträchtigt u. a. die Ausbildung der Hüllzellen der Nervenzellen. Ohne Behandlung kommt es bereits in den ersten Lebenswochen zu schweren geistigen Schäden, die sich mit zunehmendem Alter verschlimmern.

Bei *phenylalaninarmer Diät* bleiben die Kinder gesund. Wichtig ist daher eine frühzeitige Erkennung der Krankheit. Deshalb wird heute routinemäßig bei Neugeborenen ein Bluttest auf erhöhte Phenylalaninkonzentration durchgeführt. PKU wird autosomal, d. h. nicht geschlechtschromosomengebunden, und rezessiv vererbt. Liegt ein nicht mutiertes Allel neben einem mutierten vor, wird noch ausreichend Enzym gebildet, um Phenylalanin abzubauen. Das Gen, das die genetische Information für das Enzym trägt, liegt auf dem Chromosom 15. Es sind über 70 PKU verursachende Mutationen bekannt.

Albinismus

Weiße Haare, helle Haut, rötliche Pupillen und hohe Sonnenlichtempfindlichkeit sind die typischen Kennzeichen des Albinismus. Er tritt in Deutschland mit einer Häufigkeit von 1 : 40 000 auf und wird rezessiv vererbt. Bei Menschen, die unter Albinismus leiden, kann ebenso wie bei Albinos im Tierreich der braune Farbstoff *Melanin* nicht gebildet werden. Ursache dafür ist eine Mutation eines Gens auf dem Chromosom 11, welches die genetische Information für das Protein Tyrosinase trägt. Dieses Enzym ist für die Bildung von Melanin erforderlich.

Vitamin D-resistente Rachitis

Bei der Vitamin D-resistenten Rachitis sind die Knochen nicht ausreichend mineralisiert und härten so nicht richtig aus. Dies führt zu krankhaften Verformungen des Skeletts. Aufgrund eines genetischen Defekts wird vermehrt Phosphat mit dem Urin

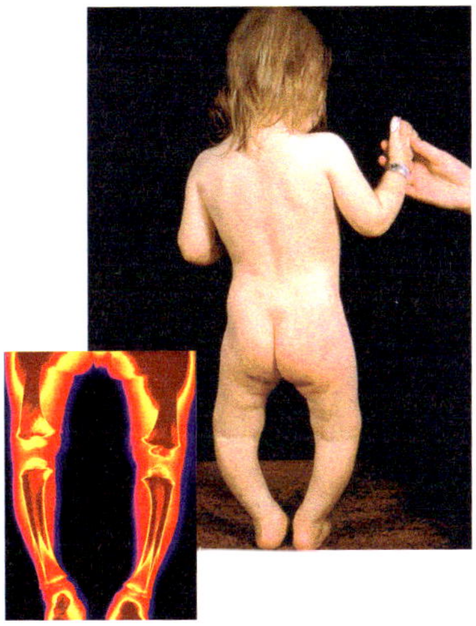

ausgeschieden. Die Krankheit wird geschlechtschromosomengebunden vererbt. Das betreffende Gen befindet sich auf dem kurzen Arm des X-Chromosoms.

Mondscheinkrankheit

Kinder, die an der sehr selten auftretenden Hautkrankheit *Xeroderma pigmentosum* leiden, nennt man *Mondscheinkinder*, denn die Betroffenen müssen das Sonnenlicht meiden. Trifft die UV-Strahlung der Sonne auf ihre Haut, entzündet sie sich, später treten warzenähnliche Gebilde auf, die sich zu Hautkrebs entwickeln können. Das Hautkrebsrisiko der Betroffenen liegt über 1 000-mal höher als bei gesunden Menschen.

Aufgrund eines rezessiv vererbten Defekts, der die DNA-Reparaturenzyme betrifft, kann sich die Haut nach Schäden durch Sonneneinstrahlung nicht regenerieren. Wird die Krankheit nicht frühzeitig richtig diagnostiziert, führt sie rasch zu Hautkrebs und in der Folge zum Tod.

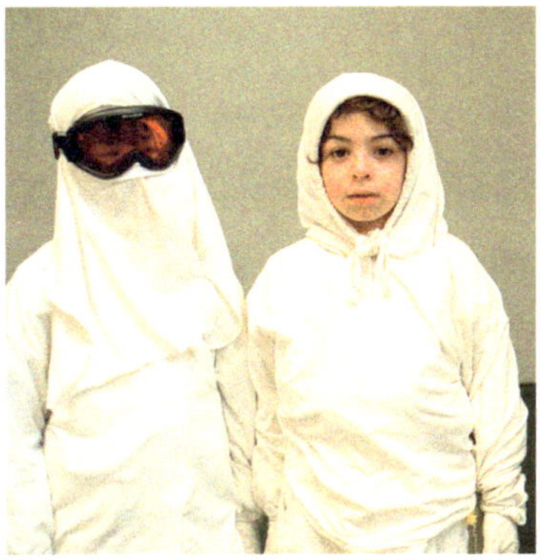

Katzenschreisyndrom

Dieses Syndrom wurde erstmals 1953 beschrieben und hat seine Bezeichnung vom katzenähnlichen Weinen der Säuglinge. Zusätzlich zum eigentümlichen Wimmern und schrillen Schreien treten bei ihnen schwere körperliche Missbildungen auf. Im Karyogramm lässt sich am Chromosom 5 feststellen, dass ein Stück des kurzen Arms fehlt. Diese *Chromosomenmutation* beeinträchtigt die Funktion von Herz, Gehirn und Nieren in der Regel so stark, dass die Betroffenen schon im jugendlichen Alter sterben.

Sichelzellanämie

Die roten Blutzellen betroffener Personen nehmen bei Sauerstoffmangel Sichelform an und erfüllen ihre Transportfunktion nicht mehr. Sie können dann auch die Kapillaren im Blutgefäßsystem nicht passieren. Bei Homozygotie ist die Lebenserwartung stark verringert. Heterozygote haben in Malaria verseuchten Gebieten jedoch einen Vorteil, da die roten Blutzellen in der Sichelform vom Malariaerreger nicht befallen werden können.

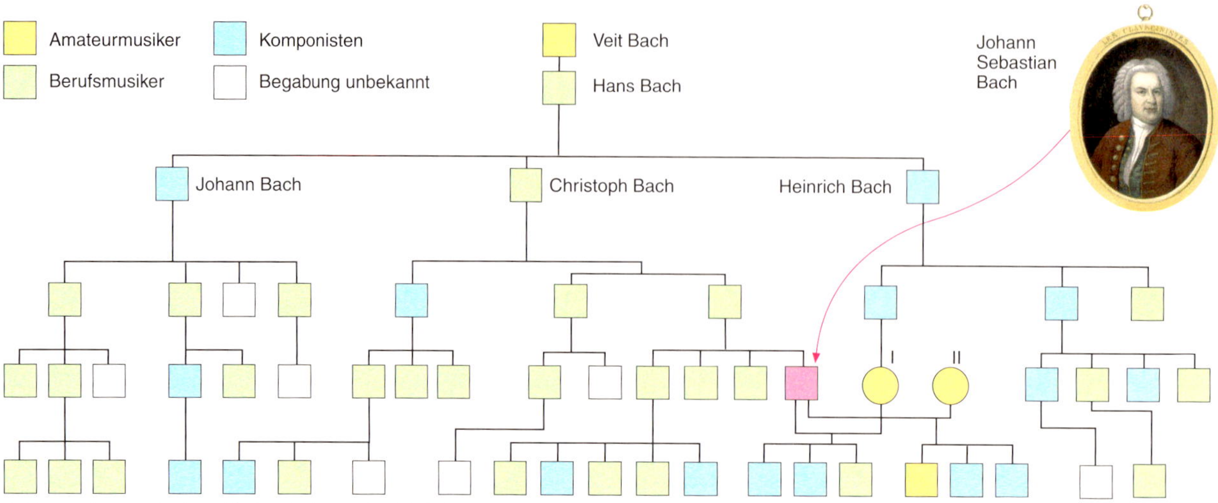

1 Stammbaum der Familie Bach (außer bei J. S. Bach sind die Ehefrauen und Töchter im Stammbaum weggelassen)

Zettelkasten

Vererbung bei der Hautfarbe

Bei Mischlingen von dunkel- und hellhäutigen Vorfahren lassen sich viele verschiedene Farbabstufungen der Hautfarbe beobachten. Diese Farbunterschiede sind genetisch bedingt. Andererseits kann sich die Bräune auch umweltbedingt in Abhängigkeit von der UV-Strahlung ändern. Es ist daher nicht leicht, den Erbgang für die Ausprägung der Hautfarbe zu bestimmen. Auf die Wirkung eines Gens allein lassen sich die Unterschiede nicht zurückführen. Das Schema zeigt, was sich ergibt, wenn man von zwei Paaren „verdunkelnder“ bzw. „aufhellender“ Allele ausgeht, die sich in ihrer Wirkung wechselseitig beeinflussen. Es sind dann schon neun Genotypen möglich. In Wirklichkeit sind noch mehr Gene an der Färbung der Haut beteiligt (▶ S. 162).

Man ist heute sicher, dass viele Merkmale des Menschen durch mehrere Gene kontrolliert werden. Dazu gehören Körpergröße, Haar- und Augenfarbe; Lernfähigkeit oder Gedächtnis werden vermutlich ebenfalls von mehreren Genen mitbestimmt. Erschwert wird die genetische Deutung solcher Persönlichkeitsmerkmale durch Einflüsse der Umwelt.

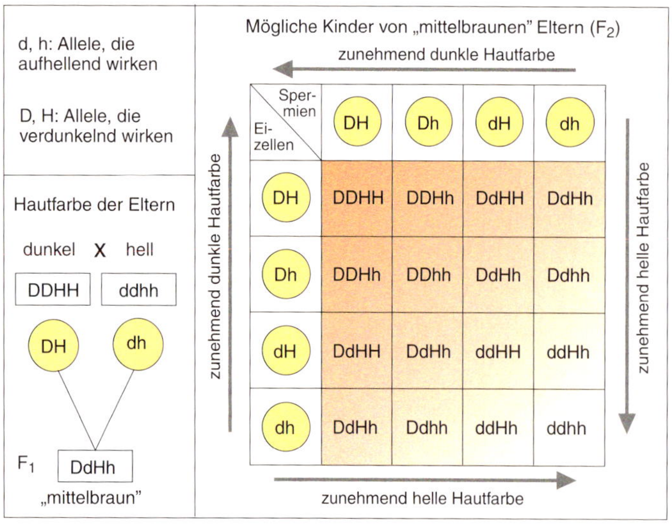

Eizellen \ Spermien	DH	Dh	dH	dh
DH	DDHH	DDHh	DdHH	DdHh
Dh	DDHh	DDhh	DdHh	Ddhh
dH	DdHH	DdHh	ddHH	ddHh
dh	DdHh	Ddhh	ddHh	ddhh

Gene und Umwelt beeinflussen unser Leben

Für einzelne Körpermerkmale des Menschen bis hin zu bestimmten Eigenschaften seines Stoffwechsels ist bekannt, nach welchen Gesetzmäßigkeiten sie vererbt werden. Diese Merkmale sind, wie die Blutgruppenzugehörigkeit, in der Regel *umweltstabil*, das heißt, sie sind zeitlebens in der gleichen Ausprägung vorhanden, unabhängig von der Umwelt, in der wir gerade leben. Wie verhält es sich aber mit Eigenschaften wie Körpergewicht, Intelligenz oder Musikalität, die sich im Laufe des Lebens verändern?

Wenn man den Stammbaum der Familie Bach betrachtet (s. Abb. 1), ist man geneigt anzunehmen, dass die musikalische Begabung genetisch bedingt ist. Familienforschung und Stammbaumanalysen sind auch für andere geistige Fähigkeiten durchgeführt worden. In der Malerfamilie Brueghel lässt sich über mehrere Generationen hinweg künstlerisches Talent nachweisen; Charles Darwin besitzt viele naturwissenschaftlich hochbegabte Verwandte. Allerdings ist die Behauptung, dass in diesen Fällen nicht die Vererbung, sondern die Erziehung und der Umgang im Elternhaus die wesentliche Rolle spielen, kaum zu widerlegen.

Aufgabe

① Gib zur Vererbung der Hautfarbe an, inwiefern sie von den bisher beschriebenen Erbgängen abweicht. Kläre, welche weiteren Besonderheiten bei der Vererbung der Begabung hinzukämen.

Zwillingsforschung

Um den Einfluss der Umwelt bzw. der Gene zu erforschen, müsste man zwei genetisch gleiche Menschen in verschiedener Umgebung aufwachsen lassen. *Eineiige Zwillinge* sind solche Menschen. Sie sind aus einer einzigen befruchteten Eizelle entstanden und haben die gleiche Kombination von Erbanlagen. Auf 1 000 Geburten kommen eineiige Zwillinge etwa drei- bis viermal vor (Abb. 1).

An eineiigen Zwillingen sowie an gemeinsam aufgewachsenen *zweieiigen Zwillingen* wurden verschiedene statistische Erhebungen durchgeführt. Bei den eineiigen Zwillingen wurden zwei Gruppen gebildet: Solche, die möglichst lange gemeinsam erzogen *(gleiche Umwelt)* und solche, die durch Zufall in früher Kindheit getrennt wurden und in verschiedener Umgebung aufwuchsen *(verschiedene Umwelt)*. Da die letztgenannten Fälle äußerst selten sind, darf man die Ergebnisse nicht überbewerten (s. Abb. 2, 3, 4).

Untersuchungen darüber, wie häufig bestimmte Krankheiten bei beiden Zwillingen übereinstimmend auftreten, zeigen, dass die Anfälligkeit nicht ausschließlich genetisch bestimmt ist. Es gibt zwar bei eineiigen Zwillingen höhere Übereinstimmung als bei anderen Geschwistern, aber durch die Erbanlagen wird nur die Bandbreite, die *Reaktionsnorm*, festgelegt, innerhalb der ein Organismus reagiert.

Vergleicht man die übrigen Befunde, so stellt man fest, dass die Körpergröße weitgehend genetisch festgelegt ist. Das Körpergewicht hängt dagegen auch von der Umwelt, also der Ernährung, ab. Beim Vergleich der Intelligenz dürfte der Schluss zulässig sein, dass das, was man mit Intelligenztests messen kann, also logisches Denken oder Zahlenverständnis, zu einem hohen Grad genetisch bedingt ist. Damit ist jedoch nichts über die Leistungsfähigkeit allgemein ausgesagt; denn die Umwelt kann diese vorhandenen Anlagen fördern. Hierin liegt der Sinn des Erziehens und des Lernens.

Die Frage, zu welchem Prozentsatz unser Leben durch Gene bzw. durch Faktoren der Umwelt bestimmt ist, lässt sich mit unserem heutigen Wissen nicht beantworten. Sicher sind die bestimmenden Faktoren für jeden Menschen verschieden. Wichtiger, als um Prozentzahlen zu streiten, ist es, mit unseren Fähigkeiten die Verantwortung für unser Leben bewusst zu übernehmen.

1 Eineiige Zwillinge und Schema der Entstehung

2 Zweieiige Zwillinge und Schema der Entstehung

Krankheit	Übereinstimmung in %	
	Eineiige Zwillinge	Zweieiige Zwillinge (gleiches Geschlecht)
Keuchhusten	96	94
Blinddarmentzündung	29	16
Tuberkulose	69	25
Zuckerkrankheit	84	37
Bronchialasthma	63	38
gleiche Art von Tumoren	59	24
Schlaganfall	36	19

3 Übereinstimmendes Auftreten von Krankheiten bei Zwillingspaaren

Untersuchte Zwillingsgruppe	Durchschnittlicher Unterschied in		
	Körpergröße (cm)	Körpergewicht (kg)	IQ-Punkten
Zweieiige Zwillinge	4,4	4,4	8,5
Eineiige Zwillinge (getrennt aufgewachsen)	1,8	4,5	6,0
Eineiige Zwillinge (gemeinsam aufgewachsen)	1,7	1,9	3,1

4 Mittlere Unterschiede in Größe, Gewicht und Intelligenzquotient (IQ)

Wege zur Genetik

Fortpflanzung und Merkmale

Aristoteles, 384 – 322 v. Chr.

„Denn das, was wird, z.B. eine Pflanze oder ein Tier, hat eine gewisse Natur; und ebenso das, durch das es wird, nämlich die Naturform …, die schon in einem Einzelwesen vorhanden ist. Denn der Mensch erzeugt wieder einen Menschen. Auf diese Weise vollzieht sich das Werden in der Natur."

„Es ist auch zu wissen, das also menschen mögen geboren werden ohne natürliche veter und mütter …, sondern durch kunst und eines erfarnen spagirici geschiklichkeit mag ein mensch wachsen und geboren werden."

Urzeugung oder Fortpflanzung?

Der griechische Philosoph Aristoteles lehrte, dass „ein Mensch … wieder einen Menschen" erzeugt, vertrat aber auch die Ansicht, dass Würmer oder Frösche spontan aus unbelebtem Schlamm entstehen können.

In diesem Glauben hielt Paracelsus, der berühmteste Arzt des Mittelalters, die Erschaffung eines „Homunculus" in der Retorte für möglich und noch im 19. Jahrhundert wurde die Hypothese der „Urzeugung" für Schimmelpilze oder Mikroorganismen ernsthaft diskutiert. Dies wurde auch in Goethes „Faust" thematisiert. Man wusste zwar schon, dass in abgekochten Nährlösungen keine Schimmelpilze entstehen, wenn sie in verschlossenen Gläsern aufbewahrt werden. Diesen Umstand schrieb man aber einer geheimnisvollen lebensspendenden Kraft, der „vis vitalis" zu, die angeblich die Gefäßwand nicht durchdringen konnte.

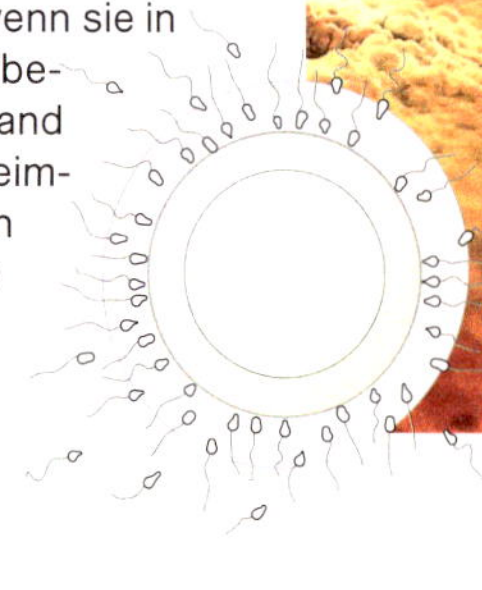

Paracelsus, 1493 – 1541

Diese Ansicht widerlegte 1860 der französische Bakteriologe Louis Pasteur mit einem Versuch in einer Schwanenhalsretorte: Die abgekochte Nährlösung blieb steril, obwohl die „vis vitalis" hätte eindringen können. Lebewesen entstehen also unter den heute herrschenden Bedingungen auf der Erde immer nur durch *Fortpflanzung* aus bereits Vorhandenem und nie spontan.

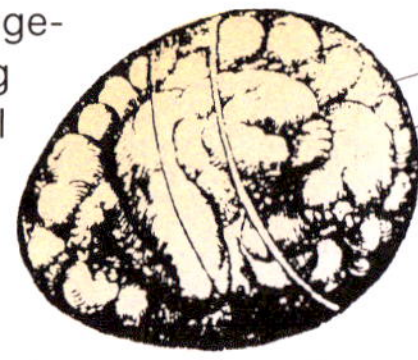

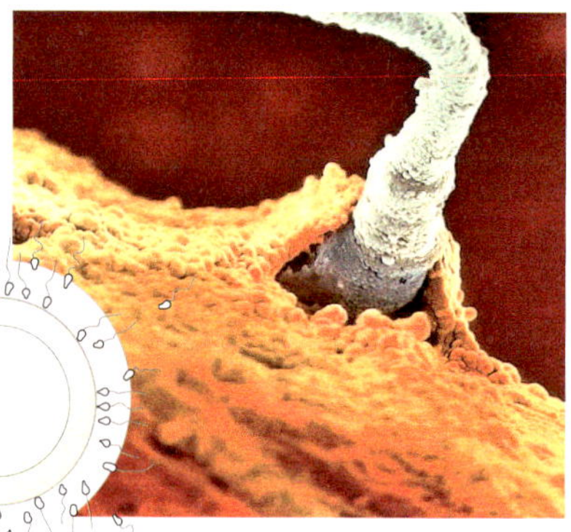

Louis Pasteur

Das Geheimnis der Sexualität

Nach der Lehre von Aristoteles entwickelt sich ein Kind durch eine formende Kraft, die aus dem Blut des Mannes in seinen Samen übergeht. Die Mutter liefert „nur" den Stoff und ernährt den Keim durch das Menstruationsblut. Paracelsus lieferte sogar ein Rezept für die künstliche Herstellung eines Menschen: Gibt man Sperma eines Mannes und Pferdemist in eine Retorte,

„wird ein recht lebendig menschlich kint daraus mit allen glitmaßen wie ein ander kint, das von einem weib geboren wird, doch vil kleiner, dasselbig wir ein homunculum nennen."

1677 entdeckte Antonie van Leeuwenhoek, Pionier der Mikroskopie, im Sperma von Mensch und Tieren die beweglichen Spermien. Er nannte sie „Dierkens" und stellte die Hypothese auf, dass diese „Samentierchen" bereits die neuen Lebewesen seien. Seine Schüler glaubten sogar, in menschlichen Spermien winzige Homunculi zu erkennen. Im Gegensatz dazu hatte William Harvey (1578 – 1657), Hofarzt des englischen Königs, die Ansicht vertreten, dass das neue Lebewesen in dem größeren Ei sein müsste.

Die endgültige Klärung brachten 1875 die Untersuchungen des deutschen Biologen Oscar Hertwig an durchsichtigen Eiern des Seeigels. Er beobachtete die *Befruchtung* und fand damit den entscheidenden Vorgang bei der geschlechtlichen Fortpflanzung.

Merkmale und Gene

Die Ähnlichkeit von Eltern und Kindern erklärte ARISTOTELES durch die formende Kraft des männlichen Samens. Er bringt aus dem formlosen Stoff die „Naturform" des Kindes hervor. Die Naturforscher der beginnenden Neuzeit gestanden in der „Säftelehre" sowohl dem Vater als auch der Mutter einen Einfluss auf die Merkmale zu und lehrten, dass bei „Ungleichheit der beiden Säftemengen" die Nachkommen mehr das Aussehen des Vaters oder der Mutter haben. So berichtete JOSEF KÖLREUTER 1766 über ein Kreuzungsexperiment mit Tabakpflanzen: „Alle diese Pflanzen haben sich überhaupt ihrer Mutter ... wieder genähert, einige mehr, andere weniger." Solche Beobachtungen waren viel zu ungenau, um die Gesetzmäßigkeiten der Vererbung erkennen zu können.

Der Durchbruch in der Frage der Weitergabe von Erbmerkmalen gelang dem Augustinermönch JOHANN GREGOR MENDEL. Er experimentierte mit Saaterbsen und veröffentlichte 1866 seine „Versuche über Pflanzenhybriden". Darin gibt er exakte Zahlenverhältnisse an, mit denen konkrete Einzelmerkmale unter den Nachkommen auftreten. Diese *experimentell* beobachteten Zahlenverhältnisse erklärte er theoretisch mit „Regeln der Combination".

Die Theorie MENDELS wurde von Genetikern im 20. Jahrhundert weiterentwickelt. Man erkannte, dass bei der Fortpflanzung in den Keimzellen nicht die „Form" der Nachkommen, sondern die *Erbanlagen (Gene)* als Bauplan für bestimmte Merkmale weitergegeben werden. Diese Erkenntnis wurde die Grundvoraussetzung für alle Fortschritte der modernen *Genetik*.

Erblich bedingt oder erworben?

In der „Spermatologia" des Naturforschers SCHURIG aus dem Jahr 1720 ist zu lesen: „Blauäugige stammen von Blauäugigen und Lungensüchtige von Lungensüchtigen." Zwischen der erblich bedingten Augenfarbe und der durch Ansteckung erworbenen Infektionskrankheit Tuberkulose wird nicht unterschieden. Maßgebend dafür war die Idee, dass der männliche Samen aus dem Blut die Form *aller* Organe übernimmt.
Alle Körpermerkmale – einschließlich der bis zur Zeugung des Kindes erworbenen Eigenschaften – müssen daher erblich sein. Dieser Logik folgend dachte man lange Zeit, dass auch Organverstümmelungen, die durch Verletzungen entstanden waren, bei den Nachkommen wieder auftreten, obwohl ARISTOTELES selbst zugegeben hatte, dass auch von Verstümmelten normale Kinder stammen könnten.

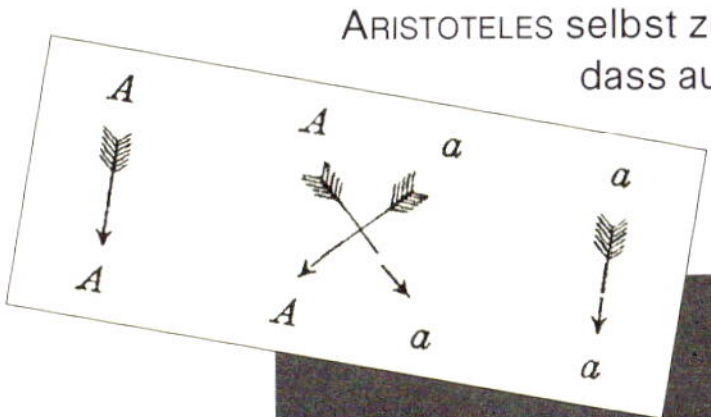

Für die Aufklärung der Gesetzmäßigkeiten der Vererbung ist die Unterscheidung „erblich bedingt oder erworben" jedoch sehr wichtig, weil nur erbliche Merkmale zu den richtigen Schlussfolgerungen führen können. So sind beispielsweise die Blutgruppen für Vaterschaftsgutachten geeignet, weil ihre Erbanlagen nach eindeutigen Regeln von den Eltern an die Kinder weitergegeben werden.

Eine klare Abgrenzung zwischen „erblich" und „erworben" ist allerdings nicht immer einfach. So hatte STURTEVANT 1940 die Fähigkeit mancher Menschen, die seitlichen Ränder der Zunge so nach oben zu rollen, dass eine Röhre entsteht, als „zumindest teilweise durch Vererbung" bedingt angesehen. Weitere Untersuchungen zeigten jedoch, dass viele „Nichtroller" durch Übung diese Fähigkeit auch erlernen können. Das Zungenrollen ist also ein sehr komplexes Merkmal, das von verschiedenen Faktoren abhängen kann.

„The ability to turn up the edges of the tongue, ... is conditioned at least in part by heredity."
STURTEVANT, 1940

„If a gene for tongue rolling exists, it obviously just gives the potential to learn this skill."

PATEFIELD and MOORE, 1986

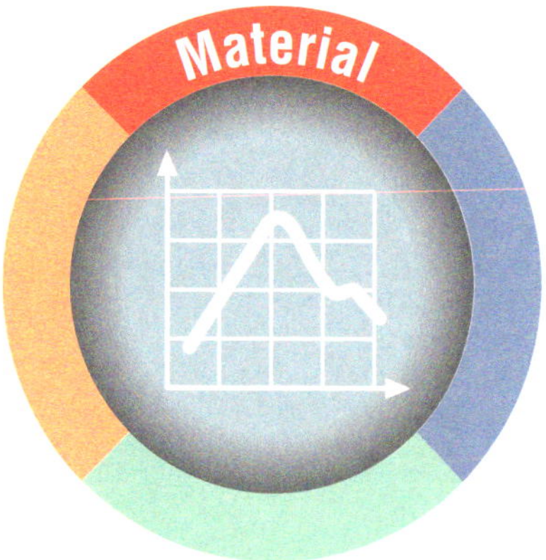

Humangenetik im Überblick

Die Humangenetik untersucht unter anderem die Vererbung von genetisch bedingten Krankheiten und Behinderungen.

Nach wie vor ist die Analyse von Familienstammbäumen eine wichtige Grundlage der genetischen Beratung und oftmals der Ausgangspunkt für weitergehende molekulargenetische Untersuchungen.

Stammbaum und Erbgang

Stammbäume, die nur wenige Personen umfassen, können in vielen Fällen unterschiedlich gedeutet werden. Erst die Auswertung umfassenderer genetischer Studien kann dann zeigen, ob ein Merkmal dominant oder rezessiv vererbt wird.

Aufgaben

(1) Zeige durch Angabe möglicher Genotypen, dass der unten abgebildete Stammbaum sowohl dominant als auch rezessiv erklärt werden kann.

(2) Überprüfe, ob auch eine X-chromosomengebundene dominante bzw. rezessive Vererbung denkbar ist.

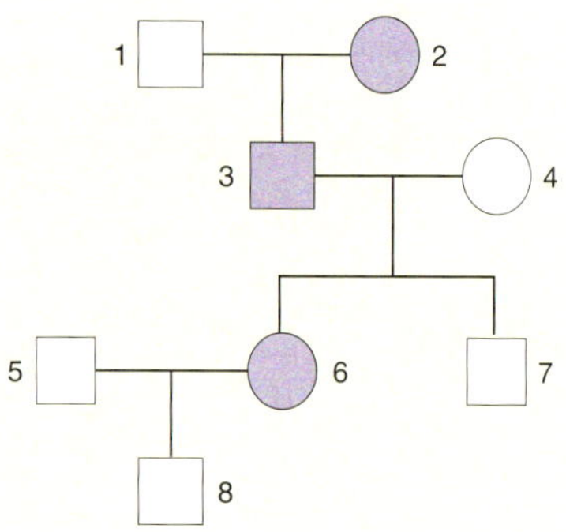

Vererbung der Blutgruppen

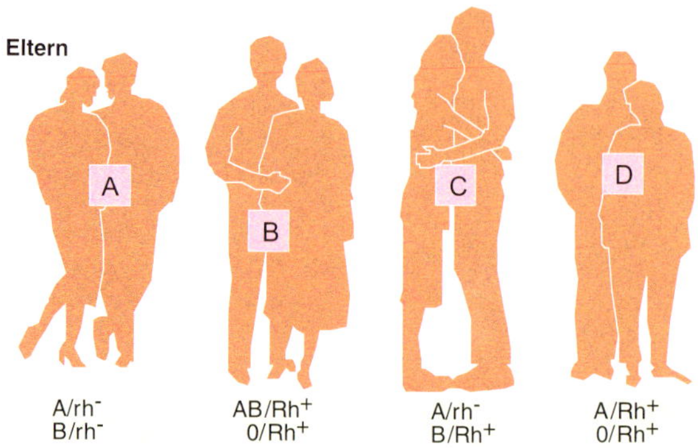

Die Abbildungen zeigen vier Elternpaare und deren Kinder mit ihren Blutgruppenmerkmalen. Jedes Paar hat genau ein Kind.

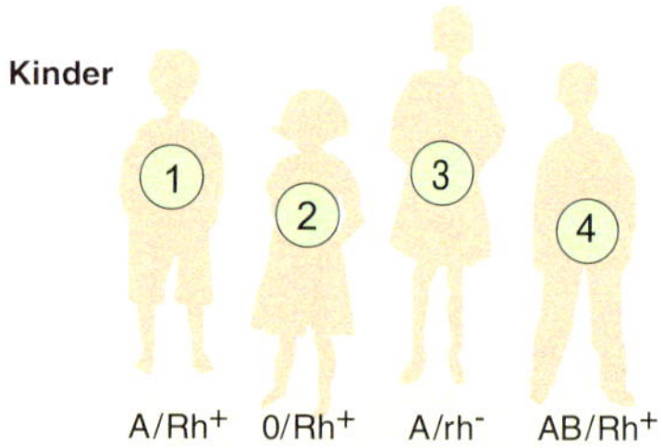

Aufgaben

(3) Versuche, die vier Kinder den Elternpaaren eindeutig zuzuordnen. Begründe deine Entscheidung.

(4) Gib die Genotypen aller Eltern und Kinder so genau wie möglich an.

(5) Gib an, ob bei den vier Familien ein Fall von Rhesusunverträglichkeit zu befürchten ist.

(6) Eine Frau mit der Blutgruppe A behauptet, ihr Kind besitze Blutgruppe B. Gib an, ob diese Blutgruppenkombination überhaupt möglich ist. Stelle dazu die Genotypen der beteiligten Personen einschließlich des Vaters auf und begründe daran deine Entscheidung.

Albinismus

Die Abbildung unten zeigt eine Familie aus Uganda. Zwei Kinder der Familie leiden unter Albinismus, einer Krankheit aufgrund einer genetisch bedingten Störung der Pigmentbildung (siehe auch Seite 139).

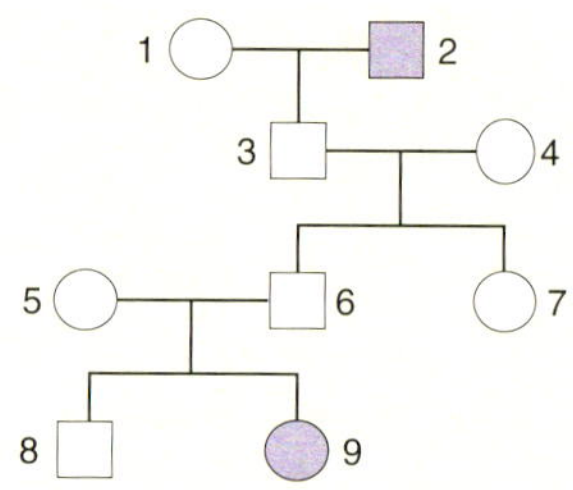

Aufgaben

(7) Begründe anhand des abgebildeten Stammbaums, dass Albinismus rezessiv vererbt wird.

(8) Übertrage den Stammbaum in dein Heft. Gib für alle Personen die möglichen Genotypen an. Bei welchen der Personen kann der Genotyp nicht eindeutig festgelegt werden?

(9) Kennzeichne die heterozygoten Überträger des Albinismus.

Religiöse Vorschriften

Der *Talmud* ist eine Vorschriftensammlung des Judentums. Bereits im 2. Jhd. v. Chr. wurden darin Regeln festgelegt, die die Beschneidung von Knaben betreffen. Wenn zwei Söhne einer Mutter nach der Beschneidung durch Verbluten gestorben sind, so soll Folgendes gelten: Weitere Söhne dieser Mutter werden von der Beschneidung befreit. Ebenso soll mit den Söhnen ihrer Schwester, nicht aber mit denen ihres Bruders verfahren werden. Die Söhne desselben Vaters mit einer anderen Frau sollen wie normale Knaben beschnitten werden.

Aufgaben

⑩ Zeichne einen Stammbaum, der die im Talmud-Text geschilderte Verwandtschaftsbeziehung wiedergibt.

⑪ Beurteile den Sinn dieser Vorschrift vor dem Hintergrund deiner Kenntnisse über die Vererbung der Bluterkrankheit.

Fischschuppenhaut

Die oberste verhornte Schicht unserer Haut besteht aus abgestorbenen Zellen, die als winzige Schüppchen abgestoßen und normalerweise laufend von unten ersetzt werden. Bei Menschen, die unter Fischschuppenhaut leiden, bildet die Oberhaut dagegen große schuppenartige Hornplatten. Werden diese weggekratzt, entstehen schmerzhafte, blutende Wunden. Fischschuppenhaut ist eine erblich bedingte Krankheit, die X-chromosomal rezessiv vererbt wird.

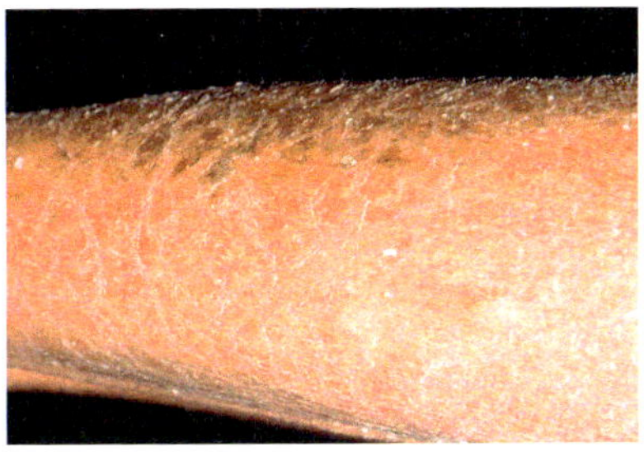

Aufgaben

⑭ Welche der folgenden Aussagen a) bis d) sind richtig? Begründe deine Entscheidungen.
- a) Betroffene Väter haben stets betroffene Söhne.
- b) Betroffene Väter haben stets betroffene Töchter.
- c) Betroffene Mütter haben stets betroffene Söhne.
- d) Betroffene Mütter haben stets betroffene Töchter.

Stammbaumanalyse und genetische Beratung

Die Abb. zeigen die Stammbäume zweier Familien, in denen je eine genetisch bedingte Krankheit gehäuft auftritt.

Aufgaben

⑫ Gib für jeden Stammbaum getrennt an, ob die Krankheit dominant oder rezessiv vererbt wird und es sich um einen geschlechtschromosomengebundenen Erbgang handelt oder nicht. Begründe deine Entscheidung. Gehe davon aus, dass Einheiratende genetisch unbelastet sind.

⑬ Wie groß ist die Wahrscheinlichkeit, dass die Personen A und B ein krankes Kind zeugen, wenn sie einen gesunden Partner haben?

I

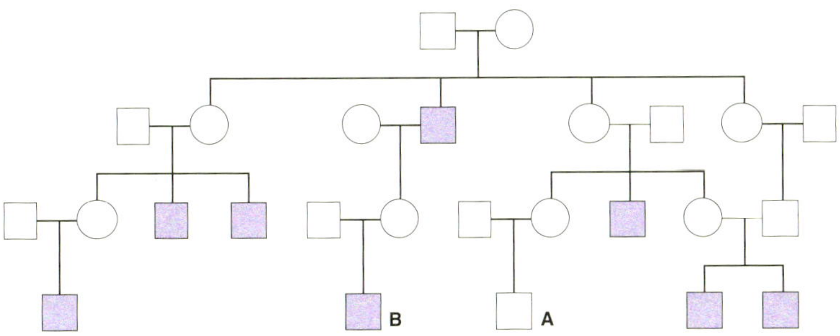

II

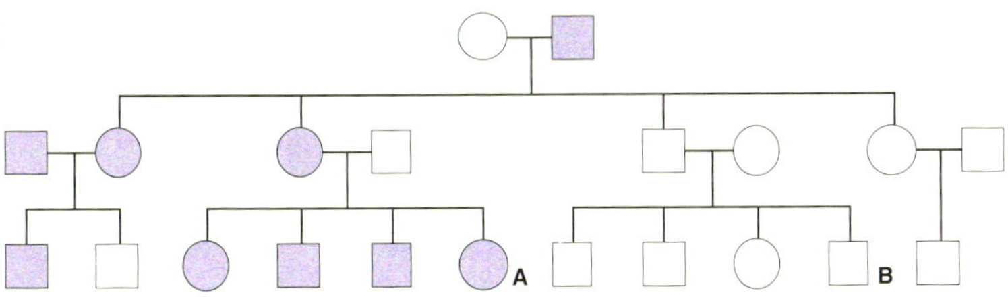

Rot-Grün-Sehschwäche

Die Abbildung zeigt das Karyogramm einer Frau, die unter einer Rot-Grün-Sehschwäche leidet. Diese Sehschwäche wird X-chromosomal-rezessiv vererbt. Die Eltern der Frau sind normalsichtig.

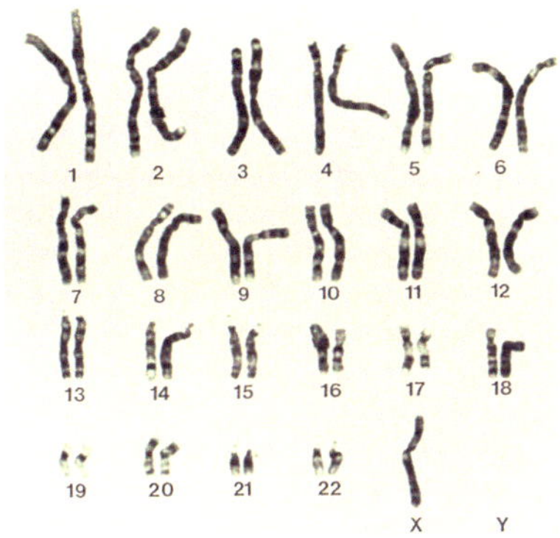

Aufgaben

⑮ Welche Besonderheit zeigt dieses Karyogramm? Erkläre, wie es zu einer solchen Anomalie kommen kann.

⑯ Wie erklärst du dir, dass die Frau unter einer Sehstörung leidet, von der sonst fast ausschließlich Männer betroffen sind?

⑰ Welche der folgenden Schlüsse a) bis d) sind richtig? Begründe deine Entscheidungen.
- a) Der Defekt bei der Frau beruht wahrscheinlich auf einer Neumutation.
- b) Das X-Chromosom der Frau stammt von der Mutter.
- c) Der Großvater mütterlicherseits muss eine Rot-Grün-Sehschwäche gehabt haben.
- d) Das befruchtende Spermium des Vaters enthielt keine Chromosomen.

Gentechnik – was ist das?

Gentechnik
gezielte Veränderung der DNA eines Lebewesens

Schon in frühgeschichtlicher Zeit machten sich unsere Vorfahren die Stoffwechselleistungen von Kleinstlebewesen wie Bakterien und Pilzen zunutze, z. B. bei der Herstellung von Käse, Sauerteigbrot oder beim Bierbrauen, ohne jedoch zu wissen, welche Prozesse dabei im Einzelnen ablaufen. Eine technische Nutzung biologischer Prozesse bezeichnet man als *Biotechnologie*. Sie ist fast so alt wie die Menschheit selbst. Nach und nach haben Wissenschaftler solche alten, auf Zufallsentdeckungen beruhende Verfahren gezielt weiterentwickelt. So gelang es zunächst Mikroorganismen zu züchten, die Antibiotika (z. B. Penicilin) produzieren oder Vitamine, die natürlich im Organismus vorkommen.

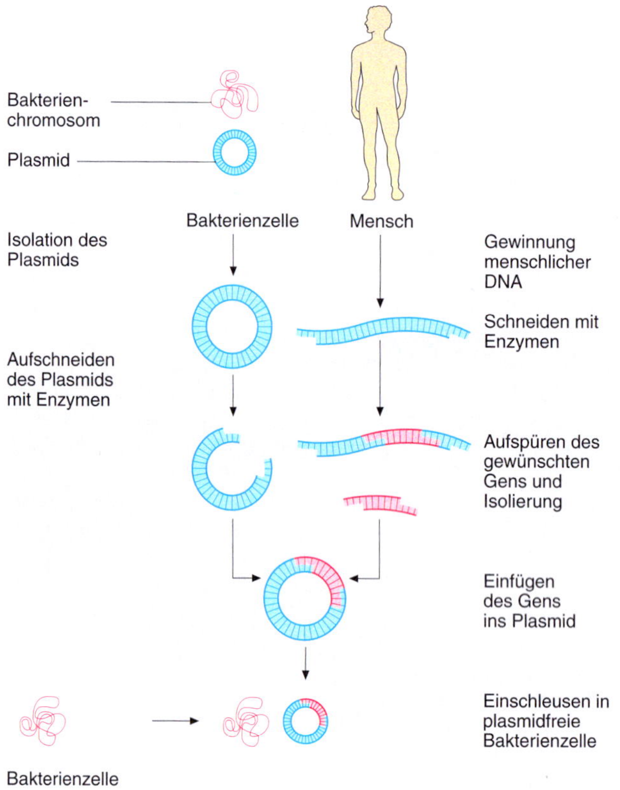

1 Einfügen eines menschlichen Gens in eine Bakterienzelle

Einen rasanten Aufschwung erlebte die moderne Biotechnologie, als es gelang, für die gewünschten Proteine aus dem Erbgut eines Organismus gezielt Gene zu isolieren und auf ein anderes Lebewesen zu übertragen, das dann das gewünschte Protein herstellt. Eine solche gezielte Veränderung der Erbanlagen eines Organismus bezeichnet man als *Gentechnik*. Der genetische Code ist bei allen Lebewesen gleich. Damit ist die Gentechnik prinzipiell in der Lage, Gene einer Art auf Lebewesen einer anderen Art zu übertragen. Ziel einer solchen *Genübertragung* ist das Einfügen neuer Eigenschaften. Organismen, die ein auf diese Weise verändertes Erbgut besitzen, nennt man *transgene Organismen* (Abb. 1).

Biotechnologie
technische Nutzung von Organismen, Zellen oder Enzymen zur Stoffproduktion

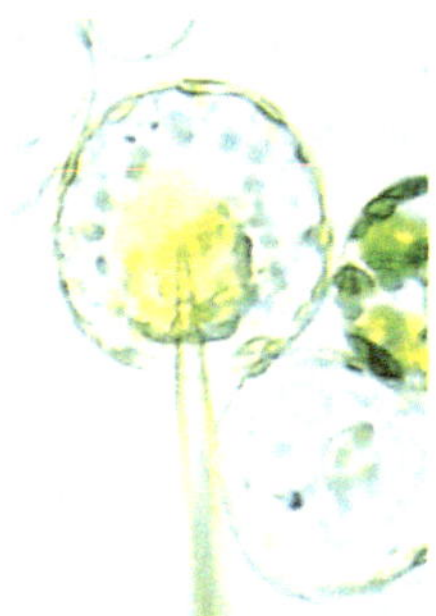

Mit Glaskanülen lassen sich Gene in fremde Zellen einspritzen.

Die Produktion von Insulin, dem Hormon, das den Blutzuckerspiegel senkt, ist ein wichtiges Beispiel für die Anwendung gentechnischer Methoden. Über 6 Millionen Menschen leiden allein in Deutschland an der Zuckerkrankheit *(Diabetes mellitus)*. Viele davon benötigen täglich *Insulin*. Es wurde früher in einem aufwändigen Verfahren aus der Bauchspeicheldrüse von Schlachttieren, vor allem Schweinen, gewonnen. Heute könnte der gestiegene Bedarf auf diese Weise nicht mehr gedeckt werden (siehe S. 55).

Ziel der Gentechniker war es, Insulin von einem anderen Lebewesen herstellen zu lassen und zwar von einem Bakterium. Bakterien sind in Nährlösungen leicht und preiswert zu halten und sollten in der Lage sein, Insulin in nahezu beliebiger Menge herzustellen. Die Fähigkeit, das Protein Insulin herzustellen, beruht auf einem Gen. Es ist möglich, den entsprechenden DNA-Abschnitt aus dem Erbgut des Menschen zu isolieren.

Bakterien besitzen keinen Zellkern, ihre DNA liegt als ringförmiges Bakterienchromosom frei im Zellplasma. Daneben kommen im Zellplasma noch kleine DNA-Ringe, sogenannte *Plasmide*, vor. Ein solches Plasmid wird mit einem Enzym aufgeschnitten, das Insulin-Gen eingefügt und der DNA-Ring wieder geschlossen. Das so präparierte Plasmid wird dann in die Bakterienzelle eingeschleust.

Bakterien, die das Plasmid aufgenommen haben, besitzen nun die genetische Information zur Herstellung von Insulin, die ja in dem neuen Gen enthalten ist. Sie setzen diese Bauanweisung in die Tat um und stellen das gewünschte Protein her. Die Bakterien vermehren sich in Nährlösungen sehr schnell und produzieren große Mengen an Protein. Die Bakterienzellen werden aufgebrochen und das Insulinprotein gewonnen.

Gendefekte bewirken Krankheiten: Mukoviszidose

8000 bis 10000 Kinder, Jugendliche und junge Erwachsene leiden in Deutschland an *Mukoviszidose (Cystische Fibrose, CF)*. Einige hundert Kinder werden hier jährlich mit dieser unheilbaren Krankheit geboren. Der Begriff Mukoviszidose setzt sich aus dem lateinischen *mucus* (Schleim) und *viscidus* (zäh) zusammen: In vielen Organen wird ein zähflüssiges Sekret gebildet, das Atemwege, Lunge und Bauchspeicheldrüse verstopft. Quälender Husten, häufige Lungentzündungen, Atemnot und schwere Verdauungsstörungen sind die Folge.

Die Betroffenen müssen regelmäßig inhalieren, spezielle Atemübungen und Krankengymnastik machen, um den Schleim in den Atemwegen zu lockern und zumindest teilweise zu entfernen. Die Therapie nimmt täglich mehrere Stunden in Anspruch und bestimmt den Tagesablauf der Betroffenen. In Verbindung mit Schleim lösenden Medikamenten, Antibiotika sowie strenger Diät kann diese Therapie die Symptome lindern. Lebensqualität und Lebenserwartung der Betroffenen sind in den letzten Jahren deutlich gestiegen. Eine Heilung ist noch nicht möglich.

Mukoviszidose ist eine genetisch bedingte Erkrankung. Das heißt, sie beruht auf einer Veränderung der Erbanlagen, einer *Mutation*. Dabei liegt die Mutation in der Regel schon viele Generationen zurück. Eltern geben die veränderte Erbanlage an ihre Kinder weiter. Bei rezessiver Vererbung können Eltern veränderte Erbanlagen weitergeben, ohne selbst von der Krankheit betroffen zu sein.

Bei CF-Patienten ist ein einziges Gen verändert, das auf dem langen Arm des Chromosoms 7 liegt. Das CF-Gen trägt die Information für ein 1480 Aminosäuren langes Protein, das in der Zellmembran als Kanal für Chloridionen dient. Bei sehr vielen CF-Patienten fehlen drei Basen des Gens. Infolgedessen ist das gebildete Protein um eine Aminosäure kürzer: die Aminosäure 508 wird nicht eingebaut. Dadurch besitzt das Protein eine veränderte räumliche Gestalt und kann so seine Funktion nicht erfüllen (▶ S. 152).

Bei Gesunden wandern durch dieses *Kanalprotein* Chloridionen aus den Schleimhautzellen in die Atemwege. Dort ziehen die Chloridionen, zusammen mit Natriumionen, Wassermoleküle an. So bleibt der von den Zellen produzierte Schleim dünnflüssig und fließfähig und kann leicht hinaus befördert werden. Ist das Kanalprotein funktionslos, entsteht zäher Schleim. Dieser verstopft lebenswichtige Organe, die dadurch in ihrer Funktion beeinträchtigt werden (Abb. 1).

Kanalproteine wie in den Atemwegen gibt es auch in den Schweißdrüsen der Haut. Am Grund dieser Drüsen wird ein Sekret gebildet, das zunächst sehr viel Kochsalz (Natriumchlorid) enthält. Dieses fließt dann durch einen Gang zur Hautoberfläche. Dabei wird ein großer Teil der Natrium- und Chloridionen von den Zellen, die diesen Gang auskleiden, wieder aufgenommen. Die ausgeschwitzte Flüssigkeit ist nur noch schwach salzhaltig.

Sind die Kanalproteine nicht funktionsfähig, werden weder Chlorid- noch Natriumionen wieder aufgenommen. Folglich ist der Schweiß der Betroffenen deutlich salzhaltiger als beim Gesunden. Der Schweißtest auf Kochsalz ist auch heute noch die übliche Diagnosemethode für Mukoviszidose.

Seit die molekulare Ursache bekannt ist, besteht die Hoffnung, ein Medikament zu entwickeln, das die Öffnung dieses Kanals in der Zellmembran bewirkt und so die Symptome der Mukoviszidose beseitigt.

Mutation
Veränderung der DNA

Gendefekt
verändertes Gen

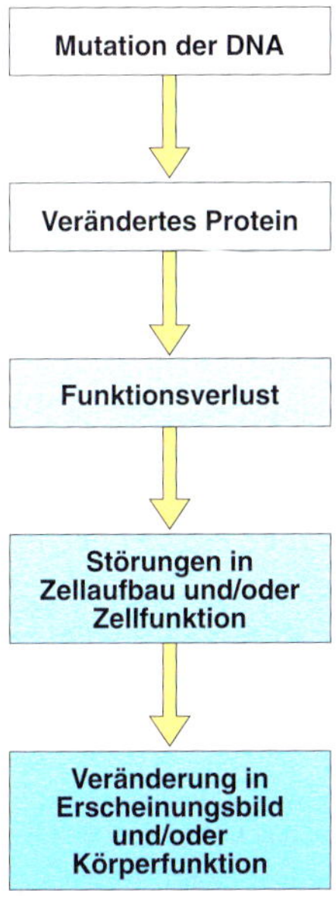

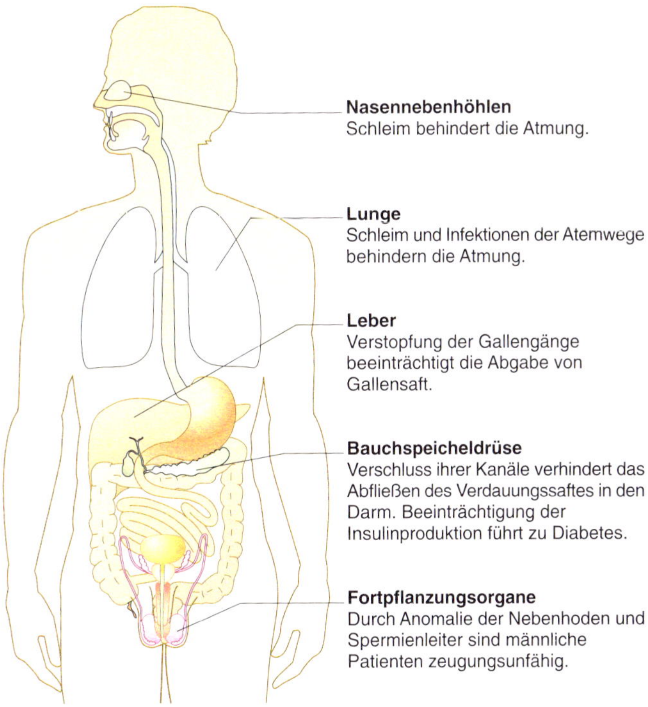

1 Von Mukoviszidose betroffene Organe

Anwendungen der Gentechnik

Herstellung von Medikamenten

Mithilfe von gentechnisch veränderten Mikroorganismen können Arzneimittelwirkstoffe in großen Mengen produziert werden, die bisher mit hohem Aufwand aus Gewebe isoliert wurden oder deren chemische Synthese sehr teuer ist. Von großer Bedeutung ist die Herstellung von *Insulin* durch gentechnisch veränderte Bakterien. Menschen, die unter der Bluterkrankheit leiden, sind auf die Verabreichung des *Blutgerinnungsfaktors VIII* angewiesen, der ebenfalls gentechnisch produziert wird. Funktionsfähig wird das Protein des Faktors VIII erst nach Verknüpfung mit einem Zuckermolekül. Da Bakterienzellen dies nicht leisten können, wird dieses Medikament von entsprechend veränderten Hamsterzellkulturen produziert.

Gentherapie

Seit es gelang, das CF-Gen zu isolieren, setzen Mukoviszidose-Patienten große Hoffnungen in eine Gentherapie. Mithilfe von Viren, in die das intakte Gen eingeschleust wurde, wurden versuchsweise Schleimhäute betroffener Personen infiziert.

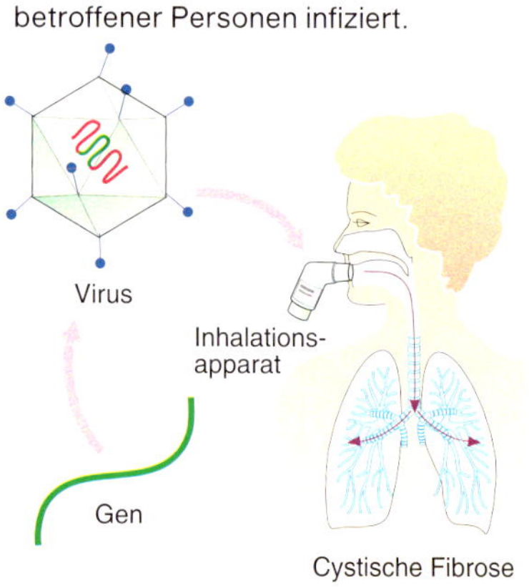

Wird die DNA von den Zellen aufgenommen, sind diese nun in der Lage, das fehlende Protein herzustellen. Die Wirkung hält allerdings nur wenige Tage bis Wochen an, da die Zellen an der Oberfläche der Schleimhaut häufig erneuert werden und die nachfolgenden Zellen das Gen nicht besitzen. Deshalb müsste die Therapie mehrmals im Jahr durchgeführt werden.

Genetische Diagnostik

Kennt man die Basenabfolge von Genen, die genetisch bedingten Krankheiten zugrunde liegen, so ist es möglich, diese genetischen Veränderungen auch bei Personen nachzuweisen, die noch keine Krankheitssymptome zeigen. Man verwendet dazu *Sonden*. Das sind künstlich hergestellte, kurzkettige Nucleinsäuremoleküle, die zu dem entsprechenden DNA-Abschnitt passend sind und an ihn binden können. Sind die Sonden mit einem Farbstoff gekoppelt, kann so das gesuchte Gen sichtbar gemacht werden. Eine betroffene Person kann dann z. B. über Vorbeugungsmaßnahmen aufgeklärt werden, durch die das Erkrankungsrisiko möglicherweise verringert oder zumindest die Symptome gemildert werden können.

Chorea Huntington (Veitstanz) ist eine Krankheit, bei der die Betroffenen zunächst vollkommen gesund sind. Erst zwischen dem 30. und 60. Lebensjahr treten Störungen der Gehirnfunktion auf, die fortschreitenden Gedächtnisschwund, unkontrollierbare Bewegungen und Sprachstörungen bewirken. Die Krankheit ist bisher unheilbar. Ein negatives Testergebnis kann einem familiär Vorbelasteten schwere Sorgen nehmen. Wie aber geht er mit einem positiven Ergebnis und der Gewissheit zu erkranken um?

Gentechnik in der Landwirtschaft

Auch Nutzpflanzen, wie Reis, Soja und Mais, werden gentechnisch verändert. Beim Mais wurden Gene eingebaut, die die Pflanzen resistent gegen Schädlinge oder gegen bestimmte Unkrautvernichtungsmittel machen. Jedoch besteht die Gefahr, dass die veränderten Gene ungewollt auf andere Pflanzen derselben Art oder sogar auf andere Arten übertragen werden (z. B. durch Pollenflug). Hier ist eine strenge Kontrolle notwendig.

Es gibt auch erste Ansätze, mithilfe der Gentechnik Mais- oder Reispflanzen mit erhöhtem Gehalt an Vitaminen und essentiellen Aminosäuren zu züchten. Diese Ansätze könnten dazu beitragen, die Ernährungsbedingungen in Entwicklungsländern zu verbessern.

Gentechnik bei der Lebensmittelherstellung

Mikroorganismen — Bakterien, Hefen oder Schimmelpilze — werden heute mit gentechnischen Verfahren so verändert, dass sie kostengünstig bestimmte Substanzen produzieren, die als Zusatz- und Hilfsstoffe in der Lebensmittelwirtschaft verwendet werden. Neben Konservierungsstoffen und Geschmacksverstärkern wie Glutamat werden beispielsweise auch der Aromastoff Vanillin sowie die Vitamine B12, B2 und C von gentechnisch veränderten Mikroorganismen hergestellt.

Weit verbreitet ist der Einsatz gentechnisch veränderter Mikroorganismen bei der Herstellung von Enzymen. Enzyme können zielgenau große Moleküle ab- oder umbauen und werden heute zu verschiedenen Zwecken in der Lebensmittelverarbeitung eingesetzt. Traditionell wird das zur Käseherstellung eingesetzte *Labferment* aus Kälbermagen gewonnen. Heute wird das Enzym häufig mithilfe gentechnisch veränderter Mikroorganismen produziert.

Gentechnisch veränderte Lebensmittel

Ob ein Lebensmittel *kennzeichnungspflichtig* ist oder nicht, hängt davon ab, ob es aus gentechnisch veränderten Organismen oder lediglich mit deren Hilfe hergestellt wurde.

Alle Lebensmittel, die gentechnisch veränderte Organismen enthalten oder direkt aus solchen hergestellt sind, müssen gekennzeichnet werden. Diese Lebensmittel dürfen, neben den natürlich vorhandenen Genen, einen geringen Anteil veränderter Gene enthalten.

Nicht kennzeichnungspflichtig sind dagegen Lebensmittel, für deren Produktion gentechnisch hergestellte Enzyme oder Zusatzstoffe verwendet wurden. Denn weder in den Enzymen oder Zusatzstoffen selbst, noch in den mit ihnen hergestellten Lebensmitteln sind Überreste der Mikroorganismen und ihrer veränderten Gene enthalten. Wer solche Lebensmittel isst, kommt mit der Gentechnik nicht direkt in Kontakt.

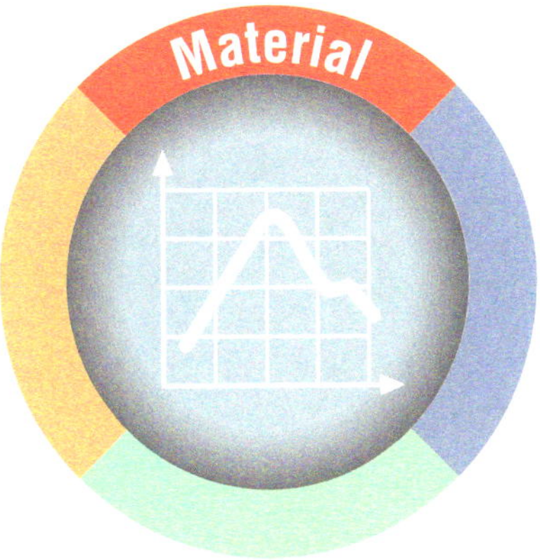

Klonen

Was ist ein Klon?

Als Klon bezeichnet man eine Gruppe erbgleicher Individuen, welche durch ungeschlechtliche Vermehrung entstehen. Bei ihrer Entwicklung laufen nur *Mitosen* ab, jedoch keine *Meiosen*. Damit sind alle Nachkommen eines einzigen Individuums sowohl in ihren Erbinformationen als auch in ihrem Aussehen völlig identisch.

Aufgaben

① Beschreibe die Entstehung eineiiger Zwillinge. Vergleiche diese mit zweieiigen Zwillingen. Begründe, ob es sich dabei um Individuen eines Klons handelt.

② Welche Möglichkeiten der geschlechtlichen und der ungeschlechtlichen Fortpflanzung gibt es? Beschreibe je zwei Beispiele aus dem Pflanzen- bzw. Tierreich.

③ Stelle in einer Tabelle Vor- und Nachteile der geschlechtlichen und ungeschlechtlichen Fortpflanzung einander gegenüber.

④ Informiere dich über die Fortpflanzung bei Bakterien. Beschreibe die Bedeutung der Konjugation der Bakterien.

1

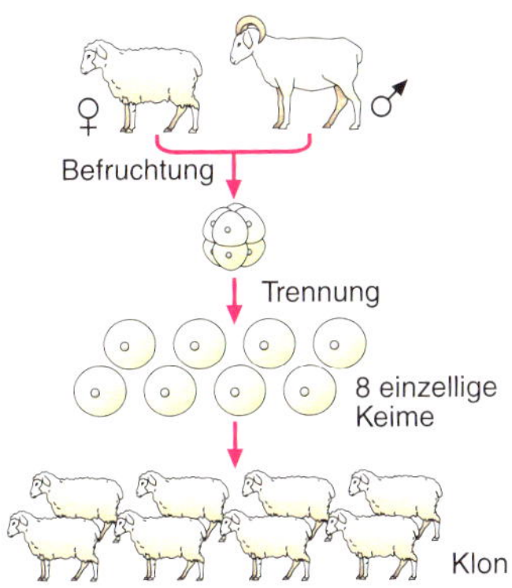

⑤ Die Abbildung 1 zeigt eine Methode zur Teilung von Embryonen in der Nutztier-Züchtung. Beschreibe die Methode des Klonens durch Teilen des Embryos.

⑥ Recherchiere und stelle tabellarisch die Möglichkeiten und Risiken des Nutztierklonens gegenüber.

⑦ Bei der Züchtung neuer Nutzpflanzensorten oder Nutztierrassen legen Züchter großen Wert darauf, möglichst schnell eine hohe Zahl genetisch verschiedener Individuen zu erhalten. Warum? Begründe ausführlich.

⑧ Wieso versuchen Züchter, eine optimale Rasse bzw. Sorte erst einmal ungeschlechtlich weiter zu vermehren?

⑨ Beschreibe die Unterschiede zwischen mitotischen Zellteilungen und meiotischen Zellteilungen. Erkläre, warum es diese zwei Zellteilungsmechanismen gibt.

Methoden der Klonierung

2

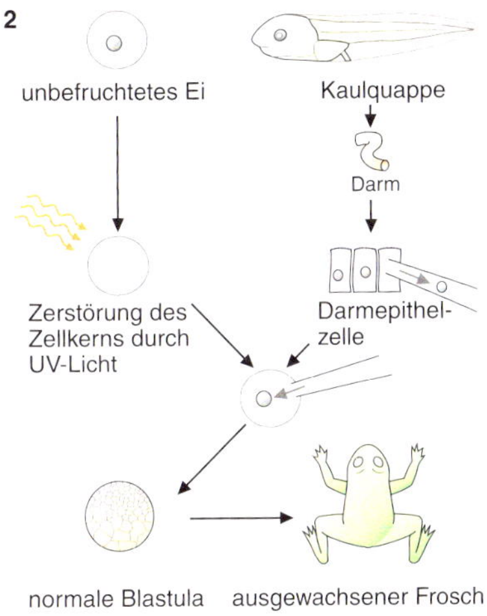

⑩ Welchen evolutionären Vorteil bietet es, dass sich sehr viele Lebewesen geschlechtlich fortpflanzen?

⑪ Abbildung 2 zeigt einen Versuch zum Klonen von Krallenfröschen (1950er Jahre). Erkläre anhand der Abbildung die Vorgehensweise der Forscher.

⑫ Vergleiche die Abbildung 2 mit der in Abbildung 1 beschriebenen Methode.

⑬ Ian Willmut und seine Mitarbeiter erzeugten 1996 das Klonschaf Dolly mithilfe einer neuen Technik (Abbildung 3). Vergleiche diese mit den Vorgehensweisen aus Abbildung 1 und 2. Was ist das Besondere an Dolly?

3

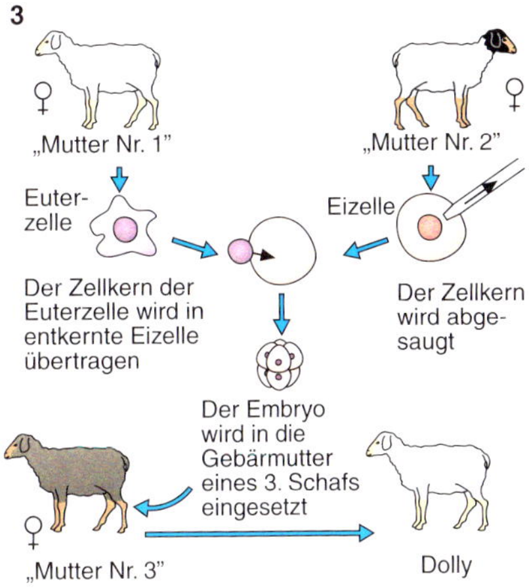

Therapeutisches Klonen

„Wissenschaftler versuchen zurzeit, gesunde Zellen zu züchten, mit deren Hilfe es möglich sein soll, zerschlissenes Gewebe zu ersetzen. Alzheimer- und Parkinsonpatienten, aber auch Diabetikern oder Menschen mit verkümmerten Leberzellen soll so geholfen werden. Geforscht wird unter anderem an folgendem Verfahren: Therapeutisches Klonen mit embryonalen Stammzellen. Wissenschaftler wollen dabei neues Gewebe mit dem Erbgut eines Patienten züchten. Es dürfte von seinem Immunsystem nicht abgestoßen werden. Mit dem im Tierversuch gelungenen Verfahren soll Erbmaterial aus gesunden Zellen eines Patienten in eine zuvor entkernte Eizelle gespritzt werden. Diese teilt sich mehrfach und reift im Labor zu einem frühen Embryo-Stadium heran. Zu dieser Zeit sind die so genannten embryonalen Stammzellen nicht ausdifferenziert, sondern können sich noch in viele Gewebe des Körpers entwickeln. Die Grundlagen des Verfahrens hatten die „Väter" des Klonschafs Dolly entwickelt. Forscher suchen nun jedoch „Schalter" in diesen Zellen, damit sie nur zu bestimmen Geweben, etwa zu Insulin produzierenden Zellen, heranwachsen."
(www.wissenschaft.de, 21.12.2000)

⑭ Informiere dich über neue Erkenntnisse zum therapeutischen Klonen und der Gewinnung von Stammzellen.

⑮ Vergleiche das therapeutische Klonen unter besonderer Berücksichtigung der Durchführung und der Zielsetzung mit den verschiedenen Möglichkeiten des Klonens zur Erzeugung von Nachkommen (= reproduktives Klonen). Bewerte die Chancen und die Risiken des therapeutischen Klonens.

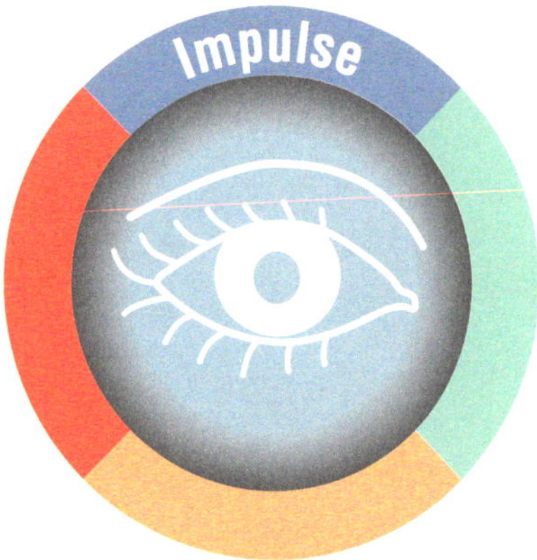

Gentechnisch veränderter Mais

Man schätzt, dass im Jahre 2025 etwa 8 Milliarden Menschen die Erde bevölkern werden. Deren gesunde und ausreichende Ernährung ist ein wichtiges Ziel der Landwirtschaft. Die Produktion von Nahrungsmitteln lässt sich durch Methoden der Gentechnik möglicherweise deutlich steigern.

- Wie könnte das gelingen?
- Welche Folgen ergeben sich?

Das soll an einem Beispiel, nämlich beim Mais, untersucht werden.

Das Problem: hoher Ernteverlust

Mais ist neben Weizen und Reis das wichtigste Getreide. Weltweit werden knapp 600 Millionen Tonnen geerntet. Es könnten aber noch 7 bis 8 % mehr sein, wenn nicht Schädlinge schon vor der Ernte einen Teil vernichtet hätten. Der wichtigste Verursacher des Schadens ist der *Maiszünsler*.

Mais wird zwar zu fast 80 % als Tiernahrung für Schweine, Rinder bzw. Hühner genutzt, aber in verarbeiteter Form findet er sich auch in Lebensmitteln für den Menschen, zum Beispiel in Backwaren, Saucen und Suppen, in Mayonnaise, Öl und Margarine sowie in Kaugummi, Glasuren und angedickten Getränken.

Alle 3,6 Sekunden stirbt ein Mensch an Hunger;

75 % davon sind Kinder unter fünf Jahren!

Der Schädling

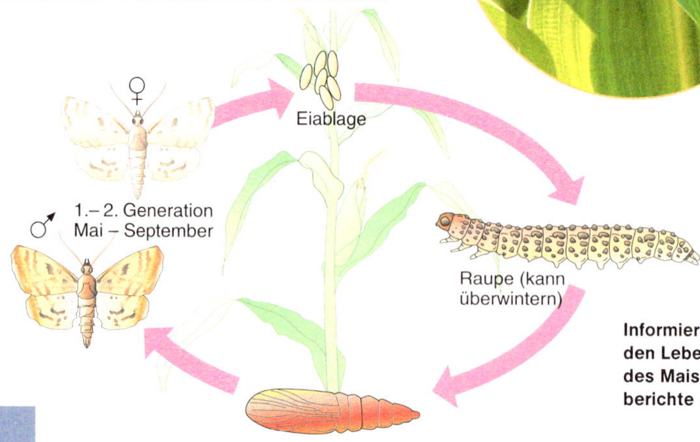

Informiere dich über den Lebenszyklus des Maiszünslers und berichte darüber.

Der Maiszünsler (*Ostrinia nubilalis*) ist ein Schmetterling, dessen Größe 2,6 bis 3 cm beträgt. Die Raupen bohren sich in die Stängel verschiedener Pflanzen ein. Sie ernähren sich von dem Pflanzengewebe und die Stängel knicken ab.

- Der Maiszünsler ist ursprünglich eine rein europäische Schmetterlingsart.
- Der Mais ist eine Kulturpflanze, deren wilde Vorfahren in den Anden beheimatet sind.
- Der Maiszünsler ist heute weltweit in allen Maisanbaugebieten verbreitet.

Welche Erklärung kannst du dafür angeben?

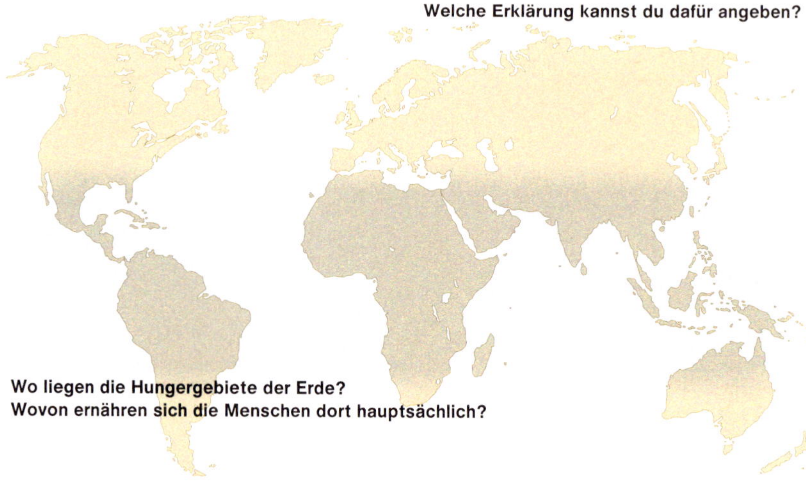

Wo liegen die Hungergebiete der Erde?
Wovon ernähren sich die Menschen dort hauptsächlich?

Maispflanze, von der Maiszünsler-Raupe befallen

Bt-Mais – die Lösung?

Das Bakterium *Bacillus thuringiensis*, abgekürzt Bt, besitzt eine Eigenart, die bereits 1911 entdeckt wurde: Wenn bestimmte Schmetterlingslarven, z. B. die Raupen des Kohlweißlings oder des Maiszünslers, diese Bakterien mit ihrer Nahrung aufnehmen, so sterben sie wenig später. Woran kann das liegen?

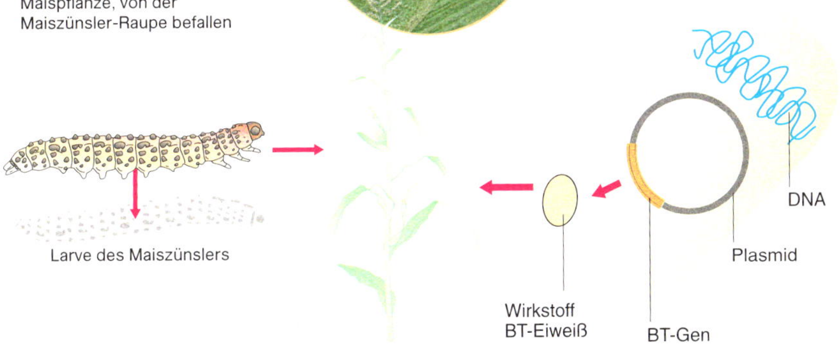

Bt besitzt in seinen Zellen Eiweißkristalle, die im Darm der Larve aufgelöst werden. Verdauungsenzyme spalten diese Eiweiße weiter auf und so entsteht ein Gift, das die Darmwand des Insekts durchlöchert. Die Larve hört auf zu fressen und stirbt. Es ist gelungen, das Bt-Gen des Bakteriums auf Maispflanzen zu übertragen. Dieser Bt-Mais stellt in seinen Zellen also die gleichen Eiweißkristalle her wie *Bacillus thuringiensis*. Dem Bt-Mais kann der Maiszünsler nichts anhaben.

Inwiefern ist das die Lösung?

- Ein Eiweiß wird durch ein Gen, also durch einen bestimmten DNA-Abschnitt, verschlüsselt. Es wird entsprechend dieser Information im Organismus bei Bedarf in mehreren Schritten hergestellt.
- Gene lassen sich mit Methoden der Gentechnik von einem Organismus auf einen anderen übertragen.

Zur Diskussion: Thesen zu möglichen Folgen

- Im Bt-Mais befindet sich ein Protein, das ursprünglich dort nicht vorkommt. Eiweiße können Allergien hervorrufen. Es besteht also ein Gesundheitsrisiko für den Menschen.
- „Gentechnische Methoden sind sicher und gut kontrollierbar." Das behaupten Gentechniker und Industrie.
- Das Problem des Welthungers ist ein Verteilungsproblem. Das kann auch durch Bt-Mais nicht gelöst werden.
- Länder der dritten Welt werden wirtschaftlich von Großkonzernen abhängig, weil sie das Saatgut teuer kaufen müssen.
- Durch Bt-Mais kann der Ernteertrag um etwa 40 % gesteigert werden.
- Bt-Mais vernichtet ausschließlich Schadinsekten, die vom Gewebe der Pflanze fressen.
- Florfliegen, die Larven des Maiszünslers fressen, nehmen auf diesem Weg ebenfalls das Bt-Eiweiß auf und sterben. Florfliegen sind aber sehr nützliche Insekten.
- Pollen von Bt-Mais wird durch den Wind auf „normale" Maispflanzen übertragen. Er verbreitet sich dadurch unkontrolliert.

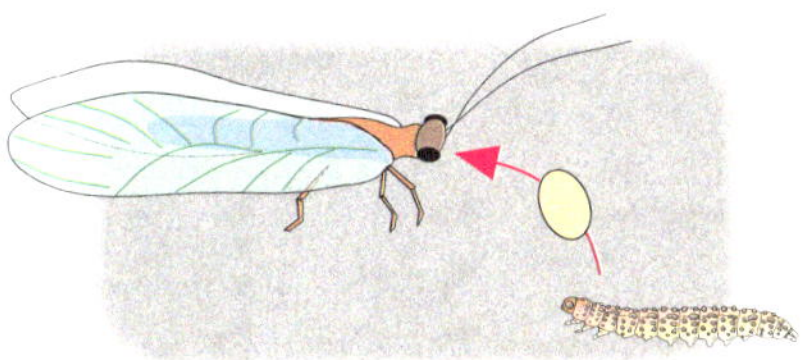

- Für gentechnisch hergestellte Nahrungsmittel besteht eine Kennzeichnungspflicht. Der Verbraucher kann selbst entscheiden, ob er solche Produkte kaufen möchte.
- Die landwirtschaftlich nutzbare Fläche lässt sich nicht beliebig vergrößern. Also muss man neue Produktionsmethoden einsetzen.
- Bt-Mais ist wesentlich umweltschonender und billiger als der Einsatz von Schädlingsbekämpfungsmitteln.

Wieso gibt es so unterschiedliche Aussagen zum Nutzen bzw. Risiko der Gentechnik?

Welche gesetzlichen Regelungen gibt es in diesem Zusammenhang?

Stelle dir vor, du solltest als Politiker an Gesetzen zur Gentechnik mitarbeiten. Worauf würdest du besonderen Wert legen? Begründe.

Es gibt noch andere Nutzpflanzen (Reis, Tomaten, ...), die gentechnisch verändert sind. Auch Gene von Tieren und Menschen werden auf andere Organismen übertragen.

Sammle Berichte über solche Pflanzen und Tiere. Suche im Internet nach weiteren Beispielen.

Basiskonzept

Struktur und Funktion

Im Aufbau der Lebewesen findet man auf allen Organisationsebenen eine enge Beziehung zwischen Struktur und Funktion. Diesen Zusammenhang gibt es natürlicherweise nur bei Lebewesen. Ein ganzer Wissenschaftszweig beschäftigt sich aber inzwischen mit dem „Lernen der Technik von der Natur" und macht sich beim Nachbau die Beziehung von Struktur und Funktion zu Nutzen. „Abgeschaut und nachgebaut", so könnte man das Vorgehen beschreiben, das in der *Bionik* – auch im Wort zusammengesetzt aus Biologie und Technik – eingesetzt wird.

Der Biologe untersucht die Beziehung zwischen beobachtbarem Merkmal und seiner Bedeutung für den Träger dieses Merkmals. Der Bioniker versucht, den Zusammenhang zwischen Form und Funktion zu verstehen und auf die Lösung technischer Probleme zu übertragen. Dabei ergeben sich oft auch wieder für die Biologie neue Erkenntnisse.

Verschiedene grundlegende Prinzipien verdeutlichen den engen Zusammenhang sowohl in der Biologie wie auch in der Technik: Das eigentlich technische Schlüssel-Schloss-Prinzip lässt sich in der Zelle beispielsweise bis in den Bereich der Moleküle verfolgen. Beispiele sind die *Synapsen*, die wichtigen Schaltstellen in unserem Nervensystem.

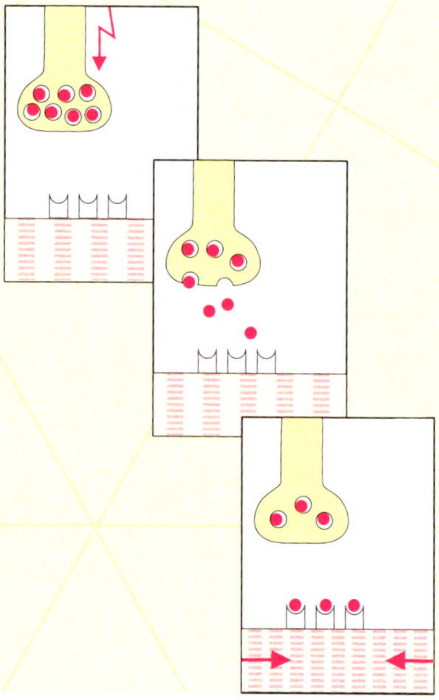

Schutzvorrichtungen

Besonders bei Schutzvorrichtungen hat die Technik viel vom Zusammenhang zwischen Struktur und Funktion in der Natur abgeschaut: Die natürlicherweise schon stoßgesicherte Lage des Gehirns in der knöchernen Schädelkapsel wird durch den Fahrrad- oder Motorradhelm nachgebaut und nochmals verstärkt. Das Material im Helm kann dabei aber nur Stöße von außen abdämpfen, während die Flüssigkeit im Gehirn auch der Ver- und Entsorgung dient.
Andere Schutzvorrichtungen sind z. B. das Fibrinnetz, das sich beim Wundverschluss bildet und dann wie ein Pfropf das „Leck" abdichtet. Oder unser Augenlid: Es schützt ähnlich einem Rollladen vor Schmutz, Verletzung oder zu grellem Licht.

Schutzvorrichtungen

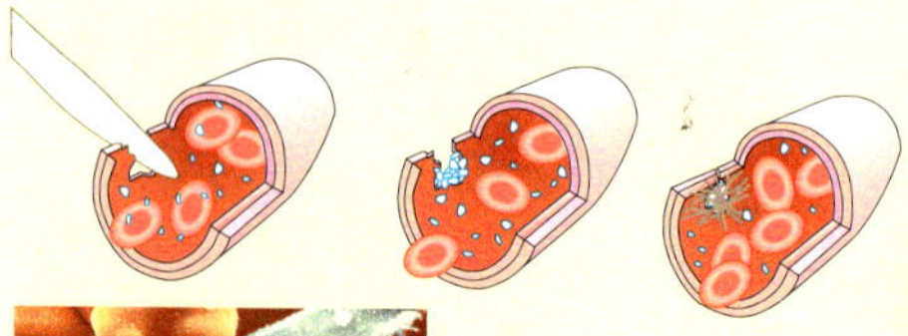

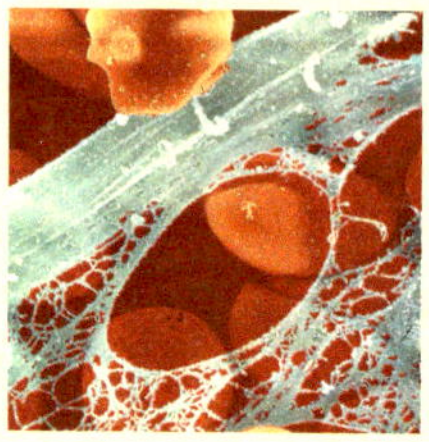

DNA

DNA

Durch den Aufbau der DNA wird nicht nur die Erbinformation verschlüsselt. Sie ist auch ähnlich einem Reißverschluss zu öffnen und kann dann identisch repliziert werden. Sollen nur bestimmte Teile abgelesen werden, kann in einer „Blase" eine komplementäre m-RNA als Bote hergestellt werden. Soll der lange DNA-Faden transportiert werden, wird er auf Eiweiße aufgewickelt und weiter spiralisiert, so dass die Chromosomen in der Mitose oder Meiose geordnet aufgeteilt werden können. Die Struktur der DNA spiegelt also in jedem Zustand ihre jeweilige Funktion.

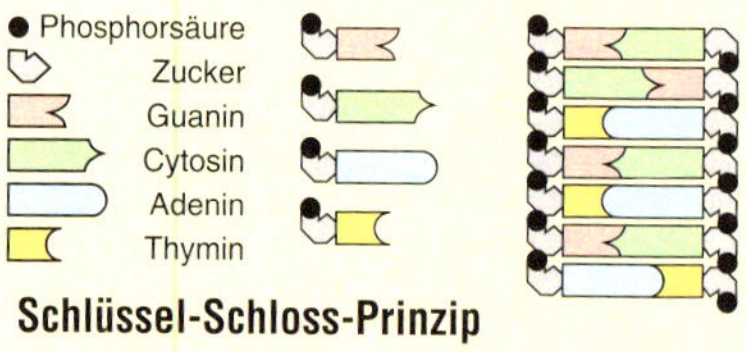

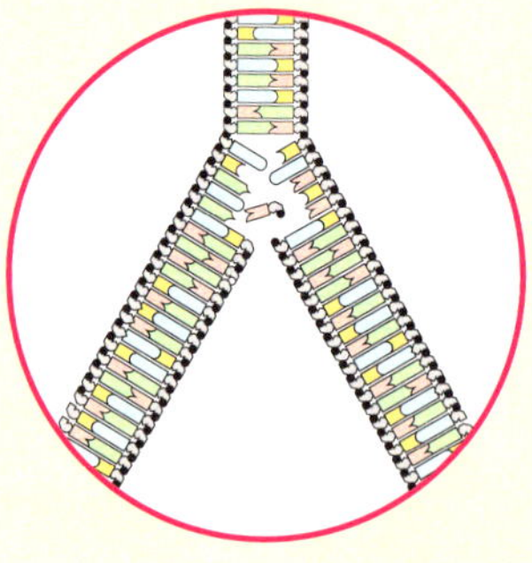

Schlüssel-Schloss-Prinzip

Bekannt ist die Zusammenarbeit zwischen Gelenkkopf und Gelenkpfanne oder zwischen Blutzellen-Antigenen und den entsprechenden Antikörpern. Nach dem gleichen Prinzip arbeiten Hormone mit den Rezeptoren in den Zellen des Zielorgans zusammen oder die Überträgerstoffe an den Synapsen der Nervenzellen mit ihren Rezeptoren.
Auch der Aufbau und die Arbeitsweise der DNA oder die Proteinbiosynthese bieten zahlreiche Beispiele dafür, dass zwei Dinge in der Form aufeinander abgestimmt sind. Verändert sich z. B. durch Mutation der Aufbau des codierten Proteins, kann dies seine Funktion nicht mehr erfüllen.

Schlüssel-Schloss-Prinzip

Gegenspielerprinzip

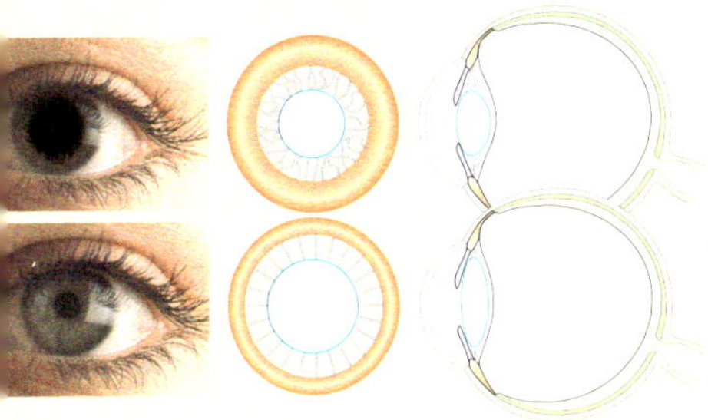

Gegenspielerprinzip

Das Gegenspielerprinzip, wie es an Beuger und Strecker des Oberarms oder an der Katzenkralle vorkommt, betrifft die Zusammenarbeit zweier Muskeln oder eines Muskels mit einer dehnbaren Sehne. Im Auge wirken für scharfes Sehen in der Nähe und Ferne der Ciliarmuskel, die Linsenbänder und die Linse zusammen. Für die Einstellung der Pupillenöffnung sind Radiär- und Ringmuskeln verantwortlich. Die Einstellung des Blutzuckerspiegels zeigt, dass auch zwei Hormone (Insulin und Glukagon) als Gegenspieler wirken können. Entsprechend arbeiten im Nervensystem Sympathicus und Parasympathicus.

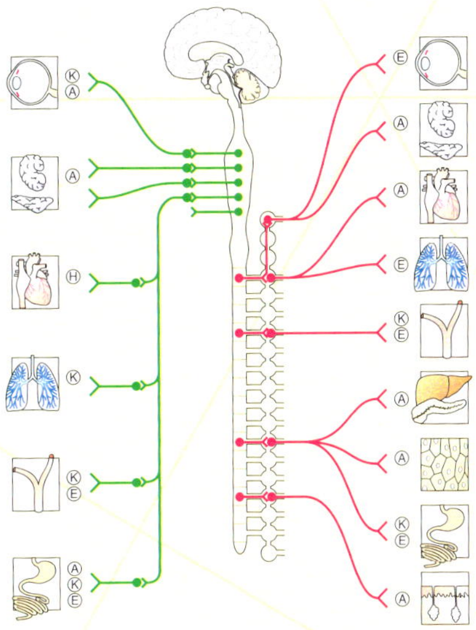

Kapillarnetze

Kapillarnetze

Die Herzkranzgefäße zeigen ebenso wie das Kapillarnetz in der Lunge oder an anderen Organen zwei verschiedene Prinzipien in einer Struktur vereinigt: Durch die große Oberfläche im Vergleich zum geringen Querschnitt wird das *Prinzip der Oberflächenvergrößerung* deutlich. Die Austauschfläche für Gase oder Nähr- bzw. Abfallstoffe wird damit riesig. Der Flüssigkeitsstrom wird aber auch verlangsamt und letztlich passen die Blutzellen nur im „Gänsemarsch" durch diese Röhrchen. Damit findet sich hier ein weiteres Beispiel für die Eigenschaften von Röhren, die z. B. im Stängel der Pflanzen der Verfestigung und Wasserleitung dienen (*Röhrenprinzip*).

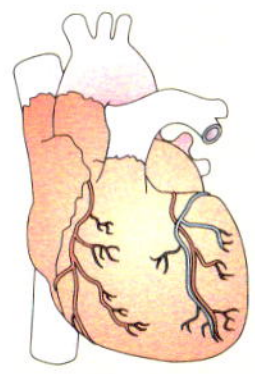

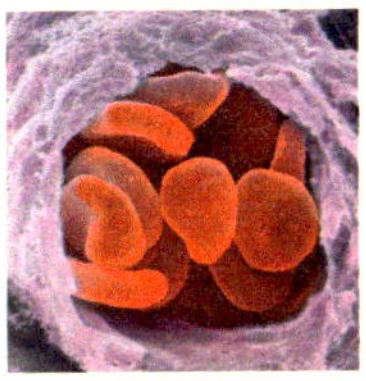

Bewegung

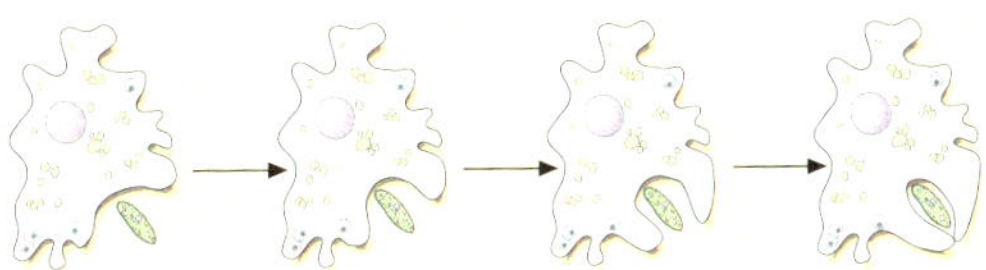

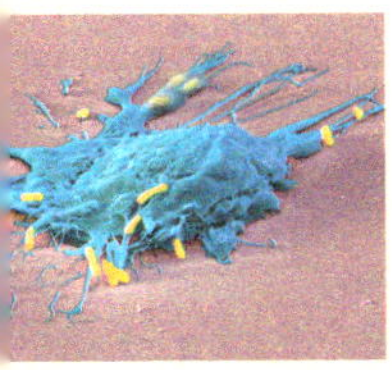

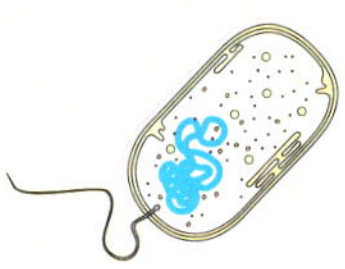

Bewegung

Muskeln bewegen den Körper oder einzelne Körperteile. Ein beweglicher Schwanzfaden treibt das Spermium nach vorne. In ähnlicher Form können sich manche Bakterien mit ihrer Geißel fortbewegen. Spezielle weiße Blutzellen verlassen die Blutbahn, um eingedrungene Krankheitserreger zu vernichten. Dabei bewegen sie sich wie Amöben und verändern ständig ihre Zellform. In allen Fällen sind die Strukturen auf die spezifische Bewegung abgestimmt.

Aufgaben

① Antikörper passen wie Puzzleteile zu ihren Antigenen. Welches weitere Merkmal zeigen sie in ihrer Struktur, das auf ihre Funktion schließen lässt?

② Auch Sympathicus und Parasympathicus werden als Gegenspieler betrachtet. Vergleiche ihre Tätigkeit mit anderen Gegenspieler-Systemen.

③ Suche nach weiteren Beispielen dafür, dass Dinge exakt zueinander passen wie im Schlüssel-Schloss-Prinzip beschrieben. Entsprechen alle Beispiele dem bildlichen Ablauf, dass ein Schlüssel ein Schloss aktiviert?

④ Spermien besitzen nicht nur eine charakteristische Form für eine schnelle Bewegung. Welche weiteren Baumerkmale unterstützen die Fortbewegung?

⑤ Auch die m- und die t-RNA-Moleküle haben Eigenschaften, die mehreren Themen der Basiskonzepte zugeordnet werden können. Nenne Beispiele und begründe sie.

⑥ Das Blut eines Blutspenders ist nur für bestimmte Empfänger geeignet. Erkläre die Hintergründe. Argumentiere dabei auch mit dem Schlüssel-Schloss-Prinzip.

⑦ Bei der Immunabwehr arbeiten mehrere Zelltypen und Makromoleküle des Immunsystems zusammen. Erläutere am Beispiel der beweglichen Fresszellen und der spezifischen Antikörper den Zusammenhang von Struktur und Funktion.

Basiskonzept

Reproduktion

Bakterien und einzellige Lebewesen pflanzen sich durch Zweiteilung fort und können als potentiell unsterblich angesehen werden, da die Bestandteile jeder Zelle in den Tochterzellen wieder vorhanden sind. Als eine vergleichbare ungeschlechtliche Vermehrung kann man z. B. auch die Bildung der Brutzwiebeln bei der Tulpe oder die Entstehung von Ausläufern bei der Erdbeerpflanze betrachten.

Die meisten höher entwickelten Lebewesen besitzen jedoch spezielle Fortpflanzungszellen, die in männlichen oder weiblichen Geschlechtsorganen heranreifen. Diese können wie bei den Zwittern in einem Organismus vorhanden sein oder zur Ausbildung des getrennten männlichen oder weiblichen Erscheinungsbildes beitragen. Manche Pflanzen zeigen mit der Einhäusigkeit eine Besonderheit: Hier sind männliche und weibliche Organe getrennt, aber auf der gleichen Pflanze vorhanden.

Durch die Entstehung von Eizelle und Spermium und die Bildung der Zygote, d. h. durch das Verschmelzen der männlichen und weiblichen Keimzellen werden Erbinformationen neu kombiniert. Dies ist einer der Mechanismen, die zu einer besseren Angepasstheit der Organismen an ihre Umwelt führen.

Befruchtungsstoffe

Als sogenannte Gamone werden geschlechtsspezifische Wirkstoffe bezeichnet, welche die Anlockung und Verschmelzung der Keimzellen bewirken. Sie sind bei einzelligen Algen und Seeigeln gut untersucht. Beim Seeigel erfolgt der Ei-Sperma-Kontakt durch spezifische Makromoleküle, die sowohl an der Gallerthülle des Eies als auch an den Kopfkappen der Spermien lokalisiert sind. Eine Sperma-Substanz reagiert spezifisch mit einem Rezeptor an der Oberfläche der Eizelle und ermöglicht dadurch die Anheftung von Spermien.

Befruchtungsstoffe

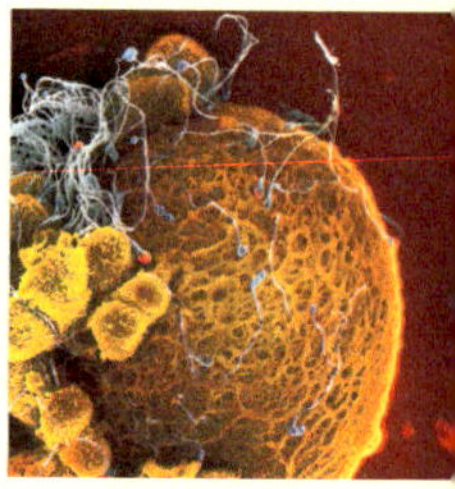

Mitose und Meiose

Jedes Lebewesen besitzt im Zellkern seiner Körperzellen eine gleich bleibende und für seine Art charakteristische Anzahl von Chromosomen. Die Kern- und Zellteilungen beim Ersatz von Zellen oder beim Wachstum müssen also den Chromosomenbestand unverändert erhalten. Dies gewährleistet die *Mitose*.

Mitose und Meiose

Da bei der Befruchtung die Zellkerne der beiden Geschlechtszellen verschmelzen, muss die Chromosomenzahl vorher halbiert werden. Ansonsten würde sich die Zahl der Chromosomen von Generation zu Generation verdoppeln. Die Kern- und Zellteilungen, die zur Entstehung der Eizelle und der Spermien führen, müssen sich also von den normalen Zellteilungen deutlich unterscheiden. Das zeigt die *Meiose*.

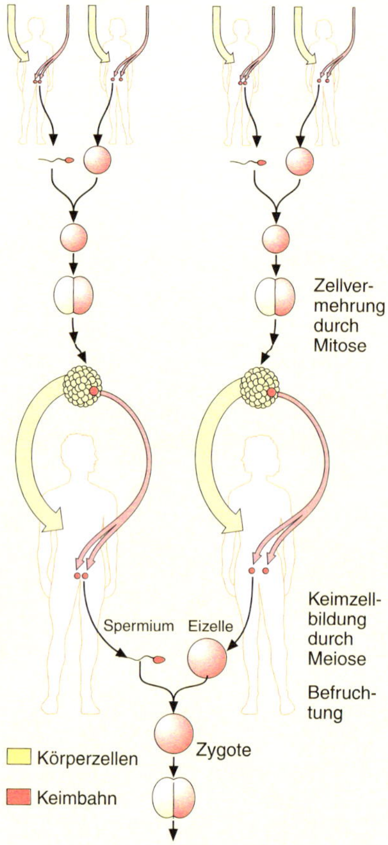

Viren lassen sich fortpflanzen

Viren bestehen nur aus Erbsubstanz und einer umgebenden Hülle aus Proteinen. Sie haben kein Zellplasma und keinen eigenen Stoffwechsel. Viren können sich somit auch nicht selbstständig fortpflanzen, sondern nur mit Hilfe einer Wirtszelle. Das Virus dringt in das Innere dieser Zelle ein. Die Erbinformation des Virus steuert deren Stoffwechsel dann so um, dass neue Viren gebildet werden. Die Wirtszelle platzt auf und viele neue Viren werden frei.

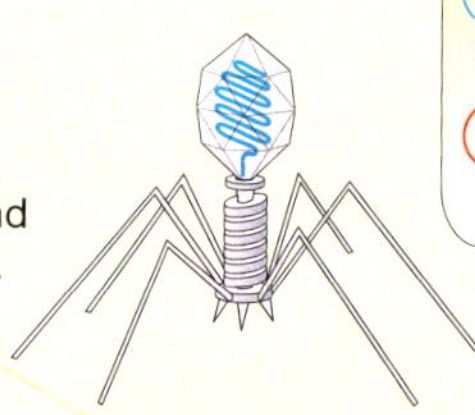

Viren lassen sich fortpflanzen

Klonen

Klonen

Auch ohne Eingriff des Menschen entstehen in verschiedenen Organismengruppen natürliche *Klone*: Einzeller vermehren sich durch Zellteilung, Pflanzen bilden Ableger und durch Teilung der Zygote gibt es eineiige Zwillinge.

Klonen in der Forschung nutzt verschiedene Methoden: Entweder wird der Embryo im 8- oder 16-Zellen-Stadium in einzelne Zellen aufgeteilt (Embryonensplitting) oder wie bei der Dolly-Methode der Zellkern aus einer differenzierten „Mutterzelle“ in eine entkernte Eizelle übertragen (*Zellkerntransfer*).

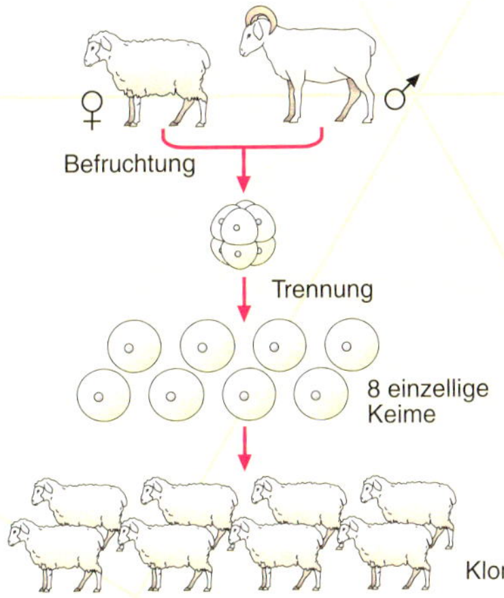

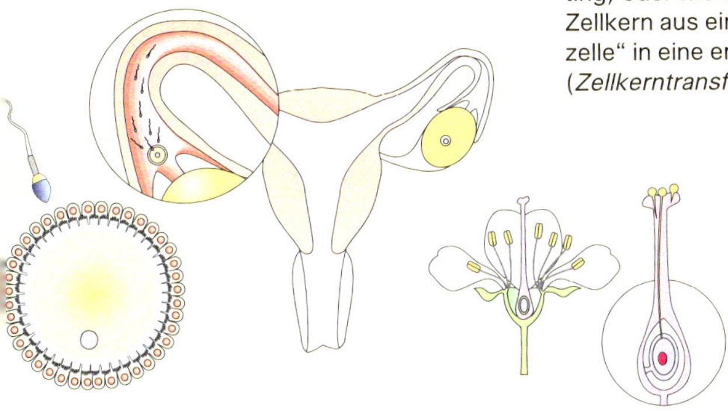

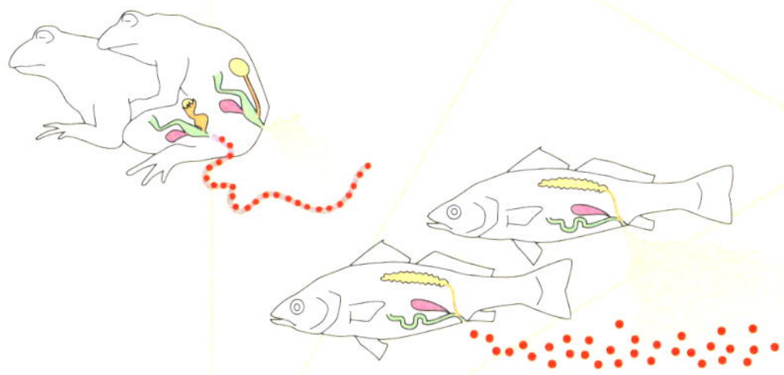

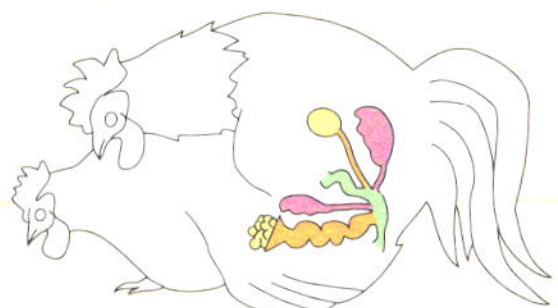

Befruchtung

Befruchtung

Alle Lebewesen pflanzen sich fort, d. h. sie erzeugen Nachkommen. Obwohl jede Art dabei Besonderheiten aufweist, gibt es Gemeinsamkeiten, die die Befruchtung der Eizelle betreffen.

Nur bei Blütenpflanzen muss man zwischen Bestäubung und Befruchtung unterscheiden, da der Pollen zunächst nur auf die Narbe kommt und die Befruchtung erst mit der Verschmelzung der Zellkerne vollzogen ist. Außerdem wird noch zwischen äußerer und innerer Befruchtung unterschieden. Äußere Befruchtung findet z. B. bei Fischen und Amphibien statt.

Bastardisierung

Bastardisierung

Angehörige verschiedener Arten können sich nicht miteinander fruchtbar fortpflanzen. Die Chromosomensätze oder die Informationen auf den einander entsprechenden Chromosomen der Keimzellen sind nicht mehr miteinander zu vereinbaren. Die Möglichkeit zur so genannten Bastardierung und die Fruchtbarkeit der Nachkommen hängen von der Ähnlichkeit der Gene beider Eltern ab. Zwischen Haushund und Wolf ist noch eine Fortpflanzung möglich, da zu jedem Chromosom des haploiden Satzes ein Gegenstück existiert. Die seit dem Altertum bekannte Bastardierung von Pferd ($2n = 64$) und Esel ($2n = 62$) führt aufgrund vermehrt auftretender Abweichungen zu Nachkommen (Maultier bzw. Maulesel), die sich nicht fortpflanzen können.

Aufgaben

① Können einzelne Themen mit anderen Basiskonzepten verknüpft werden? Wähle aus und begründe.

② Die Reaktion des Spermiums mit der Oberfläche der Eizelle ermöglicht die Besamung, stellt aber noch nicht die Befruchtung dar. Begründe.

③ Beschreibe und begründe die besondere Bedeutung der Meiose.

④ Viren werden oft nicht als Lebewesen betrachtet. Begründe das aus ihrer Vermehrungsstrategie.

⑤ Vergleiche die Befruchtung bei Mensch und Blütenpflanze.

⑥ Beschreibe die Unterschiede zwischen dem natürlichen und dem experimentellen Klonen. Wodurch unterscheiden sich diese Lebewesen von solchen, die durch eine Befruchtung entstehen?

⑦ Pflanzen, deren Bestäubung durch den Wind erfolgt, produzieren wesentlich mehr Pollen als solche, die durch Insekten bestäubt werden. Auch bei äußerer Befruchtung ist die Zahl der produzierten Keimzellen jeweils viel größer als bei innerer Befruchtung. Erkläre die Zusammenhänge.

Basiskonzept

Kompartimentierung und Organisationsebenen

Die Zelle ist die kleinstmögliche selbstständig lebensfähige Einheit. In ihr sind durch zahlreiche Membransysteme kleinere Reaktionsräume (sogenannte *Kompartimente*) gegeneinander abgetrennt. Die größeren Organellen wie z. B. Mitochondrien und Plastiden übernehmen spezifische Funktionen wie die Zellatmung oder die Fotosynthese. Große Moleküle wie die DNA, die Proteine oder Fette und Kohlenhydrate bestimmen in ihnen die Stoffwechselvorgänge.

Gleichartige Zellen bilden ein *Gewebe*, mehrere Gewebe ein *Organ* und mehrere Organe oder Organsysteme einen *Organismus*. Gleichartige Organismen werden einer Art zugeordnet und mehrere Arten leben in einem Ökosystem zusammen. Auf jeder dieser Organisationsebenen findet man die verschiedenen biologischen Prinzipien wieder vertreten, so dass sich von hier aus Vernetzungen zu den anderen Basiskonzepten ergeben.

Eine besondere Stellung in dieser Hierarchie der Organisationsebenen nehmen die *Chromosomen* ein, die in Form und Zahl spezifisch für jede Art und jedes Geschlecht sind.

Moleküle

In Zellen spielen zwei Stoffgruppen eine besondere Rolle: Nucleinsäuren wie DNA und RNA sowie Eiweiße (Proteine). Entsprechend dem *Bausteinprinzip* sind sie jeweils wieder aus zahlreichen identischen oder ähnlichen Grundeinheiten zusammengesetzt. Damit ergibt sich eine Vielzahl unterschiedlicher Moleküle in den beiden Stoffgruppen.

Proteine kann man als Bindeglied zwischen den Erbanlagen eines Lebewesens und seinem Erscheinungsbild betrachten. Die DNA enthält die genetische Information für die aufbauenden Strukturproteine und für die Enzymproteine, die festlegen, welche Reaktionen in der Zelle ablaufen.

Moleküle

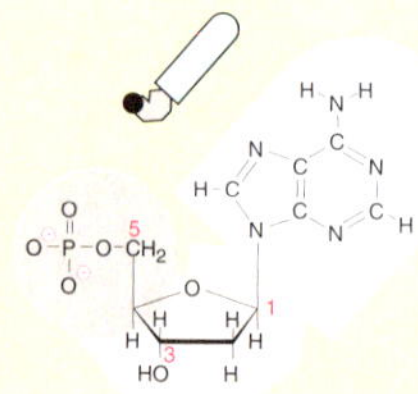

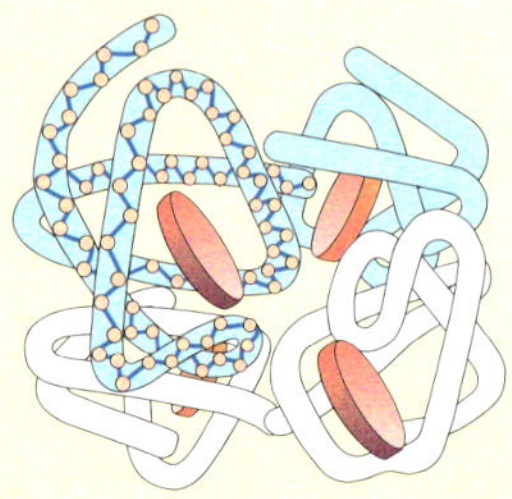

Organellen

In pflanzlichen oder tierischen Zellen ist der *Zellkern* eine der größten membranumschlossenen Untereinheiten. Er steuert die Lebensvorgänge, verändert sich während der Zellteilung, speichert die genetische Information und weist inhaltliche Unterschiede bei Keim- und Körperzellen auf. Der Zellkern hat ebenso wie die Chloroplasten und die Mitochondrien als Umhüllung eine Doppelmembran, die aber beim Zellkern durch Poren unterbrochen ist. Damit ist ein Austausch großer Moleküle mit dem Cytoplasma möglich.

Organellen

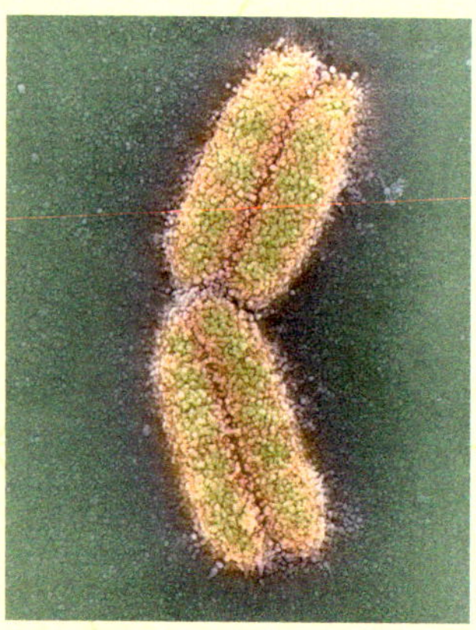

Chromosomen

Chromosomen kann man als abgegrenzte „Informationspakete" und besondere Teilräume innerhalb des Zellkerns betrachten: Als langer DNA-Faden wird die Information für den normalen Stoffwechsel der Zelle benötigt und vor einer Teilung exakt kopiert. Mehrfach aufgewickelt und stark verdichtet können die Fäden und mit ihnen die Informationen präzise auf die beiden neuen Zellen verteilt werden.

Chromosomen

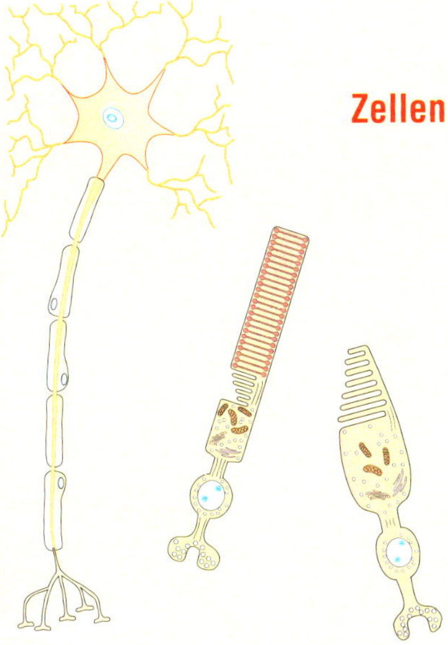

Zellen

Zellen

Nicht nur die Organellen besitzen gemäß ihrer Funktion eine bestimmte Form, auch Zellen sind spezialisiert. Innerhalb eines höheren Organismus findet man z. B. Nerven- und Sinneszellen, Drüsen- und Muskelzellen. Keimzellen unterscheiden sich von Körperzellen und die Zellen des Laubblattes von denen der Wurzel. Unser Blut zeigt schließlich, wie unterschiedliche Zelltypen zusammenarbeiten. Ein besonderes Beispiel sind die roten Blutzellen, da sie bald nach ihrer Differenzierung den Zellkern verlieren und trotzdem noch etwa 120 Tage ihre Funktion erfüllen.

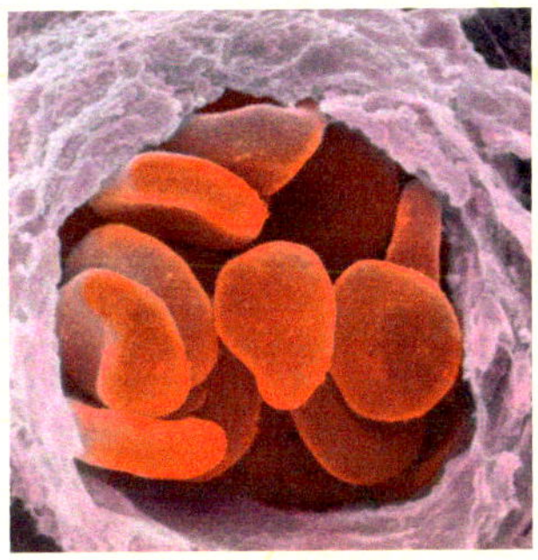

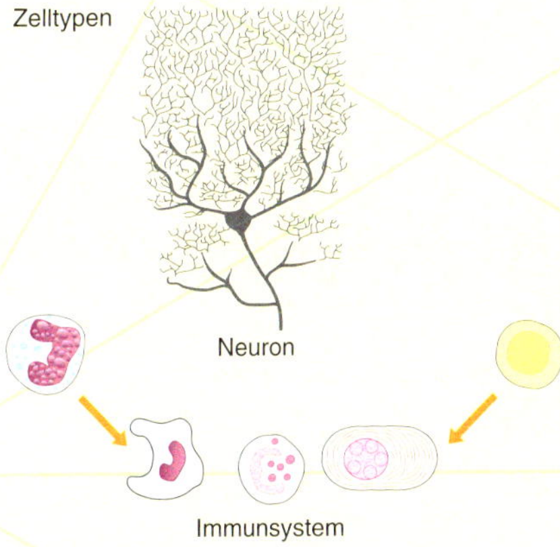

Organe und Organsysteme

Gleichartige Zellen bilden ein Gewebe und mehrere Gewebe ein *Organ*. Abgegrenzte Organe wie das Herz erfüllen eine bestimmte Aufgabe und sind selbst wieder Teil eines Organsystems. In den meisten Organsystemen, wie z. B. im Nervensystem, sind einzelne Abschnitte leicht zu unterscheiden (z. B. Gehirn, Rückenmark, periphere Nerven). Im Immunsystem und im Blut jedoch arbeiten zahlreiche Zelltypen zusammen, die keine fest umgrenzten Organe bilden. Außerdem zählen zum Immunsystem einzelne verstreute Organe wie Lymphknoten, Milz, Thymus und Knochenmark, aber auch die von den Zellen produzierten Antikörper (Makromoleküle).

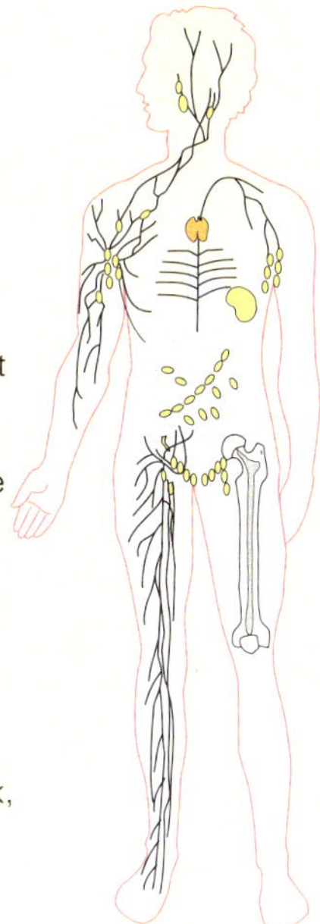

Organe und Organsysteme

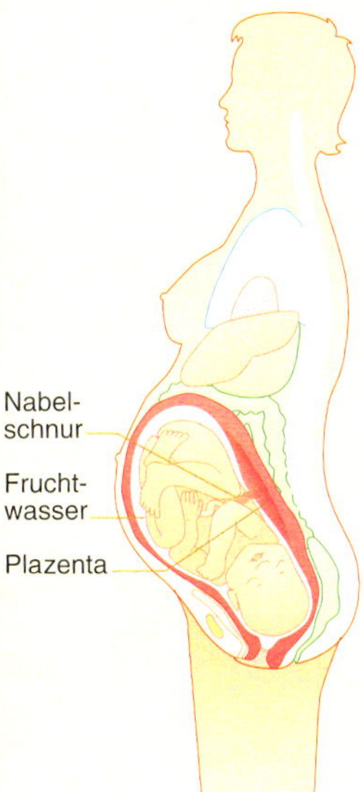

Kompartimente

Kompartimente

Die Entwicklung des Kindes in der Gebärmutter zeigt auf der Ebene der Organismen eine erstaunliche Form der „Kompartimentierung“: Während der Schwangerschaft ist der Embryo bzw. Fetus zwar ein Teil des mütterlichen Organismus und wird ständig von diesem über die Placenta versorgt, bleibt aber trotzdem durch die Plazentaschranke von ihm getrennt. Nur wenn – wie im Fall der Rhesusunverträglichkeit – beide Systeme durch die Antikörper in direkten Kontakt kommen, wird das Immunsystem aktiv. Es verhält sich dann fast so, als wäre ein Eindringling oder Krankheitserreger vorhanden.

Aufgaben

1. Beschreibe die Grundeinheiten, aus denen die Nucleinsäuren und die Proteine aufgebaut sind. Wodurch unterscheiden sich die Nucleinsäuren bzw. die Proteine untereinander?
2. Nenne Beispiele, die zeigen, dass gerade die Proteine eine enge Beziehung zwischen Struktur und Funktion erkennen lassen.
3. Welcher Organisationsebene könnte man die Chromosomen oder die Bakterien zuordnen? Begründe jeweils deine Zuordnung.
4. Sind Viren Molekülzusammenlagerungen oder lebende Systeme?
5. Begründe, warum das Immunsystem ein besonderes Organsystem ist.
6. Bakterien und Einzeller zeigen besondere Kompartimente und Organisationsebenen. Erkläre die Zusammenhänge.
7. Die Mechanismen der Kern- und Zellteilung dienen der Aufrechterhaltung der Einheit „Zelle“. Welche Rolle spielt das auf den nachfolgenden Organisationsebenen?

Basiskonzept

Steuerung und Regelung

Verschiedene Vorgänge im menschlichen Körper zeigen die große Bedeutung von Steuerungs- und Regulationsvorgängen. Beispiele sind die Steuerung von Bewegungsabläufen, die Regulation der Körpertemperatur, der Pupillenweite und des Blutzuckerspiegels, die Produktion der Schilddrüsenhormone sowie der Hormone im weiblichen Zyklus und vieles mehr. Bei Pflanzen und Tieren findet man vergleichbare Leistungen und auch auf der Ebene der Moleküle gibt es Rückkopplungsmechanismen, die z. B. verhindern, dass eine Substanz im Überschuss produziert wird. Insbesondere in der Technik werden viele Prozesse gesteuert und geregelt. Ein gängiges Beispiel ist der Thermostat, der die Raumtemperatur einstellt.

Gemeinsam ist den Vorgängen, dass sie in der abstrakten Form eines Regelkreises dargestellt werden können. Dafür gibt es Pfeildiagramme oder Blockschaltbilder, die – wenn mehrere Regelkreise ineinander greifen – auch vernetzt sein können.

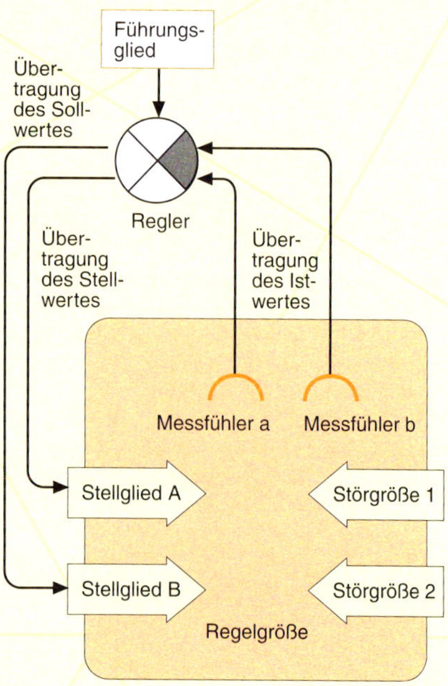

Steuersysteme

Steuersysteme

Die Schilddrüse bildet und speichert das Hormon Thyroxin, dessen Konzentration im Blut den Grundumsatz bestimmt. Ein längerer Aufenthalt in kalten Klimazonen kann die Abgabe der Schilddrüsenhormone steigern, damit mehr Energie für die Wärmeproduktion zur Verfügung steht. Die Aktivität der Schilddrüse wird vom übergeordneten Hypothalamus-Hypophysen-System verändert. Dies verdeutlicht die enge Zusammenarbeit von Nerven- und Hormonsystem.

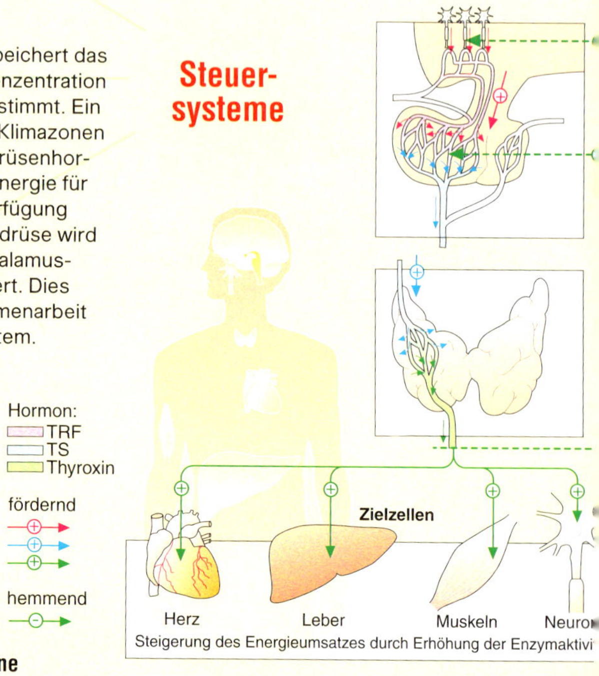

Hormone

Hormone

Unsere Entwicklung wird wesentlich durch Hormone gesteuert. Diese werden durch bestimmte Drüsen ins Blut abgegeben und mit ihm verteilt. So steuern etwa Geschlechtshormone den weiblichen Zyklus. Regelmäßig etwa alle vier Wochen reift eine Eizelle im Eierstock heran. Da dies bedeutet, dass nun eine Schwangerschaft erfolgen könnte, ist es sinnvoll, dass auch die Gebärmutter darauf vorbereitet wird: Durch die Hormonwirkung verdickt sich die Schleimhaut und lagert Nährstoffe ein. Erfolgt keine Befruchtung, so wäre die Aufrechterhaltung einer verdickten Schleimhaut sinnlos. Hormone bewirken daher das Abstoßen der Schleimhaut. Die Frau hat ihre Menstruation.

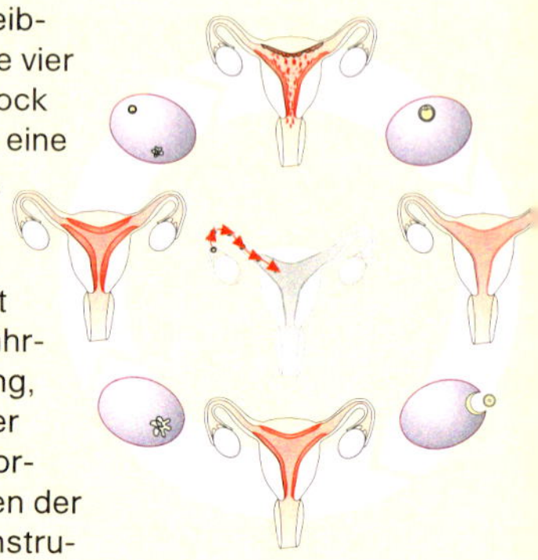

Reiz und Reaktion

Reiz und Reaktion

Unsere Augen müssen bei allen Lichtverhältnissen die Umgebung möglichst gut wahrnehmen können. Zuviel Licht könnte das Auge – insbesondere die Netzhaut – schädigen. Das wäre etwa der Fall, wenn man direkt in die Sonne schaut. Die Pupille im Auge regelt den Lichteinfall. Bei viel Licht verengt sich die Pupille, sodass weniger Licht auf die Netzhaut fällt. Umgekehrt ist es bei wenig Licht. Diese Reaktion kannst du z. B. beobachten, wenn man einer Person, die sich in einem verdunkelten Raum aufhält, mit einer Lampe ins Gesicht strahlt.

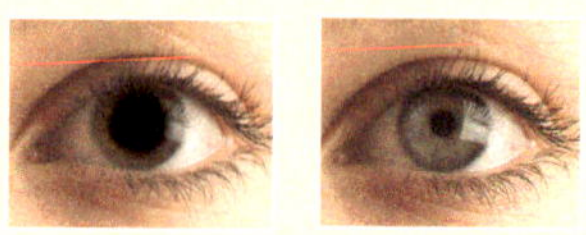

Regulation der Zellteilung

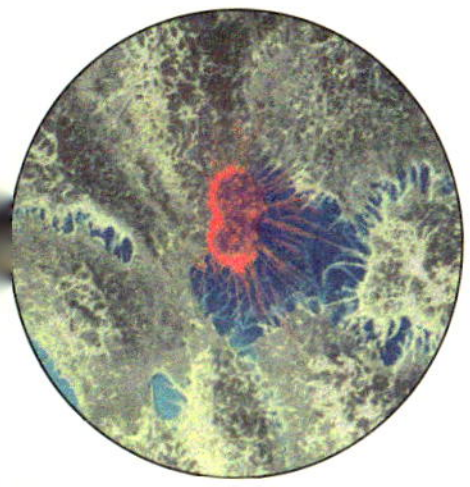

Tumorzellen im gesunden Zellverband

Regulation der Zellteilung

Beim Wachstum eines Organismus oder während der Regeneration von Geweben wie z. B. in der Mundschleimhaut wird die Zellteilungsrate durch genetische Faktoren und die Kontakte der Zellen untereinander geregelt. Werden allerdings z. B. Zellen der Haut durch energiereiche ultraviolette Strahlen geschädigt, beginnen sie, sich ungehemmt und unkontrolliert zu teilen. Solche Tumorzellen bilden dann Gewebswucherungen oder breiten sich im Körper aus. Krebszellen entgehen damit der Kontrolle des Zellteilungszyklus.

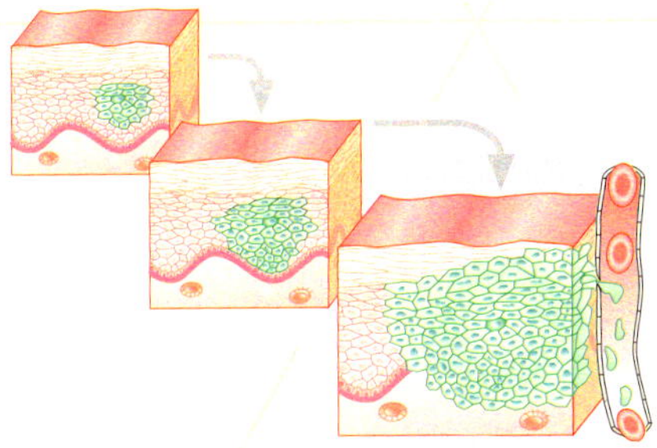

Blutzucker-regulation

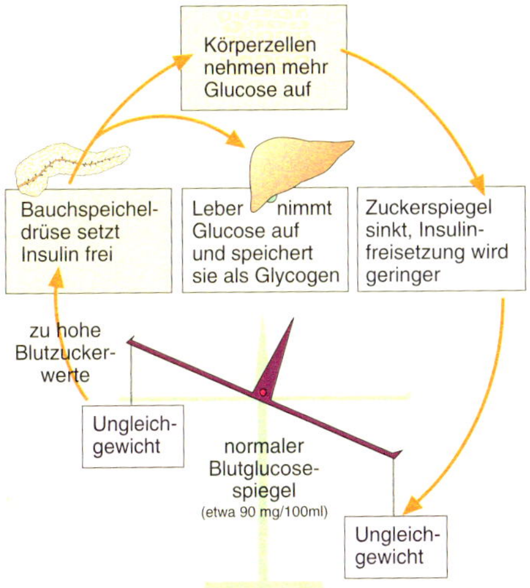

Blutzuckerregulation

In den rund 6 Litern Blut eines Erwachsenen sind ständig etwa 5,4 g Glucose (Traubenzucker) enthalten. Dieser Blutzuckerspiegel wird im Wesentlichen durch die beiden Hormone Insulin und Glukagon geregelt, die als Gegenspieler wirken. Nahrungsaufnahme – insbesondere von zuckerhaltigen Nahrungsmitteln – erhöht die Werte, körperliche Tätigkeit – etwa sportliche Aktivität – senkt sie. Leber- und Muskelzellen können Glucose vorübergehend aufnehmen und speichern. Gelingt dies nicht, wie etwa bei Diabetikern, wird überschüssiger Blutzucker über den Urin ausgeschieden. Dies kann durch Teststäbchen festgestellt werden.

Bewegungsabläufe

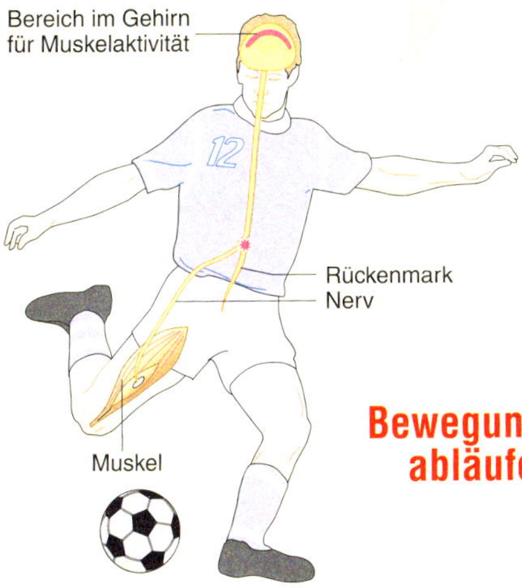

Bewegungsabläufe

Jeder Bewegungsablauf erfordert die Aktivität vieler Muskeln. Dies sei am Beispiel eines Fußballspielers erläutert: Über die Sinnesorgane erhält das Gehirn fortwährend Informationen aus der Umwelt. Diese werden dort ausgewertet, sodass dem Fußballspieler Richtung und Geschwindigkeit des Balls bewusst werden. Das Gehirn sendet nun Signale an bestimmte Muskeln. Der Spieler bewegt sich zum Ball. Das Gehirn erhält ständig Rückmeldung durch die Sinnesorgane. Es vergleicht die aktuelle Position mit der erforderlichen und ermittelt, welche Muskeln als nächstes bewegt werden müssen. Das Gehirn regelt also die Muskelaktivität so lange, bis eine gewünschte Bewegung erfolgt ist, der Ball also z. B. ins Tor gespielt worden ist.

Aufgaben

① Beschreibe die Zusammenarbeit von Nerven- und Hormonsystem bei Eustress.

② Definiere die Begriffe Steuerung und Regelung. Belege Unterschiede anhand selbst gewählter Beispiele.

③ Bei zu starkem Licht setzen wir gerne eine Sonnenbrille auf. Dies kann vor allem dann gefährlich sein, wenn die Brille keinen ausreichenden UV-Schutz hat. Erkläre.

④ Rauchen ist Auslöser zahlreicher Krebsformen. Informiere dich über die Bestandteile des Zigarettenrauchs und erkläre Zusammenhänge zur gestörten Zellteilungsrate.

⑤ Benutze das allgemeine Regelkreisschema und ordne die Vorgänge bei der Blutzuckerregulation den Begriffen Regelgröße, Störgröße, Stellglied, Regler, Ist- und Sollwert zu.

⑥ „Der Zellkern ist das Gehirn und die Steuerzentrale der Zelle". Die Tätigkeit des Zellkerns wird manchmal in dieser Form mit der unseres Gehirns verglichen. Ist dieser Vergleich zulässig? Was spricht dafür, was dagegen? Begründe deine Meinung.

Basiskonzept

Information und Kommunikation

Für ein Referat oder eine Hausarbeit sammelst du Informationen aus dem Unterricht, aus Büchern oder über das Internet. Entsprechend deiner Fragestellung verarbeitest du diese Angaben und trägst sie dann vor. Aus den Fragen dazu ergibt sich eine *Kommunikation* mit deinen Mitschülern.

Nach einem ähnlichen Prinzip funktioniert die Informationsverarbeitung und Kommunikation auf allen Organisationsebenen. Innerhalb der Zelle sind Moleküle *Sender* oder *Empfänger* von Botschaften, die ver- und entschlüsselt werden. Auch Signalstoffe zwischen den Zellen oder die Botenstoffe im Organismus sind chemische Substanzen, die eine Zusammenarbeit der Organe oder Organsysteme gewährleisten.

Kommunikation findet beim Menschen häufig über die Sprache statt. Eine Verständigung zwischen Individuen muss aber nicht immer an Worte gebunden sein. Ameisen verständigen sich z. B. über Duft- und Körpersignale, Schmetterlinge finden ihre Weibchen durch spezielle Pheromone und der Mensch kommuniziert zu einem großen Teil auch durch seine Körpersprache.

Missverständnisse lassen sich vermeiden, wenn Sender und Empfänger die Ver- und Entschlüsselung der Information nach dem gleichen System vornehmen.

Genetischer Code

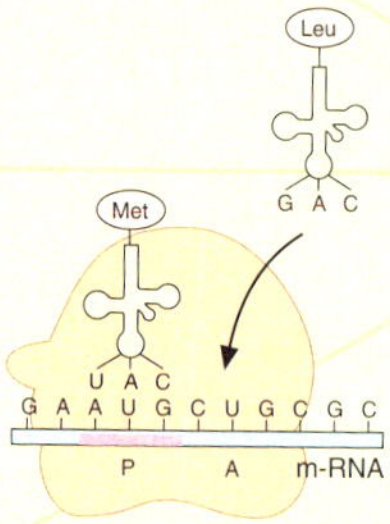

1

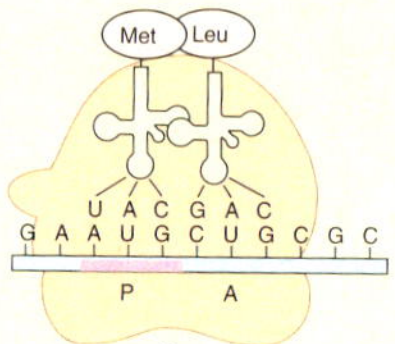

2

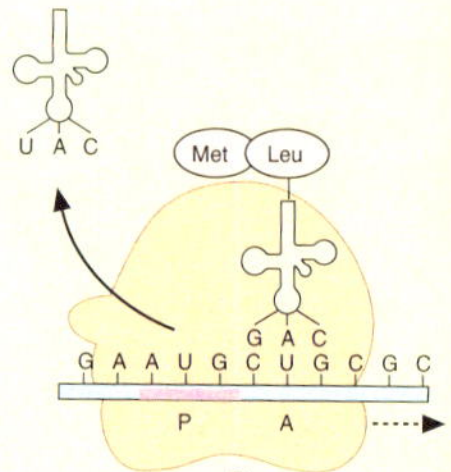

3

Genetischer Code

Ähnlich wie verschlüsselte Morsezeichen oder Texte in Bits und Bytes einen Code brauchen, damit ihre Information sinnvoll übersetzt werden kann, ist ein Code auch bei der Entschlüsselung der Erbinformation notwendig. Die DNA als Sender enthält eine Basensequenz als Information. Die m-RNA transportiert diese zu den Ribosomen, wo der Code entschlüsselt und das Eiweiß hergestellt wird. An den Ribosomen wird die „Sprache der Nucleinsäuren" in die „Sprache der Aminosäuren" übersetzt.

Zelluläre Rohrpost

Zelluläre Rohrpost

Immunzellen kommunizieren nicht nur über „chemische Post", sie können auch eine Art Rohrpostsystem über winzig kleine Röhrchen aufbauen. Diese *Nanotubuli* fanden Forscher bei bäumchenartig verzweigten Zellen, die in den Körper eingedrungene Bakterien vertilgen. Erst unter einem hochauflösenden Mikroskop wurden die zahlreichen Röhrchen entdeckt, die von den Zellen zu ihren Nachbarn ziehen. Über sie kommunizieren die Immunzellen mithilfe von Calcium-Ionen — und können damit, schon lange bevor sie selbst die Bakterien berühren, ihre Zellfortsätze zum Auffressen der Eindringlinge ausstrecken.

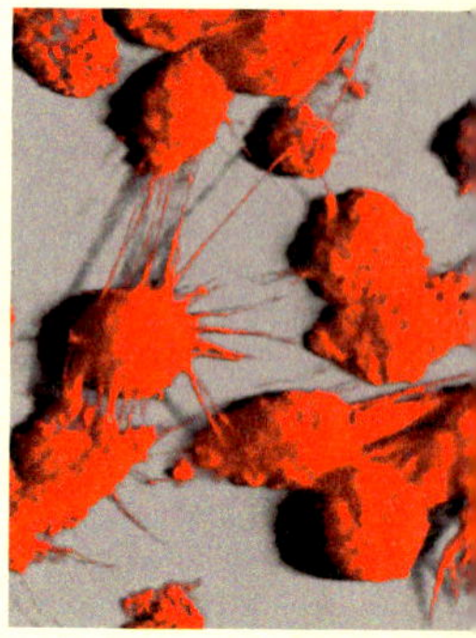

Reizverarbeitung

Die Sinnesleistungen der Tiere zeigen eine Vielfalt verschiedenartiger Sinnesorgane: Luftaugen und Wasseraugen brechen das Licht unterschiedlich, Insektenaugen bestehen aus Tausenden von Einzelaugen, Schlangen besitzen ein spezielles Grubenorgan, Delfine ein Sonarsystem und Fische ein Seitenlinienorgan. In allen Fällen muss eine Umcodierung einer externen Botschaft in zellinterne Signale erfolgen (Reizverarbeitung), die letztlich in elektrische Impulse übersetzt werden, welche die Nervenzellen „verstehen". Nervenzellen stehen untereinander wieder durch chemische Signale an den Synapsen in Verbindung. Damit kann eine mehrfache Verarbeitung eingehender Information erfolgen.

Reizverarbeitung

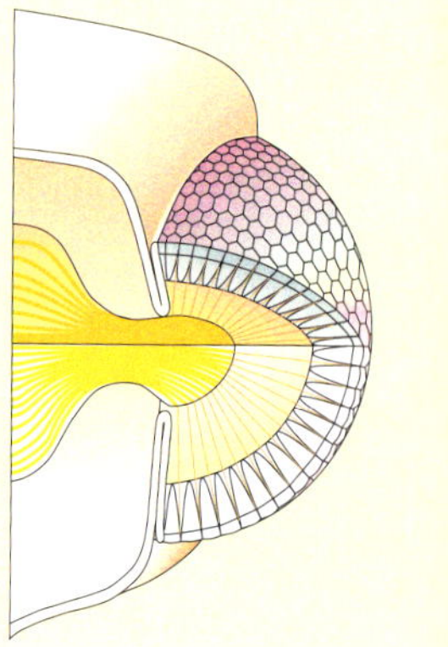

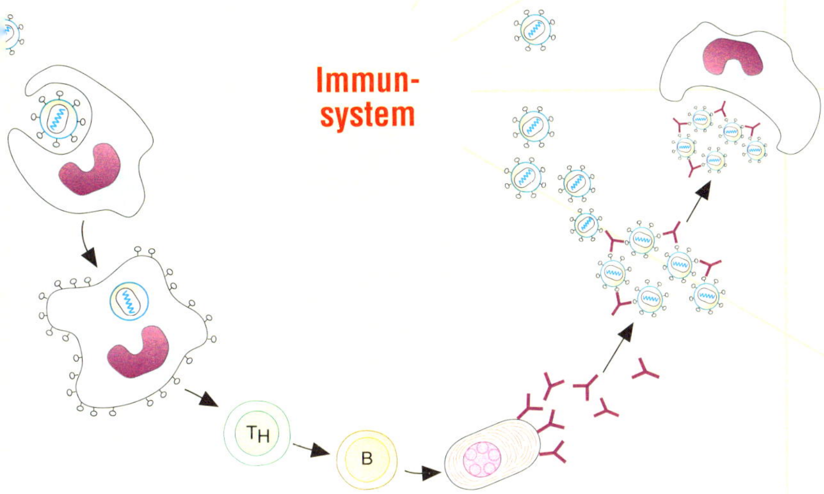

Immunsystem

Auf der Ebene der Organsysteme kann man den Austausch und die Verarbeitung von Information nach zwei Gesichtpunkten unterscheiden: Soll die Information schnell verbreitet werden und sofort eine Reaktion auslösen — dann ist z. B. das Nervensystem gefragt — oder muss eine längerfristige und lang anhaltende Umsteuerung oder Verarbeitung erfolgen — dann springt das Hormonsystem an.
Im Immunsystem schließlich sind beide Prinzipien vertreten: eine schnelle Abwehr durch unspezifische Fresszellen und ein langfristiges immunologisches Gedächtnis für den Fall, dass der gleiche Krankheitserreger erneut in den Körper eindringt. Dazu kommunizieren die Immunzellen häufig über bestimmte Oberflächenstrukturen, die ähnlich dem *Schlüssel-Schloss-Prinzip* funktionieren.

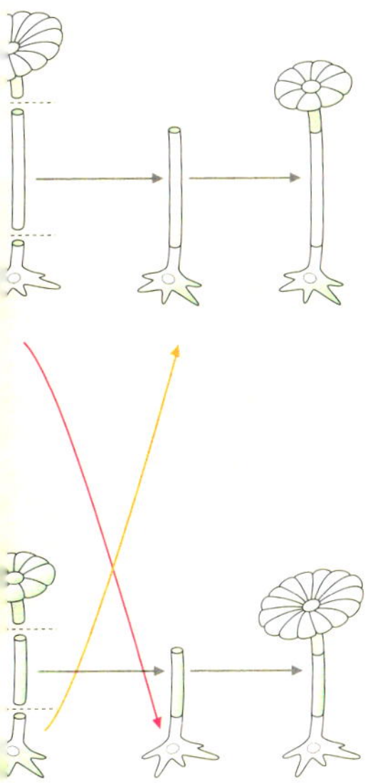

Erbinformation

1932 — als noch wenig über die Funktion des Zellkerns und die Lokalisation der Erbinformation bekannt war — untersuchte JOACHIM HÄMMERLING Schirmalgen. Sie bestehen aus nur einer bis zu 10 cm großen Zelle. Mit ihrem unteren wurzelartigen Teil ist die Zelle im Boden verankert. Daraus entspringt ein Stiel, der oben hutförmig verbreitert ist. Der Zellkern liegt im „Wurzelbereich". Die verschiedenen Arten unterscheiden sich durch Form und Größe der Hüte. Trennt man den Schirm einer Alge ab, so ist die Zelle in der Lage, diesen wieder nachzubilden. Wird z. B. ein Stielstück einer Art mit großem Schirm auf ein kernhaltiges Wurzelstück einer anderen Art mit kleinerem Schirm aufgesetzt, so bildet sich am Stiel ein neuer, kleiner Hut.

Erbinformation

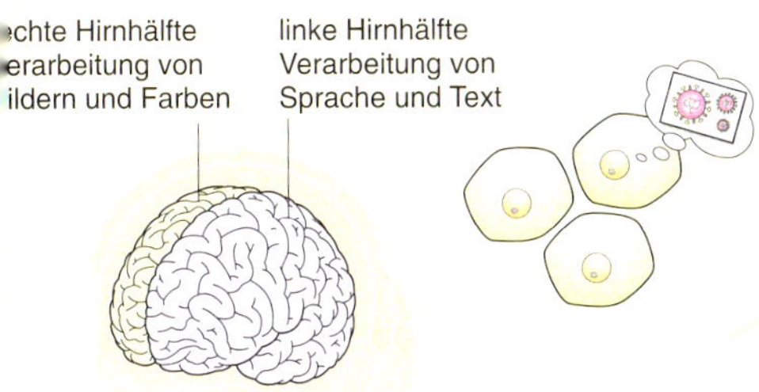

Gedächtnis

Gedächtnis

Unter Lernen versteht man die Veränderung des Verhaltens durch Erfahrung. Notwendig dazu ist das Gedächtnis: Das ist die Fähigkeit des Nervensystems, das zu behalten, was gelernt wurde. Die Möglichkeit zur Speicherung und Abrufbarkeit von Information ist bei den Organismen unterschiedlich ausgeprägt. Daneben gibt es das immunologische Gedächtnis: Überstandene Infektionskrankheiten oder Impfungen führen zur Bildung von Gedächtniszellen, die Jahrzehnte im Körper überdauern und bei einer erneuten Infektion eine schnelle Abwehrreaktion hervorrufen.

Aufgaben

① Vergleiche die Zeichen des Morsealphabets und der Blindenschrift mit dem genetischen Code. Definiere allgemein, was man unter einem Code versteht.

② An allen Sinnesorganen wird durch die vielfältigen „Sprachen der Sinneszellen" der Reiz in die „Sprache der Nervenzellen" übersetzt, d.h. es findet eine Reizverarbeitung statt. Erkläre am Beispiel des Auges oder des Ohres, wodurch starke und schwache Reize unterschieden werden können.

③ Begründe, warum die aktive Immunisierung nicht nur dem Basiskonzept „Struktur und Funktion", sondern auch dem Austausch und der Verarbeitung von Information zugerechnet werden kann.

④ Begründe, wie und warum das Experiment mit den Schirmalgen von JOACHIM HÄMMERLING belegt, dass der Zellkern die Erbinformation der Zelle enthält.

⑤ Vergleiche die Arbeitsweise des Nervensystem mit der deines Gedächtnisses im Hinblick auf die Speicherung von Information.

⑥ Könnte man die gespeicherte Erbinformation auch als eine Art Gedächtnis betrachten? Finde Argumente dafür und dagegen.

Basiskonzept

Variabilität und Angepasstheit

Eine Stuhl- oder Tischhöhe kann variabel angepasst werden oder ein Mensch verhält sich angepasst. Das Körpergewicht kann variieren oder die Kleidung ist den Umständen wenig angepasst. Diese Begriffe aus der Alltagssprache sind auf die biologischen Zusammenhänge nicht immer übertragbar.

Als *Variabilität* wird in der Biologie die Tatsache bezeichnet, dass sich die Nachkommen immer ein wenig von ihren Eltern unterscheiden. Diese geringfügigen Unterschiede ermöglichen es den Organismen, auch dann zu überleben, wenn sich einige Bedingungen in der Umwelt ändern. Wären Lebewesen nicht gut angepasst, würden sie über kurz oder lang aussterben oder von anderen Lebewesen verdrängt werden, die besser an die augenblickliche Umwelt angepasst sind.

Im Laufe der Evolution haben sich daher bestimmte *Angepasstheiten* der Lebewesen herausgebildet. Sie müssen von einer kurzfristigen Anpassung wie z. B. der vorübergehenden Hautbräunung im Sommer oder das Angleichen der Kleidung an die Gewohnheiten in einer Gruppe unterschieden werden.

Erbanlagen

Junge Katzen oder Hundewelpen eines Wurfs haben unterschiedliche Fellfarben und -zeichnungen. Das ist von Geburt an festgelegt und in den Genen verankert. Viele Merkmale können entsprechend den Mendel`schen Regeln verfolgt werden.

Unter natürlichen Bedingungen werden z. B. gut getarnte, wenig auffallende Tiere häufig sein. Eine weiße Katze hätte sicherlich weniger Jagderfolg und würde selbst schneller Opfer von Räubern werden als eine graubraun gefleckte. Die verschiedenen Rassen der Hauskatze, die der Mensch im Verlauf von Jahrhunderten gezüchtet hat, haben hingegen auffallende Farben, oft sehr langes und vom Tier kaum selbst zu pflegendes Fell oder andere Eigenschaften, die in den Erbanlagen verankert sind.

Erbanlagen

Umweltfaktoren

Umweltfaktoren

Die Sonneneinstrahlung ist auf unserer Erde nicht gleichmäßig verteilt. Gerade in den Gebieten um den Äquator zählt man die meisten Sonnenstunden im Jahr. Mit dem Sonnenlicht gelangt auch die UV-Strahlung auf die Erde, die tödlichen Hautkrebs hervorrufen kann. Die braunen Hautpigmente stellen einen Schutzfilter dar. In Gegenden mit viel Sonneneinstrahlung haben sich daher besonders dunkle Hauttypen herausgebildet (z. B. Afrika, Australien). Dies ist eine Angepasstheit an intensive UV-Strahlung und damit auch ein Schutz vor Hautkrebs.

Mutation und Modifikation

Mutationen sind sprunghafte Veränderungen des Erbgutes, die — wenn sie Keimzellen betreffen — an die Nachkommen weitergegeben werden. *Modifikationen* hingegen können nicht vererbt werden. Ein Beispiel hierfür ist die Wirkung der Temperatur auf die Fellfarbe des Russenkaninchens (einer beliebten Zuchtrasse unserer Hauskaninchen). Alle Hautstellen, deren Temperatur unter 34 °C liegen (Ohren, Pfoten, Schwanz und Schnauzenspitze) haben schwarzes Fell. Hält man die Tiere dauerhaft bei einer Temperatur von über 30 °C, werden die Tiere rein weiß.

Mutation und Modifikation

Vielfalt

Vielfalt

Für das Weiterbestehen und die Anpassungsfähigkeit von Arten ist die genetische Vielfalt innerhalb einer Art wichtig. Dies zeigt z. B. die Vielfalt der heutigen Menschen und ihre Ausbreitung über alle Kontinente.

Bei Krankheitserregern stellt die Vielfalt und ständige Veränderung, z. B. der Oberflächenstrukturen, unser Immunsystem immer wieder vor neue Herausforderungen. Eine Antwort darauf ist die Vielfalt unserer Antikörper. Im medizinischen Bereich zeigt sich das darin, dass jedes Jahr die Zusammensetzung des Grippeimpfstoffes auf die wechselnden Erreger abgestimmt werden muss.

Rekombination

Bei Organismen, die sich geschlechtlich fortpflanzen, kommt es in jeder Generation zu einer Neukombination von Erbanlagen. Entstehen in einem Individuum die Keimzellen, werden die Chromosomen väterlicher und mütterlicher Herkunft kombiniert. Die Wahrscheinlichkeit, dass in einer neuen Keimzelle komplette Chromosomensätze der vorhergehenden Generation zusammenbleiben, ist äußerst gering. Auch die Befruchtung führt zu vielfältigen Möglichkeiten, da nicht eine Eizelle der anderen und nicht ein Spermium dem andern gleicht. So entsteht in der Folgegeneration eine Neukombination des genetischen Materials (Rekombination) und eine Vielfalt von Merkmalen, in denen sich die Individuen unterscheiden.

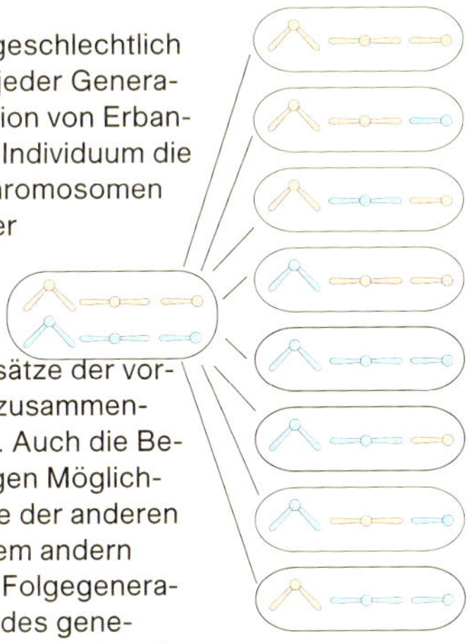

Rekombination

Aufgaben

1. Welche Vorteile bietet es für die Tiere einer Art, wenn sie aufgrund unterschiedlicher Erbanlagen stark variieren? Betrachte dazu auch den Nachteil einer weitgehenden Gleichförmigkeit.
2. Erkläre die „Vielfältigkeit in den Erbanlagen" aus den Mechanismen der Keimzellenbildung und Befruchtung.
3. Mutation und Selektion (Auswahl) können zur „Angepasstheit einer Art" führen. Begründe, warum dies für Modifikationen nicht gelten kann.
4. Nenne weitere Umweltfaktoren, die durch eine erhöhte Sonneneinstrahlung verändert werden und dann auf die Organismen wirken.
5. Informiere dich in geeigneten Quellen über verschiedene herkömmliche und neuere Methoden in der Züchtung und beurteile die Gefahren einer einseitig ausgerichteten Züchtung.
6. Die Angepasstheit der Keimzellengröße und -ausstattung zeigt einen engen Bezug zum Basiskonzept „Struktur und Funktion". Erkläre die Zusammenhänge.
7. Die Diskussion zu Stammzellen beschäftigt die Öffentlichkeit häufig. Recherchiere, welche Bedeutung Stammzellen in der Medizin haben und erläutere, welcher Bezug zur „Variabilität" besteht.

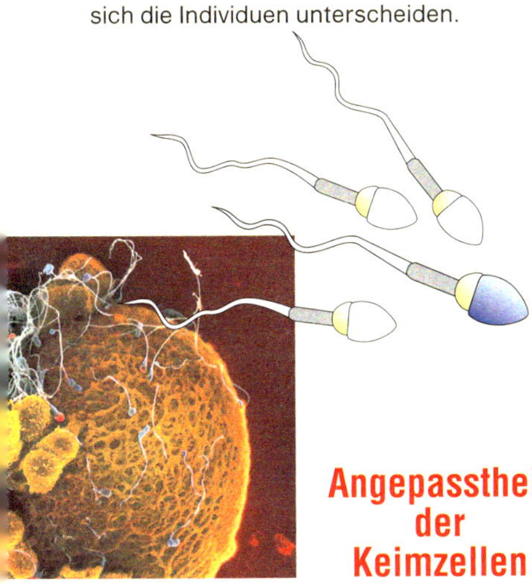

Angepasstheit der Keimzellen

Angepasstheit der Keimzellen

Das Volumen eines Spermiums ist im Vergleich zu dem der Eizelle etwa 250 000-mal kleiner. Dies erklärt sich aus Bau und Funktion der beiden Zellen: Das Spermium muss — angetrieben durch seinen Schwanzfaden — bis zur Eizelle mehr als das zehntausendfache seiner eigenen Länge zurücklegen. Das lässt sich nur erreichen, wenn es klein und beweglich ist. Die Eizelle wird durch die Flimmerhärchen im Eileiter bewegt und muss sich nach der Befruchtung noch einige Tage selbst versorgen, bevor der mütterliche Körper das übernimmt.

Register

Bildnachweis

Cover.1 gemeinfrei; **Cover.2** Getty Images (Stone/Deborah Jaffe), München; **6.1** plainpicture GmbH & Co. KG (Endless image), Hamburg; **6.2; 6.7** Okapia (H. P. Fröhlich, Naturbild), Frankfurt; **6.3** FOCUS (SPL/Astrid & Hanns-Frieder Michler), Hamburg; **6.4** Corbis (zefa/Daniel Boschung), Düsseldorf; **6.5** FOCUS (SPL/Dr. Jeremy Burgess), Hamburg; **6.6** Klett-Archiv (Aribert Jung), Stuttgart; **6.8** Mauritius (Oxford Scientific), Mittenwald; **7.1** Okapia (Dr.Gary Gaugler), Frankfurt; **7.2** Okapia (C.G.Gardener/OSF), Frankfurt; **7.3; 7.4; 7.5** Klett-Archiv (Aribert Jung), Stuttgart; **9.1; 9.4** Nusko, Ulrich, Bern; **9.2** Rosenthal, Jörn, Göttingen; **9.3** iStockphoto (David H. Lewis), Calgary, Alberta; **12.1** Corbis (zefa/Daniel Boschung), Düsseldorf; **12.2** Prof. Jürgen Wirth, Dreieich; **13.1** Förderverein für Bildung und Fortbildung am Beruflichen Schulzentrum Wertheim e.V., Wertheim; **14.1** Corbis (Chuck Keeler), Düsseldorf; **14.2** Prof. Jürgen Wirth, Dreieich; **14.3; 14.4** Okapia (G. I. Bernard/OSF), Frankfurt; **15.1** Prof. Jürgen Wirth, Dreieich; **15.2** Okapia (G. I. Bernard/OSF), Frankfurt; **17.1** LOOK Gmbh (Ingolf Pompe), München; **18.1** Albert Bonniers Förlag AB (Lennart Nilsson), Stockholm; **21.1** iStockphoto (RF/robert st-coeur), Calgary, Alberta; **21.2** Avenue Images GmbH (StockDisc), Hamburg; **23.2; 23.3** Klett-Archiv (Jens Sladek), Stuttgart; **24.1; 24.2** Okapia (Ulla Spiegel), Frankfurt; **27.1** MEV Verlag GmbH, Augsburg; **27.2** Mauritius (Photononstop), Mittenwald; **30.7** Klett-Archiv (Christa Winkler, Stuttgart), Stuttgart; **30.8** AKG, Berlin; **33.1** Lieder, Johannes, Ludwigsburg; **38.1** blickwinkel (K. Wothe), Witten; **38.2** Okapia (Alan Root), Frankfurt; **38.3** Okapia (John Cancalosi), Frankfurt; **38.4** Tierbildarchiv Angermayer (Hans Pfletschinger), Holzkirchen; **38.5** Klett-Archiv (Nature + Science AG), Stuttgart; **38.6** Okapia (Herbert Kehrer), Frankfurt; **39.1** IFA-BILDERTEAM GmbH (BCI), Ottobrunn; **39.2** Mauritius (Rauschenbach), Mittenwald; **39.3** WILDLIFE Bildagentur GmbH (N.Wu), Hamburg; **39.4** Corbis (Jeffrey L. Rotman), Düsseldorf; **45.1** Fotex GmbH (Picture Partners), Hamburg; **47.1** SUPERBILD (BSIP/Vince), Taufkirchen/München; **47.2** Ullstein Bild GmbH (Minehan), Berlin; **48.1** www.bilderbox.com (Wodicka), Thening; **49.1** SUPERBILD (INCOLOR), Taufkirchen/München; **49.2** Picture-Alliance (dpa/Matthias Hiekel), Frankfurt; **50.1** ddp Deutscher Depeschendienst GmbH (Fraunhofer-Institut), Berlin; **50.2** Picture-Alliance (dpa/Jens Büttner), Frankfurt; **51.1** AKG, Berlin; **51.2** Süß, Andreas, Berlin; **51.3** Ullstein Bild GmbH (Bonn-Sequenz), Berlin; **51.4** Mauritius (Rosenfeld), Mittenwald; **51.5** Action Press GmbH (US AIRFORCE), Hamburg; **51.6** Picture-Alliance (dpa), Frankfurt; **53.1** Corbis (Lester V. Bergman), Düsseldorf; **54.1** Okapia (Manfred P. Kage), Frankfurt; **55.1** Corbis (RF), Düsseldorf; **56.1** (C) Anatomie Uni Fribourg, Schweiz (Prof. Dr. Beat Schwaller); **58.1** Boehringer Ingelheim Pharma KG, Lennart Nilsson/Albert Bonniers Förlag; **58.2** Okapia (Lond. Sc. Films, OSF), Frankfurt; **58.3** Okapia (K. Eward/Science Source), Frankfurt; **59.1** Kage Mikrofotografie, Lauterstein; **59.2** Okapia (S. Camazine, NAS), Frankfurt; **59.3** Okapia (M. Cooper, P. Arnold), Frankfurt; **64.1; 64.2** Albert Bonniers Förlag AB (Lennart Nilsson), Stockholm; **65.1** Ullstein Bild GmbH, Berlin; **66.1** Okapia (NAS M. Abbey), Frankfurt; **67.1** Ullstein Bild GmbH (ddp), Berlin; **68.1** Klett-Archiv (B. Brill), Stuttgart; **69.1** Fotex GmbH (Susa), Hamburg; **70.1** AKG, Berlin; **71.1** Okapia (D. Scharf, Peter Arnold, Inc.), Frankfurt; **72.1** Merck KGaA, Darmstadt; **72.2** Deutsches Museum, München; **73.1** Klett-Archiv (Nature + Science AG/Mangler), Stuttgart; **82.1** Okapia (Institut Pasteur, CNRI), Frankfurt; **82.2** FOCUS (SPL/Moredun Animal Health Ltd), Hamburg; **82.3** FOCUS (CNRI/Science Photo Library), Hamburg; **82.4** Okapia (J. L. Carson, CMSP), Frankfurt; **83.1** mediacolor's P & F Müller (Musier), Zürich; **83.2** Okapia (L. Georgia, PR Science Source), Frankfurt; **83.3** Okapia (Hans Reinhard), Frankfurt; **84.1** Mit freundlicher Genehmigung der Bundeszentrale für gesundheitliche Aufklärung; **86.1** FOCUS (EOS/Meckes), Hamburg; **87.1** Okapia (Lond. Sc. Films/OSF), Frankfurt; **87.2** FOCUS (Oliver Meckes), Hamburg; **89.1** Das Fotoarchiv (Klaus Rose), Essen; **89.2** Mauritius (Habel), Mittenwald; **90.1** Fotosearch Stock Photography (Stockbyte), Waukesha, WI; **90.2** Okapia (Jim Corwin, NAS), Frankfurt; **90.3** Okapia (Manfred Kage), Frankfurt; **91.1** f1 online digitale Bildagentur (UpperCut Images B), Frankfurt; **91.2** Okapia (Neil Bromhall, OSF), Frankfurt; **91.3** Corbis (Michael Keller), Düsseldorf; **91.4** Corbis (Larry Williams), Düsseldorf; **92.1** Corbis, Düsseldorf; **92.2** Mauritius (Esplanade), Mittenwald; **93.1** Mauritius (Simon Plant), Mittenwald; **95.1** Albert Bonniers Förlag AB (Lennart Nilsson), Stockholm; **97.1; 97.2; 97.4** Albert Bonniers Förlag AB (Lennart Nilsson), Stockholm; **97.3** FOCUS (Pascal Goetgheluck/SPL), Hamburg; **97.5** Alois Greiner Photo-Center (Ahrens), Braunschweig; **100.1; 100.3** Albert Bonniers Förlag AB (Lennart Nilsson), Stockholm; **100.2** FOCUS (Pascal Goetgheluck/SPL), Hamburg; **100.4** FOCUS (SPL), Hamburg; **101.1; 101.3; 101.4** Albert Bonniers Förlag AB (Lennart Nilsson), Stockholm; **101.2** FOCUS (Science Pictures/SPL), Hamburg; **102.1** iStockphoto (Birgitte Magnus), Calgary, Alberta; **104.1** Avenue Images GmbH (Brand X Pictures), Hamburg; **105.1** Mauritius (Lehn), Mittenwald; **105.2** Okapia (T.J. Florian/Rainbow), Frankfurt; **105.3** FOCUS (Saturn Stills/SPL), Hamburg; **105.4** Klett-Archiv, Stuttgart; **107.1** Getty Images (Photodisc), München; **107.2** Getty Images (The Image Bank/Girl Ray), München; **108.1** Corbis (RF), Düsseldorf; **108.2** Corbis (Tom Stewart), Düsseldorf; **108.3** Fotex GmbH (Th. McCarthy), Hamburg; **109.1** PantherMedia GmbH (Julia-Sabrina Kyong-Im Faßhauer), München; **109.2** Bilderberg (Peter Blok), Hamburg; **110.1** Mauritius (Superstock), Mittenwald; **114.1** FOCUS (Bluestone/Science Photo Library), Hamburg; **114.2** FOCUS (Adrian Sumner/SPL), Hamburg; **115.1** Deutsches Museum, München; **115.2** Lochstampfer, Uwe, Langenhagen; **115.3** TOPICMedia (Daniel Bühler), Ottobrunn; **115.4** Photothek.net Gbr (Ute Grabowsky), Radevormwald; **116.1** Deutsches Museum, München; **116.2** FOCUS (SPL), Hamburg; **121.1** Prof. Jürgen Wirth, Dreieich; **122.1** Okapia (Biophoto/NAS), Frankfurt; **123.1; 123.2; 123.3; 123.4; 123.5** Lieder, Johannes, Ludwigsburg; **125.1; 125.2; 125.3; 125.4; 125.5; 125.6; 125.7; 125.8; 125.9** Lieder, Johannes, Ludwigsburg; **130.1; 130.3** Photothek.net Gbr (Ute Grabowsky), Radevormwald; **130.2** Mauritius (Stock Image), Mittenwald; **131.1** Avenue Images GmbH (Lifestyles

Productions/Index Stock), Hamburg; **131.2** Corbis (RF BrandXPicture), Düsseldorf; **131.3** FOCUS (SPL/CNRI), Hamburg; **131.4** Picture-Alliance, Frankfurt; **134.1** FWU GmbH, Grünwald; **135.1** Klett-Archiv, Stuttgart; **136.1** Marlies Grieb-Bubbel, Düsseldorf; **137.1; 137.2** Aktion Mensch: dieGesellschafter.de, Bonn; **139.1** Heiner Heine, Kastl; **139.2; 139.3** Okapia (NAS/Biophoto Associates), Frankfurt; **139.4** STUDIO X images de presse (Gamma, Gaillarde Raphael), Limours; **140.1** AKG, Berlin; **141.1** Helga Lade (NDS), Frankfurt; **141.2** Klett-Archiv (Ulrike Fehrmann), Stuttgart; **142.1** Getty Images (Bridgeman), München; **142.2; 142.4** AKG, Berlin; **142.3** Albert Bonniers Förlag AB (Lennart Nilsson), Stockholm; **143.1** Deutsches Museum, München; **143.2** FOCUS (William Habbell, Woodfin Camp), Hamburg; **144.1** Bert Leidmann, Nagold; **145.1** SUPERBILD (BSIP), Taufkirchen/München; **145.2** Focus (SPL/ Dept. of Clinical Cytogenetics, Addenbrookes Hospital), Hamburg; **146.1** Bayer AG, Leverkusen; **150.1** Alois Greiner Photo-Center (Greiner), Braunschweig; **150.2** f1 online digitale Bildagentur (Tips Images), Frankfurt; **151.1** Okapia (Nigel Cattlin/Holt Studios), Frankfurt; **151.2** agrar-portal, Nürnberg; **152.1** Albert Bonniers Förlag AB (Lennart Nilsson), Stockholm; **153; 153.3** FOCUS (Motta & Correr/ SPL), Hamburg; **153.1; 153.2** Okapia (Ulla Spiegel), Frankfurt; **153.4** FOCUS (EOS/Meckes), Hamburg; **154.1; 154.2; 154.3; 154.4** Okapia (G.I. Bernard/OSF), Frankfurt; **154.5** Albert Bonniers Förlag AB (Lennart Nilsson), Stockholm; **156.2** FOCUS (Adrian Sumner/SPL), Hamburg; **157.1** FOCUS (Motta & Correr/SPL), Hamburg; **158.1; 158.2** Okapia (Ulla Spiegel), Frankfurt; **159.1** Okapia (Bill Longcore/Science Source), Frankfurt; **160.1** Prof. Jürgen Wirth, Dreieich; **160.2** Simon C. Watkins and Russell D. Salter, University of Pittsburgh School of Medicine; **162.1** Okapia (Hans Reinhard), Frankfurt; **162.2** TOPICMedia (Hans Dieter Brandl, GDT-Tierfoto), Ottobrunn; **162.3** Corbis (Dave Bartruff), Düsseldorf; **162.4** Reinhard-Tierfoto, Heiligkreuzsteinach; **163.1** Albert Bonniers Förlag AB (Lennart Nilsson), Stockholm; **163.2** MEV Verlag GmbH, Augsburg; **163.3** Corel Corporation Deutschland, Unterschleissheim; **163.4** Corel Corporation Kanada, Ottawa, Ontario; **163.5** Corbis (Frans Lanting), Düsseldorf

Nicht in allen Fällen war es uns möglich, den Rechteinhaber der Abbildungen ausfindig zu machen. Berechtigte Ansprüche werden selbstverständlich im Rahmen der üblichen Vereinbarungen abgegolten.